Dirk Winkler / Günther Dietz

# VERBRENNUNGSTRIEBWAGEN DER DEUTSCHEN REICHSBAHN

## BAND 2 – TRIEBWAGEN IN LEICHTBAUWEISE VON 1932 BIS 1945

VGB [ VERLAGSGRUPPE BAHN ] | GeraMond

# Impressum

Verantwortlich: Korbinian Fleischer
Redaktion: Dirk Winkler
Lektorat: Dr. Karlheinz Haucke
Layout: ModelGRAPH Kurt Heidbreder
Repro/Bildbearbeitung: ModelGRAPH Kurt Heidbreder
Printed in Türkiye by Elma Basim

Unser komplettes Programm finden Sie unter www.geramond.de

★★★★★

Sind Sie mit diesem Titel zufrieden? Dann würden wir uns über Ihre Weiterempfehlung freuen.
Erzählen Sie es im Freundeskreis, berichten Sie Ihrem Buchhändler oder bewerten Sie bei Ihrem nächsten Onlinekauf.
Und wenn Sie Kritik, Korrekturen oder Aktualisierungen haben, freuen wir uns über Ihre Nachricht an GeraMond Media Verlag, Postfach 40 02 09, D-80702 München oder per E-Mail an lektorat@verlagshaus.de.



In diesem Buch wird aus Gründen der besseren Lesbarkeit das generische Maskulinum verwendet. Weibliche und anderweitige Geschlechteridentitäten werden dabei ausdrücklich mitgemeint, soweit es für die Aussage erforderlich ist.

Die Deutsche Nationalbibliothek verzeichnet diese Publikation in der Deutschen Nationalbibliografie; detaillierte bibliografische Daten sind im Internet über http://dnb.d-nb.de abrufbar.

ISBN: 978-3-96453-641-9

# Vorwort

Dieser zweite Band knüpft nahtlos an den vorausgehenden Band an und behandelt die durch die Deutsche Reichsbahn-Gesellschaft sowie die Deutsche Reichsbahn seit Beginn der 1930er-Jahre bis zum Kriegsende beschafften zweiachsigen, vierachsigen sowie mehrteiligen Verbrennungstriebwagen. Die Schnelltriebwagen sowie die Bei- und Steuerwagen werden im dritten Band vorgestellt.

Auch in diesem Band waren die Autoren bemüht, trotz einer in gewissem Maße auferlegten Beschränkung, die einzelnen Beschreibungen der Fahrzeugbauarten ausführlich zu gestalten. Allgemeine Ausführungen zur geschichtlichen Entwicklung sowie den Planungen und weiteren Vorhaben, die seit dem Beginn der 1930er-Jahre bis zum Ende des Krieges bestanden, finden sich im ersten Band dieser Reihe. Allerdings werden an dieser Stelle auch die in den Nummernplänen aufgeführten entworfenen, jedoch nicht gebauten Fahrzeuge mit Beschreibungen und soweit möglich auch Zeichnungen vorgestellt.

Für ihre Unterstützung am Zustandekommen dieses Bandes sei an dieser Stelle wiederum Heinz R. Kurz sowie Dr. Rolf Löttgers gedankt, die Unterlagen aus ihren Archiven zur Verfügung stellten und für einen fachlichen Austausch jederzeit offen waren. Ein ebensolcher Dank gebührt Volkmar Kubitzki, Ingo Hütter und Dr. Walter Haberling, die mit Dokumenten und Hinweisen unterstützten, wie auch den Landesarchiven und dem Bundesarchiv. Nicht vergessen seien die wertvollen Ergänzungen aus dem Ausland durch Ivan Rudnev, Zdeněk Hrdina, Ivo Mahel und Krysztof Zintel, denen an dieser Stelle ebenfalls gedankt sei.

Die umfangreiche Illustration der einzelnen Beschreibungen setzte ein jahrzehntelanges Zusammentragen von Bildmaterial voraus, das u.a. von Joachim Claus, Günter Fiebig, Günter Meyer, Georg Otte und Wolfgang Theurich Mitautor Günther Dietze zur Verfügung gestellt wurde. Ihnen muss an dieser Stelle posthum gedankt werden. Weiterhin unterstützten uns u.a. Robin Garn, Dr. Rolf Löttgers und Wolfgang-Dieter Richter, die mit Fotografien aus ihren Archiven zur reichen Illustration dieses Bandes beigetragen haben. Die Autoren waren bemüht, trotz der notwendigen Beschränkungen, aus der Fülle des vorhandenen Bildmaterials vor allem weitgehend unbekannte Bilder aufzunehmen.

**Flöha und Fürth, im Juni 2020**
**Günther Dietz, Dirk Winkler**

Der Wunsch von Günther Dietz, eine detaillierte Darstellung rund um die Thematik der Verbrennungstrieb-, Bei- und Steuerwagen in einer mehrbändigen Buchform zu veröffentlichen, konnte leider zu seiner Lebzeit nicht abgeschlossen werden. Kurz vor Erreichen seines 84. Lebensjahres verstarb Günther Dietz, nicht ohne den Fortgang der Arbeiten bis dahin kritisch begleitet zu haben. Für sein Fachwissen, die enge Zusammenarbeit und die Geduld, die er in den letzten zehn Jahren aufbrachte, sei ihm gedankt!

**Fürth, im November 2020**
**Dirk Winkler**

**186 005-5 in Barth am 12. Mai 1975, drei Tage, bevor er abgestellt wurde. Im Jahr darauf erfolgte seine Ausmusterung.** *Foto: Wolf-Dietger Machel*

# Inhalt

# 1. Einleitung

**Waggonbauindustrie und Reichsbahn warben gern mit ihren neuesten Errungenschaften, so auch auf der Ausstellung „Deutsches Volk – Deutsche Arbeit" von April bis Juni 1934 in Berlin unterm Funkturm. Doch den Besuchern scheint die Liliputbahn mehr zu gefallen als der auf Hochglanz polierte Triebwagen.** *Foto: Sammlung Dirk Winkler*

Neben dem bereits zu Zeiten der Staatsbahnen erfolgreich eingeführten Betrieb mit Akkumulator-Triebwagen und ersten Versuchen mit Verbrennungstriebwagen setzte die Deutsche Reichsbahn-Gesellschaft mit Beginn der 1930er-Jahre auf den verstärkten Einsatz von Verbrennungstriebwagen. Zunehmend stand die DRG in Konkurrenz zum motorisierten Straßenverkehr und sah sich gezwungen, ihre Wettbewerbsfähigkeit auszubauen. Neben der Verbesserung des Verkehrs in und zwischen Ballungsräumen war sich, dem Beispiel der Klein- und Privatbahnen folgend, auch die Reichsbahn im Klaren darüber, dass Personen- und Güterverkehr auf den Nebenbahnen getrennt werden mussten, um einen schnelleren und damit gegenüber dem zunehmenden Omnibusverkehr konkurrenzfähigen Nahverkehr auf der Bahn zu ermöglichen. Neue Konstruktionsprinzipien und Fertigungsmöglichkeiten, die Entwicklungen im Bau von Verbrennungsmotoren und Getrieben sowie die Abkehr von gewohnten Grundsätzen machten den Bau neuer, leichter Fahrzeuge möglich. Wurden in den ersten Jahren die Fahrzeuge noch weitgehend in kleineren Serien zur Erprobung geeigneter Antriebsanlagen bestellt, folgten später weitgehend vereinheitlichte Serien von Verbrennungstriebwagen, die für spezielle Einsatzzwecke verwendet werden konnten. Der Einsatz der Verbrennungstriebwagen zeitigte Erfolge, die Reisegeschwindigkeiten stiegen und die Betriebskosten konnten um rund ein Drittel reduziert werden.

Neben der Einführung des Leichtbaus im Wagenkastenrohbau und der neueren Entwicklungen im Bereich der Laufwerke und der Bremstechnik zeichneten sich die seit Mitte der 1930er-Jahre beschafften Verbrennungstriebwagen vor allem in der Vielfältigkeit der zum Einsatz gelangenden Antriebsanlagen aus. Die meisten anfänglich gebauten Fahrzeuge stellten Versuchsbauarten dar, mit denen die Gestaltung der Fahrzeuggrundrisse, der Innenausbau und die unterschiedlichen Motoren- und Kraftübertragungsanlagen erprobt werden sollten. Erst Ende der 1930er-Jahre sah das RZA München erste einheitliche Baugrundsätze vor, die jedoch durch den Kriegsbeginn nur noch marginal zur Ausführung kamen. Generell blieben die Stückzahlen der Fahrzeuge meist gering und damit die Typenvielfalt hoch, was insbesondere die Instandhaltung aufwendig machte. Zudem waren die meisten Motorbauarten für den Bahneinsatz noch nicht robust genug, so dass Ausfälle und häufige Motorenwechsel an der Tagesordnung waren.

Trotz allem war der Einsatz der Verbrennungstriebwagen aus betrieblicher Sicht ein Erfolg, senkte er doch die Kosten und vereinfachte den Betrieb. Ein Erfolg, den die Reichsbahn allerding nicht lange in vollem Umfang nutzen konnte. Bereits 1938 musste die Reichsbahn erste Fahrzeuge an die Wehrmacht zur Erprobung eines möglichen Kriegseinsatzes der unterschiedlichen Fahrzeuge abgeben. Zudem wurden mehrere Triebwagen dem Betrieb für Propagandafahrten entzogen. Einerseits war 137 290 a/b an der *„Österreichfahrt der Deutschen Technik"* vom 31. März bis Anfang April 1938 beteiligt. Andererseits musste die RBD Dresden mehrere neuere VT, darunter 137 463, für die *„Sudetenfahrt der Deutschen Technik"* vom 24. November bis 4. Dezember 1938 bereitstellen und teilweise für Ausstellungszwecke umbauen[1].

Mit der Mobilmachung zum Zweiten Weltkrieg am 27. August 1939 wurde der Triebwagenverkehr weitgehend eingestellt. Einerseits, da eine erste größere Anzahl an Triebwagen der Wehrmacht zur Verfügung

Eilzug in der RBD Dresden, bestehend aus zwei Trieb- und drei Steuerwagen. Solch ein Zug entsprach den Vorstellungen der Führung der DRG, den Reiseverkehr zu modernisieren und zu beschleunigen. Vor dem imposanten Fabrikgebäude der Zigarettenfabrik Yenidze ist der Triebzug auf dem Weg nach Dresden-Neustadt kurz vor der Marienbrücke.
*Foto: Carl Bellingrodt. Sammlung Günther Dietz*

gestellt werden musste, zum anderen aus Gründen der Treibstoffbevorratung für den Krieg. Nur die mit Vergasermotoren ausgerüsteten Fahrzeuge konnten in den folgenden Monaten auf Gasbetrieb umgestellt und im öffentlichen Reiseverkehr weiter genutzt werden. Die Fahrzeuge mit Dieselmotoren wurden abgestellt, so sie nicht, wie der überwiegende Teil, im Dienste der Wehrmacht Verwendung fanden. Erst Anfang der 1940er-Jahre begann auch die DRB sich mit der Ausrüstung von Dieseltriebwagen mit Gasgeneratoranlagen auseinanderzusetzen, doch blieb es hier bei Versuchen, nicht zuletzt, da kaum Fahrzeuge für einen öffentlichen Betrieb zur Verfügung standen, die hätten umgerüstet werden können[2-3]. Das hochgesteckte Ziel, den Personenverkehr in der Fläche vornehmlich mit Triebwagen zu bewältigen, erreichte die Reichsbahn bis Kriegsbeginn im September 1939 nicht.

Nach Kriegsende war der Bestand der modernen Triebwagen in Leichtbauweise durch den Einsatz für die Wehrmacht oder durch Kriegsschäden stark dezimiert. Die nicht zerstörten Fahrzeuge fanden sich teils in halb Europa wieder und wurden von allen Bahnverwaltungen recht bald nach Kriegsende, so die Fahrzeuge betriebsfähig waren oder eine Instandsetzung vorgenommen werden konnte, wieder dem Betrieb zugeführt. Andere Fahrzeuge standen jahrelang schadhaft auf Abstellgleisen und warteten auf eine Wiederaufarbeitung in den Ausbesserungswerken, die nicht immer möglich war. Bei beiden deutschen Bahnverwaltungen kamen die bei ihnen verbliebenen instandsetzungsfähigen Fahrzeuge nach und nach wieder in den Betriebsdienst, bei der DR vermehrt mit Beginn der 1950er-Jahre. Erste Ausmusterungen begannen bei der DB bereits im selben Zeitraum bei denjenigen Bauarten, die nur in kleinsten Stückzahlen vorhanden waren. Ende der 1960er-, Anfang der 1970er-Jahre schieden die letzten Fahrzeuge aus den Beständen von DB und DR aus.

Infolge der Beschaffungspolitik der Reichsbahn sowie der in den frühen 1930er-Jahren noch nicht abgeschlossenen Erprobung von Antriebskonzepten wurden, wie bereits in Band 1 gezeigt, mehrachsige Verbrennungstriebwagen mit gleichem oder sehr ähnlichem Grundriss, teilweise mit unterschiedlichen Maschinenanlagen beschafft. Aufgrund der differierenden Beschaffungszeiträume oder Bauarten wurden diese Fahrzeuge meist als eigene Gattungen und mit eigenen Nummern in den Betriebsbestand eingereiht. Bei der Beschreibung der in diesem Band vorzustellenden Fahrzeuge wurden die von der Reichsbahn gewählten Bauformen von den Autoren den Gattungen entsprechend zusammengefasst, so dass keine durchgängige Nummernabfolge in der Darstellung gegeben ist.

Die nachfolgenden Beschreibungen stützen sich, neben den in zeitgenössischen Fachartikeln erschienenen Darstellungen auf den in *„Elsners Taschenbüchern für den Reichsbahn-Kraftverkehr“* erschienenen oder den vom RZM München herausgegebenen Beschreibungen, auf die Skizzenblattsammlungen der Reichsbahn und die entsprechenden Merkbücher von 1932 und 1952[4-5]. Die in den Einzelbeschreibungen angeführten Beheimatungsangaben folgen, so nicht anders vermerkt, den Nummernplänen für Triebwagen vom Juni 1933[6], November 1934[7] und Januar 1937[8], dem Plan für die endgültige Verteilung der Verbrennungstriebwagen vom Juni 1934[9] sowie der Aufstellung des RZA München der im Betrieb befindlichen Triebwagen vom Januar 1941[10]. Angaben zu Bauartänderungen folgen, soweit keine anderen Quellen vorlagen, den Skizzenblättern, dem Merkbuch von 1952 und den Ausführungen von *Kurz*[11]. Alle anderen Quellen sind separat vermerkt.

Die Modernität der Reichsbahn stand im Vordergrund der Ausstellung zum Jubiläum 100 Jahre Deutsche Eisenbahnen auf dem Gelände des neuen Güterbahnhofs Nürnberg Süd 1935. Neben vielen anderen neuen Fahrzeugen wurden dort gleich drei moderne zweiachsige Trieb- und ein zweiachsiger Beiwagen gezeigt. Links der für Sonderfahrten genutzte 135 008. *Foto: Sammlung Dirk Winkler*

Der überwiegende Teil der vierachsigen Dieseltriebwagen musste nach Kriegsbeginn der Wehrmacht zur Verfügung gestellt werden. Viele dieser im Sondereinsatz befindlichen Triebwagen sollten diese Verwendung nicht überstehen, wie dieser in Frankreich bombardierte Begleitzug aus mehreren Maybach-Triebwagen, der am 12. September 1940 nahezu komplett ausbrannte.
*Foto: Sammlung Dirk Winkler*

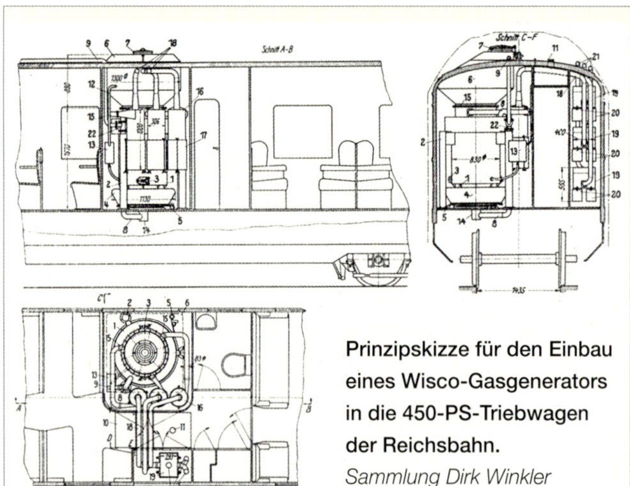

Prinzipskizze für den Einbau eines Wisco-Gasgenerators in die 450-PS-Triebwagen der Reichsbahn.
*Sammlung Dirk Winkler*

Kriegserbe: Drei Jahre nach der deutschen Kapitulation standen im Frühsommer 1948 zahlreiche ausgebrannte und zerstörte Triebwagen im Raw Dessau, darunter auch 137 216.
*Foto: Sammlung Dr. Brian Rampp*

# 2. Beschreibung der Bauarten

## *Zweiachsige VT in Leichtbauweise*

**Die Triebwagen $717^{II}$ – 719 (sp. 133 000 – 002) wurden zwar in Leichtbauweise, jedoch noch als Nietkonstruktion ausgeführt, die mit einer Holzverbundkonstruktion verbunden war. Trieb- und Beiwagen $717^{II}$ und 909 des Bw Passau, mit Zuglaufschild „Freyung Passau Hbf".**
*Foto: Hermann Maey. Sammlung Günther Dietz*

### 133 000 - 002, ex. 717II - 719 (CvT-31)

#### Entstehungsgeschichte

Nachdem die Frage des Leichtbaus von Triebwagen im 1930 neugeschaffenen RZM eine grundlegende Entscheidung gefunden hatte, wurde neben dem Bau von vierachsigen Nebenbahntriebwagen auch der Bau von mehreren Versuchsbauarten von zweiachsigen Triebwagen in Stahl-Leichtbauweise im RZM beschlossen. Zu diesen Fahrzeugen aus dem Beschaffungsprogramm 1931 gehörten drei von der WUMAG gebaute VT mit 100-PS-Vergasermotor und Myliusgetriebe (133 003 - 005), drei VT mit 120-PS-Vomag-Benzolmotoren und TAG-Getrieben (133 000 - 002) sowie zwei vollständig geschweißte VT von Westwaggon mit 120-PS-Daimler-OM54-Motoren sowie elektrischer Leistungsübertragung von SSW nach dem System Gebus (135 000, 001)[12-13]. Bei der Vergabe setzte das RZM auf Hersteller, die bereits Erfahrungen im Bau von Verbrennungstriebwagen gesammelt hatten.

Die Benzoltriebwagen mit den Nummern 133 000 bis 133 002 wurden bei der Triebwagenbau-A.G. (TAG) in Auftrag gegeben (Vertrag 01.198/24.7504), die wiederum Konstruktion und Bau des Wagenkastens sowie die Montage an Linke-Hofmann-Busch (LHB), Werk Werdau, vergab. Die drei Wagen kamen 1932 zur Ablieferung und wurden zunächst bis zu ihrer Umzeichnung mit den Nummern $717^{II}$ bis 719 in Dienst gestellt. Ende Oktober 1932 erhielten sie die neuen Nummern 133 000 bis 133 002.

#### Aufbau und Technik

Wagenkastengerippe und Rahmen wurden bei diesen drei Fahrzeugen noch als Nietkonstruktion ausgeführt, die mit einer Holzverbundkonstruktion verbunden war. Außen wurde hierbei das Holz des Wagenkastens mit Blech verkleidet. Der Einstiegsraum mit Führerstand und Sitzbank hatte eine Länge von 1590 mm. Der Fahrgastraum mit 48 Sitzplätzen 3. Klasse auf Holzlattensitzen in der Sitzteilung 2+3 war in ein großes und ein kleines Abteil unterteilt. Im großen Abteil lag ein Abort mit Leibstuhl und Waschtisch. Die Fenster des Fahrgastraumes waren mit 1.200 mm recht breit ausgeführt und waren mit Kurbeltrieb (Bauart Bautzen) ohne Fenstergewichtsausgleich herablassbar. Die Fenster der Einstiegstüren waren als Fallfenster ausgeführt. Die 1000 mm breiten Führerstandsfenster mit schmalem Mittelsteg waren wie die Abteilfenster bis zum waagerecht durchgehenden Spant herabgeführt.

Das Laufwerk entsprach weitgehend der Regelbauart für Reisezugwagen. Mit einem Achsstand von 6200 mm besaß das Laufwerk Lenkachsen mit genieteten Achshaltern, in Federschaken aus Rundstahl aufgehängte mehrlagige Blattfedern, über die sich der Wagenkasten auf den Gleitlagern der Scheibenradsätze mit 900 mm abstützte. Als Stoßvorrichtung dienten leichte Stangenpuffer mit 350 mm Tellerdurchmesser, als Zugvorrichtung eine leichte Sonderbauart.

Der Vergasermotor der Firma Vomag, Plauen, und das mit dem Wendegetriebe vereinigte Getriebe der TAG waren in einem Tragrahmen angeordnet, der unter dem Wagenkasten an Gummipuffern aufgehängt

**Skizzenblatt des CvT-31 (133 000 - 002)**

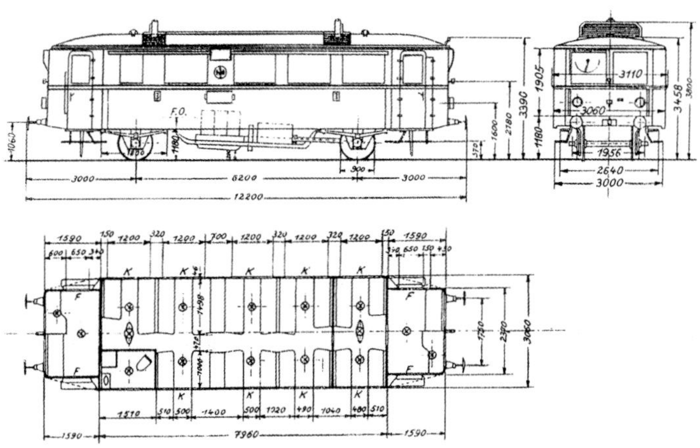

Der in Werdau gebaute Triebwagen „718 Regensburg“ mit einem der in Görlitz gebauten Beiwagen.
*Werkfoto. Sammlung Günther Dietz.*

Alle drei Triebwagen befanden sich nach Kriegsende weiterhin in der RBD Regensburg. Sie erhielten 1947 die neue Bezeichnung VT 78 900 - 902. VT 78 901 und 902 wurden Ende Dezember 1953 ausgemustert und 1953 bzw. 1954 an die Mindener Kreisbahn verkauft, wo sie als T7 und T8 liefen. Am 19. Mai 1961 hielt Joachim Claus den T8 in Minden im Bild fest.
*Foto: Sammlung Günther Dietz*

## Technische Daten

| | | | |
|---|---|---|---|
| Betriebsnummer | | | 133 000 - 002 |
| Gattungsbezeichnung | | | CvT-31 |
| Übersichtszeichnung | | | TK-= 2008f. Werdau |
| Radsatzanordnung | | | A1 |
| Hersteller | Wagenteil | | Busch |
| | Motor | | Vomag |
| | Getriebe | | TAG |
| | el. Ausrüstung | | - |
| Höchstgeschwindigkeit | | km/h | 65 |
| Länge über Puffer | | mm | 12200 |
| ges. Radsatzabstand | | mm | 6200 |
| Treibraddurchmesser | | mm | 900 |
| Laufraddurchmesser | | mm | 900 |
| Sitzplätze | 2. Klasse | | - |
| | 3. Klasse | | 46 |
| Stehplätze | | | 26 |
| Plätze gesamt | | | 72 |
| Dienstmasse | unbesetzt | t | 13,9 |
| | besetzt | t | 19,3 |
| | je Sitzplatz | kg | 300 |
| | je lfd. m Wagenlänge | t | 1,16 |
| spez. Antriebsleistung | | kW/t / PS/t | 6,2/8,4 |
| gr. Radsatzlast | | t | 9,6 |
| Steuersystem | | | Einzel |
| Motor | Zahl / Bauart | | 1/EH 3060 |
| | Masse | kg | 790 |
| | Zyl./Durchm./Hub | mm | 6 / 130 / 160 |
| | Dauerleistung | PS | 120 |
| | Drehzahl | $min^{-1}$ | 1200 |
| Art u. System d. Leistungsübertragung | | | mechanisch |
| Getriebebauart | | | RG 100 |
| Geschwindigkeitsstufen | | | 4 |
| Motorsteuerung | | | mechanisch, Gestänge |
| Getriebesteuerung | | | pneumatisch |
| Wendegetriebesteuerung | | | pneumatisch |
| Kraftstoffvorrat | | l | 145 |
| Heizung | | | Abgasheizung |
| Beleuchtung, Stromart, Spannung | | | el. = 24 V |
| Bremse | | | Kzpbr |

war. Vom Getriebe wurde das Drehmoment mit einer Gelenkwelle zum Radsatzantrieb übertragen. Die Steuerung des Motors erfolgte mit Seilzug, die von Getriebe und Wendegetriebe mit Druckluft. Die Kühlanlage war eine Dachkühlanlage.

Die elektrische 24-V-Anlage wurde mit einer Bosch-Lichtmaschine FT mit 500 W Leistung versorgt. Der Motor wurde elektrisch angelassen. Die Batterie hatte zunächst eine Kapazität von 160 Ah bei fünfstündiger Entladung. Die Beleuchtung des Trieb- und Beiwagens war in zwei Stromkreise aufgeteilt. Von der Batterie wurden neben der Beleuchtung die Messinstrumente, die Sicherheitsfahrschaltung und der Anlasser gespeist. Die Druckluft erzeugte ein vom Getriebe angetriebener Luftverdichter der Bauart TAG. Die Höchstgeschwindigkeit lag bei 65 km/h.

Die zunächst vorhandene Abgasheizung wurde durch eine Schulz-Wasser-Umluftheizung ersetzt und gleichzeitig eine Führerstandsheizung eingebaut. 1937 wurde die ursprüngliche Knorr-Zweikammerbremse durch die Hikpt-Bremse mit selbsttätigem Gestängesteller ersetzt. Die Batterie erhielt mit 180 Ah eine größere Kapazität. Die Umstellung auf Flüssiggasbetrieb wurde 1940 angeordnet. Die Triebwagen erhielten sechs kleine Gasflaschen für das Mitführen des Treibstoffes[14]. Bei der DB war noch der Umbau auf A 6 M 617-Deutz-Dieselmotoren geplant.

### Einsatz und Verbleib

Die am 2. Januar ($717^{II}$) bzw. 2. Februar 1932 (718 und 719) abgelieferten Triebwagen wurden in Passau (717 und 718) und Schwandorf (719) beheimatet. Im Mai 1934 kamen die nunmehr zu 133 000 und 133 001 umgezeichneten Passauer Triebwagen ebenfalls zum Bw Schwandorf. Nach der Umstellung auf Gasbetrieb blieben die drei Triebwagen weiterhin in der RBD Regensburg im Betrieb.

Alle drei Triebwagen überstanden den Krieg in ihrer Direktion und wurden 1947 zu VT 78 900 - 902 umgezeichnet. Bereits Ende Dezember 1950 wurde VT 78 900 ausgemustert[15]. Anschließend erfolgte bis Mai 1951 sein Umbau zum Beiwagen 140 395. Die beiden verbliebenen VT 78 901 und 902 wurden Ende Dezember 1953 ausgemustert[16] und in den Jahren 1953 bzw. 1954 an die Mindener Kreisbahn (MKB) verkauft (dort T7 und T8).

Bei der MKB erhielten die Triebwagen einen Deutz-Dieselmotor mit 130 PS (rd. 95,6 kW) Leistung. Der T8 (ex 133 002) wurde nach einem Unfall am 04.06.1968 ausgemustert, während der T7 (ex 133 001) 1975 zur Dampfeisenbahn Weserbergland und im August 1994 zur Dampfbahn Fränkische Schweiz als VT2 kam, wo er noch heute als „718 Regensburg“ vorhanden ist.

Bei den von der WUMAG gefertigten zweiachsigen Vergaser-Triebwagen 720 – 722 war der Wagenkasten komplett geschweißt. „720 Regensburg“ zeigt sich hier mit dem Beiwagen 907 auf einem Werkfoto vom Januar 1932. *Foto: Sammlung Wolfgang Theurich*

## 133 003 - 005, ex. 720 - 722 (CvT-32a)

### Entstehungsgeschichte

Zu den erwähnten Versuchstriebwagen gehörten auch drei von der WUMAG in Görlitz gefertigte benzolmechanische Fahrzeuge. Mit Vertrag 03.966/24.7503 wurden Anfang 1931 die Fahrzeuge in Auftrag gegeben. Sie sollten Maybach-Vergasermotoren und Myliusgetriebe erhalten. Die WUMAG lieferte die drei Wagen, die noch unter den Nummern 720 bis 722 in Dienst gestellt wurden, 1932 aus. Auch sie erhielten Ende Oktober 1932 neue Nummern: 133 003 bis 133 005.

### Aufbau und Technik

Erstmals wandte die WUMAG für die Konstruktion des Wagenkastens der zweiachsigen Triebwagen die Spantenbauweise an. Der Rohbau des Wagens bestand aus einer Profilstahlkonstruktion mit senkrechten Säulen und waagerechten, querversteifenden Profilen (Spanten) mit Ober- und Untergurten sowie Säulen an den Fenster- und Türausschnitten und einem waagerecht durchgehenden Spant an der Fensterunterseite. Die Bekleidungsbleche waren angeschweißt. Das Dach wurde aus einer sogen. Dachkappe aus Blech gebildet, die rund um den Wagen verlief und vom Obergurt der Seitenwände bis zum eigentlichen Dach reichte.

Skizzenblatt des CvT-32a (133 003 - 005)

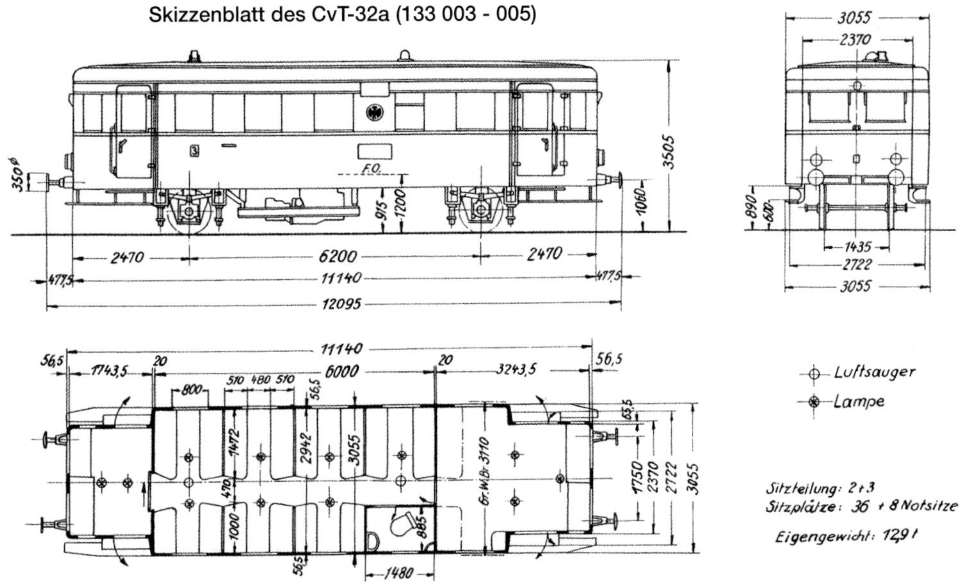

Das Dach bestand aus 6 mm starkem Sperrholz mit Doppeldrellbezug und Schutzanstrich, innen war 3 mm Sperrholz für die Deckenverschalung verwendet worden.

Der Führerstand neben dem Fahrgastraum besaß eine Länge von 1743,5 mm und verfügte über einen Führertisch sowie eine Sitzbank. Die 800 mm breiten Stirnfenster waren nicht bis zum waagerecht durchgehenden Spant herabgeführt. In das Abteil 3. Klasse mit 36 Sitzplätzen auf Holzlattensitzbänken in der Sitzteilung 2+3 war der Abort mit Leibstuhl und Waschbecken integriert. Es folgte ein Gepäckabteil mit 3243,5 mm Länge, das über acht Notsitze verfügte und ohne Abtrennung in den Einstiegsbereich mit Führertisch und Sitzbank überging. Die Tür war als Drehtür mit zusätzlichem aufklappbaren Seitenteil ausgeführt. Die Fenster des Fahrgastraums besaßen eine Breite von 800 mm und Kniehebelausgleich. Im Bereich der Einstiegsräume waren zum Fahrzeugende hin jeweils 400 mm breite Fenster eingebaut. Zur Entlüftung standen zwei Wendler-Luftsauger zur Verfügung. Die Einbauweise der Antriebsanlage gestattete eine Fußbodenhöhe von 1200 mm, ohne dass der Motor in den Fahrgastraum hineinragte.

Das Laufwerk mit 6200 mm Achsstand besaß zwei Scheibenradsätze mit 900 mm Durchmesser und Jäger-Doppelrollenlagern. Die Radsätze waren über Blattfedern mit seitlichen Gehängen auf Spiralfedern abgestützt, die wiederum in u-förmigen Haltern am Rahmen befestigt waren. Als Puffer waren leichte Stangenpuffer mit 350 mm Tellerdurchmesser vorhanden. Als Kupplung diente eine leichte Schraubenkupplung.

Der Motor der Firma Maybach, die Hauptkupplung und das Getriebe, Bauart Mylius, der Deutschen Getriebe GmbH, Hannover, waren in einem Tragrahmen unter dem Wagenkasten angeordnet. Über Gelenkwelle wurde das Drehmoment zum Radsatzwendegetriebe der Bauart Mylius übertragen. Motor und Getriebe wurden mit Seilzug betätigt, und die Hauptkupplung wurde mit Druckluft aus- und mit Federkraft eingerückt. Die Kühlanlage war seitlich unter dem Wagenkasten im hinteren Teil angeordnet.

## Technische Daten

| | | | |
|---|---|---|---|
| Betriebsnummer | | | 133 003 - 005 |
| Gattungsbezeichnung | | | CvT-32a |
| Übersichtszeichnung | | | VT/A 702d WUMAG |
| Radsatzanordnung | | | A1 |
| Hersteller | Wagenteil | | WUMAG |
| | Motor | | Maybach |
| | Getriebe | | DGG |
| | el. Ausrüstung | | - |
| Höchstgeschwindigkeit | | km/h | 65 |
| Länge über Puffer | | mm | 12095 |
| ges. Radsatzabstand | | mm | 6200 |
| Treibraddurchmesser | | mm | 900 |
| Laufraddurchmesser | | mm | 900 |
| Sitzplätze | 2. Klasse | | - |
| | 3. Klasse | | 43 |
| Stehplätze | | | 36 |
| Plätze gesamt | | | 79 |
| Dienstmasse | unbesetzt | t | 13,3 |
| | besetzt | t | 19,2 |
| | je Sitzplatz | kg | 310 |
| | je lfd. m Wagenlänge | t | 1,10 |
| spez. Antriebsleistung | | kW/t / PS/t | 5,6/7,7 |
| gr. Radsatzlast | | t | 9,6 |
| Steuersystem | | | Einzel |
| Motor | Zahl / Bauart | | 1/OS 5 |
| | Masse | kg | 450 |
| | Zyl./Durchm./Hub | mm | 6 / 94 / 168 |
| | Dauerleistung | PS | 100 |
| | Drehzahl | $min^{-1}$ | 1900 |
| Art u. System d. Leistungsübertragung | | | mechanisch |
| Getriebebauart | | | C |
| Geschwindigkeitsstufen | | | 4 |
| Motorsteuerung | | | mechanisch, Seilzug |
| Getriebesteuerung | | | Seilzug, pneumatisch |
| Wendegetriebesteuerung | | | pneumatisch |
| Kraftstoffvorrat | | l | 150 |
| Heizung | | | Abgasheizung |
| Beleuchtung, Stromart, Spannung | | | el. = 24 V |
| Bremse | | | Kzpbr |

**Die Triebwagen 720 - 722 liefen ab Oktober 1932 unter den neuen Nummern 130 003 - 005. Der noch als „722 Regensburg" bezeichnete spätere 133 003 verkehrte 1932 auf der Strecke Neumarkt – Passau.** *Foto: Hermann Maey. Sammlung Günther Dietz*

133 003, inzwischen in neuem Anstrich, war 1934 vom Bw Passau zum Bw Hof gewechselt.
*Foto: Sammlung Dirk Winkler*

Die drei Triebwagen überstanden den Krieg und wurden 1947 zu VT 79 900 - 902. Nach seiner Ausmusterung im Dezember 1953 kam VT 79 902 zur Deutschen Eisenbahn-Betriebsgesellschaft und lief bis 1963 auf der Strecke Vorwohle – Emmertal. Das Foto entstand am 10. März 1962 in Schalthausen.
*Foto: Gerd Wolff. Sammlung Dirk Winkler*

Die Stromversorgung der 24-V-Anlage bzw. der Batterie mit einer Kapazität von 160 Ah erfolgte mit einer Bosch-Lichtmaschine, die von der Welle der Motorkühlwasserpumpe angetrieben wurde. Die Beleuchtung war in zwei Stromkreise für den Trieb- und Beiwagen aufgeteilt. Der Motor wurde elektrisch mit einem Anlasser gestartet. Der Knorr-Luftverdichter V57/50 wurde von der Motorwelle mit Zahnrädern angetrieben. Die Höchstgeschwindigkeit der Fahrzeuge betrug 65 km/h[17].

Als Bauartänderung wurde die zunächst vorhandene Abgasheizung etwa 1936 durch eine Schulz-Warmwasserheizung ersetzt. Dabei erhielten die Führerstände Heizkörper. Etwa 1938 wurde die Bremse von der Zweikammer-Knorrbremse zur Hildebrand-Knorrbremse umgebaut. Alle drei Triebwagen wurden 1940 auf Flüssiggasbetrieb umgestellt. Weitere Bauartänderungen an den drei Wagen waren: Einbau eines Sicherheitsventils in die Druckluftanlage, Fensterscheiben aus Sicherheitsglas, Frostschutzscheibe in den Führerständen, Kühlwasserüberlaufventil, Einbau der RZM-Sicherheitsfahrschaltung, Dampfheizleitung für Kühlwasservorwärmung.

## Einsatz und Verbleib

Diese drei im Februar (720) und März 1932 (721 und 722) abgelieferten und einige Zeit später zu 133 003 bis 005 umgezeichneten Triebwagen wurden bis auf 133 005 in Passau eingesetzt. Der 133 005 war zunächst in Weiden beheimatet. 1934 wurden 133 003 (ex 720) bzw. 133 004 (ex 721) und 133 005 (ex 722) von Passau nach Hof bzw. Weiden umbeheimatet. 133 003 kam im Oktober 1937 von Hof nach Weiden, so dass dann alle drei VT dieser Bauart von Weiden aus eingesetzt werden konnten.

In den Kriegsjahre mehrten sich Schäden an den auf Gasbetrieb umgebauten Triebwagen, so dass 133 004 im Februar 1943 abgestellt werden musste. Ihm folgte noch vor Kriegsende 1945 der 133 005. Einzig 133 003 blieb betriebsfähig.

Die drei in der amerikanischen Besatzungszone stehenden Wagen wurden 1947 vom RZA München zu VT 79 900 - 902 umgezeichnet. Allerdings konnte nur der ehem. 133 003, nun VT 79 902, im Bw Weiden wieder in Betrieb genommen werden. Ab 1949 tat er Dienst in Schwandorf. Für die beiden VT 79 900 und 901 erfolgte Ende Dezember 1950 die Ausmusterung[18]. Anschließend wurden sie zu Beiwagen mit den Nummern 140 400 und 401 umgebaut. Immerhin konnten die beiden Beiwagen noch ein knappes Jahrzehnt eingesetzt werden, bis sie letztlich am 28.03.1961 und 30.03.1962 ausgemustert wurden. Für den VB 140 401 folgte 1963 der Verkauf an die Metallum in Simbach/Inn.

Der VT 79 902 wurde im Dezember 1953 ausgemustert[19] und ohne Motor an die Deutsche Eisenbahn-Betriebsgesellschaft (DEBG) verkauft. Er erhielt dort einen Dieselmotor mit 145 PS (107 kW) Leistung der Firma KHD und verkehrte bis 1963 auf der Strecke Vorwohle – Emmertal und später auf der Strecke Wiesloch – Walldorf. Anschließend kam er zur Südwestdeutschen Verkehrs-Aktiengesellschaft, wo er noch bis 1987 eingesetzt wurde. Ab 1987 gehörte der Wagen dem Verein zur Erhaltung und Förderung des Schienenverkehrs Bocholt e.V. (VEFS). 1990 kam er ins Eisenbahnmuseum Darmstadt-Kranichstein, 2016 wollte ihn der Verein Eisenbahnfreunde Grenzland zum Bahnhof Walheim bei Aachen überführen und für einen musealen Betrieb auf der Vennbahn sowie der Bahnstrecke Stolberg – Walheim aufarbeiten.

Anders als die angestammten Waggonbaufirmen versuchte sich Henschel am Bau von Schienenomnibussen, einer Entwicklung, die vor allem in Frankreich seit Mitte der 1920er-Jahre Erfolge zeigte. Nachdem 1931 ein Schienenbus an die Kleinbahn Grifte – Gudensberg in Hessen geliefert worden war, lieferte Henschel 1933 drei Schienenomnibusse an die DRG. Das Werkfoto zeigt den 133 008 im LHB-Werk Bautzen.
*Foto: Sammlung Günther Dietz*

## 133 006 - 008 (CvT-33a)

### Entstehungsgeschichte

Auch die renommierte Lokomotivbaufirma Henschel & Sohn aus Kassel bemühte sich Anfang der 1930er-Jahre um Teilhabe im aufstrebenden Triebwagengeschäft, das vornehmlich von den Waggonbaufirmen betrieben wurde. Bereits 1925 hatte Henschel mit der Fertigung von Lastkraftwagen und Omnibus-Fahrgestellen auf Basis einer Lizenz des Schweizer Herstellers Franz Brozincevic & Cie (FBW) begonnen, um die sinkenden Aufträge im Lokomotivbau zu kompensieren. Henschel entwickelte in den folgenden Jahren eigene Nutzfahrzeuge mit Verbrennungsmotoren sowie eigene Motoren, u.a. den Henschel-Lanova-Dieselmotor, der gegenüber anderen Dieselmotoren eine weichere Verbrennung ermöglichte.

Sicherlich nicht unbeeinflusst durch die Entwicklung in Frankreich, wo seit Mitte der 1920er-Jahre Schienenbusse von De Dion-Bouton vornehmlich auf Klein- und Nebenbahnen eingesetzt wurden, entwickelte auch Henschel auf Basis der Erfahrungen im Bau von Bussen und Lkw einen „Schienenomnibus". Dieses erste Musterfahrzug wurde 1931 vorgestellt und an die Kleinbahn Grifte – Gudenberg verkauft[20-21]. Die Reichsbahn verfolgte die Entwicklung der Schienenomnibusse über die Jahre aufmerksam, bevor sie sich im Rahmen der ersten Auftragsvergaben für neue Versuchsfahrzeuge in Leichtbauweise im Beschaffungsprogramm von 1931 dazu entschloss, ebenfalls Schienenomnibusse zu erproben. Mit Vertrag 05.042/24.7523 erhielt Henschel den Auftrag zum Bau von drei Fahrzeugen, die auf Anforderung des RZA als Zweirichtungsfahrzeuge ausgeführt werden sollten. Das Fahrgestell mit der Antriebsausrüstung wurde bei Henschel in Kassel gefertigt, den Bau des Wagenkastens sowie des kompletten Innenausbaus vergab Henschel an LHB, Werk Bautzen. Die drei Wagen wurden 1933 angeliefert und von der Reichsbahn als CvT-33a mit den Nummern 133 006 - 008 in Dienst gestellt.

### Aufbau und Technik

Das aus dem Lkw-Bau abgeleitete Untergestell mit Laufwerk bestand aus zwei mittleren Langträgern aus gesenkgeschmiedetem Nickelstahl, auf die mehrere Querträger aufgesetzt waren. An den Kopfwinkeln wa-

Skizzenblatt des CvT-33a (133 006 - 008)

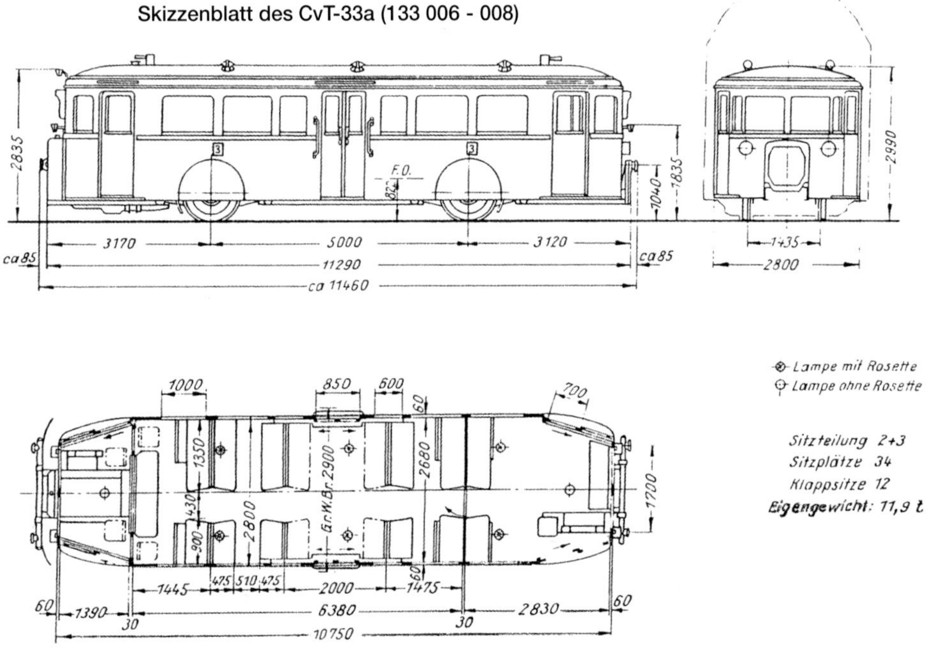

**Das Rohbaufahrzeug noch ohne Dachverblechung.** *Werkfoto Waggonbau Bautzen. Sammlung Günther Dietz*

ren Stoßstangen mit Pufferscheiben und umlegbaren Anhängebügeln montiert. Das Untergestell war als kombinierte Niet- und Schraubkonstruktion ausgeführt.

Die innen gelagerten Spezialradsätze waren von unten über mehrlagige Blattfedern und Gummipuffer in den Federböcken gegen das Untergestell abgefedert. Die Radscheiben aus Stahlscheiben und Gummigewebescheiben waren geschraubt und sollten seitliche Stöße aufnehmen.

Der 100-PS-Vergasermotor (rd. 73,5 kW) war mit dem Kühler an einem Wagenende auf dem Fahrzeugrahmen angeordnet. Mit dem Motor waren die Kupplung und das dreistufige Wechselgetriebe mit Rückwärtsgang der Zahnradfabrik Friedrichshafen zu einem Aggregat zusammengefasst. Über Gelenkwelle wurde das Radsatzwendegetriebe des vorderen Radsatzes angetrieben. Die Steuerung von Motor, Getriebe und Radsatzwendegetriebe erfolgte mechanisch über Gestänge von den beiden Führerständen aus.

Die Wagen verfügten über eine Bremse, die durch Führerbremsventil oder durch Fußhebel betätigt wurde und als Innenbackenbremse auf die erste Achse wirkte. Zusätzlich war eine Handbremse als Abstellbremse vorhanden, die auf die zweite Achse wirkte. Die elektrische Anlage mit 12 V Spannung wurde von einer Batterie mit 150 Ah Kapazität versorgt. Die Batterie wurde durch eine Lichtmaschine mit 400 W Leistung geladen.

Neben der Beleuchtung wurden von der elektrischen Anlage die beiden Typhone, die Läutewerke, die Sicherheitsfahrschaltung, die Notbremsschalter, die Notglocken im Fahrgast- und Gepäckraum, die Feueralarmglocken, die Klingelanlage zwischen den Führerständen sowie der Batteriespannungsmesser betrieben[22].

**Rahmen und Laufwerk eines Henschel-Schienenomnibusses, links ist die Verkleidung des bereits eingebauten Motors zu erkennen.** *Werkfoto Waggonbau Bautzen. Sammlung Günther Dietz*

## Technische Daten

| | | | |
|---|---|---|---|
| Betriebsnummer | | | 133 006 - 008 |
| Gattungsbezeichnung | | | CvT-33a |
| Übersichtszeichnung | | | |
| Radsatzanordnung | | | A1 |
| Hersteller | Wagenteil | | Busch |
| | Motor | | Henschel |
| | Getriebe | | ZF |
| | el. Ausrüstung | | - |
| Höchstgeschwindigkeit | | km/h | 60 |
| Länge über Puffer | | mm | 11460 |
| ges. Radsatzabstand | | mm | 5000 |
| Treibraddurchmesser | | mm | 965 |
| Laufraddurchmesser | | mm | 965 |
| Sitzplätze | 2. Klasse | | - |
| | 3. Klasse | | 34 (+12) |
| Stehplätze | | | |
| Plätze gesamt | | | 46 |
| Dienstmasse | unbesetzt | t | 11,5 |
| | besetzt | t | 14,9 |
| | je Sitzplatz | kg | 250 |
| | je lfd. m Wagenlänge | t | 1,00 |
| spez. Antriebsleistung | | kW/t / PS/t | 6,4/8,7 |
| gr. Radsatzlast | | t | |
| Steuersystem | | | Einzel |
| Motor | Zahl / Bauart | | 1 / D |
| | Masse | kg | 640 |
| | Zyl./Durchm./Hub | mm | 6 / 120 / 150 |
| | Dauerleistung | PS | 100 |
| | Drehzahl | $min^{-1}$ | 1600 |
| Art u. System d. Leistungsübertragung | | | mechanisch |
| Getriebebauart | | | Dkb 50 |
| Geschwindigkeitsstufen | | | 3 |
| Motorsteuerung | | | mechanisch, Gestänge |
| Getriebesteuerung | | | mechanisch, Gestänge |
| Wendegetriebesteuerung | | | mechanisch, Gestänge |
| Kraftstoffvorrat | | l | 150 |
| Heizung | | | Abgas-Frischluftheizung |
| Beleuchtung, Stromart, Spannung | | | el. = 12 V |
| Bremse | | | Unterdruck-Innenbackenbr. |

**Einstiegsraum mit Führerstand.** *Werkfoto Waggonbau Bautzen. Sammlung Günther Dietz*

Noch vor der Abnahme der beiden ersten Wagen wurde der ursprünglich auf beide Radsätze wirkende Antrieb so umgebaut, dass nur noch ein Radsatz angetrieben wurde. Ursache war die ungünstige Verteilung der Radsatzlasten. An Bauartänderungen erfolgte die Umstellung der Heizung auf eine Schulz-Wasser-Umluftheizung und der Einbau eines Heizkörpers im Führerstand 2. Auch wurde die Vakuumbremse geändert. Weiterhin verfügte das RVM 1940 den Umbau auf Flüssiggasbetrieb, wofür die Wagen zwei bis vier kleine Gasflaschen erhalten sollten[23].

### Einsatz und Verbleib

Die Aufzeichnungen von Henschel geben wieder, dass ein Wagen für die RBD Breslau, zwei für die RBD Nürnberg vorgesehen waren[24]. Trotzdem die ersten beiden Wagen 1933 dem RAW Nürnberg zur Abnahme

**Der für die RBD Regensburg vorgesehene 133 007 vor seiner Ablieferung auf Probefahrt.** *Werkfoto. Sammlung Dirk Winkler*

Auf der Strecke Waldkirchen – Haidmühle im Bayerischen Wald entgleiste 133 007 zwischen Alt- und Neureichenau.
*Foto: Sammlung Günther Dietz*

zugeführt wurden, erfolgte diese aufgrund der o.g. notwendigen Umbauten erst 1934. Die ersten beiden Wagen wurden, so der Nummernplan von 1933, der RBD Regensburg zugeteilt, der dritte Wagen sollte in die RBD Breslau gehen. Letztlich waren die Wagen gemäß der Aufstellung vom November 1934 in Weiden (133 006) und Passau (133 007 und 008) eingesetzt. Im September 1936 wurde 133 006 bereits von Weiden nach Schwandorf umbeheimatet.

Die drei Schienenomnibusse befriedigten im täglichen Einsatz nicht. Da ein Mitführen von Beiwagen nicht möglich war, reichte die Kapazität oft nicht für die vorhandenen Fahrgastzahlen aus. Zudem waren die Laufeigenschaften der Wagen aufgrund der Auslegung des Laufwerks bei höheren Geschwindigkeiten nicht zufriedenstellend. Die Federung war zu hart und die Gummigewebescheiben der Räder dem Eisenbahnbetrieb nicht gewachsen. Die zulässige Geschwindigkeit wurde darum später wegen schlechter Laufeigenschaften auf 40 km/h herabgesetzt.

Für das Geschäftsjahr 1941 verzeichnete die RBD Regensburg die Abgabe der drei Triebwagen an die RBD *„Erfurt und München"*[25]. Grund war, dass das RZA München im Herbst 1941 verfügte, die drei Wagen dem RAW Nürnberg zuzuführen, um sie dort zu Fahrleitungs-Untersuchungswagen (Flu) umzubauen. Nach dem Umbau in Nürnberg waren dann der 738 005 (ex 133 006) in Waldenburg-Dittersbach, der 738 004 (ex 133 007) in Saalfeld und der 703 813 (ex 133 008) in München Ost stationiert, wie das nachgeführte Verzeichnis von 1937 vermerkt.

Über den Nachkriegsverbleib dieser Fahrzeuge ist wenig bekannt. Der Fahrleitungs-Untersuchungswagen 738 004 Erfurt (ex 133 007) befand sich nach Kriegsende schwer beschädigt im Bw Saalfeld. Aller Reparationsabgaben der elektrischen Anlagen und Fahrzeuge in die UdSSR im Jahr 1946 zum Trotz verblieb er in Saalfeld und wurde Anfang Dezember 1952 dort von Experten untersucht und einer Aufarbeitung für wert empfunden. Er rollte zusammen mit E 44 033, 041 und 074 am 2. August 1953 ins Raw Dessau[26]. Hier verlieren sich seine Spuren; vermutlich wurde eine Aufarbeitung aufgrund der Schäden verworfen. Angaben zu dem vermutlich in Polen verbliebenen 738 005 oder dem Münchener 703 813 fehlen.

1941 wurden alle drei Henschel-Schienenomnibusse zu Fahrleitungs-Untersuchungswagen umgebaut. Ausgerüstet u.a. mit Arbeitsbühne und Erdungsstromabnehmer zeigt sich hier der ehemalige 133 007 als Bahndienstfahrzeug 738 004 Erfurt in Saalfeld.
*Foto: Sammlung Wolfgang-Dieter Richter*

## 135 000 - 001, ex. 805II, 806II (CvT-32)

### Entstehungsgeschichte

Zu den 1931 vom RZM in Auftrag gegebenen Versuchstriebwagen gehörten auch zwei Wagen, die mit Dieselmotor und elektrischer Leistungsübertragung ausgerüstet werden sollten. Die Firma Westwaggon in Köln-Deutz erhielt mit Vertrag 03.966/24.7502 den Auftrag zum Bau der Wagen, die mit Daimler-Dieselmotoren und elektrischer Ausrüstung der SSW auszuführen waren[27]. Westwaggon lieferte die Wagen 1932, die zunächst noch als zweite Besetzung der Nummern 805 und 806, im Oktober 1932 dann als 135 000 und 135 001 eingereiht wurden.

### Aufbau und Technik

Die Konstruktion von Rahmen und Wagenkasten ähnelte derjenigen der WUMAG-Wagen (720 - 722) und bestand vorwiegend aus dünnen, 2,5 mm starken Stahlblechträgern aus St 52, die unter sich und mit den 1,5 mm dicken Verkleidungsblechen verschweißt waren. Die äußere Dachverkleidung bestand aus mit einer Bitumendecke belegtem Sperrholz. Der Einstiegsraum mit Führerpult und Sitzbank neben dem Fahrgastabteil besaß einfache Drehtüren zum Einstieg und schmale Fenster zum Wagenende. Die Stirnfenster waren 800 mm breit und nicht bis zum waagerecht durchgehenden Spant herabgeführt. Das Fahrgastabteil 3. Klasse besaß 35 Sitzplätze überwiegend in der Sitzteilung 1+4 auf Holzlattensitzen. Die innere Wandverschalung bestand aus polierter Eiche. Der Holzfußboden war mit Linoleum belegt. Die Fenster des Fahrgastraumes waren mit 1200 mm recht breit ausgelegt, das Gepäckabteil besaß 800 mm breite Fenster. Sie konnten mit Kurbelantrieb herabgelassen werden. An den Längsseiten des Fahrgastraumes waren Gepäcknetze angebracht. Als Heizung wurde in diese Wagen erstmals eine Abgas-Frischluftheizung eingebaut. Zur Entlüftung standen drei Wendler-Luftsauger zur Verfügung. Der Gepäckraum mit 1500 mm Länge besaß zwei Klappsitzbänke und ging ohne Abtrennung in den zweiten Einstiegsraum mit Führerpult und Klappsitzbank über. Hier war eine anderthalbflügelige Drehtür für den Einstieg vorhanden.

Das Laufwerk mit 6200 mm Achsstand besaß zwei Scheibenradsätze mit 900 mm Durchmesser und Isothermos-Gleitlager. Auf den Achslagern war der Wagenkasten mit mehrlagigen, langen Blattfedern aufgelagert, wobei zwischen Blattfeder und Federbock nochmals Gummifedern eingebaut waren. Die Zug- und Stoßvorrichtungen entsprachen der leichten Bauart.

Der Dieselmotor der Firma Daimler-Benz und der Traktionsgenerator der Firma Siemens mit Gebus-Leistungssteuerung waren in einem mit Gummipuffern am Untergestell quer zur Fahrtrichtung aufgehängten Tragrahmen angeordnet, der auch den Kühler trug. Ein Tatzlagerfahrmotor, ebenfalls von SSW, arbeitete über ein Zahnradvorgelege auf die Treibachse.

Der Triebwagen besaß als elektrische Anlage eine 24-V-Anlage. Die Batterie mit 400 Ah wurde von zwei Bosch-Lichtmaschinen FT 500 mit je 500 W Leistung versorgt. Die Beleuchtung erfolgte in zwei Stromkreisen. Angelassen wurde der Dieselmotor mit einem 24-V-Bosch-Anlasser. Die Druckluft erzeugte ein elektrisch angetriebener Knorr-Luftverdichter VV 48/75 G. Die Wagen erhielten eine Carpenter-

**Das RZM gab 1931 auch zwei dieselelektrische Versuchstriebwagen in Auftrag. „805 Regensburg", der spätere 135 000, steht hier im Bahnhof Kalenborn der Kasbachtalbahn, vermutlich zu einer Werksprobefahrt.**
*Foto: Sammlung Wolf-Dieter Richter*

Der von der Bundesbahn aus dem VT 75 000 (ex 135 000) zum Beiwagen 140 399 umgebaute Triebwagen wurde am 24.9.1960 ausgemustert. Im November 1960 erfolgte sein Verkauf an die Kahlgrundbahn. Hier stand er als Beiwagen mit der Nummer 29 bis 1977 in Dienst. *Foto: Joachim Claus. Sammlung Günther Dietz*

Skizzenblatt des CvT-32 (135 000 - 001)

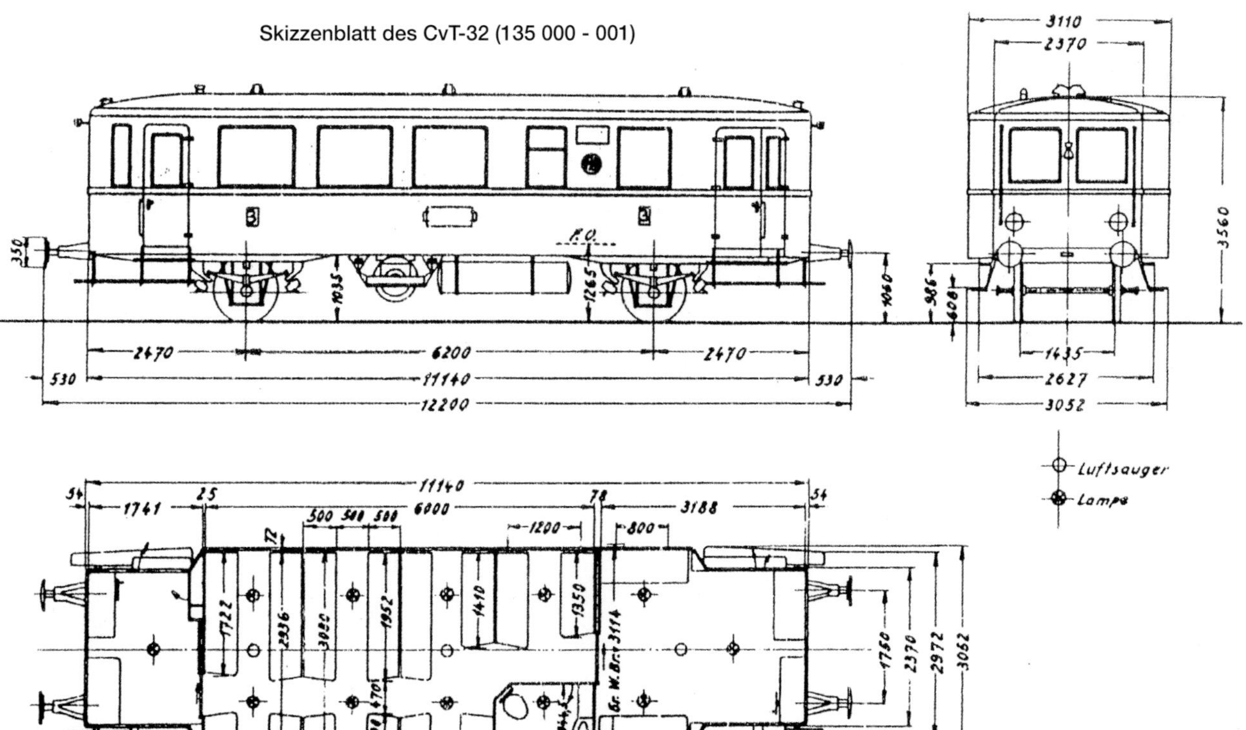

## Technische Daten

| | | | |
|---|---|---|---|
| Betriebsnummer | | | 135 000 - 001 |
| Gattungsbezeichnung | | | CvT-32 |
| Übersichtszeichnung | | | 31953 B. Köln-Deutz |
| Radsatzanordnung | | | A1 |
| Hersteller | Wagenteil | | Westwaggon |
| | Motor | | Daimler |
| | Getriebe | | - |
| | el. Ausrüstung | | SSW |
| Höchstgeschwindigkeit | | km/h | 65 |
| Länge über Puffer | | mm | 12200 |
| ges. Radsatzabstand | | mm | 6200 |
| Treibraddurchmesser | | mm | 900 |
| Laufraddurchmesser | | mm | 900 |
| Sitzplätze | 2. Klasse | | - |
| | 3. Klasse | | 35 + 10 Klapp. |
| Stehplätze | | | 20 |
| Plätze gesamt | | | 65 |
| Dienstmasse | unbesetzt | t | 15,5 |
| | besetzt | t | 20,4 |
| | je Sitzplatz | kg | 345 |
| | je lfd. m Wagenlänge | t | 1,28 |
| spez. Antriebsleistung | | kW/t / PS/t | 5,7/7,7 |
| gr. Radsatzlast | | t | 10,2 |
| Steuersystem | | | Einzel |
| Motor | Zahl / Bauart | | 1 / OM 54 |
| | Masse | kg | 990 |
| | Zyl./Durchm./Hub | mm | 6 / 120 / 170 |
| | Dauerleistung | PS | 120 |
| | Drehzahl | $min^{-1}$ | 1700 |
| Art u. System d. Leistungsübertragung | | | el. Gebus |
| Traktionsgenerator Bauart | | | SSW aGV 270/17 |
| | Stundenstrom | A / V | |
| | Dauerstrom | A / V | 220/350 |
| | Leistung | kW | |
| Fahrmotor | Zahl / Bauart | | 1 / Ds 531 k |
| | Std.-/Dauerleistung | kW | 77 |
| Motorsteuerung | | | mechanisch, Gestänge |
| Kraftstoffvorrat | | l | 150 |
| Heizung | | | Abgas-Frischluft |
| Beleuchtung, Stromart, Spannung | | | el. = 24 V |
| Bremse | | | Kzpbr (Kl) |

Zweikammer-Druckluftbremse, über die die Radsätze beidseitig abgebremst wurden. Die Wagen verfügten über zwei Typhone und zwei kleine Druckluft-Läutewerke[28].

Im Laufe des Einsatzes wurden noch einige Bauartänderungen zur Abstellung bestimmter Mängel vorgenommen. Dazu gehörte der Einbau einer Schulz-Kühlwasser-Umluftheizung anstelle der Abgas-Frischluftheizung mit zusätzlichem Heizkörper im Gepäckraum; die Bremse wurde auf Hildebrand-Knorrbremse mit leichtem Triebwagensteuerventil (Hikpt) umgebaut. Zudem wurde ein Zusatzkühler eingebaut und der Keilriemenantrieb des Kühlerlüfters verbessert. Auch mussten die Federaufhängung und die Achshalterstege verstärkt werden. Zusätzlich erhielten die Wagen elektrisch angetriebene Scheibenwischer sowie die RZM-Sicherheitsfahrschaltung.

### Einsatz und Verbleib

Die zunächst als 805 und 806 am 21. April bzw. 17. Juni 1932 abgelieferten Triebwagen wurden noch im April und Juni 1932 beim Bw Passau in Betrieb genommen. 1937 waren beide Fahrzeuge in Weiden beheimatet. Der im Juni 1939 bei einem Unfall schwer beschädigte 135 001 musste am 6. Dezember 1939 ausgemustert werden[29].

Kurz nach Kriegsbeginn wurde 135 000 nach Dresden-Pieschen abgegeben, wo er am 9. September 1939 schadhaft abgestellt wurde. Er soll später im Militärverkehr gelaufen sein und 1944 einen Umbau auf Holzgasbetrieb erfahren haben. Nach Kriegsende stand er im Sommer 1946 mit Bombenschäden im RAW Nürnberg[30]. Nachdem er zwischenzeitlich in das RAW Kassel überwiesen worden war, kam er im 4. Quartal 1946 in die RBD Regensburg[31]. Er wurde 1947 zum VT 75 000 umgezeichnet, allerdings aufgrund größerer Schäden nicht wieder in Betrieb genommen. Für ihn folgte bis Dezember 1949 der Umbau zum Beiwagen mit der Nummer 140 399[32].

**Der Blick auf die andere Fahrzeugseite des zum Bw Passau gehörenden Wagens. Er war zwischen Neumarkt und Passau im Einsatz.** *Foto: Carl Bellingrodt. Sammlung Dirk Winkler*

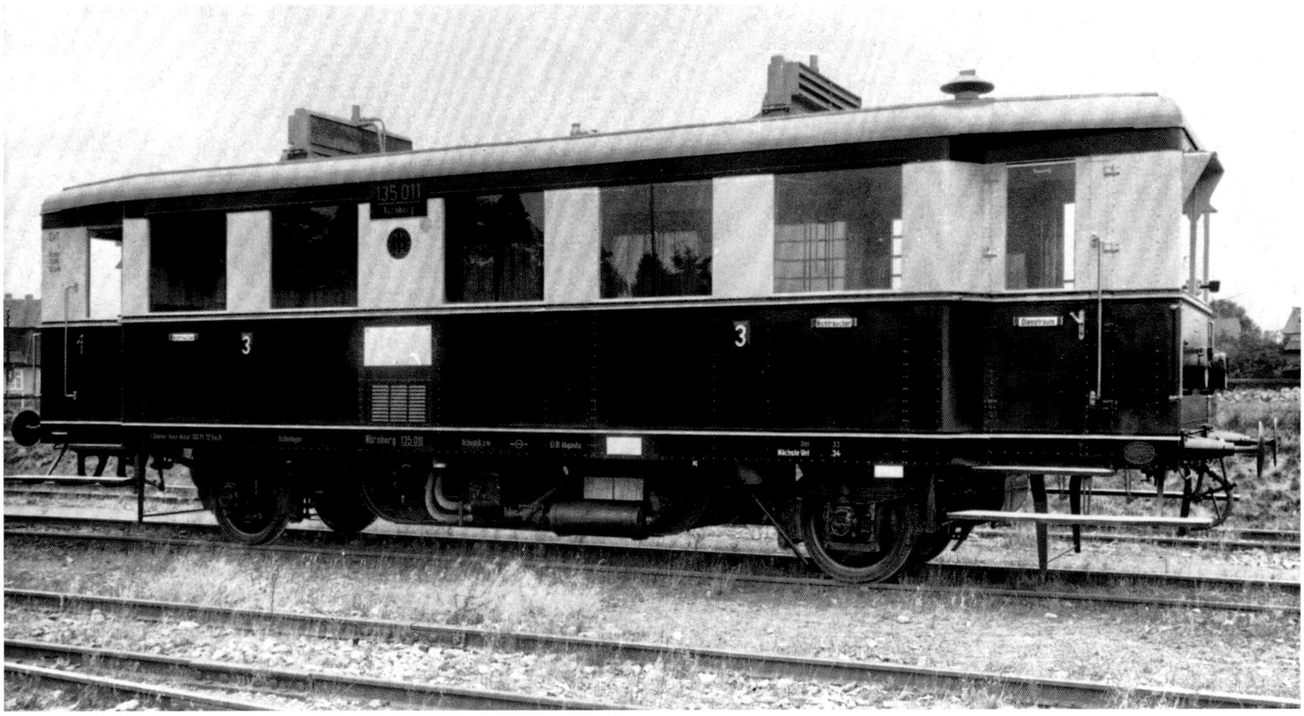

„135 011 Nürnberg" kam im September 1933 zur Auslieferung. Gut ist auf diesem Werkfoto die Nietkonstruktion des Wagenkastens zu erkennen. *Werkfoto Waggonbau Bautzen. Sammlung Günther Dietz*

## 135 002 - 011, 135 022 - 031 (CvT-32b)

### Entstehungsgeschichte

Trotzdem die ersten Versuchstriebwagen der neuen zweiachsigen Bauarten noch nicht abgeliefert waren, sah das RZM im Beschaffungsprogramm 1932 den Bau von zehn zweiachsigen Dieseltriebwagen mit Mylius-Getriebe vor. Mit Vertrag 03.077/64.6766 wurde die Triebwagenbau AG (TAG) in Berlin mit dem Bau beauftragt. Diese vergab wiederum den Auftrag zum Bau der Fahrzeuge an Linke-Hofmann-Busch (LHB), Werk Bautzen. Die später als sog. Baureihe 1 bezeichnete Bauserie kam ab 1933 zur Auslieferung und wurde von der Reichsbahn unter der Gattung CvT-32b mit den Nummern 135 002 - 011 eingereiht.

Im Beschaffungsprogramm 1933 wurden nochmals zehn Triebwagen bei der TAG in gleicher Ausführung in Auftrag gegeben (Vertrag 03.077/64.226). Diese als Baureihe 2 bezeichneten Wagen unterschieden sich wagenbaulich wie auch beim Motor nur geringfügig. Trotzdem beließ die Reichsbahn die Gattungsbezeichnung der unter den Nummern 135 022 - 031 geführten Wagen, die 1934 geliefert wurden[33].

### Aufbau und Technik

Das Untergestell aus Walzprofilen sowie die Profilkonstruktion des Wagenkastens der Baureihe 1 wurden noch als Nietkonstruktion ausgeführt. Bei der Baureihe 2 kamen vorwiegend Schweißkonstruktionen zur Ausführung, wodurch das Wagengewicht gesenkt werden konnte. Die gleichlangen Einstiegsräume waren auf 2370 mm Breite eingezogen, damit die einfachen Drehtüren nicht in das Lichtraumprofil ragten. Der Einstiegsraum mit Führerpult und Sitzbank neben dem Fahrgastabteil war mit 1559 mm etwas kürzer gehalten als im CvT-32. Zudem war der Abort ins Fahrgastabteil neben den Einstiegsraum gelegt worden. Das Abteil 3. Klasse besaß 40 Sitzplätze in der Sitzteilung 2+3 auf Holzlattensitzen, wobei die Sitzbänke über dem Motor an die Motorhaube angebaut und hochklappbar waren. Die Fahrgastraumfenster waren als Kurbelfenster ausgeführt, für die Entlüftung besaßen die Wagen zwei doppelte Luftsauger der Bauart Wendler. Der Gepäckraum mit 1500 mm Länge besaß eine feste Sitzbank und seitlich montierte Fahrradhalter. Das Fenster hinter den Fahrradhaltern war nicht herablassbar und mit einem Schutzgitter versehen. Daran schloss sich der zweite Einstiegsraum mit Führerpult und Sitzbank ohne Abtrennung an. Eine Abgasheizung war für den Fahrgastraum vorhanden.

Das Laufwerk besaß Lenkachsen mit genieteten Achshaltern, in Federschaken aus Rundstahl aufgehängte mehrlagige Blattfedern, über die sich der Wagenkasten auf den Achslagern der Scheibenradsätze mit 900 mm abstützte. Als Stoßvorrichtung dienten leichte Stangenpuffer mit 370 mm Tellerdurchmesser, als Zugvorrichtung eine leichte Sonderbauart.

Die Baureihe 1 erhielt 120-PS-Daimler-Dieselmotoren (rd. 88,2 kW) vom Typ OM 54. Da die Leistung als zu gering erachtet wurde, vergrößerte Daimler Bohrung und Zylinder von 120 auf 125 mm, so dass die Wagen der Baureihe 2 mit Motoren ausgerüstet werden konnten, die 135 PS (rd. 99,3 kW) Leistung besaßen. Der Dieselmotor und das vierstufige, mit dem Wendegetriebe vereinte Getriebe der Firma TAG, Typ RG 100, waren in einem Tragrahmen gelagert, der mit Gummipuffern unter dem Wagenkasten aufgehängt war. Motor und Getriebe waren durch eine doppelte Gewebescheibenkupplung verbunden. Vom Getriebe wurde das Drehmoment mit einer Gelenkwelle auf einen Radsatzantrieb der Firma TAG übertragen. Der Dieselmotor hatte Füllungsregelung und wurde durch Seilzug gesteuert, während das Getriebe nebst Wendegetriebe durch Druckluft gesteuert wurde. Zur Kühlung dienten zwei Wabenkühler auf dem Dach.

Der Luftverdichter wurde vom Getriebe angetrieben. Zur Batterieladung dienten zwei Bosch-Lichtmaschinen der Bauart FT. Von ihnen wurde die Afa-Batterie mit einer Kapazität von 360 Ah bei fünfstündiger Entladung geladen.

Vor allem in den Jahren bis Kriegsbeginn wurden einige Bauartänderungen ausgeführt. So erhielten die Wagen Führerstandsheizung, die unzureichende Abgasheizung wurde 1934/35 durch eine Kühlwasser-Umluftheizung der Bauart Schulz ersetzt. Auch mussten die Achshalter verstärkt und die ursprüngliche Zweikammerbremse der Baureihe 1 in den Jahren 1936/37 durch ein Hikpt-Steuerventil ersetzt werden. Später folgten der Einbau der RZM-Sicherheitsfahrschaltung, größerer Typhone und der Anbau zusätzlicher Signalstützen sowie eine Verbesserung des Kühlkreislaufs. Nach Kriegsbeginn wurde eine Vorwärmmöglichkeit mit Dampf geschaffen.

Die DB ersetzte z.T. die Daimler-Dieselmotoren durch neue Motore von Deutz (A6M617) mit 130 PS (rd. 95,6 kW) Leistung.

### Einsätze und Verbleib

Die amtliche Verteilung der 20 Fahrzeuge entsprechend den Nummernplänen für die Jahre 1933, 1934 und 1937 zeigt nachfolgende Tabelle. Bekannt ist außerdem, dass 135 029 von der RBD Oppeln 1935 in die RBD Nürnberg überstellt wurde[34]. Zudem übernahm die RBD Nürnberg den Triebwagen 135 007 von der RBD München[35]. Weiterhin kam es bis 1937 zu einer Reihe von Umbeheimatungen, die nicht alle nachvollziehbar sind. Auch sind die Anmerkungen des Nummernplanes von 1937 nicht in Übereinstimmung mit den bekannten statistischen Nachweisen. So gab die RBD Dresden vier Wagen (135 007, 010, 011, 028) 1938 an die RBD Nürnberg ab[36]. Gleichzeitig gab die Nürnberger Direktion vier Triebwagen dieser Bauart (135 027, 029, 030, 031) an die RBD Regensburg[37] ab.

#### Beheimatung der Triebwagen 135 002 - 011, 022 – 031 zwischen 1933 und 1937

| Betriebsnummer | 1933 RBD | 1934 RBD | 1934 Bw | 1937 RBD | 1937 Bw | Bemerkung |
|---|---|---|---|---|---|---|
| 135 002 | Dresden | Dresden | Löbau | Dresden | Löbau | |
| 135 003 | Dresden | Dresden | Löbau | Dresden | Löbau | |
| 135 004 | Dresden | Dresden | Röderau | Dresden | Röderau | |
| 135 005 | Dresden | Dresden | Reichenbach | Dresden | Reichenbach | |
| 135 006 | München | Dresden | Löbau | Dresden | Kamenz | |
| 135 007 | München | Nürnberg | Nürnberg | Dresden | Kamenz | lt. Verf. v. 3.7.36 z.Zt. noch RBD Nbg |
| 135 008 | Nürnberg | Nürnberg | Nürnberg | Dresden | Riesa | lt. Verf. v. 3.7.36 z.Zt. noch RBD Nbg |
| 135 009 | Nürnberg | Nürnberg | Nürnberg | Dresden | Löbau | lt. Verf. v. 24.12.36 z.Zt. noch RBD Nbg |
| 135 010 | Nürnberg | Nürnberg | Nürnberg | Dresden | Plauen | lt. Verf. v. 24.12.36 z.Zt. noch RBD Nbg |
| 135 011 | Nürnberg | Nürnberg | Nürnberg | Dresden | Plauen | lt. Verf. v. 24.12.36 z.Zt. noch RBD Nbg |
| 135 022 | Halle | Trier | Jünkerath | Dresden | Kamenz | lt. Verf. v. 24.12.36 z.Zt. noch RBD Sbr |
| 135 023 | Halle | Trier | Jünkerath | Dresden | Riesa | lt. Verf. v. 24.12.36 z.Zt. noch RBD Sbr |
| 135 024 | Hannover | Trier | Jünkerath | Dresden | Riesa | lt. Verf. v. 24.12.36 z.Zt. noch RBD Sbr |
| 135 025 | Hannover | Trier | Jünkerath | Dresden | Pirna | lt. Verf. v. 24.12.36 z.Zt. noch RBD Sbr |
| 135 026 | Köln | Trier | Jünkerath | Dresden | Löbau | lt. Verf. v. 24.12.36 z.Zt. noch RBD Sbr |
| 135 027 | Köln | Nürnberg | Gemünden | Dresden | Pirna | lt. Verf. v. 24.12.36 z.Zt. noch RBD Nbg |
| 135 028 | Oppeln | Nürnberg | Gemünden | Dresden | Löbau | lt. Verf. v. 24.12.36 z.Zt. noch RBD Nbg |
| 135 029 | Oppeln | Nürnberg | Gemünden | Regensburg | Regensburg | lt. Verf. v. 24.12.36 z.Zt. noch RBD Nbg |
| 135 030 | Osten | Nürnberg | Nürnberg | Regensburg | Regensburg | lt. Verf. v. 24.12.36 z.Zt. noch RBD Nbg |
| 135 031 | Stettin | Nürnberg | Nürnberg | Regensburg | Regensburg | lt. Verf. v. 24.12.36 z.Zt. noch RBD Nbg |

Die in Plauen/V beheimateten 135 010 und 011 befuhren vermutlich die Strecken Schönberg/V – Schleiz und Schönberg – Hirschberg. Die angegebenen Heimatbahnhöfe Röderau und Plauen/V waren nur Lokomotivbahnhöfe, so dass die Triebwagen in Riesa bzw. Reichenbach/V unterhalten wurden.

Nach dem Verbot des Einsatzes von Verbrennungstriebwagen wurden die Wagen vorerst abgestellt (s. Tabelle). Ob und wann einzelne Wagen wieder in Betrieb genommen wurden, ist kaum bekannt.

#### Bekannte Abstelldaten und Orte der 135 002 - 011, 022 – 031 zwischen 1939 und 1943

| Nummer | Abstelldatum | Abstellort |
|---|---|---|
| 135 005 | 18.12.1939 | ? |
| 135 006 | 1.2.1940 | Kamenz |
| 135 007 | 30.8.1939 | Reichenbach i/V |
| 135 008 | 1.9.1939 – 22.12.1939, 3.1.1940 - 31.8.1942 | Riesa |
| 135 009 | ? | Kamenz |
| 135 010, 011 | ? | Flöha |
| 135 025 | 10.1.1940 - 16.11.1943 | ? (nicht betriebsfähig) |
| 135 029 - 031 | ? | Reichenbach i/V |

So liefen Anfang 1943 im Wehrmachtsverkehr zwei Wagen der Bauart 1 auf der Strecke Berlin – Rechlin. Sie sollen im Bw Gesundbrunnen stationiert gewesen sein und Luftwaffenpersonal vom Stettiner Bahnhof zur Erprobungsstelle der Luftwaffe in Rechlin befördert haben[38]. Nachweislich waren 1942 die fünf Triebwagen 135 002 – 006 im *„Sondereinsatz"* tätig[39].

Anfang 1943 wurden erste zweiachsige Dieseltriebwagen auf Generatorbetrieb umgestellt. Mitte Mai 1943 waren zwei der 135-PS-VT auf Holzgasgeneratorbetrieb umgerüstet. Weitere 30 zweiachsige Triebwagen mit 135-PS-Motoren waren in Arbeit, jedoch verzögerten sich die Umbauarbeiten aufgrund Lieferschwierigkeiten der Generatoranlagen durch die beauftragten Firmen[40]. *Kurz* gibt hierfür die in nachfolgender Tabelle zusammengestellten Umbaudaten an, wobei bei allen Wagen vorher eingebaute Betten wieder entfernt wurden.

#### Umbaudaten der zweiachsigen VT auf Generatorbetrieb

| Fahrzeugnr. | Umbaudatum | Generatorart |
|---|---|---|
| 135 004 | 09.1943 | Holzgas |
| 135 002, 003, | | |
| 135 005 - 011 | 03 - 07.1944 | ? |
| 135 022 - 025 | 12.1943 - 07.1944 | ? |

**Sieben der zehn in der 2. Bauserie gelieferten Triebwagen stehen hier im Sommer 1934 in Bautzen zur Ablieferung bereit. Im Vordergrund 135 031.** *Werkfoto Waggonbau Bautzen. Sammlung Günther Dietz*

Kriegsbedingte Abstellungen und Umbeheimatungen sowie gelegentliche Einsätze für die Wehrmacht führten auch bei den Triebwagen dieser Bauart dazu, dass der Nachkriegsverbleib von zehn Wagen nicht eindeutig geklärt ist.

Das RZA München hatte mit Stand vom 1. April 1947 nur sechs Triebwagen dieser Gattung erfasst, die sich alle in der amerikanischen Zone befanden: 135 002, 003, 004, 009, 028 und 031[41]. Bereits im Februar 1946 waren drei Wagen, deren ursprüngliche Heimatdirektion Dresden war, als ausmusterungsreif geführt: 135 003 in Pasing (ausgebrannt) sowie 135 011 und 028 im RAW Nürnberg (beide Totalschaden)[42].

Die später im Bereich der DB vorhandenen neun Fahrzeuge wurden 1947 zu VT 75 900 - 905 und VT 75 913 - 15 umgezeichnet. Die im RAW Nürnberg wieder hergerichteten Triebwagen der DB waren 1952 in Oldenburg (VT 75 900, 902), Schwandorf (VT 75 901), Plattling (VT 75 903), Hof (VT 75 904, 913, 915) und Regensburg (VT 75 914) eingesetzt. Ab 1954 konzentrierte sich ihr Einsatz komplett auf die

Skizzenblatt des CvT-32b (135 002 - 011, 135 022 - 031)

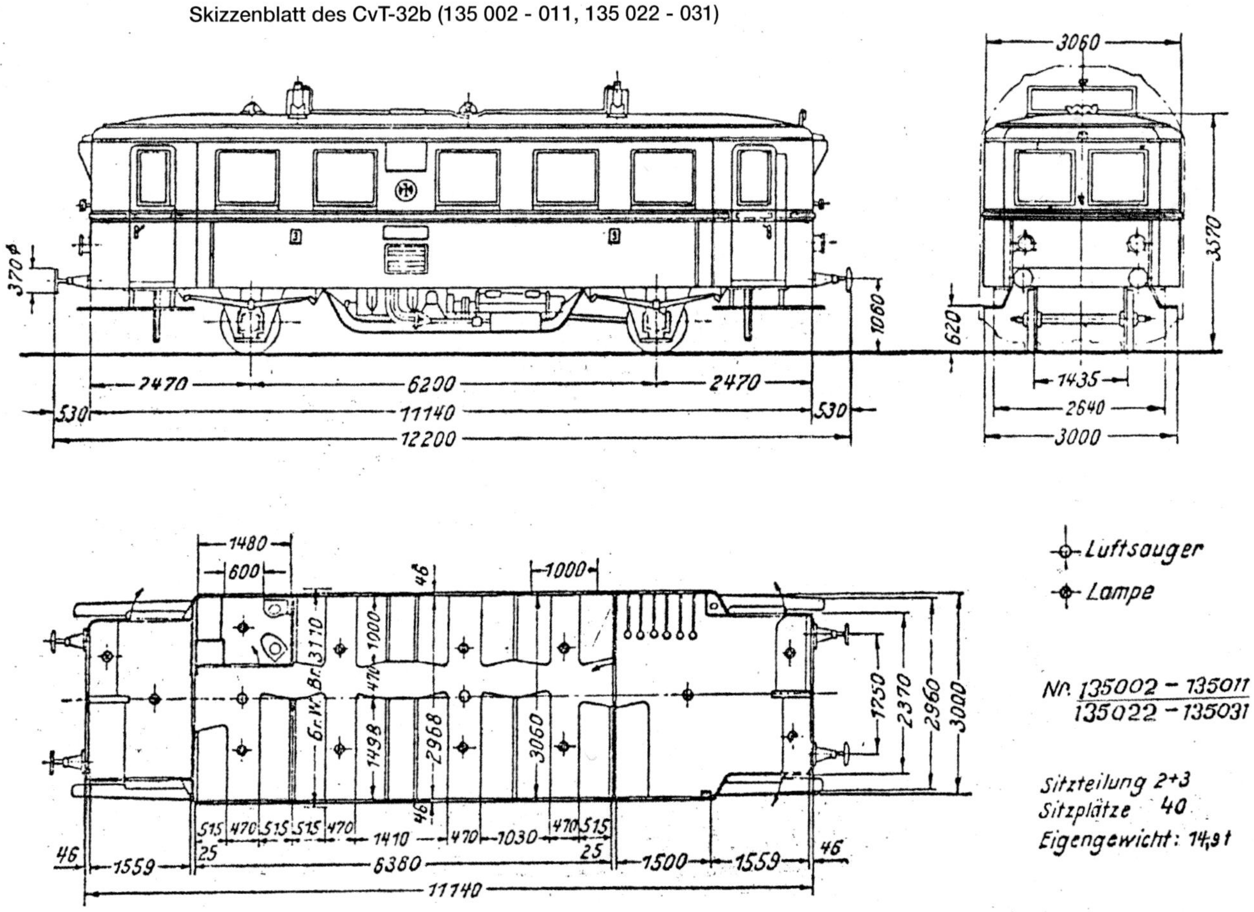

Links: Fahrgastraum 3. Klasse. Unter der breiten Abdeckung zwischen den Lehnen der im Vordergrund zu sehenden Bänke befand sich rechts der Dieselmotor. *Werkfoto Waggonbau Bautzen. Sammlung Günther Dietz*

Rechts: 135 009 verlässt hier 1934/35 den Bahnhof Erlangen in Richtung Eschenau. Die Fahrzeit nach Eschenau konnte durch den Triebwageneinsatz von 85 auf etwa 63 Minuten gekürzt werden. *Foto: Sammlung Dirk Winkler*

| Nummer | Verbleib | Ablieferung | Beheimatungen | Bemerkungen |
|---|---|---|---|---|
| 135 002 | DB VT 75 900 | 12.07.1933 | 20.08.33 Lö, ca. 1939 Rch, 1952 OdgH, 1955 Sch | + 13.04.60 |
| 135 003 | DB VT 75 901 | 10.07.1933 | 24.08.33 Lö, ca. 1939 Rch, 1952 Sch | + 13.04.60 |
| 135 004 | DB VT 75 902 | 06.09.1933 | 01.10.33 Bw R, ca. 1939 Röderau, 1952 OdgH, 1955 Sch | + 13.04.60 |
| 135 005 | ČSD M140.304 | 06.09.1933 | 1.10.33 Rch | + 18.12.39 |
| 135 006 | DR Schadfzg. | 07.07.1933 | 20.07.33 Lö, 10.11.35 Kam, 1948 RBD Schw. | + 1950 |
| 135 007 | ČSD | 06.07.1933 | 26.07.33 Nü, 06.01.38 Kam | + 01.05.46 |
| 135 008 | - | 31.07.1933 | 06.08.33 Nü, 14.07.38 R | Verbleib unbekannt |
| 135 009 | DB VT 75 903 | 31.07.1933 | 08.08.33 Nü, 03.04.37 Lö, 1952 Pl, 1955 Sch | + 06.05.60 |
| 135 010 | ČSD | 26.08.1933 | 18.09.33 Nü, 1937 Rch | + 01.05.46 |
| 135 011 | - | 16.09.1933 | 28.09.33 Nü, 1937 Rch | + 10.02.45 |
| 135 022 | ČSD M140.301 ▶DB VT 75 913 | 14.07.1934 | 01.09.34 Jü, 12.01.37 Kam, 1952 Hof | + 05.06.54 |
| 135 023 | - | 14.07.1934 | 01.09.34 Jü, 1937 R, 19.05.38 Pi | Verbleib unbekannt |
| 135 024 | - | 09.08.1934 | 1934 Jü, 1937 R, 19.06.38 Pi | Verbleib unbekannt |
| 135 025 | - | 09.08.1934 | 01.09.34 Jü, 1937 Pi | Verbleib unbekannt |
| 135 026 | ČSD | 14.07.1934 | 01.09.34 Jü, 1937 Lö | + 01.05.46 |
| 135 027 | - | 20.07.1934 | 1934 Bw Gm, 1937 Pi | Verbleib unbekannt |
| 135 028 | DB VT 75 904 | 15.07.1934 | 30.07.34 Gm, 1937 Lö, 01.07.38 Hof | + 05.06.54 |
| 135 029 | ČSD M140.302 ▶DB VT 75 914 | 20.12.1934 | 20.01.34 Gm, 1937 Reg, 1952 Reg, 1955 Str | + 13.04.60 |
| 135 030 | ČSD M140.303 ▶DB VT 75 915 | 20.07.1934 | 14.08.34 Nü, 1937 Reg, 1952 H, 1955 Str | + 13.04.60 |
| 135 031 | DB VT 75 905 | 20.07.1934 | 16.08.34 Nü, 1937 Reg, 03.10.46 Pl, 22.03.48 Hof | + 07.11.50 |

Neun Triebwagen aus der 1. und 2. Bauserie verblieben nach dem Kriegsende bei der DB, darunter der Regensburger VT 75 914 (ex 135 029). *Foto: W. Tatra. Sammlung Dirk Winkler*

BD Regensburg. Hier wurden im Juni 1954 bereits VT 75 904 (135 028) und VT 75 913 (135 022) ausgemustert[43]. Als Ersatz trafen VT 75 900 (135 002) und VT 75 902 (135 004) aus der BD Münster ein[44]. Um 1955 bis zum Ende ihres Einsatzes waren sie in Schwandorf (VT 75 900 -903) und in Straubing (VT 75 914, 915) beheimatet. Mit dem Fahrplanwechsel 1960 endeten die Einsätze der VT 75.9.

Der bei der Reichsbahn in der SBZ im RAW Wittenberge vorgefundene Triebwagen 135 006 besaß umfangreiche Kriegsschäden und war ausgebrannt. Seiner Ausmusterung wurde 1950 zugestimmt[45].

Mindestens sechs Wagen dieser Bauart befanden sich nach Kriegsende auf tschechischem Gebiet. In Česká Lípa (Böhmisch Leipa) wurden 135 007, 010 und 026 im Februar 1946 erfasst. Aufgrund ihres Zustandes musterte die ČSD sie im Mai 1946 bereits aus. Der von der Reichsbahn bereits am 18.12.1939 ausgemusterte 135 005 wurde Mitte Oktober 1945 bei der ČSD erfasst und als M 140.304 eingereiht. Allerdings sind weder Standort noch spätere Ausmusterung bekannt. Ebenfalls Mitte Oktober 1945 wurden in Podmokly (Bodenbach) die Wagen 135 022, 029 und 030 erfasst. Sie erhielten bei der ČSD die Bezeichnung M 140.301 - 303. Im Zuge einer Rückgabeaktion wurden sie im Juni 1949 an die Reichsbahn in der Bizone übergeben[46].

Von fünf Wagen ist der Verbleib nach Kriegsende nicht zu ermitteln. In der nachfolgenden Tabelle sind die bekannten Angaben zum Einsatz und Verbleib der Fahrzeuge zusammengestellt.

## Technische Daten

| Betriebsnummer | | | 135 002 - 011 | 135 022 - 031 |
|---|---|---|---|---|
| Gattungsbezeichnung | | | CvT-32b | CvT-32b |
| Übersichtszeichnung | | | TK-0 2025 Bautzen TAG | TK-0 2025 Bautzen TAG |
| Radsatzanordnung | | | A1 | A1 |
| Hersteller | Wagenteil | | Busch | Busch |
| | Motor | | Daimler | Daimler |
| | Getriebe | | TAG | TAG |
| | el. Ausrüstung | | - | - |
| Höchstgeschwindigkeit | | km/h | 72 | 72 |
| Länge über Puffer | | mm | 12200 | 12200 |
| ges. Radsatzabstand | | mm | 6200 | 6200 |
| Treibraddurchmesser | | mm | 900 | 900 |
| Laufraddurchmesser | | mm | 900 | 900 |
| Sitzplätze | 2. Klasse | | - | - |
| | 3. Klasse | | 40 | 40 |
| Stehplätze | | | | |
| Plätze gesamt | | | 46 | 46 |
| Dienstmasse | unbesetzt | t | 14,7 | 14,9 |
| | besetzt | t | 17,7 | 17,9 |
| | je Sitzplatz | kg | 367 | 373 |
| | je lfd. m Wagenlänge | t | 1,2 | 1,22 |
| spez. Antriebsleistung | | kW/t / PS/t | 6,0/8,2 | 6,6/9,0 |
| gr. Radsatzlast t | | | 9,5 | 9,5 |
| Steuersystem | | | Einzel | Einzel |
| Motor | Zahl / Bauart | | 1 / OM 54 | 1 / OM 54 |
| | Masse | kg | 1360 | 1360 |
| | Zyl./Durchm./Hub | mm | 6 / 120 / 170 | 6 / 125 / 170 |
| | Dauerleistung | PS | 120 | 135 |
| | Drehzahl | $min^{-1}$ | 1700 | 1700 |
| Art u. System d. Leistungsübertragung | | | mechanisch | mechanisch |
| Getriebebauart | | | RG 100 | RG 100 |
| Geschwindigkeitsstufen | | | 4 | 4 |
| Motorsteuerung | | | mechanisch, Seilzug | mechanisch, Seilzug |
| Getriebesteuerung | | | pneumatisch | pneumatisch |
| Wendegetriebesteuerung | | | pneumatisch | pneumatisch |
| Kraftstoffvorrat l | | | 240 | 240 |
| Heizung | | | Abgas-Frischluft | Abgas-Frischluft |
| Beleuchtung, Stromart, Spannung | | | el. = 24 V | el. = 24 V |
| Bremse | | | Kzpbr (Klotz) | Kzpbr (Klotz) |

**VT 75 914 mit 140 112 als Beiwagen in Regensburg am 6. Juni 1959. Gut zu erkennen sind die zusätzlichen Dachaufbauten sowie der Unterflurofen unter dem Zuglaufschild.**
*Foto: Joachim Claus. Sammlung Günther Dietz*

## 135 012 - 021 (CvT-32c)

### Entstehungsgeschichte

Im Laufe der Entscheidungsfindung für das Beschaffungsprogramm 1932 wurde auch der Bau von *„10 Stück 2 achsigen leichten, kurzgekuppelten Doppeltriebwagen mit je 2 Stück 150 PS-MAN-Dieselmotoren“* erwogen. Die eingehende Prüfung des Vorhabens ergab, *„daß die Wagen mit dem Platzangebot der 2 + 2 gekuppelten Wagen auf Nebenbahnen im allgemeinen nicht erforderlich sind, daß diese Wagen aber andererseits für Hauptbahnen nicht brauchbar sind, weil sie bei den hier erforderlichen Fahrgeschwindigkeiten bis zum 80 km/h zu unruhig laufen“*. So entschied die Reichsbahn-Hauptverwaltung, anstelle von fünf Doppeltriebwagen zehn einfache Leichttriebwagen mit 150-PS-Motoren und fünf vierachsige Wagen mit 410-PS-Motoren von der MAN zu beschaffen[47]. Den Auftrag zum Bau der Wagen erhielt die MAN in Nürnberg mit Vertrag 03.966/64.6814, die die zehn zweiachsigen Wagen in den Jahren 1933 und 1934 lieferte. Die elektrische Ausrüstung wurde von der BBC geliefert. Die Wagen erhielten die Nummern 135 012 – 021 und wurden als Gattung CvT-32c geführt.

Dieselelektrische- und dieselhydraulische Fahrzeuge bieten in Bezug auf Vielfach- und Fernsteuerung gewisse Vorteile gegenüber dieselmechanischen Fahrzeugen. Ein Umfahren ist bei Steuerwagenbetrieb an den Endpunkten nicht erforderlich, so dass es zu betrieblichen Erleichterungen auf den oft kurzen Strecken der Nebenbahnen kommt. Aus diesem Grund bestellte das RZM bei der MAN im selben Jahr vier zweiachsige Steuerwagen (Vertrag 53.966/61.1314), die für den gemeinsamen Einsatz mit den dieselelektrischen Wagen vorgesehen waren.

### Aufbau und Technik

Wagenkasten und Rahmen wurden in geschweißter Leichtbauweise ausgeführt. Dabei wurde das leicht gewölbte Dach erstmals komplett mit Stahlblech verkleidet. Der Wagenkasten entsprach in seiner Gestaltung weitgehend dem CvT-32 von Wegmann, wies jedoch Fenster mit einer Breite von 1000 mm für den Fahrgastraum auf. Die Platzierung des Aborts im Fahrgastraum sowie die Gestaltung der Sitzbänke im 3.-Klasse-Abteil waren gleich, auch die Ausführung des Gepäckraums. Allerdings waren die Länge des Gepäckraums und des zweiten Einstiegsraums mit Führertisch verändert worden. Alle Wagen hatten eine Frischluftheizung Bauart Klatte sowie zwei Doppelluftsauger der Bauart Wendler.

Das Laufwerk mit einem Achsstand von 6200 mm besaß Lenkachsen mit genieteten Achshaltern, in Federschaken aus Rundstahl aufgehängte mehrlagige Blattfedern, über die sich der Wagenkasten auf den Doppelrollenlagern der Scheibenradsätze mit 900 mm abstützte. Als Stoßvorrichtung dienten leichte Stangenpuffer mit 370 mm Tellerdurchmesser, als Zugvorrichtung eine leichte Sonderbauart.

Ein quer zur Fahrtrichtung angeordneter und mit Stoßpuffern seitlich am Wagenuntergestell aufgehängter Tragrahmen trug den MAN-Dieselmotor und den BBC-Traktionsgenerator sowie die Kühlanlage nebst Luftverdichter, dabei war der Hauptgenerator mit dem Dieselmotor gekuppelt. Der Antrieb eines Radsatzes erfolgte durch einen Tatzlagerfahrmotor der Firma BBC. Der Dieselmotor wurde elektrisch in drei Stufen durch Drehzahlregelung gesteuert. Die Wagen verfügten über elektrische Leistungsübertragung und besaßen BBC-Leistungswächtersteuerung. Ein Steuerwagenbetrieb oder die Steuerung zweier Triebwagen dieser Bauart vom vorderen Führerstand waren möglich[48].

Skizzenblatt des CvT-32c (135 012 - 021)

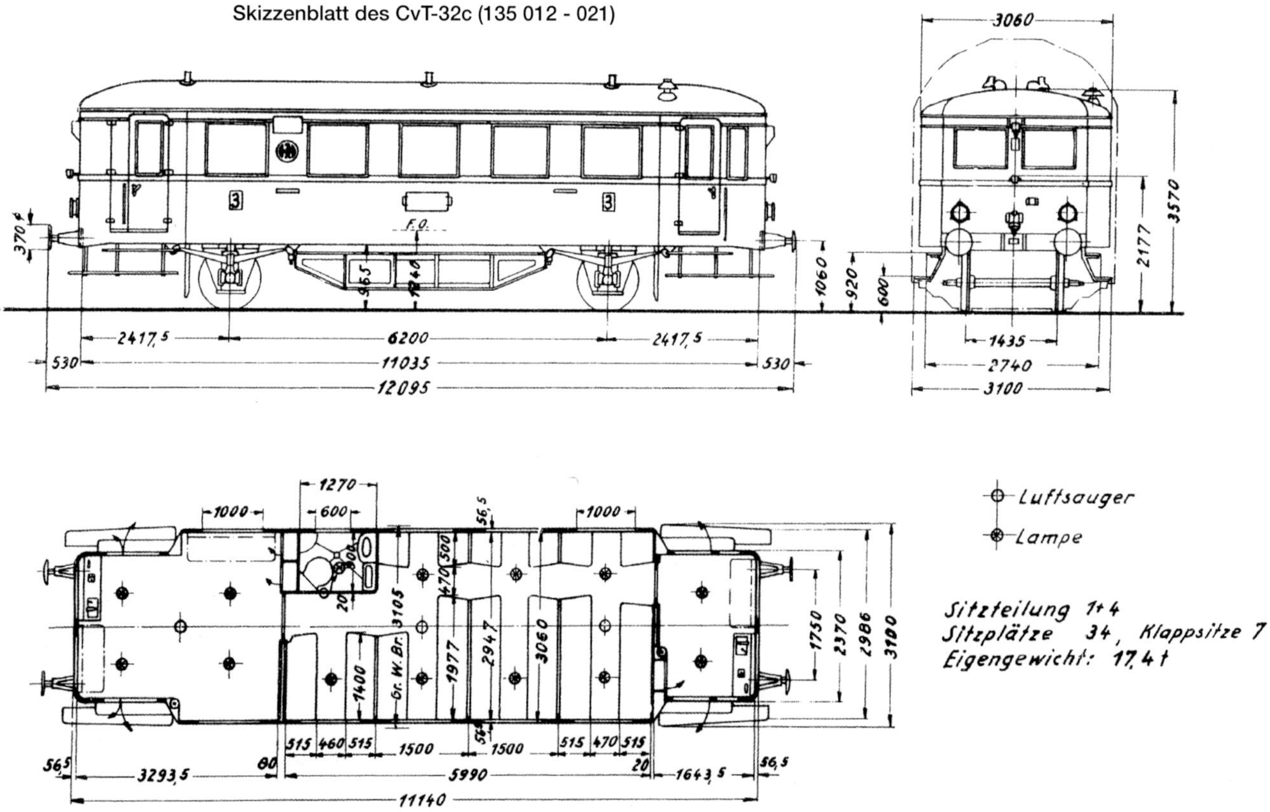

**Eine weitere Werkaufnahme des 135 012, diesmal von der anderen Fahrzeugseite.** *Werkfoto MAN, Sammlung Günther Dietz*

Zur Drucklufterzeugung diente ein vom Dieselmotor angetriebener Knorr-Luftverdichter V57/60. Angelassen wurde der Dieselmotor mit dem Hauptgenerator. Die Wagen besaßen eine Notfahrschaltung zur Räumung der Strecke bei Ausfall des Dieselmotors mit der Batterie. Die Batterie hatte 56 Zellen bei einer Kapazität von 80 Ah und einer Netzspannung von 110 V. Geladen wurde die Batterie mit dem Hilfsgenerator oder auch als Erregermaschine bezeichnet. Die Heizung erfolgte mit Kühlwasser und einer elektrischen Zusatzheizung mit 5 kW Höchstleistung. Die Triebwagen waren zum Teil mit einer Klotz- (135 012 - 018) und zum kleineren Teil mit einer Trommelbremse (135 019 - 021) ausgerüstet.

An den Triebwagen wurden im Laufe ihrer Einsatzzeit Bauartänderungen vorgenommen. Es waren im Wesentlichen folgende: Verstärkung des Maschinentragrahmens wegen Rissbildung und der des Treibradsatzes, Einbau der BBC-Sicherheitsfahrschaltung, Einbau eines zusätzlichen Kühlers, Einbau einer Hildebrand-Knorrbremse mit Triebwagensteuerventil (Hikpt) sowie Anbau zusätzlicher Signalstützen. Während des Krieges sollte weiterhin der Umbau zu fahrbaren Notstromaggregaten erfolgen.

### Einsätze und Verbleib

Der Einsatz der zehn Triebwagen erfolgte nach ihrer Anlieferung zwischen 15. November 1933 und 2. Juni 1934 bei den Bw Plattling (135 012, 013) und Passau (135 014 bis 021) in der RBD Regensburg, wo sie auch gemäß Nummernplan von 1937 stationiert waren.

**Im Beschaffungsprogramm 1932 wurden nochmals zehn zweiachsige, dieselelektrische Triebwagen in Auftrag gegeben. Die von der MAN gebauten und 1933/34 ausgelieferten Fahrzeuge erhielten die Nummern 135 012 - 021. Vor seiner Auslieferung wurde „135 012 Regensburg" zusammen mit „140 099 Oppeln" vom MAN-Werkfotografen festgehalten.** *Werkfoto MAN, Sammlung Günther Dietz*

| Technische Daten | | | |
|---|---|---|---|
| Betriebsnummer | | | 135 012 - 021 |
| Gattungsbezeichnung | | | CvT-32c |
| Übersichtszeichnung | | | Tw.20311 6. Auflage MAN |
| Radsatzanordnung | | | A1 |
| Hersteller | Wagenteil | | MAN |
| | Motor | | Daimler |
| | Getriebe | | - |
| | el. Ausrüstung | | BBC |
| Höchstgeschwindigkeit | | km/h | 70 |
| Länge über Puffer | | mm | 12095 |
| ges. Radsatzabstand | | mm | 6200 |
| Treibraddurchmesser | | mm | 900 |
| Laufraddurchmesser | | mm | 900 |
| Sitzplätze | 2. Klasse | | - |
| | 3. Klasse | | 34 |
| Stehplätze | | | 15 |
| Plätze gesamt | | | 49 |
| Dienstmasse | unbesetzt | t | 17,4 |
| | besetzt | t | 20,5 |
| | je Sitzplatz | kg | 424 |
| | je lfd. m Wagenlänge | t | 1,44 |
| spez. Antriebsleistung | | kW/t / PS/t | 6,3 / 8,6 |
| gr. Radsatzlast | | t | 10,8 |
| Steuersystem | | | Mehrfach |
| Motor | Zahl / Bauart | | 1 / W6V15/18a |
| | Masse | kg | 1600 |
| | Zyl./Durchm./Hub | mm | 6 / 150 / 180 |
| | Dauerleistung | PS | 150 |
| | Drehzahl | $min^{-1}$ | 1500 |
| Art u. System d. Leistungsübertragung | | | el. BBC, Leistungswächter |
| Traktionsgenerator Bauart | | | BBC GE 440/6 |
| | Stundenstrom | A / V | |
| | Dauerstrom | A / V | |
| | Leistung | kW | |
| Hilfsgenerator | Bauart | | BBC GNR 1202 |
| | Dauerleistung | kW | 3,36 |
| Fahrmotor | Zahl / Bauart | | 1 / GDTM 412 |
| | Std.-/Dauerleistung | kW | 92 |
| Motorsteuerung | | | elektrisch |
| Kraftstoffvorrat | | l | 330 |
| Heizung | | | Kühlwasser u. el. Zusatzhz. |
| Beleuchtung, Stromart, Spannung | | | el., = 110 V |
| Bremse | | | Kzpbr (Klotz / Trommel) |

Die zweiachsigen, dieselelektrischen Triebwagen der Nummernreihe 135 012 - 021 wurden alle nach Kriegsbeginn abgestellt. Ein Einsatz für Wehrmachtszwecke war vorgesehen, ist aber bisher nicht nachweisbar. Zwar hatte das RZA München Ende 1942 den Umbau aller Wagen zu fahrbaren Notstromaggregaten verfügt, ob und wann ein solcher Umbau auch durchgeführt wurde, ist kaum nachverfolgbar. Auch die noch vorhandenen Werkkarten geben hierüber keine Auskunft. Der 135 012 stand hierfür ab 11.11.1943 im RAW Nürnberg. Interessant ist, dass er immerhin im Zeitraum von September 1939 bis Januar 1943 insgesamt 64.000 km zurücklegte. Kurz erwähnt auch den Umbau von 135 013. Vermutlich wurde zumindest an sechs Wagen dieser Bauart (135 012, 013, 016, 018, 019, 021) ein Umbau der Heizung mit durchgehender Dampfheizleitung und Fremddampfeinspeisung vorgenommen.

Wie bei den anderen Fahrzeugen waren die Triebwagen, die den Krieg überstanden hatten, z.T. in einem schlechten und ausgeplünderten Zustand. Der 135 013 wurde zunächst wieder hergestellt und 1946 als Notstromwagen umgebaut und eingesetzt[49]. Den anderen Triebwagen fehlten vor allem die Batterien. Für die vier in der amerikanischen Zone stehenden Triebwagen dieser Gattung verfügte das RZA München 1947 die Umzeichnung zu VT 70 000 bis 003. 135 021 wurde 1949 von der ČSD an die DB zurückgegeben und dann als VT 70 004 nachträglich eingereiht[50]. Die drei Triebwagen VT 70 000 - 003 wurden 1948 bzw. 1949 im RAW Nürnberg wieder betriebsfähig hergerichtet und anschließend in Passau in Betrieb genommen. Auch bei diesen Fahrzeugen währte die Einsatzzeit bei der DB nur bis 1956/57. Nach der Ausmusterung wurden VT 70 002, 003 und 004 zu Beiwagen mit den Nummern 140 404 - 406 umgebaut, VT 70 000 und 001 musterte die DB aus.

Sechs Wagen befanden sich nach Kriegsende auf dem Gebiet der ČSR. In Česká Třebová (Böhmisch Trübau) wurde im Dezember 1945 der kriegsbeschädigte 135 012 erfasst. Der Wagen erhielt noch die Bezeichnung M140.401 und wurde im März 1951 ausgemustert. In Komotau standen 135 014 und 017, die aufgrund größerer Beschädigungen bereits am 13.09.1946 ausgemustert wurden. In Aussig befand sich 135 015; 135 020 und 135 021 waren nach Kriegsende in Budweis vorhanden. Letztere drei Fahrzeuge wurden von der ČSD als M140.305 - 307 umgezeichnet. M140.305 und 306 wurden im Juni 1949 bzw. im Dezember 1947 ausgemustert und anschließend in Beiwagen umgebaut, der M140.307, wie erwähnt, 1949 an die DB abgegeben[51].

Im Anschluss folgen Angaben zur Beheimatung und zum Verbleib der Fahrzeuge:

| Nummer | Verbleib | Ablieferung | Beheimatungen | Bemerkungen |
|---|---|---|---|---|
| 135 012 | ČSD, M140.401 | 15.11.1933 | 07.12.33 Pla, 1934 Pa, 1937 Pl | + 03.51 |
| 135 013 | DB VT 70 000 | 16.12.1933* | 22.12.33 Pla, 1934 Pa, 1937 Pl, 03.46 Ffm, 1952 Pa | + 06.09.57 |
| 135 014 | ČSD | 09.12.1933 | 22.12.33 Pa | + 13.09.46 |
| 135 015 | ČSD, M140.305 | 09.12.1933 | 25.01.34 Pa | + 30.06.49, Umb. CDlm 4-9156 |
| 135 016 | DB VT 70 001 | 16.01.1934* | 18.01.34 Pa | + 06.09.57 |
| 135 017 | ČSD | 01.02.1934 | 18.02.34 Pa | + 13.09.46 |
| 135 018 | DB VT 70 002 | 22.03.1934* | 23.04.34 Pa, 1947 Pa | + 21.02.57; 06.06.58 Ub. VB 140 404 |
| 135 019 | DB VT 70 003 | 11.05.1934* | 16.05.34 Pa, 1947 Pa | + 30.10.56; 22.05.58 Ub. VB 140 405 |
| 135 020 | ČSD, M140.306 | 02.06.1934 | 29.07.34 Pa | + 01.12.47, 1948 Umb. CDlm |
| 135 021 | ČSD, M140.307 ✳DB VT 70 004 | 27.06.1934* | 27.06.34 Pa | + 08.07.57; 23.12.57 Ub. VB 140 406 |

* ... Abnahme

Oben: Dieses stimmungsvolle Werbefoto der MAN entstand im Bahnhof Passau mit 135 017 und dahinter 135 014. *Werkfoto MAN, Sammlung Günther Dietz*

Fünf Triebwagen dieser Bauart standen nach Kriegsende noch bei der DB im Einsatz. Hier VT 70 004 (ex 135 021) in Passau. *Foto: K. Pfeiffer.* *Foto: Sammlung Günther Dietz*

Auch wenn dieser Schnappschuss aus den frühen 1950er-Jahren von mäßiger Qualität sein mag, so zeigt er doch eine seltene Zugkombination: Einer der Passauer VT 70 000 - 003 bei Weiden und hinter dem Triebwagen zwei ehemals der ČSD gehörende Beiwagen. *Foto: Sammlung Dirk Winkler*

Skizzenblatt des CvT-33c (135 032 - 039, 135 040 - 045)

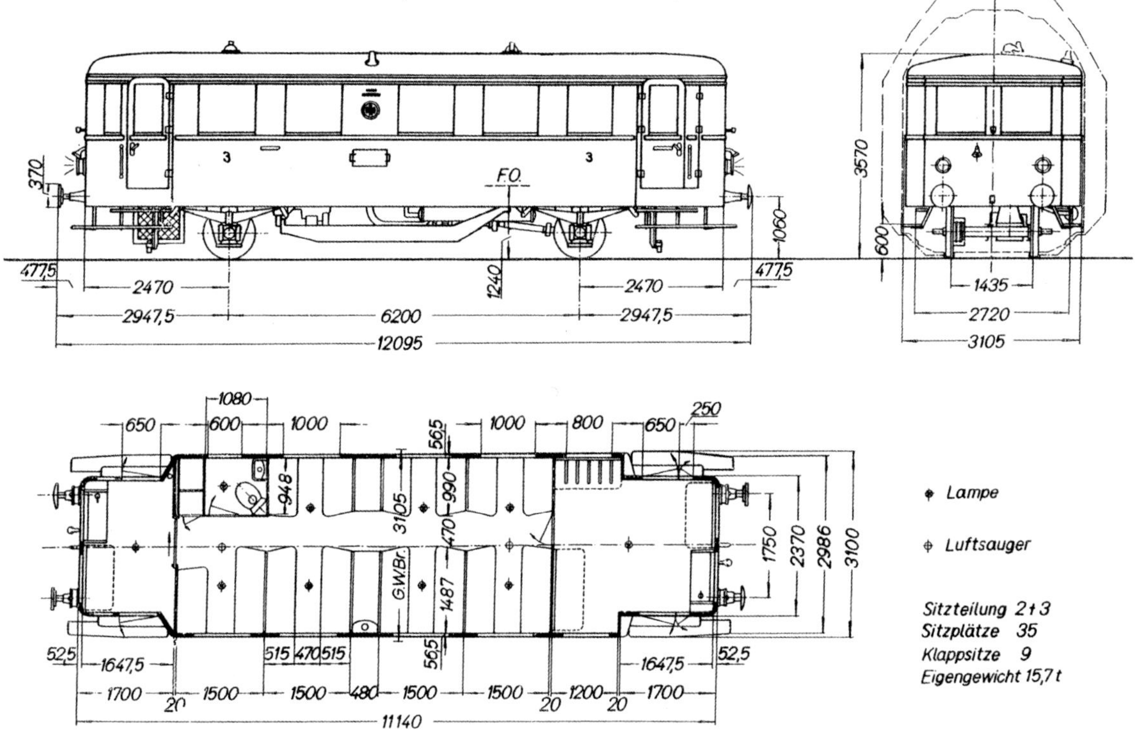


## 135 032 - 045 (CvT-33c)

### Entstehungsgeschichte

Im Beschaffungsprogramm von 1933 bestellte das RZM bei der MAN in Nürnberg eine zweite und dritte Bauserie von 150-PS-Nebenbahntriebwagen. Entsprechend den Anforderungen des RZM sollten diese Wagen mit mechanischer Leistungsübertragung ausgerüstet werden, zudem waren Anpassungen bei der Gestaltung des Wagenkastens notwendig[52]. MAN lieferte die Wagen 1935 an die Reichsbahn, die sie unter den Nummern 135 032 - 039 sowie 135 040 - 045 und der Gattung CvT-33c einreihte. Einen weiteren Triebwagen in identischer Bauart erhielt im Jahr 1935 die Lokalbahn Lam – Kötzing. Die MAN lieferte das Fahrzeug unter der Fabriknummer 127 357, das auf der Bahn bis 1965 im Einsatz war[53].

### Aufbau und Technik

Untergestell und Wagenkasten waren komplett geschweißt und entsprachen in den Hauptabmessungen den CvT-32c (135 012 – 021). Aufgrund der geänderten Ausführung der Antriebsanlage musste der Fahrgastraum einschließlich der Fensteranordnung verändert werden,

**Vier Triebwagen der Gattung CvT-33c verblieben nach Kriegsende in den westlichen Besatzungszonen und waren später im Bestand der DB. Dazu gehörte 135 043, der zum VT 70 981 umgezeichnet wurde. Der zum Bw Ingolstadt gehörende Wagen ist hier als P 2703 am 18. Juli 1953 in Eichstätt mit Beiwagen unterwegs.** *Foto: Carl Bellingrodt, Sammlung Dirk Winkler*

**Einen baugleichen Triebwagen erhielt 1935 die Lokalbahn Lam – Kötzing (LLK), der bis 1965 im Einsatz stand.**
*Foto: Peter Ramsenthaler. Sammlung Dirk Winkler*

der weitgehend dem CvT-32b entsprach. Die Fensterbreite im Fahrgastraum wurde mit 1000 mm beibehalten. Heizung und Entlüftung wie auch das Laufwerk entsprachen den CvT-32c.

Bei den Triebwagen 135 032 - 039 waren der MAN-Motor, die Mylius-Hauptkupplung und das vierstufige Mylius-Getriebe in einem an vier Gummipuffern am Wagenuntergestell aufgehängten Tragrahmen angeordnet. Über eine Gelenkwelle wurde das Drehmoment auf das Mylius-Radsatzwendegetriebe übertragen. Die Steuerung des mit Füllungsregelung arbeitenden Dieselmotors und die Vorwahl der Getriebestufen erfolgten mechanisch durch Seilzüge, während die Hauptkupplung und das Radsatzwendegetriebe mit Druckluft gesteuert wurden. Angelassen wurde der Dieselmotor mit einem Bosch-Anlasser Bauart DT 15/24R1. Die Kühlanlage befand sich unten seitlich am hinteren Wagenende. Der Kühlerlüfter wurde vom Dieselmotor mit einer Gelenkwelle angetrieben.

Die Triebwagen 135 040 - 045 wiesen anstelle der Mylius-Baugruppen ein Viergang-Lamellenkupplungs-Wechsel- und Wendegetriebe der TAG, Bauart LRG 125, und einen Achsantrieb der TAG auf. Wechsel- und Wendegetriebe wurden vom Gangschalter und vom Fahrtwendeschalter durch Druckluft betätigt. Die Kühlanlage entsprach der vorgenannten Ausführung.

Alle Fahrzeuge besaßen Druckluft-Trommelbremse und Knorr-Luftverdichter Bauart V 57/60 sowie eine Druckölhandbremse. Sie waren mit einer Batterie mit einer Kapazität von 400 Ah bei 24-V-Spannung ausgestattet. Zur Ladung der Batterie diente eine Bosch-Lichtmaschine Bauart GUL S6 1000/24/1100[54-55].

An Bauartänderungen wurden im Laufe der Jahre an den Wagen ausgeführt:

- Verstärkung des Laufradsatzes
- Verbesserung des Gebers für Geschwindigkeitsanzeige
- Anbau von Ösen für Signalstützen
- Veränderung der Motorbefestigung
- Verstärkung der Drehmomentenstütze

Zudem wurden in den Kriegsjahren ab 1941 die Heizungsanlagen so umgebaut, dass die Wagen Vorheizleitungen und Unterfluröfen erhielten (Sonderarbeit Nr. 335). Weiterhin erfolgte die Herrichtung für den Osteinsatz (Sonderarbeit Nr. 344).

Die bei der Reichsbahn in der DDR verbliebenen Wagen erhielten Anfang der 1960er-Jahre ein drittes Spitzenlicht, tiefer gesetzte Schlusslaternenhalter sowie neue Dieselmotoren.

### Einsatz und Verbleib

Die vom 25. Januar bis 20. August 1935 angelieferten 14 Triebwagen wurden folgenden Bahnbetriebswerken zugeteilt: Angermünde (135 032), Templin (135 033 - 035), Eberswalde (135 036), Neisse (135 037 -

**Vier VT dieser Bauart verblieben bei der DR. Günter Meyer hielt 135 033 im Jahr 1954 noch mit „DR USSR-Zone"-Beschriftung zwischen Karlshagen und Trassenheide fest.**
*Foto: Sammlung Günther Dietz*

## Technische Daten

| Betriebsnummer | | | 135 032 - 039 | 135 040 - 045 |
|---|---|---|---|---|
| Gattungsbezeichnung | | | CvT-33c | CvT-33c |
| Übersichtszeichnung | | | Tw.20401 MAN. Nürnberg | Tw.20401 MAN. Nürnberg |
| Radsatzanordnung | | | A1 | A1 |
| Hersteller | Wagenteil | | MAN | MAN |
| | Motor | | MAN | MAN |
| | Getriebe | | DGG | TAG |
| | el. Ausrüstung | | - | - |
| Höchstgeschwindigkeit | | km/h | 75 | 75 |
| Länge über Puffer | | mm | 12095 | 12095 |
| ges. Radsatzabstand | | mm | 6200 | 6200 |
| Treibraddurchmesser | | mm | 900 | 900 |
| Laufraddurchmesser | | mm | 900 | 900 |
| Sitzplätze | 2. Klasse | | - | - |
| | 3. Klasse | | 35 + 9 Klapp. | 35 + 9 Klapp. |
| Stehplätze | | | 25 | 25 |
| Plätze gesamt | | | 69 | 69 |
| Dienstmasse | unbesetzt | t | 16,1 | 16,4 |
| | besetzt | t | 21,3 | 21,5 |
| | je Sitzplatz | kg | 360 | 370 |
| | je lfd. m Wagenlänge | t | 1,34 | 1,36 |
| spez. Antriebsleistung | | kW/t / PS/t | 6,8/9,3 | 6,7/9,1 |
| gr. Radsatzlast | | t | 10,7 | 10,8 |
| Steuersystem | | Einzel | Einzel | |
| Motor | Zahl / Bauart | | 1 / W 6 V 15/18 | 1 / W 6 V 15/18 |
| | Masse | kg | 1560 | 1560 |
| | Zyl./Durchm./Hub | mm | 6 / 150 / 180 | 6 / 150 / 180 |
| | Dauerleistung | PS | 150 | 150 |
| | Drehzahl | $min^{-1}$ | 1500 | 1500 |
| Art u. System d. Leistungsübertragung | | | mechanisch | mechanisch |
| Getriebebauart | | | Mylius cv2 | LRG 125 |
| Geschwindigkeitsstufen | | | 4 | 4 |
| Motorsteuerung | | | mechanisch, Seilzug | mechanisch, Seilzug |
| Getriebesteuerung | | | mechanisch, Seilzug | pneumatisch |
| Wendegetriebesteuerung | | | pneumatisch | pneumatisch |
| Kraftstoffvorrat | | l | 330 | 330 |
| Heizung | | | Abgas-Frischl. mit Ölzusatzhzg. | Abgas-Frischl. mit Ölzusatzhzg. |
| Beleuchtung, Stromart, Spannung | | | el. = 24 V | el. = 24 V |
| Bremse | | | Hikpt (Tr) | Hikpt (Tr) |

039), Ingolstadt (135 040 - 042), Mühldorf (135 043 - 045). 1936 wurde 135 036 von Eberswalde nach Angermünde umbeheimatet. Für 135 034 ist für 1938/39 eine kurzzeitige Überstellung aus der RBD Stettin an die RBD Regensburg nachgewiesen[56-57]. Die übrigen Triebwagen blieben vermutlich bis zum Kriegsausbruch bei ihren ursprünglichen Einsatzstellen.

Seit Kriegsbeginn waren die Wagen dieser Gattung abgestellt. Für Sondereinsätze wurden drei zweiachsige Dieseltriebwagen des Bw Angermünde kurzzeitig nach Rügenwalde, wo die Wehrmacht einen schweren Artillerieschießplatz besaß, abgegeben. Dazu gehörten die beiden Wagen 135 032 und 036, die am 15. September nach Rügenwalde beordert wurden. Sie kehrten am 21.9.1939 wieder nach Angermünde zurück[58-59]. Erst Ende 1941 sollten sie wieder für Sonderdienste herangezogen werden. Bekannt ist, dass Ende Februar 1942 von der RBD Königsberg ein 150-PS-MAN-Triebwagen für Sonderzwecke angefordert wurde. Bis dahin liefen zwei Wagen im Plandienst, ein Wagen war als Bereitschafts- und Fristarbeitswagen geführt und der vierte als RAW-Reserve benötigt. Zu den erwähnten Fahrzeugen gehörte 135 034, der noch einen Heizungsumbau erhalten sollte, 136 033 und 035 [vermutlich Schreibfehler im Originaldokument; soll 135 heißen. d.A.] sind bereits am 20. Februar nach erfolgtem Umbau dem Bw Angerburg zugeführt worden[60]. Von März bis Juli 1942 ist auch 135 036 in Betrieb. Ob er nunmehr im Ostpreußischen fuhr, ist nicht nachweisbar[61]. Alle fünf Wagen aus der zweiten Bauserie 135 032 - 036 führte im September 1942 auch das RZA München in seiner Aufstellung zu den *„im Sondereinsatz befindlichen VT-Wagen"* auf[62].

Mitte Oktober 1942 werden ein weiterer Triebwagen und zwei Schienenautos konkret für das „Hauptquartier des Führers" angefordert. Bis zum Wechsel des Hauptquartiers im Juni 1942 standen dafür ein Triebwagen und ein Schienenauto zur Verfügung[63]. Daraufhin wurde die RBD Königsberg angewiesen, ab dem 28. Oktober 1942 den 135 033 für das Hauptquartier, *„Abstellort Sonderzug Amerika"*, bereitzustellen[64]. Nach beendeter Winterfestmachung ging als Ersatz für den 135 033 der im RAW Nürnberg befindliche 135 037 Ende November an das Bw Angerburg als Reservefahrzeug[65]. Nachweislich wurde 135 043 bis zum Februar 1943 im RAW Nürnberg für den Osteinsatz hergerichtet[66].

Das Bw Angerburg besaß über die Kriegsjahre eine stattliche Flotte von den moderneren Bauarten der zweiachsigen Dieseltriebwagen. Teilweise bereits seit längerer Zeit waren 1943 dort die 135 032 - 039, 041 und 043 - 045 für Sonderzwecke stationiert. Neben den o.g. Einsätzen für und vermutlich auch zwischen den einzelnen Hauptquartieren sollen die beiden Wagen 135 033 und 035 für die Transportkommandantur Königsberg gelaufen sein. Für den Einsatz beim Marinebauamt in „Pillau Bhf" waren 135 040 und 042 dort beheimatet[67]. Von diesen genannten Triebwagen gingen 135 040 - 045 erst 1943 von der RBD München an die RBD Königsberg[68]. Rekonstruieren lässt sich, dass 135 036 laut dem erhaltengebliebenen Betriebsbogen von April 1943 bis Dezember 1944 in Betrieb war[69].

Aufgrund der Einsätze in den Kriegsjahren ist der Nachkriegsverbleib von vier Fahrzeugen nicht bekannt. Das RZA München hatte mit Stand vom 1. April 1947 nur drei Triebwagen dieser Gattung erfasst: 135 034 und 043 (amerikanische Zone), 135 033, 036, 039 und 040 (sowjetische Zone)[70]. Zwei zur RBD München gehörende Wagen, 135 043 und 045 im Bw Mühldorf stehend, waren im Februar 1946 mit Totalschaden als ausmusterungsreif aufgeführt[71]. Die beiden Wagen 135 034 und 043 wurden im Jahr 1947 zu VT 70 911 und 981 umgezeichnet und wieder in Betrieb genommen. Der VT 70 911 wurde im Februar 1948 der RBD Nürnberg zugeteilt[72]. Im ersten Quartal 1949 wechselte er in die RBD Regensburg[73]. VT 70 981 kam nach Ingolstadt.

Ende der 1950er-Jahre wurden beide Fahrzeuge ausgemustert. Bei der DR verblieben vier Triebwagen, die im Wesentlichen in der Rbd

Mindestens zwei CvT-33c verblieben nach Kriegsende in Polen. Dazu gehörte dieser zum Gruppenfoto in Czeremcha genutzte und für den 1. Mai dekorierte Triebwagen. Die von der geöffneten Tür verdeckte PKP-Nummer lässt eine eindeutige Identifizierung nicht zu. *Foto: Sammlung R. Turkiewicza*

135 033 mit 140 048 in Velgast im August 1965. Diese Farbaufnahme verdanken wir Karlheinz Brust. *Foto: Sammlung Günther Dietz*

Greifswald eingesetzt waren und sich bis 1975 im Bestand hielten. Der Triebwagen 135 036 wurde 1954 aufgrund fehlender Ersatzteile zum Beiwagen umgebaut und lief seitdem als 140 601. 1970 erhielt er die EDV-gerechte neue Fahrzeugnummer 190 850-8.

Die beiden ehemals in Neiße beheimateten Wagen 135 037 und 038 fanden sich nach Kriegsende in Polen wieder. Der ehemalige 135 038 wurde von der PKP wieder in Betrieb genommen (090 013, später SN51-09) und versah Dienst bis Anfang der 1960er-Jahre. Der ehemalige 135 037 soll nach einigen Betriebsjahren aufgrund des verschlissenen Motors ausgemustert und ohne Antriebssystem im Oktober 1959 an die Przedsiebiorstwa Kolejowego Robot Elektryfikacyjnych übergeben worden sein, wo er als Arbeitswagen eingesetzt wurde[74]. Angaben zum Einsatz und Verbleib der Fahrzeuge können der nachfolgenden Tabelle entnommen werden.

| Nummer | Verbleib | Ablieferung | Beheimatungen | Bemerkungen |
|---|---|---|---|---|
| 135 032 | - | 16.08.1935 | 24.08.35 Agm | Verbleib unbekannt |
| 135 033 | DR 186 001-4 | 28.07.1935 | 01.09.35 Tem, 05.46 Wit, 01.12.51 Ebw, 01.01.54 Tem, 06.04.54 Her, 03.03.55 Prl, 17.05.55 Tem, 21.05.59 Her, 31.07.59 Bh, 1005.60 Srd, 11.06.60 Bh, 01.07.61 Her, 07.09.61 Srd, 22.09.61 Bh, 15.04.62 Srd, 27.05.62 Bh, 06.12.68 Srd, 12.12.68 Bh, 01.01.70 Srd | + 18.06.75, abgest. 06.03.70, z 19.05.74 ++ 21.02.75 Wit |
| 135 034 | DB VT 70 911 | 18.07.1935 | 31.08.35 Tem, 16.03.49 Reg, 1939 RBD Stettin, 1955 Str | + 09.08.57 |
| 135 035 | - | 20.08.1935 | 01.09.35 Tem | Verbleib unbekannt |
| 135 036 | DR | 20.08.1935 | 06.09.35 Ebw, 1936 Agm, 11.45 Srd, 04.08.46 Sw, 02.07.47 Ahb | 1954 Ub. VB 140 601, 1970 190 850-8; + 30.12.80 |
| 135 037 | PKP | 22.05.1935 | 29.06.35 Nei ▶ PKP | + 10.1959 |
| 135 038 | PKP MsBi 090 013 ▶ SN51-09 | 09.07.1935 | 23.07.35 Nei ▶ PKP | + 01.03.61 |
| 135 039 | DR 186 002-2 | 04.07.1935 | 23.07.35 Nei, 05.46 Srd, 01.10.54 Her, 26.05.63 Bh, 17.07.63 Tem, 01.12.65 Srd, 23.12.65 Bh, 14.08.67 Srd, 17.05.68 Bh, 24.05.68 Srd, 15.10.68 Bh, 1212.68 Srd | + 16.05.75, abgest. 02.11.72 Z 19.05.74, ++ 11.06.75 Srd |
| 135 040 | DR 186 003-0 | 09.05.1935 | 25.06.35 In, 26.07.46 Ahb, 09.08.47 Sw, 23.09.60 Nr, 16.11.60 Wit | + 1970, abgest. 11.06.68 Z 24.03.69, ++ 08.70 |
| 135 041 | - | 04.06.1935 | 16.06.35 In | Verbleib unbekannt |
| 135 042 | - | 05.06.1935 | 16.06.35 In | Verbleib unbekannt |
| 135 043 | DB VT 70 981 | 05.08.1935 | 05.10.35 Mdf, 1945 Mdf, 1951 In | + 12.01.59 |
| 135 044 | DB (Schadfzg.) | 11.06.1935 | 26.06.35 Mdf, 1944 RAW Nü | + 30.09.46 |
| 135 045 | DB (Schadfzg.) | 02.08.1935 | 05.10.Md | + 1946 |

Die beiden Triebwagen 135 046 und 047 wurden zur Erprobung der hydraulischen Kraftübertragung mit einem Trilok-Getriebe ausgerüstet. Das Werkfoto von Wegmann in Kassel zeigt 135 047. *Foto: Sammlung Günther Dietz*

## 135 046 - 047 (CvT-33)

### Entstehungsgeschichte

Anfang der 1930er-Jahre sah sich die 1928 von *Spannhake, Kluge* und *v. Sanden* gegründete Forschungsgemeinschaft Trilok (Karlsruhe) in der Lage, ein einsatzreifes hydraulisches Wandlersystem für Triebwagen und Diesellokomotiven vorzulegen[75]. Das RZM entschloss sich dazu, drei zweiachsige Triebwagen mit der neuen Leistungsübertragungsanlage versuchsweise ausrüsten zu lassen. Zum einen wurde der Triebwagen 803 umgebaut und erhielt bis 1934 das hydromechanische Trilok-Getriebe, Bauart A (s. Band 1). Trotz der noch nicht durchgeführten Erprobung der neuen Leistungsübertragung wurde zu Lasten des Beschaffungsprogramms 1933 Wegmann in Kassel mit Vertrag 03.966/24.271 mit dem Bau von zwei neuen zweiachsigen Wagen beauftragt, die ebenfalls mit Trilok-Getriebe ausgerüstet werden sollten. Wegmann lieferte die beiden Wagen 1935 und 1936. Die als Gattung CvT-33 geführten Wagen erhielten die Nummern 135 046 und 047.

Skizzenblatt des CvT-33 (135 046 - 047)

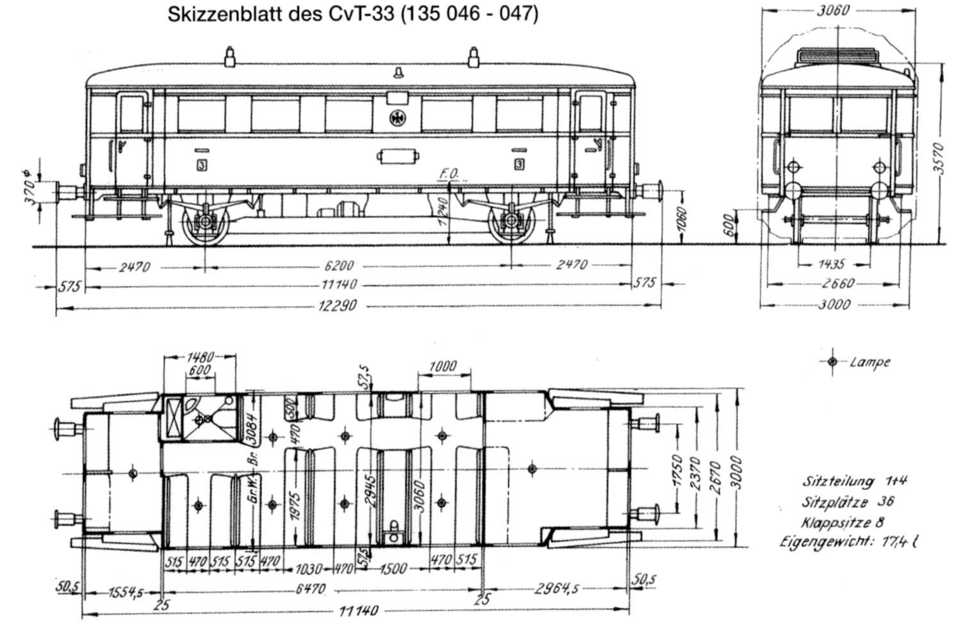


### Aufbau und Technik

Die Konstruktion des geschweißten Wagenkastens sowie des Rahmens mit Laufwerk folgte in Aufbau und Grundriss den bereits zuvor ausgeführten zweiachsigen Wagen. Von den an beiden Wagenenden befindlichen Führerständen, die zugleich als Einstiegsraum dienten, war einer als Gepäckraum ausgeführt. Der Fahrgastraum verfügte über 36 gepolsterte Sitzplätze 3. Klasse in der Sitzteilung 1+4 sowie 8 Klappsitze. Die Sitzbank über dem Motor war als Kasten ausgeführt und konnte hochgeklappt werden. Die nach außen aufschlagenden Drehtüren der Einstiegsräume besaßen Fenster mit Federausgleich, Einstiegstüren, die Fahrgasträume verfügten über Fenster mit Kurbelantrieb. Als Heizung fungierte eine Warmwasser-Umlaufheizung.

Der mit Füllungsregelung arbeitende 150-PS-MAN-Dieselmotor war mit dem Trilok-Getriebe, Bauart F, auf einem Tragrahmen unter dem Wagenkasten untergebracht, der sich auf den beiden Radsätzen abstützte. Das Drehmoment wurde mit einer Gelenkwelle auf das Radsatzwendegetriebe der Firma TAG übertragen. Beim Trilok-Getriebe wurden Wandler und Kupplung in einem Kreislauf vereinigt[76]. Da sich aber bei dem auf gleiche Weise umgebauten VT 803 herausstellte, dass der Dieselmotor im höheren Geschwindigkeitsbereich eine Drehzahldrückung erfuhr, erhielt das Trilok-Getriebe der Bauart F für diesen Bereich eine Zusatzkupplung. Der Dieselmotor wurde durch Seilzug, das Radsatzwendegetriebe durch Druckluft gesteuert. Als Kühlanlage dienten zwei Dachkühler.

Zusätzlich wurden noch folgende Bauartänderungen durchgeführt: Einbau zusätzlicher Signalstützen, Einbau der RZM-Sicherheitsfahrschaltung, Verbesserung der Drehzahlgeber, Verstärkung der Tragfedern.

### Einsatz und Verbleib

Die beiden Versuchswagen wurden im Juni 1935 (135 046) und Dezember 1936 (135 047) abgeliefert. Aufgrund von Problemen mit den neuartigen Trilok-Getrieben verzögerte sich die amtliche Abnahme bis zum 13. Dezember 1937. Die Indienststellung beim Bw Nürnberg Hbf erfolgte im Januar 1938 (135 046) bzw. schon im Dezember 1937 (135 047).

Beide Wagen bewährten sich im Betriebsdienst nicht. Häufige Getriebeschäden zwangen zu längeren RAW-Aufenthalten. Ab Mitte September 1939 folgte zudem die Stilllegung aufgrund des VT-Einsatzverbotes. Die beiden Wagen blieben in Nürnberg abgestellt, wo sie bei einem Tagesangriff amerikanischer Luftverbände am 10. September 1944 zerstört wurden. Ihre Ausmusterung erfolgte am 23. Oktober 1944.

## Technische Daten

| | | | |
|---|---|---|---|
| Betriebsnummer | | | 135 046 - 047 |
| Gattungsbezeichnung | | | CvT-33 |
| Übersichtszeichnung | | | P5161e Wegmann u. Co. |
| Radsatzanordnung | | | A1 |
| Hersteller | Wagenteil | | Wegmann |
| | Motor | | MAN |
| | Getriebe | | Klein, Schanzlin & Becker |
| Höchstgeschwindigkeit | | km/h | 85 |
| Länge über Puffer | | mm | 12200 |
| ges. Radsatzabstand | | mm | 6200 |
| Treibraddurchmesser | | mm | 900 |
| Laufraddurchmesser | | mm | 900 |
| Sitzplätze | 2. Klasse | | - |
| | 3. Klasse | | 44 |
| Stehplätze | | | 25 |
| Plätze gesamt | | | 69 |
| Dienstmasse | unbesetzt | t | 17,4 |
| | besetzt | t | 22,8 |
| | je Sitzplatz | kg | 370 |
| | je lfd. m Wagenlänge | t | 1,43 |
| spez. Antriebsleistung | | kW/t / PS/t | 6,3/8,6 |
| gr. Radsatzlast | | t | 11,4 |
| Steuersystem | | Einzel | |
| Motor | Zahl / Bauart | | 1 / W 6 V 15/18 |
| | Masse | kg | 1560 |
| | Zyl./Durchm./Hub | mm | 6 / 150 / 180 |
| | Dauerleistung | PS | 150 |
| | Drehzahl | $min^{-1}$ | 1500 |
| Art u. System d. Leistungsübertragung | | | hydraulisch W/K |
| Getriebebauart | | | Trilok F |
| Geschwindigkeitsstufen | | | 2 |
| Motorsteuerung | | | mechanisch, Seilzug |
| Getriebesteuerung | | | selbsttätig |
| Wendegetriebesteuerung | | | pneumatisch |
| Kraftstoffvorrat | | l | 300 |
| Heizung | | | Whz |
| Beleuchtung, Stromart, Spannung | | | el. = 24 V |
| Bremse | | | Hikpt (Tr) |

**135 047 vor seiner Ablieferung an die RBD Nürnberg.**
*Foto: Sammlung Wolf-Dieter Richter*

**Zu den im Herbst 1935 auf der Nürnberger Ausstellung gezeigten Triebwagen gehörte auch 135 049.**
*Foto: Hermann Maey. Sammlung Dirk Winkler*

## 135 048 - 050 (CvT-34a)

### Entstehungsgeschichte

Ebenfalls zu Lasten des Beschaffungsprogramms 1933 wurde die MAN in Nürnberg mit Vertrag 03.966/24.270 mit dem Bau von drei zweiachsigen Wagen beauftragt, die mit hydraulischer Leistungsübertragungsanlage von Voith sowie 150-PS-Dieselmotoren der MAN ausgerüstet werden sollten. Von Anfang an war die Aufrüstung der Motoren auf 210 PS (rd. 154,4 kW) vorgesehen[77]. Ziel war die Erprobung der neuen Leistungsübertragungsanlage unter Alltagsbedingungen. Die von der MAN Anfang 1935 gelieferten Wagen wurden als Gattung CvT-34a mit den Nummern 135 048 - 050 geführt.

Skizzenblatt des CvT-34a (135 048 - 050)

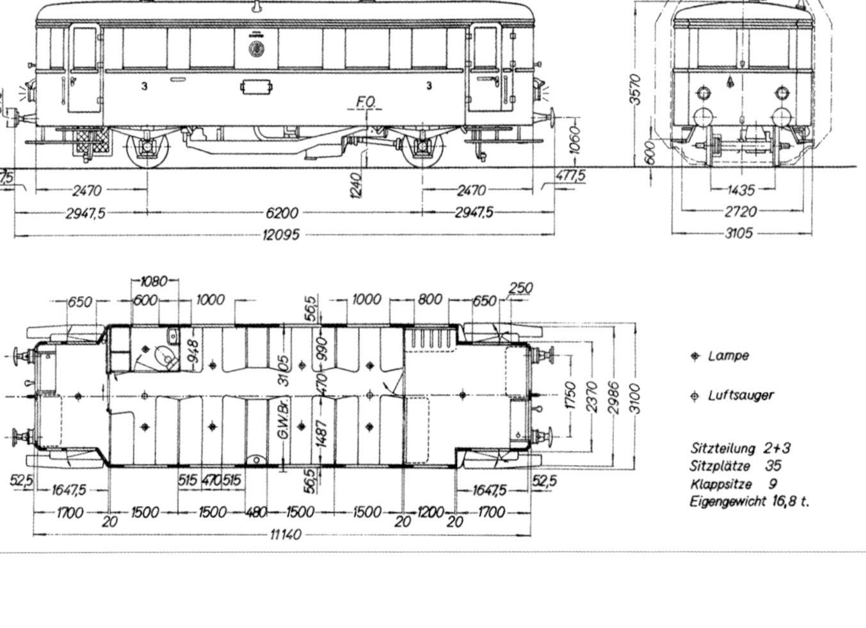


Nicht realisiert wurde ein ebenfalls geplanter und im Beschaffungsprogramm 1934 vorgesehener dieselhydraulischer Triebwagen mit 150 PS Leistung, der mit Achsen in der Bauart der Austro-Daimler-Triebwagen ausgerüstet werden sollte[78-79]. Das RZM hatte die in Österreich entwickelte Fahrzeugbauart[80] recht eingehend studiert und im Zuge der Entscheidungen über die Erprobung der Voith-Flüssigkeitsgetriebe mit der Beschaffung eines solchen Fahrzeuges geliebäugelt.

### Aufbau und Technik

Auch bei diesen Wagen folgte die Konstruktion des geschweißten Wagenkastens sowie des Rahmens mit Laufwerk den bereits zuvor ausgeführten zweiachsigen Wagen. Von den an beiden Wagenenden befindlichen Führerständen, die zugleich als Einstiegsraum dienten, war einer als Gepäckraum mit 4,8 m² Fläche ausgeführt und besaß fest eingebaute Fahrradständer. Der Fahrgastraum verfügte über 35 gepolsterte Sitzplätze 3. Klasse in der Sitzteilung 2+3 sowie 9 Klappsitze. Der Sitz, unter dem der Motor in den Wagenkasten ragte, ist als Kasten ausgeführt worden und konnte hochgeklappt werden.

An den Stirnseiten und im Gepäckraum auf der Seite des Fahrradständers waren feste Fenster eingebaut. Die nach außen aufschlagenden Drehtüren der Einstiegsräume besaßen Fenster mit Federausgleich, Einstiegstüren und die Fahrgasträume verfügten über Fenster mit Kurbelantrieb. Die Heizung erfolgte mit Frischlufteinblasung, die durch die Motorabgase oder durch einen Ölbrenner oder durch beide in einem Wärmetauscher erhitzt wurde. Von dort gelangte die Luft über Kanäle mit Ausblasöffnungen in den Fahrgast- sowie die Einstiegsräume.

Der 150-PS-MAN-Dieselmotor (rd. 110,3 kW) war mit dem hydraulischen Getriebe auf einem Tragrahmen montiert, der an vier Punkten elastisch unter dem Rahmen aufgehängt war. Über eine zwischengeschaltete Voith-Maurer-Kupplung (zur Dämpfung kritischer Drehschwingungen) wurde das Drehmoment auf das zweistufige Getriebe der Firma Voith und von dort über Gelenkwelle auf das Mylius-Radsatzwendegetriebe übertragen. Das Getriebe wurde dabei mit einem Steuerschalter auf jedem Führerstand geschaltet, wobei bei etwa 48 km/h von Schaltstellung „Wandler" in „Kupplung" umgeschaltet wurde.

Die Bremsanlage war als Hikpt-Trommelbremse ausgeführt. Die Drucklufterzeugung geschah durch einen vom Dieselmotor angetriebenen Knorr-Luftverdichter V56/60. Zusätzlich war eine Druckölhandbremse vorhanden, die ebenfalls auf die Bremstrommeln wirkte. Zur Ladung der Batterie diente eine Bosch-Lichtmaschine mit 1000 W Leistung. Die Beleuchtung erfolgte mit 24 V Gleichspannung[81-82]. Im Jahre 1936 wurde der 150-PS-MAN-Dieselmotor durch einen mit Roots-Gebläse auf 200 PS (147,1 kW) aufgeladenen Dieselmotor gleicher Bauart ersetzt. In diesem Zusammenhang wurde der Maschinentragrahmen verstärkt, ebenfalls die Radsätze. Zusätzlich wurden Frostschutzscheiben, eine RZM-Sicherheitsfahrschaltung sowie zusätzliche Signalstützen ein- bzw. angebaut.

### Einsatz und Verbleib

Die ersten beiden Wagen (135 048 bis 049) wurden am 25., resp. 28. Januar 1935 abgeliefert und kamen zum Bw Straubing. Am 16. März 1935 folgte 135 050, der dem Bw Plattling zugeteilt wurde. Ursprünglich sollten sie dem Bw Regensburg zugeteilt werden, wie der Plan von 1934 noch verzeichnet. Mit Kriegsbeginn wurden die Wagen abgestellt.

Nach Kriegsende befanden sich die beiden Straubinger Wagen mit Totalschaden im Bw Regensburg und wurden am 29. August 1946 ausgemustert[83-84]. Der 135 050 wurde 1947 als VT 73 500 umgezeichnet. Er kam 1949 aus der RBD Regensburg zur RBD Nürnberg und wurde als im Betrieb befindlicher Wagen bezeichnet[85]. Nachdem der 200-PS-Dieselmotor 1950 wieder durch einen 150-PS-Motor ersetzt worden war, wurde er als VT 70 501 geführt[86]. Seine Ausmusterung erfolgte am 01.08.1957. Anschließend wurde der Einzelgänger zerlegt.

## Technische Daten

| | | | |
|---|---|---|---|
| Betriebsnummer | | | 135 048 - 050 |
| Gattungsbezeichnung | | | CvT-34a |
| Übersichtszeichnung | | | Tw.20401 MAN |
| Radsatzanordnung | | | A1 |
| Hersteller | Wagenteil | | MAN |
| | Motor | | MAN |
| | Getriebe | | Voith |
| | el. Ausrüstung | | - |
| Höchstgeschwindigkeit | | km/h | 75 |
| Länge über Puffer | | mm | 12095 |
| ges. Radsatzabstand | | mm | 6200 |
| Treibraddurchmesser | | mm | 900 |
| Laufraddurchmesser | | mm | 900 |
| Sitzplätze | 2. Klasse | | - |
| | 3. Klasse | | 44 |
| Stehplätze | | | 25 |
| Plätze gesamt | | | 69 |
| Dienstmasse | unbesetzt | t | 16,8 |
| | besetzt | t | 22,0 |
| | je Sitzplatz | kg | 380 |
| | je lfd. m Wagenlänge | t | 1,39 |
| spez. Antriebsleistung | | kW/t / PS/t | 6,7 / 9,1 |
| gr. Radsatzlast | | t | 11,0 |
| Steuersystem | | | Einzel |
| Motor | Zahl / Bauart | | 1 / W 6 V 15/18 |
| | Masse | kg | 1560 |
| | Zyl./Durchm./Hub | mm | 6 / 150 / 180 |
| | Dauerleistung | PS | 150 |
| | Drehzahl | $min^{-1}$ | 1500 |
| Art u. System d. Leistungsübertragung | | | hydraulisch W/K |
| Getriebebauart | | | ACR 59m2 |
| Geschwindigkeitsstufen | | | 2 |
| Motorsteuerung | | | mechanisch, Seilzug |
| Getriebesteuerung | | | pneumatisch |
| Wendegetriebesteuerung | | | pneumatisch |
| Kraftstoffvorrat | | l | 330 |
| Heizung | | | Abgas-Frischl. mit Ölzusatzhzg |
| Beleuchtung, Stromart, Spannung | | | el. = 24 V |
| Bremse | | | Hikpt (Tr) |

Der Fahrgastraum zeichnete sich durch bequeme Stoffpolsterbänke in der 3. Klasse aus. In Bildmitte zwischen den Bänken die Hauben der Motorabdeckung.
*Werkfoto MAN, Sammlung Günther Dietz*

Blick auf den Führerstand mit Vorhang. Links daneben befindliche Sitzbank. *Werkfoto MAN, Sammlung Günther Dietz*

Auf dem MAN-Werkfoto von „135 050 Regensburg“ ist links gut das vergitterte Fenster des Gepäckabteils zu erkennen.
*Foto: Sammlung Günther Dietz*

Seitenansicht des „135 054 Oppeln“ vor seiner Auslieferung 1935. *Werkfoto Waggonbau Bautzen. Sammlung Wolf-Dieter Richter*

## 135 051 - 059 (CvT-34b)

### Entstehungsgeschichte

Im Beschaffungsprogramm 1934 bestellte das RZM Berlin mit Vertrag 53.077/61.2554 nochmals bei der TAG zehn zweiachsige Triebwagen. Die Ausführung sollte den Wagen aus dem Beschaffungsprogramm von 1932 folgen (CvT-32b, 135 002 – 011 und 135 022 - 031), jedoch mit geänderter Antriebsanlage.

Geliefert wurden die Wagen 1935 von LHB, Werk Bautzen, das von der TAG als Unterauftragnehmer mit dem Bau der Fahrzeuge beauftragt worden war. Die Reichsbahn gab ihnen die Nummern 135 051 - 059 und führte sie unter der Gattung CvT-34b.

### Aufbau und Technik

Die Ausführung von Untergestell und Wagenkasten sowie die Gestaltung des Innenraums dieser als Baureihe 3 bezeichneten Wagen folgte den Wagen 135 022 - 031. Das Laufwerk hatte eine neue doppelte Radsatzfederung über Blatt- und Schraubenfedern erhalten. Für die neuen Wagen kam wieder der bewährte 135-PS-Daimler-Dieselmotor OM 54 (mit rd. 99,3 kW) zum Einbau. Im Gegensatz zu den vorher ausgeführten Wagen wurde nunmehr ein Viergang-Wechsel- und Wendegetriebe der TAG, Bauart LRG 125, verwendet. Weiterhin erhielten alle Wagen eine Trommel- statt der Klotzbremse[87].

Der bei der DR verbliebene 135 054 erhielt nach dem Krieg einen 6 KVD-Dieselmotor der Elbewerke Roßlau.

Skizzenblatt des CvT-34b (135 051 - 059)

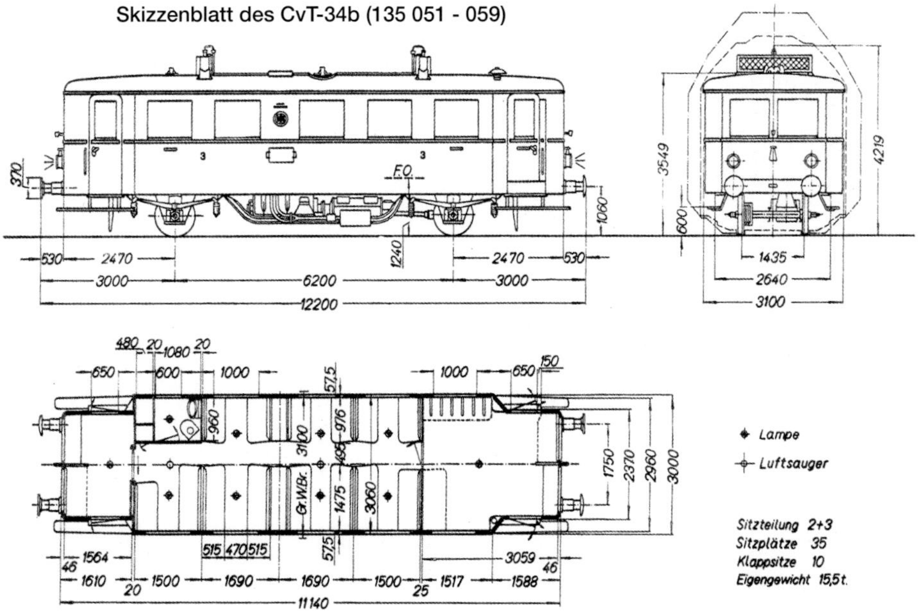

**Nahezu alle Wagen dieser Bauart waren nach Kriegsende in den westlichen Besatzungszonen vorhanden und wurden zu VT 75 906 - 912 umgezeichnet. Der ehemals vom Bw Schwandorf eingesetzte VT 75 911 steht hier abgestellt in Friedrichshafen am 3. April 1961.** *Foto: Ulrich Montfort. Sammlung Günther Dietz*

### Einsätze und Verbleib

Die Wagen wurden nach ihrer Ablieferung in Oppeln (135 051 - 054) und Regensburg (135 055 - 059) eingesetzt. Der Nummernplan vom Januar 1937 hält für die ersten vier Wagen die geplante Umbeheimatung nach Dresden-Pieschen fest, die bis 1938 erfolgte. Auch die Wagen 135 055, 056, 058 und 059 kamen in die RBD Dresden, die sie 1939 aus der RBD Regensburg erhielt[88]. Während des Zweiten Weltkrieges waren mindestens vier Wagen dieser Gattung nachweislich im September 1942 im „Sondereinsatz“ tätig: 135 051 – 054[89]. Allerdings sind die Eisatzorte unbekannt.

Bis auf einen waren alle Wagen dieser Bauart nach Kriegsende in der Bizone vorhanden. Das RZA München verfügte 1947 die Umzeichnung für die Triebwagen 135 052, 053, 055, 056, 057, 058, 059 zu VT 75 906 - 912. Für den im RAW Nürnberg mit Totalschaden stehenden 135 051 wurde im September 1946 die Ausmusterung verfügt[90].

## Technische Daten

| | | | |
|---|---|---|---|
| Betriebsnummer | | | 135 051 - 059 |
| Gattungsbezeichnung | | | CvT-34b |
| Übersichtszeichnung | | | TK.02036 |
| Radsatzanordnung | | | A1 |
| Hersteller | Wagenteil | | LHB via. Busch |
| | Motor | | Daimler |
| | Getriebe | | TAG |
| Höchstgeschwindigkeit | | km/h | 75 |
| Länge über Puffer | | mm | 12200 |
| ges. Radsatzabstand | | mm | 6200 |
| Treibraddurchmesser | | mm | 900 |
| Laufraddurchmesser | | mm | 900 |
| Sitzplätze | 2. Klasse | | - |
| | 3. Klasse | | 42 |
| Stehplätze | | | 25 |
| Plätze gesamt | | | 67 |
| Dienstmasse | unbesetzt | t | 15,3 |
| | besetzt | t | 20,3 |
| | je Sitzplatz | kg | 360 |
| | je lfd. m Wagenlänge | t | 1,25 |
| spez. Antriebsleistung | | kW/t / PS/t | 6,4/8,8 |
| gr. Radsatzlast | | t | 10,2 |
| Steuersystem | | Einzel | |
| Motor | Zahl / Bauart | | 1 / OM 54 |
| | Masse | kg | 990 |
| | Zyl./Durchm./Hub | mm | 6 / 125 / 170 |
| | Dauerleistung | PS | 135 |
| | Drehzahl | $min^{-1}$ | 1700 |
| Art u. System d. Leistungsübertragung | | | mechanisch |
| Getriebebauart | | | LRG 125 |
| Geschwindigkeitsstufen | | | 4 |
| Motorsteuerung | | | mechanisch, Seilzug |
| Getriebesteuerung | | | pneumatisch |
| Wendegetriebesteuerung | | | pneumatisch |
| Kraftstoffvorrat | | l | 550 |
| Heizung | | | Klatte-Frischl. mit Ölzusatzhzg |
| Beleuchtung, Stromart, Spannung | | | el. = 24 V |
| Bremse | | | Hikpt (Tr) |

**Ende der 1930er-Jahre erhielt die RBD Dresden alle Wagen dieser Bauart. Als P 869 ist 135 055 mit 140 110 bei Bischofswerda unterwegs.** *Foto: Carl Bellingrodt. Sammlung Dirk Winkler*

Eine ähnliche Garnitur hielt ein unbekannter Fotograf auf dem Viadukt über dem Felsental der Gröditzer Skala in der Lausitz fest. *Foto: Sammlung Dirk Winkler*

Die ab 1949 im Bestand der DB befindlichen Wagen waren 1952 in Oldenburg (VT 75 909 - 912), Plattling (VT 75 908), Hof (VT 75 907) und Weiden (VT 75 906) eingesetzt. Der Plattlinger VT 75 908 musste Ende Dezember 1952 ausgemustert werden[91]. Auch für diese Wagen erfolgte 1954 eine Konzentration in der BD Regensburg. Aus der BD Münster wurden im 3. Quartal 1954 die VT 75 909 – 912 überwiesen[92]. Bis zum Ende ihres Einsatzes waren die noch vorhandenen Triebwagen in Schwandorf (75 906, 908-912) beheimatet.

Ein Triebwagen dieser Bauart (135 054) blieb bei der DR. Der Wagen war zunächst in der RBD Berlin und wurde dort gelegentlich für Sonderdienste eingesetzt. 1952 kam er zur RBD Magdeburg als Diensttriebwagen des Präsidenten dieser Direktion. Er ist heute noch in Staßfurt als Museumsfahrzeug vorhanden.

Nur 135 054 blieb der DR. Als Sondertriebwagen zunächst in der RBD Berlin, kam er 1952 zur RBD Magdeburg als Diensttriebwagen des Präsidenten dieser Direktion. Um 1960 stand er im Raw Dessau. *Foto: Leyer. Sammlung Dirk Winkler*

| Nummer | Verbleib | Ablieferung | Beheimatungen | Bemerkungen |
|---|---|---|---|---|
| 135 051 | DB | 16.07.1935 | 19.08.35 Op, 1937 Dr-P | + 18.09.46 |
| 135 052 | DB VT 75 906 | 15.06.1935 | 08.09.35 Op, 16.10.38 Dr-P, 26.10.38 Lö, 24.11.48 H, 01.09.52 We, 04.11.54 Sch | + 30.03.62 |
| 135 053 | DB VT 75 907 | 05.06.1935 | 14.09.35 Op, 1937 Dr-P, 1952 H, 1955 Sch | + 05.06.54 |
| 135 054 | DR 186 257-2 / DB 786 257-6 | 05.06.1935 | 20.09.35 Op, 1937 Dr-P, 05.46 Ahb, 1952 Kbw Mg, 16.10.63 Kbw Cs, 08.03.64 Kbw Mg, 21.04.66 MgH 1998/99 Museum Staßfurt | Dienstwg. des Präsid. der RBD Magdeburg + 12.12.97 Museumsfzg. |
| 135 055 | DB VT 75 908 | 29.05.1935 | 08.06.35 Reg, 1952 Pl, 1955 Sch | HVB Verf. 23.233a Fuv 173 v. 29.12.52 |
| 135 056 | DB VT 75 909 | 04.05.1935 | 30.05.35 Reg, 1952 OdgH, 1955 Sch | + 06.05.60 |
| 135 057 | DB VT 75 910 | 04.05.1935 | 25.06.35 Reg, 1952 OdgH, 1955 Sch | + 16.05.60 |
| 135 058 | DB VT 75 911 | 24.04.1935 | 12.05.35 Reg, 1952 OdgH, 1955 Sch | + 13.04.60 |
| 135 059 | DB VT 75 912 | 24.04.1935 | 12.05.35 Reg, 1952 OdgH, 1955 Sch | + 30.03.62 |

**Der ursprünglich für die RBD Nürnberg vorgesehene Wagen wurde als „137 060 Regensburg“ abgeliefert und gehörte zum Bw Passau. Bis Juli 1939 legte er 225.000 km zurück.**
*Foto: Sammlung Günther Dietz*

## 135 060 (CvT-34c)

### Entstehungsgeschichte

Bei der Abwicklung des laufenden Vertrages 53.077/61.2554, mit dem die TAG den Auftrag zum Bau von zehn zweiachsigen Triebwagen mit 135-PS-Daimler-Dieselmotoren erhalten hatte (135 051 - 060), wurde entschieden, den letzten Wagen dieses Vertrages mit einem neu entwickelten, liegenden 180 PS (rd. 132,4 kW) leistenden Dieselmotor der DWK auszurüsten[93]. Der bei Busch in Bautzen gefertigte Wagen wurde Mitte Oktober 1935 abgeliefert und unter der Gattung CvT-34c mit der Nummer 135 060 von der Reichsbahn eingereiht.

### Aufbau und Technik

Die Konstruktion des Wagenkastens orientierte sich an den zuvor ausgeführten Wagen 135 051 - 059, wies jedoch eine geänderte Fensteranordnung aufgrund des Fortfalls der breiteren Bank mit der Motorhaube im Fahrgastraum auf. Der Wagen besaß 35 Sitzplätze 3. Klasse in der Sitzteilung 2+3 sowie 11 Klappsitze. Der Gepäckraum war auch bei diesem Wagen mit Fahrradhaltern ausgestattet. Abweichend von den anderen Wagen besaß der 135 060 keine Blendschutzschirme am rechten Stirnfenster.

**Die Zeichnung verdeutlicht den Unterschied in der Einbauanordnung der Maschinenanlage bei stehendem und liegendem Motor.** *Quelle: Henze, K.: Dieselmotoren mit liegenden Zylindern für Triebwagen. ZVDI 81 (1937), S. 565*

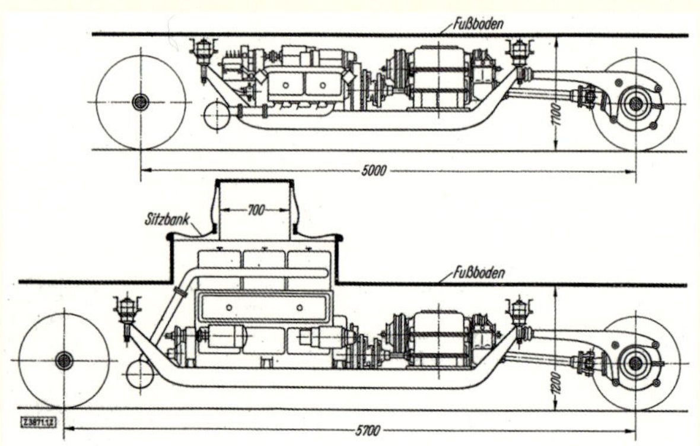


### Technische Daten

| | | | |
|---|---|---|---|
| Betriebsnummer | | | 135 060 |
| Gattungsbezeichnung | | | CvT-34c |
| Übersichtszeichnung | | | TK.022037 |
| Radsatzanordnung | | | A1 |
| Hersteller | Wagenteil | | Busch |
| | Motor | | DWK |
| | Getriebe | | TAG |
| Höchstgeschwindigkeit | | km/h | 75 |
| Länge über Puffer | | mm | 12200 |
| ges. Radsatzabstand | | mm | 6200 |
| Treibraddurchmesser | | mm | 900 |
| Laufraddurchmesser | | mm | 900 |
| Sitzplätze | 2. Klasse | | - |
| | 3. Klasse | | 35 |
| Stehplätze | | | |
| Plätze gesamt | | | 46 |
| Dienstmasse | unbesetzt | t | 15,7 |
| | besetzt | t | 19,0 |
| | je Sitzplatz | kg | 357 |
| | je lfd. m Wagenlänge | t | 1,29 |
| spez. Antriebsleistung | | kW/t / PS/t | 8,4/11,5 |
| gr. Radsatzlast | | t | 9,6 |
| Steuersystem | | Einzel | |
| Motor | Zahl / Bauart | | 1/2x4V18L |
| | Masse | kg | 1360 |
| | Zyl./Durchm./Hub | mm | 8 / 128 / 180 |
| | Dauerleistung | PS | 180 |
| | Drehzahl | $min^{-1}$ | 1500 |
| Art u. System d. Leistungsübertragung | | | mechanisch |
| Getriebebauart | | | LRG 125 |
| Geschwindigkeitsstufen | | | 4 |
| Motorsteuerung | | | mechanisch, Seilzug |
| Getriebesteuerung | | | pneumatisch |
| Wendegetriebesteuerung | | | pneumatisch |
| Kraftstoffvorrat | | l | 250 |
| Heizung | | | Klatte-Frischl. mit Ölzusatzhzg |
| Beleuchtung, Stromart, Spannung | | | el. = 24 V |
| Bremse | | | Hikpt (Trommel) |

Der liegende Dieselmotor in so genannter Boxer-Anordnung war dabei mit dem vierstufigen Wechsel- und Wendegetriebe der TAG in einem an vier Gummipuffern unter dem Wagenkasten aufgehängten Tragrahmen angeordnet. Das Drehmoment wurde vom Getriebe auf ein Radsatzwendegetriebe der Firma TAG über Gelenkwelle übertragen. Der Motor hatte Füllungsregelung und wurde durch Seilzug, das Getriebe durch Druckluft gesteuert. Als Kühlanlage dienten zwei Dachkühler.

Der Wagen verfügte über eine Druckluft-Trommelbremse. Die Druckluft erzeugte ein vom Getriebe angetriebener zweizylindriger Luftverdichter der DWK. Den Strom für die elektrische Anlage mit 24 V Spannung erzeugte eine Bosch-Lichtmaschine mit 1000 W Leistung der Bauart GUL/OEZ43/1E4a. Von ihr wurde die Batterie mit 400 Ah Kapazität geladen. Die Heizung war eine Klatte-Frischluftheizung, die mit Dieselöl betrieben wurde[94-95-96].

Ende 1936 wurde der Wagen auf hydraulische Leistungsübertragung umgebaut, wobei das erste bei der Firma AEG hergestellte AEG-Föttinger-Flüssigkeitsgetriebe (Type 2W400/15887) zum Einbau kam[97]. An Bauartänderungen wurden neben dem Getriebeumbau die Änderungen am Maschinentragrahmen durchgeführt sowie zusätzliche Signalstützen angebracht.

**Links: Wagenkastenrohbau für den 137 060. – Rechts: Der Blick auf den Führerstand offenbart den beengten Arbeitsplatz des Triebwagenführers. Immerhin ist ihm inzwischen ein Fahrradsattel als Hocker zuerkannt worden.**
*Werkfotos Waggonbau Bautzen, Sammlung Günther Dietz*

Bei der Wittlager Kreisbahn erhielt der Wagen 1951/52 einen generalüberholten Büssing-U9-Dieselmotor mit 135 PS (rd. 99,3 kW) Leistung. Ende 1958 wurde das Föttinger-Getriebe gegen ein Voith-Diwabus-Getriebe vom Typ 200 5380 V+S ausgetauscht[98].

Skizzenblatt des CvT-34c (135 060)

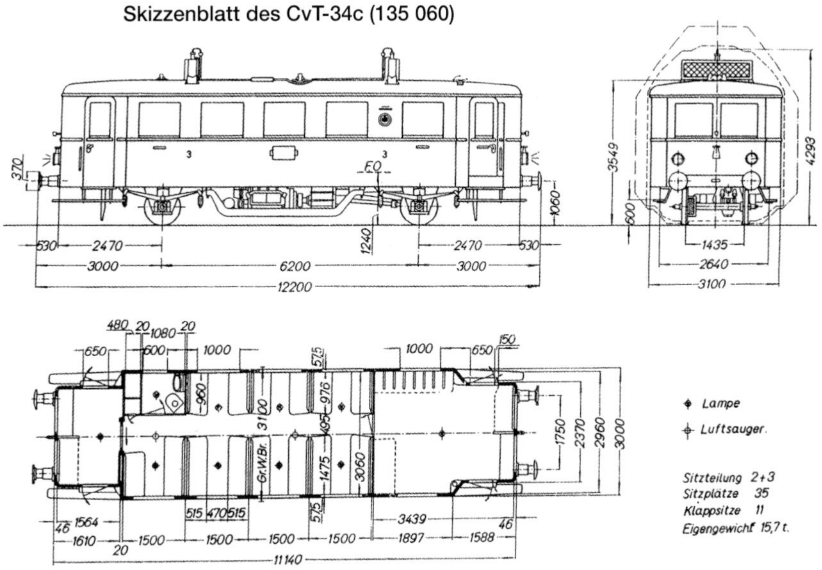


### Einsatz und Verbleib

Der Einsatz des am 15. Oktober 1935 abgelieferten Triebwagens erfolgte ab 23. November 1935 beim Bw Passau. Anfang 1937 war er im Bw Völklingen der RBD Saarbrücken beheimatet. Vor und nach seinem Umbau schien sich die Antriebsanlage bewährt zu haben. Immerhin sind bis Juli 1939 insgesamt 225.000 Kilometer Laufleistung bekannt. Auch dieser Versuchswagen wurde mit Kriegsbeginn abgestellt und muss später an die RBD Regensburg überstellt worden sein.

Das Anfang der 1940er-Jahre bei der RBD Regensburg vorhandene Fahrzeug wurde 1941 verkauft (RVM Verf. 39 Fuvvw 113 v. 10.10.41)[99]. Ab 1947 war der Triebwagen bei der Georgsmarienhütten-Eisenbahn und lief dort als T1. Diese verkaufte ihn schon 1949 an die Wittlager Kreisbahn, wo er als T3 eingesetzt wurde. 1989 kam der Wagen zur Verkehrsgesellschaft Landkreis Osnabrück, wo er durch die Museumseisenbahn Minden betreut wird.

**Im Oktober 1941 genehmigte das RVM den Verkauf des Einzelgängers. Im März 1947 kam er zur Georgsmarienhütter Eisenbahn, lief dort als T1, bevor er 1949 an die Wittlager Kreisbahn weiterverkauft wurde. Der dort als T 3 eingesetzte Wagen stand am 13. Oktober 1973 im Bahnhof Bohmte.**
*Foto: Richard Schulz. Sammlung Dirk Winkler*

Aus den im Beschaffungsprogramm 1935 vorgesehenen weiteren zehn Wagen (135 067 – 076) stammt „135 067 Nürnberg". *Werkfoto Waggonbau Bautzen. Sammlung Günther Dietz*

## 135 061 - 064, 135 067 - 076 und 135 083 - 132 (CPwVT-34)

### Entstehungsgeschichte

Nach der umfangreichen Zahl an Versuchsbauarten, mit denen Motoren und Leistungsübertragungsanlagen für Verbrennungstriebwagen untersucht werden sollten, sah sich die Reichsbahn Mitte der 1930er-Jahre in der Lage, geeignete Komponenten für eine Fahrzeugbeschaffung in größerer Stückzahl auszuwählen. Das vom RZM bis 1935 aufgesetzte Vereinheitlichungsprogramm zur Verringerung der Typenvielfalt bei Verbrennungstriebwagen konzentrierte sich auf sechs Bauarten. Zu ihnen gehörte auch ein zweiachsiger Triebwagen für Nebenbahnen mit 150 PS (rd. 110,3 kW) Leistung[100].

Die bereits im Beschaffungsprogramm 1934 vorgesehenen ersten vier Baumusterwagen wurden erst mit Vertrag 53.206/61.2578 am 4.2.1936 bei der MAN in Auftrag gegeben (135 061 - 064). Zudem sollten weitere zwei Fahrzeuge in gleichen Abmessungen in Leichtmetall ausgeführt werden (siehe 135 065, 066). Für das Beschaffungsjahr 1935 waren weitere zehn Wagen dieser Bauart vorgesehen (135 067 - 076), die auf die Verträge 53.206/61.109 vom 27.02/02.03.1936 und 53.206/31.006 vom 28.05.1936 zurückgingen. Im Beschaffungsjahr 1936 folgte dann eine größere Serie von 50 Fahrzeugen (135 083 - 132). Der Vertrag 53.206/83.020 vom 18. Juli 1936 sah die Lieferung der 50 Einheits-Nebenbahntriebwagen von der Waggon- und Maschinenfabrik Aktiengesellschaft vorm. Busch in Bautzen, der Waggonbaufabrik Josef Rathgeber in München, der Maschinenfabrik Eßlingen sowie der MAN vor.

Die MAN lieferte die ersten vier Wagen erst im Juni 1937 aus, zur gleichen Zeit, als auch die Bautzener Wagen aus dem Großauftrag von 1936 zur Ablieferung kamen. Die restlichen Wagen folgten bis zum Spätsommer 1938. Alle Triebwagen dieser Bauart wurden von der Reichsbahn als Gattung CPwVT-34 eingeordnet.

Skizzenblatt des CPwVT-34 (135 061 - 064, 067 - 076, 083 - 132)

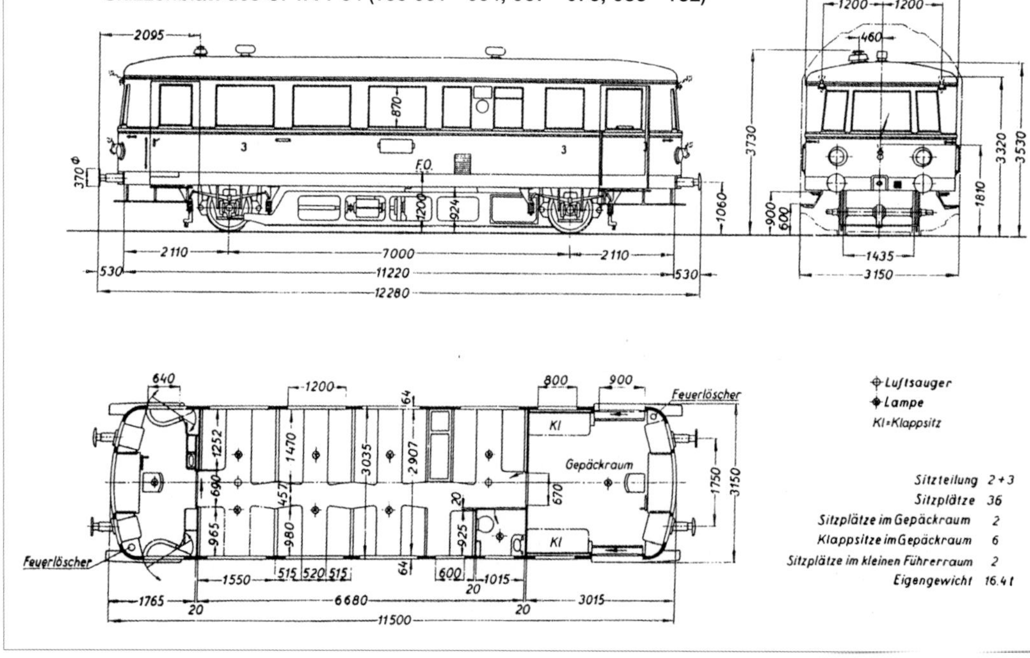

Zu erwähnen ist, dass die AG Lokalbahn Lam – Kötzing (LLK) einen in der Bauart gleichen Wagen 1939 von der MAN beschaffte (Fabr.-Nr. 128175), der in ihrem Bestand als VT 02 geführt wurde. Erst nach dem Krieg sollten weitere Fahrzeuge dieser Bauart aus Bundesbahnbeständen bei der LLK dazukommen.

Stirnansicht des selben Wagens. Bemerkenswert ist die an der Stirnseite angebrachte Bezeichnung „CvT 135 067“. *Werkfoto Waggonbau Bautzen. Sammlung Günther Dietz*

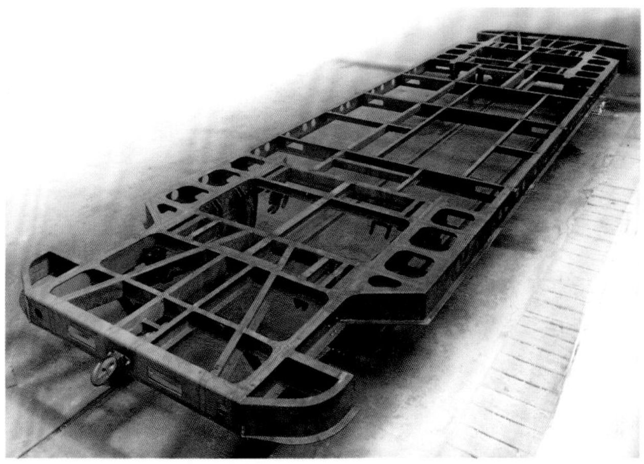

Untergestell der Baumusterwagen.

Blick auf die komplett im Maschinentragrahmen eingebaute Maschinenanlage, aufgesetzt auf die Leichtbauradsätze. An einem Fahrzeugende wirkte der Maschinentragrahmen zugleich als Radlenker. *Fotos (2): MAN-Archiv im DB-Museum Nürnberg*

### Aufbau und Technik

Die Einheits-Nebenbahntriebwagen hatten ein vollkommen geschweißtes Untergestell und Wagenkastengerippe aus gekanteten Stahlprofilen. Der Wagenkasten war über die gesamte Länge gleichmäßig breit, einschließlich der Einstiegsräume. Aufgrund der geringen Höchstgeschwindigkeit entschied man sich für eine nur leicht abgerundete Stirnwandform. Untergestell und Wagenkastenaufbau wurden aus abgekanteten Blechen und leichten Walzprofilen in St 37 ausgeführt. Die außen liegenden Längsträger waren z-förmig gebogene Bleche. An die beiden Enden dieser äußeren Langträger schloss sich über dem Bereich der Achshalterpartie eine aus geschweißten Blechen gebildete Kastenträgerkonstruktion an, die im oberen Deckblech mit großen Ausschnitten versehen war. Ein innerer Längsträger in der Pufferebene wurde bis in die Kopfpartie geführt, die aus Kopfträger, Quer- und Diagonalstreben gebildet wurde. Die Achshalter waren an die inneren Längsträger angenietet. Die Stirn- und Seitenwände des Wagenkastens waren mit 1,5 mm starken Blechen verkleidet. Das 1 mm starke Dachblech wurde von 18 Spriegeln aus leichtem Stahlprofil getragen.

Der Achsstand des Laufwerks wurde auf 7000 mm vergrößert. Der Treibradsatz besaß eine Vollachswelle mit 145 mm Durchmesser, der Laufradsatz eine Hohlachswelle mit 150 mm Durchmesser, Leichtradscheiben des Bochumer Vereins und Doppelrollenlager Bauart Kugelfischer. Die Gehäuse der Treibachslager hatten zur Abstützung des Maschinentragrahmens je einen senkrechten Anguss, der Laufradsatz besaß mittig ein Rollenlager für das Aufsetzen des Maschinentragrahmens. Die Wagen waren durch je eine fünflagige, 1500 mm lange Blattfeder und zwei Schraubenfedern abgefedert.

Der kleine Einstiegsraum besaß zwei Klappsitze, die neben dem erstmals mittig angeordneten Führertisch lagen. Dem Einstiegsraum mit einer Länge von 1765 mm und Einstiegs-Drehtüren mit innen liegendem Drehpunkt folgte das Abteil 3. Klasse mit 36 Sitzplätzen in der Sitzteilung 2+3. Eine Trennwand mit Schiebetür teilte den Fahrgastraum vom kleinen Einstiegsraum ab. Im Fahrgastraum befand sich auf der einen Fahrzeugseite ein Abort mit Leibstuhl und Waschbecken. Es folgte nach einer Trennwand mit Drehtür ein kombinierter Gepäck- und Einstiegsraum mit 3015 mm Länge und dem Führerpult am Fahrzeugende. Dieser Raum besaß Leichtmetallschiebetüren mit einer lichten Weite von 900 mm und herablassbaren Übersetzfenstern. Er verfügte über sechs Klappsitze an den Längswänden, wovon eine Klappbank im aufgeklappten Zustand als Ständer für fünf Fahrräder dienen konnte.

Der Fußboden bestand aus 20 mm starken Kiefernbrettern, die in den Einstiegsräumen quer, im Fahrgastraum längs verlegt wurden. Der Boden im Fahrgastraum war mit 3 mm starkem braunen Linoleum belegt, der Abort hatte einen Steinfliesenfußboden auf Zementunterlage. Zwischen Untergestell und Fußbodenbrettern lagen 6 mm starke Filzstreifen. Zusätzlich war der Fußboden im Fahrgastraum auf seiner Unterseite mit einem 12 mm starken Belag aus Korkschrott isoliert. Oberhalb der Fensterbrüstung bis zur Kämpferleiste waren die Seitenwände des Fahrgastraumes mit poliertem 44 mm starken Ulmenfurnier verkleidet. Unterhalb der Brüstung wurde rotes Linoleum verwendet. Die Sitzgestelle aus verschweißten, nahtlosen Stahlrohren von 25 mm Durchmesser trugen Sitzbanklatten aus 8 mm starkem lackierten Eschenholz. Die Längsgepäcknetze, Fensterrahmen, Hut- und Kleiderhaken und sonstige Beschläge waren aus poliertem Leichtmetall. Die 1200 mm breiten Fenster im Fahrgastraum konnten über einen Kurbeltrieb (Bauart Bautzen) ohne Fenstergewichtsausgleich herabgelassen werden. Die Einstiegsräume wurden in dreifacher, nach oben hin heller werdender grüner Farbe gestrichen. Für die Entlüftung des Fahrgastraumes standen zwei Flettner-Dachluftsauger zur Verfügung, als Heizung wurde eine Kühlwasserumlaufheizung „Bauart Schulz“ mit Lamellenheizkörpern verwendet. Zur Beleuchtung dienten sieben 40 Watt-Lampen im Fahrgastraum.

Alle Wagen erhielten einheitlich einen mit Füllungsregelung arbeitenden Dieselmotor der Firma MAN, ein vierstufiges Wechselgetriebe der Bauart Mylius (außer 135 076) und ein Mylius-Radsatzwendegetriebe der Deutschen Getriebe GmbH, Berlin. Dieselmotor, Hauptkupplung und Getriebe waren in einem Tragrahmen unter dem Wagenkasten angeordnet, der sich auf den Radsätzen abstützte. Der Motor ragte dabei in den Wagenkasten und war mit einer aufklappbaren Sitzbank abgedeckt. Über Gelenkwelle wurde das Radsatzwendegetriebe angetrieben. Die Motorsteuerung und Vorwahl der Getriebestufen erfolgten mit Seilzügen, während die Hauptkupplung und das

## Technische Daten

| | | | | |
|---|---|---|---|---|
| Betriebsnummer | | | 135 061-064, 067-075, 083-132 | 135 076 |
| Gattungsbezeichnung | | | CPwVT-34 | CPwVT-34 |
| Übersichtszeichnung | | | Tw 21458 MAN | Tw 21458 MAN |
| Radsatzanordnung | | | A1 | A1 |
| Hersteller | Wagenteil | | MAN/Busch/Rathg./Esslingen | Busch |
| | Motor | | MAN | MAN |
| | Getriebe | | DGG | TAG |
| | el. Ausrüstung | | - | - |
| Höchstgeschwindigkeit | | km/h | 75 | 75 |
| Länge über Puffer | | mm | 12280 | 12280 |
| ges. Radsatzabstand | | mm | 7000 | 7000 |
| Treibraddurchmesser | | mm | 900 | 900 |
| Laufraddurchmesser | | mm | 900 | 900 |
| Sitzplätze | 2. Klasse | | - | - |
| | 3. Klasse | | 36 | 36 |
| Stehplätze | | | 25 | 25 |
| Plätze gesamt | | | 61 | 61 |
| Dienstmasse | unbesetzt | t | 16,4 / 16,8 | 17,0 |
| | besetzt | t | 19,8 | 20,4 |
| | je Sitzplatz | kg | 357 | 370 |
| | je lfd. m Wagenlänge | t | 1,34 | 1,38 |
| spez. Antriebsleistung | | kW/t / PS/t | 6,7 / 9,1 | 6,4 / 8,8 |
| Steuersystem | | | Einzeln | Einzeln |
| Motor | Zahl / Bauart | | 1 / W6 V15/18A | 1 / W6 V15/18A |
| | Zyl./Durchm./Hub | mm | 6 / 150 / 180 | 6 / 150 / 180 |
| | Dauerleistung | PS | 150 | 150 |
| | Drehzahl | $min^{-1}$ | 1500 | 1500 |
| Art u. System d. Leistungsübertragung | | | mechanisch | mechanisch |
| Getriebebauart | | | Mylius cv2 leicht | SG 30 |
| Geschwindigkeitsstufen | | | 4 | 4 |
| Motorsteuerung | | | mechanisch, Seilzug | mechanisch, Seilzug |
| Getriebesteuerung | | | mechanisch, Seilzug, pneumatisch | pneumatisch |
| Wendegetriebesteuerung | | | pneumatisch | pneumatisch |
| Kraftstoffvorrat | | l | 290 | 290 |
| Heizung | | | Kühlwasser-Luftheizung | Kühlwasser-Luftheizung |
| Beleuchtung, Stromart, Spannung | | | el. = 24 V | el. = 24 V |
| Bremse | | | Hikpt (Klotz) | Hikpt (Klotz) |

**Einer der Breslauer Triebwagen ist hier mit dazugehörigem Steuerwagen auf der Fahrt von Ziegenhals Hbf nach Bad Ziegenhals am Fuße des Altvatergebirges in Oberschlesien unterwegs.**
*Foto: RVM. Sammlung Dirk Winkler*

**Vermutlich ist auf diesem Foto 135 114 vom Bw Angermünde zu sehen, der im Zubringerverkehr zwischen den Hauptquartieren eingesetzt war, wo Hitler und Mussolini im August 1941 im OKH „Mauerwald" ankamen.** *Foto: Sammlung Dirk Winkler*

Radsatzwendegetriebe mit Druckluft gesteuert wurden. Der Kühler war rechts seitlich unter dem Wagen vor der Hinterachse angeordnet. Angetrieben wurde der Kühlerlüfter durch Winkelgetriebe und Gelenkwellen vom Dieselmotor.

Zur Drucklufterzeugung diente ein Knorr-Luftverdichter V57/60. Die Stromerzeugung für die 24-V-Anlage geschah mit der Bosch-Lichtmaschine GUL 1000/24. Die Kapazität der Batterie war 400 Ah. Die Hikpt-Druckluftbremse wirkte beidseitig über Bremszylinder und Bremsgestänge auf die Bremsgehänge und Bremsklötze der Radsätze. Die Wagen besaßen leichte 6-t-Zug- und Stoßeinrichtungen mit Hülsenpuffern[101].

Der Wagen 135 076 erhielt 1938 versuchsweise anstelle der Mylius-Hauptkupplung und des Mylius-Wechselgetriebes ein vierstufiges Wechselgetriebe der Deutschen Werke Kiel (Stoeckicht-Umlaufrädergetriebe), das mit einem Wechselgetriebeschalter auf dem Führerstand durch Druckluft gesteuert wurde.

Nach einigen Betriebsjahren erfolgte eine Verbesserung der Luftansaugung des Dieselmotors und des Luftverdichters an allen Triebwagen dieser Bauart. Auch der Kraftstoffbehälter nebst Kraftstoffleitungen wurde ausgewechselt. Darüber hinaus erhielten die Triebwagen eine RZM-Sicherheitsfahrschaltung.

Versuche zur Einsparung flüssiger Kraftstoffe führten zur Ausrüstung eines Wagens mit einer Holzgasanlage der Firma Südgas aus Sinsheim. Dadurch gingen zwei Sitzplätze verloren, die einem Raum für den Holzgasgenerator weichen mussten. Vorgesehen war weiterhin die Ausrüstung je eines Wagens mit einem Anthrazitgasgenerator der Firmen Südgas, Wisco und Demag[102]. Bekannt ist der Umbau für[103]:

- 135 086, Umstellung auf Holzgasbetrieb, 24.1.1942, RAW Nürnberg
- 135 087, Umbau auf Betrieb mit Holzgas, 11.2.1942, RAW Friedrichshafen
- 135 088, auf Generatorgas umgebaut, 28.5.1943, RAW Friedrichshafen

Weiterhin erfolgte in den Kriegsjahren für eine mögliche militärische Verwendung der Umbau der Heizungsanlage von Kühlwasserluftheizung zur koksgefeuerten Kühlwasser-/Ofenheizung. Ein Fremddampfanschluss ermöglichte das Vorwärmen des Kühlwassers.

Der 135 114 wurde im Herbst 1947 zum *„Dienstwagen für den Polizeidienst der RBD Berlin umgebaut"*. 1952 erfolgte der Rückbau für den Reisezugdienst[104].

### Einsatz und Verbleib

Die ab Mai 1937 ausgelieferten 64 Triebwagen sollten nach Angaben des Nummernplans von 1937 wie folgt verteilt werden: Neisse (135 061 - 064), Nürnberg Hbf (135 067 - 069, 086 - 090), Gemünden (135 070, 071), Hof (135 072 - 076), Augsburg (135 083 - 085, 103 - 105), Homburg/Saar (135 091 - 100, 111, 112), Krefeld (135 101, 102, 126), Oppeln (135 106 - 110), Pyritz (135 113, 114), Buchholz Krs. Harburg (135 115 - 120), Jünkerath (135 121 - 125) und Oebisfelde (135 127 - 132).

Doch von dieser Verteilung auf die einzelnen Direktionen wurde nach Fertigstellung der Fahrzeuge abgewichen. Bekannt ist, dass die RBD Regensburg im Jahr 1937 die sieben Triebwagen 135 068 und 135 070 – 075 erhielt, von denen noch im selben Jahr 135 068, 070 und 071 an die RBD Nürnberg weitergegeben wurden[105]. Der RBD Nürnberg wurden 1938 als Neulieferung die Wagen 135 083, 084, 086, 087, 103, 104, 105 und 109 zugeteilt[106].

Erste Umbeheimatungen fanden bereits 1938 statt. Die RBD Nürnberg übernahm von der RBD Augsburg 135 085. Im Gegenzug gab

**Kurz nach dem deutschen Überfall auf die Sowjetunion traf der finnische General Harald Oehquists (2. v.l.) am 30. Juli 1941 nahe Rastenburg zum Besuch des Führerhauptquartiers ein. Gebracht hatte ihn und begleitende deutsche Offiziere der vom Bw Angermünde stammende Triebwagen 135 113.**
*Foto: Sammlung Dr. Brian Rampp*

Nach Kriegsende befand sich in allen vier deutschen Besatzungszonen nur noch etwas über die Hälfte der gebauten Einheits-Nebenbahntriebwagen. Die wenigen betriebsfähigen Wagen wurden rasch wieder in Betrieb genommen, wie dieses Bild vom 10. Mai 1947 mit dem inzwischen umgezeichneten VT 70 944 bei Verden zeigt. *Foto: Sammlung Dirk Winkler*

Am Haltepunkt Kriegenbrunn der Strecke Erlangen – Herzogenaurach steht Anfang der 1950er-Jahre einer der Nürnberger Einheits-Nebenbahntriebwagen noch in altem, zweifarbigen Anstrich. *Foto: Fritz Söltner. Sammlung Dirk Winkler*

die Nürnberger Direktion 135 084, 104 und 105 nach Augsburg und 135 083 nach Regensburg ab[107]. Regensburg erhielt aus der RBD Stettin die beiden Wagen 135 076 und 113 und zudem aus der RBD Augsburg 135 083, 084, 104 und 105[108].

Ein Jahr später machte sich bereits der Krieg bemerkbar. Aus der RBD Saarbrücken erhielt die RBD Nürnberg 1939 die Wagen 135 091 - 100 und 112, wo sie kriegsbedingt hinterstellt wurden. Zuvor gingen an die RBD Augsburg 135 085, 103 und 135 109 an die RBD Oppeln[109-110]. Aus der RBD Regensburg gingen 135 083, 084 und 104 an die RBD Augsburg, 135 105 an die RBD Hamburg und 135 113 an die RBD Stettin[111]. Man muss davon ausgehen, daß alle Fahrzeuge vorerst abgestellt waren. Ein Lokverzeichnis der RBD Nürnberg von 1940 weist folgende Standorte für die Triebwagen dieser Bauart aus:

| | |
|---|---|
| Bw Augsburg: | 135 069 - 071, 096 - 098 |
| | 135 091 - 098, 111 von RBD Saarbrücken hinterstellt |
| Bw Nürnberg Hbf: | 135 067, 068, 086, 088 - 090 |
| | 135 112 von RBD Saarbrücken hinterstellt |
| Bw Ansbach: | 135 087, 099, 100 |

Erst 1941 gab die RBD Nürnberg wieder die Triebwagen 135 091 - 100, 111 und 112 (?) an die RBD Saarbrücken zurück[112]. Im Kriegsjahr 1942 wurden 135 069 - 071 aus der Nürnberger Direktion an die RBD Karlsruhe abgegeben[113]. 1943 setzten sich die Abgaben aus Nürnberg fort: 135 086 ging an die RBD Posen, 135 067 und 090 an die RBD Hannover[114]. Vermutlich aufgrund der sich rasant ändernden Frontverläufe sowie der Luftgefährdung erhielt die RBD Nürnberg 1944 aus der RBD Saarbrücken erneut die Wagen 135 091 - 100 sowie 135 111 und 112. Aus der RBD Hamburg waren zudem 135 103, 104 und 120 an die Nürnberger Direktion überstellt worden[115].

Bei einigen wenigen Wagen lässt sich ein Einsatz in militärischem Rahmen nachweisen. Zu den für Sondereinsätze vom Bw Angermünde kurzzeitig abgegebenen drei Wagen gehörte auch 135 114. Er war vom 15. bis 21.9.1939 in Rügenwalde[116-117]. Weitere nachweisbare Abgaben an nicht genannte Wehrmachtsdienststellen gab es ab 1941. So wurden VT 135 113 und 114 ab dem 23. Juni 1941 von der RBD Stettin an die RBD Königsberg für Sonderzwecke abgestellt[118]. Fünf der Einheits-Nebenbahntriebwagen führte im September 1942 das RZA München in seiner Aufstellung zu den *„im Sondereinsatz befindlichen VT-Wagen“* auf: 135 086 - 089 und 135 127[119].

Im Bahnhof Unterleinleiter an der Strecke Forchheim – Ebermannstadt – Heiligenstadt steht VT 70 924 Ende der 1950er-Jahre. *Foto: Sammlung Dirk Winkler*

**In Gemünden am Main war VT 70 925 mit 147 100 am 14. Mai 1959 als T 3912 unterwegs.** *Foto: Joachim Claus. Sammlung Günther Dietz*

Für das *„Hauptquartier des Führers"* wurden, wie bereits vermerkt, Mitte Oktober 1942 ein weiterer Triebwagen und zwei Schienenautos angefordert[120]. Die Anweisung an die RBD Königsberg sah vor, ab dem 28. Oktober 1942 den 135 033 für das Hauptquartier, *„Abstellort Sonderzug Amerika"*, bereitzustellen[121]. Der dafür ursprünglich als Ersatz vorgesehene 135 072 war bereits im Rahmen des Osteinsatzes von 20 zweiachsigen VT-Wagen dem Bw Kowel überlassen worden[122]. Mitte August 1943 wurden vier Einheits-Nebenbahntriebwagen der WVD Königsbrück, die zu diesem Zeitpunkt in Mittenwald stationiert war, zur Verfügung gestellt: 135 083, 084, 085, 132. Alle Wagen waren noch nicht winterfest hergerichtet, sollten aber dem RAW Nürnberg zum Umbau zugeführt werden[123]. Aus den Werkkarten der letzten drei Wagen dieser Aufzählung ist bekannt, dass 135 084 vom Oktober 1943 bis Februar 1946 im RAW Nürnberg stand, somit nicht mehr zum Einsatz kam, 135 085 bereits im November/Dezember 1942 im RAW Friedrichshafen für den Osteinsatz hergerichtet worden war und 1944 noch zweimal zu einer T0 im RAW Nürnberg weilte, bis er erst wieder im Juni 1945 zu einer weiteren T0 dort war, und 135 132 1941 im RAW Kassel und 1942/43 im RAW Wittenberge jeweils eine T0 erhielt, was auf Einsätze für die Wehrmacht schließen lässt. Weitere Angaben zu möglichen Wehrmachtseinsätzen liegen für 135 086 vor, der von Januar 1942 bis Juli 1944 56.298 km zurücklegte, sowie für 135 087, der zwischen Februar 1943 und Juli 1944 1.102 km fuhr[124]. Nach *Kurz* waren folgende weitere Wagen für die Wehrmacht eingesetzt: 135 090, 106, 116, 119 für OKH und 135 067 und 083 für Luftgauamt Finow/Mark.

Nach Kriegsende waren im Februar 1946 in der englischen und französischen Zone folgende Wagen vorhanden: 135 105 (Bhf Nienburg/-Weser), 135 124, 125, 126 (Bhf Andreasberg), 135 128, 129, 135 (RAW Hannover) und 135 130 (Bhf Oeynhausen)[125]. Ergänzend weist die Liste der im Sommer 1946 in der RBD Nürnberg vorhandenen Triebwagen nur vier Fahrzeuge als betriebsfähig aus: 135 069, 085, 122 (Gemünden), 135 123 (Nürnberg). Für alle anderen Wagen war vermerkt: *„wegen fehlender Ersatzteile Ausbesserungsdauer unbestimmt"*[126].

Das RZA München hatte im September 1947 die auf deutschem Nachkriegsgebiet befindlichen 39 Wagen erfasst und hierfür die Umzeichnung in VT 70 angeordnet. Die Nummernvergabe zeigt nachfolgende Tabelle.

**Umzeichnung der Einheits-Nebenbahntriebwagen des RZA München vom September 1947**

| Nummer | neue Nr. | Bemerkung | Nummer | neue Nr. | Bemerkung |
|---|---|---|---|---|---|
| 135 061 | 70 914 | Russ. Zone | 135 109 | 70 933 | Russ. Zone |
| 135 062 | 70 915 | Russ. Zone | 135 110 | 70 934 | Russ. Zone |
| 135 063 | 70 916 | Russ. Zone | 135 113 | 70 935 | Russ. Zone |
| 135 064 | 70 917 | Russ. Zone | 135 114 | 70 936 | Russ. Zone |
| 135 068 | 70 918 | | 135 115 | 70 937 | |
| 135 069 | 70 919 | | 135 118 | 70 938 | |
| 135 070 | 70 920 | | 135 119 | 70 939 | |
| 135 071 | 70 921 | | 135 121 | 70 340 | |
| 135 074 | 70 922 | | 135 122 | 70 941 | |
| 135 075 | 70 923 | | 135 123 | 70 942 | |
| 135 076 | 70 990 | | 135 124 | 70 943 | |
| 135 084 | 70 924 | | 135 125 | 70 944 | |
| 135 085 | 70 925 | | 135 126 | 70 945 | |
| 135 086 | 70 926 | | 135 127 | 70 946 | |
| 135 087 | 70 927 | | 135 128 | 70 947 | |
| 135 088 | 70 928 | | 135 129 | 70 948 | |
| 135 101 | 70 929 | | 135 130 | 70 949 | |
| 135 102 | 70 930 | | 135 131 | 70 950 | Russ. Zone |
| 135 105 | 70 931 | | 135 132 | 70 951 | |
| 135 107 | 70 932 | | | | |

**Einige Einheits-Nebenbahntriebwagen wurden unmittelbar nach Kriegsende in der SBZ wieder eingesetzt, meist für Sonderdienste, wie dieser Wagen, der auf der Strecke Weimar – Blankenhain unterwegs war. Der Not der Zeit entsprechend sind die Fensterscheiben des Fahrgastraums notdürftig durch kleinere Scheiben mit Mittelsteg ersetzt.** *Foto: Sammlung Günther Dietz*

Bis Ende 1949 war ein Großteil der Wagen wieder einsetzbar. Im März 1948 waren die Triebwagen wie folgt verteilt:

| | |
|---|---|
| Augsburg | VT 70 990 |
| Bremen | VT 70 944 |
| Frankfurt | VT 70 937, 948 |
| Gemünden | VT 70 919, 925, 932, 938, 941 |
| Hamburg-Altona | VT 70 945 |
| Hannover | VT 70 931 für brit. Streitkräfte |
| Hof | VT 70 924 |
| Kassel | VT 70 926 |
| Kreiensen | VT 70 943 |
| München Hbf | VT 70 918, 921, 923 |
| Nürnberg | VT 70 929, 939, 940, 942 |
| Regensburg | VT 70 922 für US-Streitkräfte |
| Weiden | VT 70 927 |
| Wuppertal-Steinbeck | VT 70 947, 951 |

Die VT 70 928, 930, 946 und die VT 70 920 sowie 949 befanden sich zu dieser Zeit noch in den AW Nürnberg bzw. Opladen. Bis Ende 1951 kamen auch diese Wagen in den Betriebsbestand zurück, wie nachfolgende Zusammenstellung zeigt.

| | |
|---|---|
| Augsburg | VT 70 990 |
| Bamberg | VT 70 927 |
| Coburg | VT 70 924 |
| Frankfurt/M | VT 70 945 |
| Gemünden | VT 70 919, 925, 932, 938, 941 |
| Goslar | VT 70 931, 943, 944 |
| Hagen-Eckesey | VT 70 948, 951 |
| Heidelberg | VT 70 937 |
| Ingolstadt | VT 70 918, 923 |
| Marburg | VT 70 926 |
| Nürnberg Hbf | VT 70 929, 930, 939, 940, 942 |
| Regensburg | VT 70 928, 946 |
| Steinbeck | VT 70 920, 947, 949 |
| Weiden | VT 70 921, 922 |

Bis 1957 hatte die DB die Einheits-Nebenbahntriebwagen auf acht Bahnbetriebswerke konzentriert:

| | |
|---|---|
| Augsburg | VT 70 926, 937, 945, 990 (4) |
| Bamberg | VT 70 919, 924, 927 (3) |
| Gemünden | VT 70 925, 931, 932, 938, 941, 943, 944 (7) |
| Ingolstadt | VT 70 918, 923, 948 (3) |
| Mühldorf | VT 70 951 (1) |
| Nürnberg | VT 70 929, 930, 939, 940, 942, 947 (6) |
| Simbach | VT 70 920, 949 (2) |
| Straubing | VT 70 921, 922, 928, 946 (4) |

Ende der 1950er-Jahre setzte auch bei diesen Fahrzeugen nach Zuweisung der neuen VT 95 und VT 98 die Ausmusterung in größerem Umfang ein. Am 15. Juli 1961 war mit dem VT 70 928 der letzte VT der DB dieser Bauart ausgemustert. Die VT 70 919, 921, 939, 940, 941 und 944 wurden an Privatbahnen verkauft und dort noch einige Jahre eingesetzt (siehe hierzu zusammenfassende Tabelle auf den Seiten 52 und 53). Einige dieser Fahrzeuge sind heute noch vorhanden, wie z.B. der ehemalige VT 135 069, der betriebsfähig der Dampfbahn Fränkische Schweiz (DFS) gehört. Ein weiterer Triebwagen befindet sich im Eisenbahnmuseum Darmstadt-Kranichstein.

Bei der Reichsbahn in der SBZ verblieben zehn Triebwagen mit den Nummern 135 061 - 064, 106, 109, 110, 113, 114 und 131. Die zum Teil erheblich beschädigten Wagen befanden sich 1946 in Dresden-Pieschen (135 061, 062, 064, 109, 110), Berlin Anhalter Bf (135 063), der RBD Berlin (135 106), dem RAW Wittenberge (135 113), in Neustrelitz (135 114) und Oebisfelde (135 131). Davon wurden, soweit bekannt, 135 064 im Jahre 1946 und 135 063 von 1947 bis 1949 für

**Links: Die Lokalbahn Lam – Kötzing erhielt auch von dieser Bauart einen Triebwagen von der MAN, der unter der Nummer 2 geführt wurde.**
**Rechts: Aus dem Bestand der DB kam VT 70 941 zur Wilstedt-Zeven-Tostedter Eisenbahn, wo er als T 148 fuhr.** *Fotos: Sammlung Dirk Winkler*

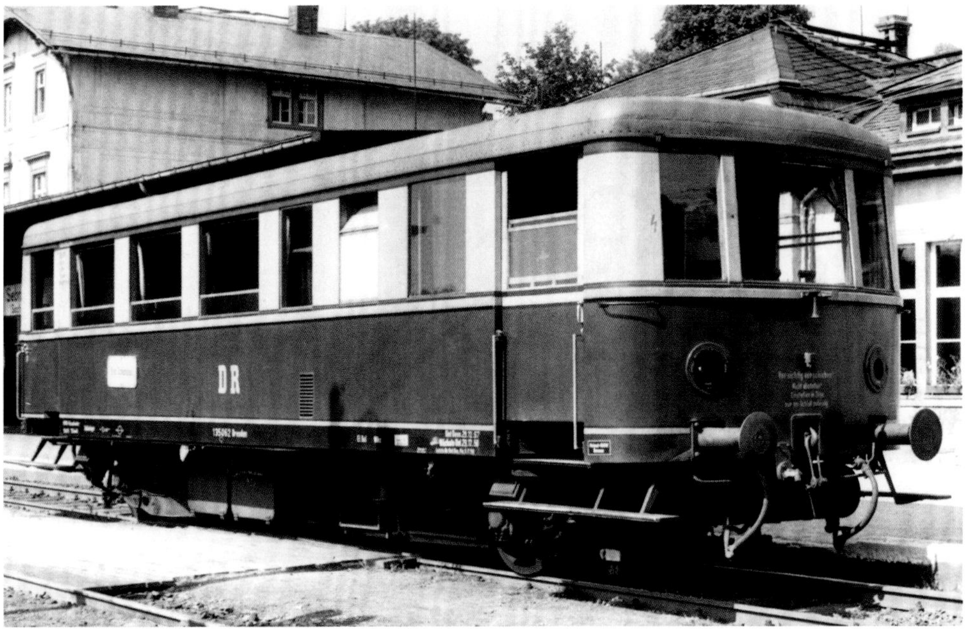

Nach längerer Abstellzeit kam 135 062 erst wieder 1957 in den Reiseverkehr. Die Aufnahme zeigt ihn im Frühjahr 1958 im Bahnhof Sebnitz, von wo er nach Bad Schandau fuhr.
*Foto: Sammlung Dirk Winkler*

Dienstfahrten der SMAD genutzt[127]. Nur wenige dieser Fahrzeuge waren zunächst einsatzfähig. In den Jahren 1949/50 sah die Situation wie folgt aus:

135 061 auszumustern (ausgebrannt)
135 062 abgestellt, Ersatzteile fehlen (1957 wieder im Reiseverkehr)
135 063 02.05.50 Ausbesserung in Arbeit, anschließend Dienstwagen
135 064 Wagen für Sonderdienst im Einsatz
135 106 VT abgestellt (Einsatz ab 18.01.55 beim Bw Berlin-Karlshorst)
135 109 im Einsatz in Dresden-Pieschen
135 110 zunächst Dienstwagen der RBD Dresden in Dresden-Pieschen, ab 1950 Personenverkehr
135 113 schwer beschädigt im RAW Wittenberge abgestellt
135 114 Dienstwagen für Bahnpolizei in Erkner
135 131 Dienstwagen der RBD Erfurt

Gut zehn Jahre später (1960) hatte sich die Situation verändert. 135 061 und 113 waren bereits Ende der 1940er-Jahre bzw. am 17. Juni 1950 ausgemustert worden. Die restlichen acht Triebwagen liefen zu dieser Zeit in Dresden-Pieschen (135 062, 110), Frankfurt/Oder (135 063, 106), Templin (135 064, 114), Hagenow Land (135 109) und Erfurt P (135 131). Von Dresden-Pieschen aus war z.B. der 135 062 knapp zehn Jahre auf der Strecke Bad Schandau – Sebnitz eingesetzt. Nach verstärktem Einsatz von neuen Schienenbussen ging der letzte VT dieser Bauart des Bw Dresden-Pieschen ab 1. Oktober 1965 zum Bw Wittenberge. Nach dem Abstellen des Dienst-VT der Rbd Halle, 137 013, kam der heute noch vorhandene 135 110 als neuer Dienst-Triebwagen zum Bw Halle P. Er schied erst 1993 aus dem Bestand aus und wird inzwischen von einer Arbeitsgruppe des Bh Halle P betreut und soll wieder betriebsfähig werden.

Nahezu alle aus fremden Direktionen überführten und dann von der RBD Nürnberg abgestellten Triebwagen dieser Bauart befanden sich nach Kriegsende auf dem Gebiet der ČSR[128]. Diese 16 Triebwagen wurden von der ČSD zu M140.308 - 323 umgezeichnet. In nachfolgender Zusammenstellung sind die Angaben der am 15.10.1945 angeordneten Umzeichnung sowie die damaligen Standorte sowie Hinweise zu Einsätzen und letztem Verbleib aufgeführt.

Die Wagen liefen teilweise bis 1956, wobei einige Wagen bereits in den Jahren vorher zu Beiwagen umgebaut wurden[129]. Zwei Fahrzeuge dieser Bauart verblieben nach dem Zweiten Weltkrieg in Polen und fanden sich 1945 in der DOKP Gdansk. Die vorliegenden Nummern 135 061 sowie 135 108 für die beiden Fahrzeuge sind zumindest im Falle des 135 061 vermutlich nicht richtig festgehalten, da 135 061 bei der Reichsbahn in der SBZ erfasst wurde. Die beiden CPwVT-34 der PKP wurden anfänglich als MsBi 090007 und 090008 und ab 1. Juli 1959 als SN 51-06 und 07 geführt. Beide Wagen wurden 1961 ausgemustert[130].

Mindestens ein VT dieser Bauart war noch im März 1970 in Jugoslawien als 813-001 vorhanden und stand abgestellt in Belgrad, wie ein Foto zeigt. Die Ursprungsnummer ist

| Nr. ČSD | Nr. DRB | Standort | Einsatz | letzter Standort |
|---|---|---|---|---|
| M 140.308 | 135 091 | Veselí n. Mor. | | Veselí n. Mor. |
| M 140.309 | 135 092 | Veselí n. Mor. | | Veselí n. Mor. |
| M 140.310 | 135 093 | Plzeň | ab 4.3.1946 zw. Plzeň - Praha Smíchov | Děčín |
| M 140.311 | 135 094 | Tábor | | Děčín |
| M 140.312 | 135 095 | Ústí n. Lab. | | Děčín |
| M 140.313 | 135 096 | Veselí n. Mor. | | Veselí n. Mor. |
| M 140.314 | 135 097 | Č. Budějovice | | Děčín |
| M 140.315 | 135 098 | Č. Budějovice | | Děčín |
| M 140.316 | 135 099 | Č. Budějovice | | Č. Budějovice |
| M140.317 | 135 100 | Veselí n. Mor. | | Veselí n. Mor. |
| M 140.318 | 135 103 | Praha Mas. | | Podmokly |
| M 140.319 | 135 111 | Plzeň | ab 30.6.1946 zw. Plzeň - Č. Budějovice | Nymburk |
| M 140.320 | 135 112 | Č. Budějovice | | Veselí n. Mor. |
| M 140.321 | 135 120 | | | Ústí n. Lab. |
| M 140.322 | 135 083 | Podmokly | | Ústí n. Lab. |
| M 140.323 | 135 104 | Ústí n. Lab. | (erst am 10.11.1947 umgezeichnet) | Děčín |

| Nummer | Verbleib | Hersteller | Ablieferung | Beheimatungen | Bemerkungen |
|---|---|---|---|---|---|
| 135 061 | DR (Schadfzg.) | MAN | 30.06.1937 | 20.08.37 Nei, 1945 DR | + um 1949 |
| 135 062 | DR 186 004-8 | MAN | 09.07.1937 | 25.08.37 Nei, 07.46 Dr-P (z), 31.12.57 Dr-P, 01.10.65 Witt | + 13.04.76, abgest. 11.75 |
| 135 063 | DR 186 005-5 | MAN | 26.06.1937 | 15.09.37 Nei, 07.46 Ahb, 17.09.50 Kh, 24.06.57 Fkp, 14.08.57 Kh, 28.08.60 Fkp, 29.06.61 Kh, 26.08.61 Fkp, 17.09.66 Tem, 01.09.69 Kh, 19.03.70 Tem, 01.07.71 Srd | + 1976, abgest. 15.05.75, ++ 05.07.90 Srd |
| 135 064 | DR | MAN | 26.06.1937 | 24.08.37 Nei, 01.05.46 Dr-P, 23.06.53 Bw Ebw, 01.01.54 Tem, 24.04.63 Bh, 22.08.63 Tem | + 25.10.70, abgest. 30.09.66, ++ 29.11.70 Witt |
| 135 067 | - | Bautzen | 22.05.1937 | 25.06.37 Nü | Verbleib unbekannt |
| 135 068 | DB VT 70 918 | Bautzen | 22.05.1937 | 11.06.37 Nü, 03.48 Mü Hbf, 12.48 In | + 24.09.60 |
| 135 069 | DB VT 70 919 | Bautzen | 22.05.1937 | 11.06.1937 Gm, 03.48 Gm, 1955 Nü, 1957 B | + 13.04.60, 01.11.62 an LLK VT 05, sp. DFS VT1 |
| 137 070 | DB VT 70 920 | Bautzen | 22.05.1937 | 17.06.37 Nü, 03.48 AW Opl, 12.48 St, 1954 Si | + 04.07.60 |
| 135 071 | DB VT 70 921 | Bautzen | 22.05.1937 | 17.06.37 Gm, 03.48 Mü Hbf, 1950 We, 1953 Pl, 1954 Str | + 04.11.59, 09.08.60 an LLK VT 03, sp. RAG VT 08 |
| 135 072 | - | Bautzen | 18.06.1937 | 01.07.37 E | Verbleib unbekannt |
| 135 073 | - | Bautzen | 18.06.1937 | 01.07.37 E | Verbleib unbekannt |
| 135 074 | DB VT 70 922 | Bautzen | 18.06.1937 | 09.07.37 Nü, 1952 We, 1955 Str | + 04.11.59 |
| 135 075 | DB VT 70 923 | Bautzen | 18.06.1937 | 15.07.37 H, 03.48 Mü Hbf, 12.48 In | + 27.12.60 |
| 135 076 | DB VT 70 990 | Bautzen | 09.03.1938 | 14.10.38 H, 1948 Ag | + 24.09.60 |
| 135 083 | ČSD M140.322 | Rathg. | 16.11.1937 | 08.04.38 Nü, später Ag | + 05.10.54 |
| 135 084 | DB VT 70 924 | Rathg. | 20.05.1938 | 01.06.38 Gm, später Ag, 03.48 H, 12.49 We, 1950 Cb, 1952 B | + 04.07.60 |
| 135 085 | DB VT 70 925 | Rathg. | 15.03.1938 | 19.08.38 Nü, später Ag, 03.48 Gm | + 04.11.59 |
| 135 086 | DB VT 70 926 | Rathg. | 15.03.1938 | 24.04.38 Nü, 03.48 Ks, 1950 Mg, 1952 Ag | + 14.07.59 |
| 135 087 | DB VT 70 927 | Rathg. | 05.04.1938 | 24.04.38 Nü, 03.48 We, 12.48 B | + 13.04.60 |
| 135 088 | DB VT 70 928 | Essl. | 28.10.1937 | 1937 Bw Nü, 03.48 AW Nü, 12.51 Reg, 1952 Str | + 15.07.61 |
| 135 089 | - | Essl. | 26.10.1937 | 05.11.37 Nü | KV + 24.02.45 |
| 135 090 | - | Essl. | 26.10.1937 | 05.11.37 Nü | Verbleib unbekannt |
| 135 091 | CSD M140.308 | Essl. | 14.11.1937 | 30.11.37 Hm | + 27,04,51, Umb. CDlm 4-9160 |
| 135 092 | ČSD M140.309 | Essl. | 09.11.1937 | 01.12.37 Hm | + 24.05.46, Umb. Cim 4-7211 |
| 135 093 | ČSD M140.310 | Essl. | 24.03.1938 | 09.04.38 Hm | + 23.08.55 |
| 135 094 | ČSD M140.311 | Essl. | 24.03.1938 | 05.04.38 Hm, später Bz | + 23.08.55 |
| 135 095 | ČSD M140.312 | MAN | 20.07.1938 | 31.07.38 Hm | + 23.08.55 |
| 135 096 | ČSD M140.313 | MAN | 25.07.1938 | 31.07.38 Hm | + 12.10.53 |
| 135 097 | ČSD M140.314 | MAN | 10.08.1938 | 20.08.38 Hm | + 24.05.56 |
| 135 098 | ČSD M140.315 | MAN | 29.07.1938 | 08.08.38 Hm | + 24.05.56 |
| 135 099 | ČSD M140.316 | MAN | 06.08.1938 | 12.08.38 Hm | + 30.11.48 |
| 135 100 | ČSD M140.317 | MAN | 10.08.1938 | 21.08.38 Hm | + 27.04.51, Umb. CDlm 4-9158 |
| 135 101 | DB VT 70 929 | MAN | 20.08.1938 | 27.08.38 Krf, 03.48 Nü | + 25.05.60 |
| 135 102 | DB VT 70 930 | MAN | 20.08.1938 | 08.09.38 Krf, 03.48 AW Nü, 12.48 Nü | + 04.07.60 |
| 135 103 | ČSD M140.318 | Rathg. | 05.05.1938 | 17.05.38 Nü, später Ag | + 31.07.46 |
| 135 104 | ČSD M140.323 | Rathg. | 05.05.1938 | 18.05.38 Nü, später Ag | + 23.08.55 |
| 135 105 | DB VT 70 931 | Rathg. | 20.05.1938 | 15.06.38 Gm, später Ag, 03.48 Ha (brit.), 1949 Brm Hbf, 1950 Gsr, 1954 Gm | + 24.09.60 |
| 135 106 | DR 186 006-3 | Rathg. | 23.03.1938 | 07.04.38 Op, 1945 RBD Berlin (z), 18.01.55 Kh, 18.02.57 Fkp, 25.01.58 Kh, 20.04.58 Fkp, 15.06.61 Kh, 26.08.61 Fkp, 16.09.66 Tem, 25.09.70 Srd | + 18.06.75, abgest. 15.11.72, ++ 10.08.76 Srd |
| 135 107 | DB VT 70 932 | Rathg. | 21.04.1938 | 07.05.38 Op, 03.48 Gm | + 27.12.60 |
| 135 108 | PKP MsBi 09 008 ✳ SN51-07, | Rathg. | 24.05.1938 | 03.07.38 Op + 01.03.61 | |
| 135 109 | DR 186 007-1 | Rathg. | 21.04.1938 | 12.05.38 Op, 22.03.46 Dre-P, 11.06.53 Waren, 14.12.54 R, 23.05.55 Sw, 14.02.59 Hgn, 01.09.59 Sw, 27.11.60 Hgn, 02.07.61 Sw, 11.07.61 Hgn, 12.11.61 Witt | + 1970, abgest. 24.02.69 Perleberg, ++ 07.71 |
| 135 110 | DR 186 258-0 | Rathg. | 24.05.1938 | 04.06.38 Op, 02.46 Dre-P, 01.01.63 Bw Hl, 27.03.73 Hlg | + 1993, 01.01.85 (z) |
| 135 111 | ČSD M140.319 | Essl. | 31.03.1938 | 13.04.38 Jü, später Hm | + 02.10.1956 |
| 135 112 | ČSD M140.320 | Essl. | 29.04.1938 | 05.05.38 Krf, später Hm | + 12.10.53 |
| 135 113 | DR (Schadfzg.) | Essl. | 05.04.1938 | 14.04.38 Agm, 07.46 RAW Witt | + 17.06.50 |
| 135 114 | DR | Essl. | 13.04.1938 | 14.04.38 Agm, 01.07.46 Ntz, 28.11.47 Ahb, 30.12.51 Her, 26.06.54 Tem, 18.10.55 Her, 22.07.57 Tem, 05.12.57 Her, 21.12.57 Tem, 26.04.60 Her, 04.06.60 Bh, 11.06.60 Srd, 25.04.61 Bh, 23.09.61 Tem, 29.09.61 Bh, 21.01.61 Tem | + 14.10.66, abgest. 19.02.65, ++ 31.03.67 Witt |
| 135 115 | DB VT 70 937 | Essl. | 17.03.1938 | 25.03.38 Bz, 03.48 Ffm, 12.48 Nü, 1949 Stg, 1951 Hg, 1952 Ag | + 13.04.60 |
| 135 116 | - | Bautzen | 19.06.1937 | 28.07.37 Bz | Verbleib unbekannt |
| 135 117 | - | Bautzen | 19.06.1937 | 30.07.37 Bz | + vmtl. 1945 ČSD |
| 135 118 | DB VT 70 938 | Bautzen | 19.06.1937 | 21.07.37 Bz, 03.48 Gm | + 28.03.61 |
| 135 119 | DB VT 70 939 | Bautzen | 22.06.1937 | 12.08.37 Bz, 03.48 Nü, 05.07.61 LLK VT 04 | + 28.03.61 |

| Nummer | Verbleib | Hersteller | Ablieferung | Beheimatungen | Bemerkungen |
|---|---|---|---|---|---|
| 135 120 | ČSD M140.321 | Bautzen | 07.07.1937 | 26.08.37 Bz | 10.03.54 |
| 135 121 | DB VT 70 940 | Bautzen | 12.07.1937 | 01.09.37 Jü, 03.48 Nü, 04.10.63 LLK VT 06 | + 24.08.60 |
| 135 122 | DB VT 70 941 | Bautzen | 12.07.1937 | 31.08.37 Jü, 03.48 Gm, 20.10.60 WZTE VT 148 | + 24.08.60 |
| 135 123 | DB VT 70 942 | Bautzen | 15.07.1937 | 25.09.37 Jü, 03.48 Nü, 1952 Gm, 1953 Bw Nü | + 28.03.61 |
| 135 124 | DB VT 70 943 | Bautzen | 13.07.1937 | 14.09.37 Jü, 03.48 Kreiensen, 1949 Gsr, 1954 Gm | + 15.07.61 |
| 135 125 | DB VT 70 944 | Bautzen | 13.07.1937 | 11.09.37 Jü, 03.48 Brm-Hbf, 1950 Gsr, 1954 Gm, 25.10.60 WZTE VT 149 | + 24.09.60 |
| 135 126 | DB VT 70 945 | Bautzen | 15.07.1937 | 25.09.37 Krf, 03.48 Hbg-Alt, 12.48 Hg-Eck, Ffm, 1952 Ag | + 27.12.60 |
| 137 127 | DB VT 70 946 | Bautzen | 23.07.1937 | 07.09.37 Oef, 03.48 AW Nü, 12.48 Nü, 1949 We, 1951 Reg, 1954 We, 1953 Str | + 13.04.60 |
| 135 128 | DB VT 70 947 | Bautzen | 23.07.1937 | 10.09.37 Oef, 03.48 St, 1954 Nü | + 06.05.60 |
| 135 129 | DB VT 70 948 | Bautzen | 05.08.1937 | 14.09.37 Oef, 03.48 Hg-Eck, 1954 In | + 04.07.60 |
| 135 130 | DB VT 70 949 | Bautzen | 31.07.1937 | 21.09.37 Oef, 03.48 AW Opl, 1950 St, 1954 Si | + 28.03.61 |
| 135 131 | DR 186 259-8 | Bautzen | 31.07.1937 | 21.09.37 Oef, 10.09.46 MgH, 28.11.47 Er | + 02.01.70, (Dienstwg. des Präsid. Rbd Erfurt) |
| 135 132 | DB VT 70 951 | Bautzen | 05.08.1937 | 15.09.37 Oef, 03.48 St, 12.48 Hg-Eck, 1954 Si, 1955 Rm, 1957 Mdf | + 30.03.62 |

Nach Kriegsende befanden sich 16 der Einheits-Nebenbahntriebwagen auf tschechischem Boden und wurden von der ČSD zu M140.308 - 323 umgezeichnet. Leider sind nur wenige Bilder dieser Wagen überliefert, was die schlechte Qualität der Aufnahme von M140.310 entschuldigen mag. *Foto: Sammlung Günther Dietz*

M140.312 mit einem älteren ČSD-Beiwagen im Einsatz. *Foto: Sammlung Günther Dietz*

nicht bekannt. Er wurde als fahrbares Labor zur Untersuchung der örtlichen Wasserqualität genutzt.

Ein weiterer Wagen ist in Frankreich nachweisbar. Er soll für die deutsche Militärkommandantur nach Frankreich gekommen sein und nach der Befreiung 1944 kurzzeitig der Région Est zugeordnet gewesen sein. Der als XDR 10201 von der SNCF eingereihte Wagen war im Depot Metz beheimatet und wurde für Personalfahrten genutzt. Seine Ausmusterung erfolgte 1956. Die in Frankreich erfasste Nummer 135 119 dürfte ein Erfassungs- oder Übertragungsfehler sein[131]. Dass es sich bei dem Fahrzeug nicht um 135 119 handelte, lässt die Zählung der RBD Nürnberg seit 1945 erkennen. Welcher andere Wagen sich dann hinter dem französischen Fahrzeug verbirgt, bleibt unbekannt. Angaben zur Beheimatung und zum Verbleib der Fahrzeuge finden sich in der Tabelle auf dieser Doppelseite.

Links: Der in Polen verbliebene 137 108 wurde von der PKP wieder instandgesetzt und in Betrieb genommen. Als 090 008 MsBi (später SN51-07) bildet er hier den Hintergrund eines Gruppenbildes im Bahnof Czeremcha. *Foto: Sammlung R. Turkiewicza* – Rechts: Einer der Einheits-Nebenbahntriebwagen fand sich nach Kriegsende scheinbar in Jugoslawien wieder. Unter der Nummer 813-001 war er als fahrendes Labor eingesetzt. Das Bild zeigt den abgestellten Wagen im Oktober 1962 in Belgrad. *Foto: Tadej Brate. Sammlung Dirk Winkler*

Neben den vier Baumustern für die Einheits-Nebenbahntriebwagen wurde der MAN auch der Auftrag zum Bau von zwei Baumusterfahrzeugen in extremer Leichtbauweise erteilt. Ende 1937 stand der „Hydronalium"-Triebwagen 135 066 in Nürnberg. *Foto: Hermann Maey. Sammlung Günther Dietz*

## 135 065 - 066 (CPwVT-34a)

### Entstehungsgeschichte

Nachdem bereits die Halberstadt-Blankenburger Eisenbahn 1926/27 einen Verbrennungstriebwagen in Leichtmetallausführung beschafft hatte sowie die Reichsbahn 1926 zwei Halbzüge für die Berliner S-Bahn in Leichtmetall ausführen ließ und auch im Ausland immer wieder Schienenfahrzeuge aus Aluminium-Werkstoffen sowie auch Edelstahl gebaut wurden, gab das RZM im Beschaffungsprogramm 1934 der MAN den Auftrag, zwei zweiachsige Dieseltriebwagen in Leichtmetallausführung zu entwickeln und zu bauen. Um Vergleiche über die Vorteile solcher Leichtmetallwagen zu erhalten, sollten diese gleichen Grundriss und eine gleiche Maschinenanlage wie die Leichtstahlwagen (CPwVT-34) erhalten. Gemeinsam mit der Leichtbau-Werkstatt der IG Farbenindustrie Bitterfeld sowie der Technischen Hochschule in Charlottenburg, an der Professor *Herbert Wagner* (1900-1981) die Berechnungen durchführte (*zwischen 1930 und 1938 Hochschullehrer für Luftfahrwesen an der Technischen Hochschule Berlin-Charlottenburg als Leiter des Flugtechnischen Instituts (B) in der Fakultät für Maschineningenieurwesen*), erfolgte die Entwicklung und Konstruktion der Fahrzeuge durch die MAN. Die Überwachung der Entwurfsarbeiten erfolgte in diesem Falle durch das RZA München[131]. Die mit Vertrag 53.206/31.005 vom 11.8.1936 von der MAN gelieferten Wagen wurden als Gattung CPwVT-34a mit den Nummern 135 065 und 066 geführt und am 29.12.1937 sowie am 03.11.1937 im RAW Nürnberg abgenommen.

Skizzenblatt des CPwVT-34a (135 065 - 066)

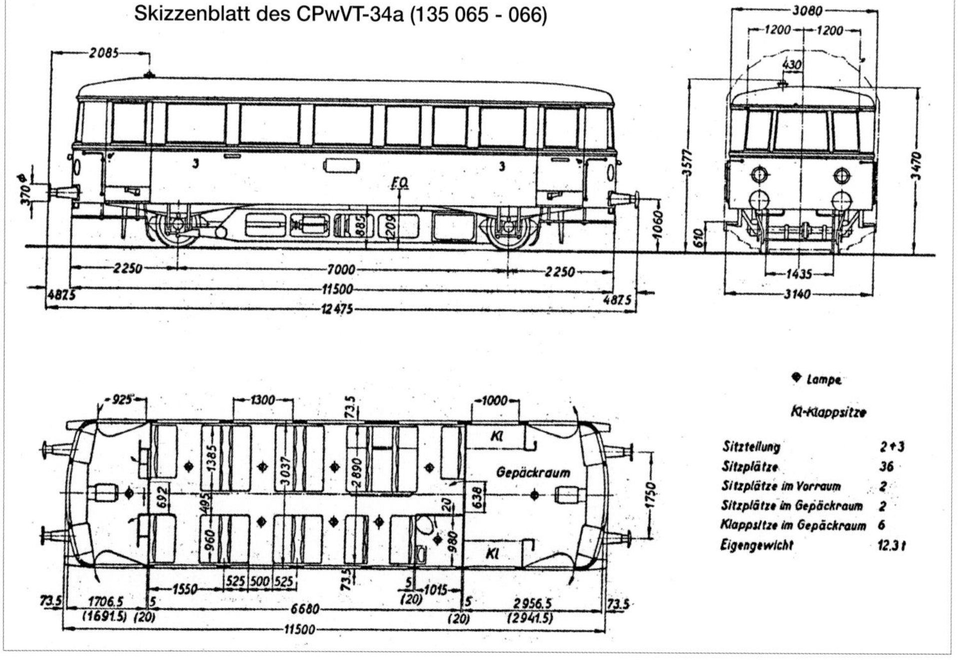

## Aufbau und Technik

Die Konstruktion der Wagen wurde entsprechend dem verwendeten Werkstoff vollkommen neu durchgeführt. Als Werkstoff wurde Hydronalium (Hy) in unterschiedlichen Werkstoffgüten verwendet, eine Aluminium-Knetlegierung mit einem Magnesiumanteil von bis zu 12% und Spuren von Mangan und Silizium, die eine hohe Festigkeit aufweist. Aufgrund des verwendeten Werkstoffes wurden Untergestell mit Kopfträger und Wagenkasten komplett neu konstruiert. Untergestell und Wagenkasten wurden aus zusammengenieteten Blechen und Profilen hergestellt. Durch Reibung beanspruchte Bauteile sowie Teile, die aus Raumgründen nicht die erforderlichen Abmessungen erhalten konnten, wurden aus Stahl gefertigt. Das Untergestell bestand aus zwei kastenförmigen Langträgern, die an den Enden mit als Doppelwandträger ausgebildeten Kopfträgern verbunden wurden. An den Tür- und Fenstersäulen wurden die Langträger durch aus 2,5 mm starken gekanteten Hy-Blechen gefertigte Querträger verbunden. Zwischen diesen Hauptquerträgern wurden noch Hilfsquerträger gelegt. Die Achshalter bestanden aus geschmiedetem 25 mm starken Hy 7. Da im Fußboden des Wagenkastens auf die Verwendung von Diagonalverbindungen verzichtet wurde, kam ein Hy-Wellblech zur Anwendung, das gleichzeitig die kraftschlüssige Verbindung von Seitenwand und Längsträger herstellte. Zwischen den Fenstern befanden sich einteilige Säulen, die unterhalb der knicksteifen Brüstungsleiste durch ein 2,5 mm starkes Seitenwandblech verdeckt, im oberen Teil unverkleidet waren. Der Obergurt bestand aus einem einteiligen Strangpressprofil, an dem Seitenwandpfosten, Dachspriegel, Regenrinnen und der Anschluss für den Gepäcknetzansatz befestigt wurden. Die Dachspriegel bestanden aus gezogenen V-Profilen von 1,2 mm Stärke. Die Vorbauverkleidung bestand aus 1,5 mm starken Hy-Blechen, die Dachbleche waren 1 mm stark.

Das Laufwerk entsprach weitgehend den Leichtstahlwagen. Da eine Abfederung in gewohnter Weise für das Leichtbaufahrzeug nicht möglich war, wurde der Wagenkasten des ersten Wagens auf den Achslagern über ein neuentwickeltes Federsystem aus siebenlagiger Blattfeder von 1600 mm Länge und Gummischubfedern abgestützt. Der zweite Wagen erhielt nur die Blattfedern. Die Antriebsanlage und der Maschinentragrahmen sowie die Frischluftheizung entsprachen den Leichtstahlwagen.

Bei gleicher Wagenkastenlänge von 11500 mm wurde der Grundriss ähnlich den stählernen Wagen ausgeführt. Der Fußboden wurde derart gestaltet, dass auf das Hy-Wellblech eine Korkfüllung aufgebracht wurde, auf der eine 5 mm starke Sperrholzplatte mit Linoleum auflag. Die Seitenwandbleche wurden mit Antidröhnstoff beklebt, auf die 4 mm starke Sperrholzplatten aufgebracht wurden, die mit matt poliertem Ulmenfurnier belegt waren. Die Dachkonstruktion war mit 3 mm starkem

**Der Fahrzeugrahmen in genieteter Aluminium-Ausführung.**
*MAN-Archiv im DB-Museum Nürnberg*

**Der Vorbau war so leicht, dass ein Arbeiter ihn tragen konnte.**
*MAN-Archiv im DB-Museum Nürnberg*

**Der Wagenkastenrohbau war ebenfalls genietet.**
*MAN-Archiv im DB-Museum Nürnberg*

**Blick auf die Radsatzlagerung mit Blattfedern und Gummischubfedern.** *MAN-Archiv im DB-Museum Nürnberg*

**Links: „135 066 Nürnberg“ auf Probefahrt.** *Werkfoto MAN. Sammlung Günther Dietz* – **Rechts: Beide Wagen kamen nach Kriegsende in den Bestand der DB und verkehrten als VT 70 970 und 971. 1959 war einer der beiden Wagen auf der Strecke Ebermannstadt – Heiligenstadt eingesetzt. Im Bhf Heiligenstadt steht er zur Abfahrt bereit.** *Foto: Sammlung Dirk Winkler*

Sperrholz verkleidet und grau-weiß gestrichen. Die Einfassung an den Fenstern und Türen erfolgte in Leichtmetallprofilen. Die Fenster im Fahrgastraum besaßen eine lichte Weite von 1300 mm. Die Zwischenwände des ersten Wagens bestanden aus 2 mm starkem Hy-Blech als Einfach- und Doppelwand, die zum Fahrgastraum mit Sperrholz beklebt waren. Der zweite Wagen hatte Zwischenwände in der bisherigen Sperrholzbauweise erhalten, um die Unterschiede der Materialien untersuchen zu können. Die Sitzgestelle bestanden aus zusammengeschweißten Leichtmetallrohren, die mit einem Bastgeflecht bezogen waren. Alle vier Einstiegstüren waren Drehtüren.

Um Gewicht und unnötige Anbauteile sowie zusätzliche Profile im Untergestell zu sparen, wurde die Druckluftbremse so ausgelegt, dass an Stelle eines ungefähr in der Mitte des Wagens liegenden Leichtmetall-Bremszylinders vier kleine Bremszylinder jeweils unmittelbar am Rad angeordnet wurden, die auf für sich bestehende stählerne Bremsgestänge wirkten, die mit zwei Bolzen unter Zwischenschaltung von Silentblöcken am Längsträger aufgehängt wurden. Zusätzlich erhielten die Wagen eine Öldruckbremse, Bauart Teves, deren Ölbremszylinder unter den Druckluftbremszylindern lagen.

Äußerlich unterschieden sich die beiden Fahrzeuge nur unwesentlich von den vier Baumusterfahrzeugen in Leichtstahlausführung. Am auffälligsten war der bewusste Verzicht auf eine Außenlackierung, wodurch die Wagen nur eine polierte Hydronalium-Oberfläche besaßen. Motortragrahmen und alle übrigen unter der Wagenkastenunterkante befindlichen Teile waren, wie auch die Beschriftung der Wagen, in stahlblauer Farbe lackiert[133-134].

Umbauten in größerem Umfang fanden an den beiden Wagen nicht statt. Erst 1950 wurde die Frischluftheizung zugunsten einer koksgefeuerten Kühlwasser-Ofenheizung mit zusätzlichem Dampfheizungsanschluss und durchgehender Leitung umgebaut.

## Einsatz und Verbleib

Die beiden Triebwagen wurden nach Ablieferung am 18. Dezember bzw. 29. Oktober 1937 ab Januar 1938 bzw. Dezember 1937 beim Bw Nürnberg Hbf eingesetzt. In den Kriegsjahren abgestellt, waren beide Wagen nach Kriegsende in der RBD Nürnberg vorhanden, wiesen aber starke Schäden auf.

Das RZA München ließ sie 1947 zu VT 70 970 und 971 umzeichnen. Den erhaltenen Werkkarten beider Wagen ist zu entnehmen, dass der

## Technische Daten

| | | | |
|---|---|---|---|
| Betriebsnummer | | | 135 065 - 066 |
| Gattungsbezeichnung | | | CPwVT-34a |
| Übersichtszeichnung | | | Tw 21482 MAN |
| Radsatzanordnung | | | A1 |
| Hersteller | Wagenteil | | MAN |
| | Motor | | MAN |
| | Getriebe | | DGG |
| | el. Ausrüstung | | - |
| Höchstgeschwindigkeit | | km/h | 75 |
| Länge über Puffer | | mm | 12475 |
| ges. Radsatzabstand | | mm | 7000 |
| Treibraddurchmesser | | mm | 900 |
| Laufraddurchmesser | | mm | 900 |
| Sitzplätze | 2. Klasse | | - |
| | 3. Klasse | | 36 |
| Stehplätze | | | 25 |
| Plätze gesamt | | | 61 |
| Dienstmasse | unbesetzt | t | 12,3 |
| | besetzt | t | 15,7 |
| | je Sitzplatz | kg | 267 |
| | je lfd. m Wagenlänge | t | 0,99 |
| spez. Antriebsleistung | | kW/t / PS/t | 8,9/12,2 |
| gr. Radsatzlast | | t | |
| Steuersystem | | | Einzeln |
| Motor | Zahl / Bauart | | 1 / W6 V15/18A |
| | Masse | kg | |
| | Zyl./Durchm./Hub | mm | 6 / 150 / 180 |
| | Dauerleistung | PS | 150 |
| | Drehzahl | $min^{-1}$ | 1500 |
| Art u. System d. Leistungsübertragung | | | mechanisch |
| Getriebebauart | | | Mylius cv2 leicht |
| Geschwindigkeitsstufen | | | 4 |
| Motorsteuerung | | | mechanisch, Seilzug |
| Getriebesteuerung pneumatisch | | | mechanisch, Seilzug, |
| Wendegetriebesteuerung | | | pneumatisch |
| Kraftstoffvorrat | | l | 3 x 95 |
| Heizung | | | Kühlwasser-Luftheizung |
| Beleuchtung, Stromart, Spannung | | | el. = 24 V |
| Bremse | | | Hikpt (Klotz) |

Zum Einsatz gelangten die beiden Triebwagen auf der knapp 37 km langen Strecke von Steinach bei Rothenburg nach Dombühl. *Foto: Sammlung Günther Dietz*

Der Fahrgastraum besaß Sitzbänke, deren Gestelle aus zusammengeschweißten Leichtmetallrohren bestanden, die mit einem Bastgeflecht bezogen waren. Auch bei diesen Fahrzeugen ragte der Motor zum Teil in den Fahrgastraum hinein und befand sich unter einer aufklappbaren Verkleidung. *MAN-Archiv im DB-Museum Nürnberg*

VT 70 970 erst Ende 1950 wieder instandgesetzt war und in Betrieb gehen konnte. Der zweite Wagen kam im Januar 1946 das erste Mal aus dem RAW Nürnberg und war mit zahlreichen Unterbrechungen bis 1949 in Betrieb. Nach einem kurzen Aufenthalt bei der MAN stand er ab Frühjahr 1950 wieder im Betrieb. Der VT 70 970 gehörte bis zu seiner Abstellung im Oktober 1960 zum Bww Nürnberg, wogegen der VT 70 971 ab Juni 1956 vom Bw Bamberg eingesetzt war. Die Fahrzeuge fuhren auf den fränkischen Nebenbahnen bei Nürnberg und Bamberg, u.a. Forchheim – Ebermannstadt – Heiligenstadt. Die Stirnseiten wiesen zu dieser Zeit den üblichen roten Triebwagenanstrich der DB auf. Nach seiner Ausmusterung stand VT 70 971 noch mehrere Jahre im AW München-Freimann.

VT 70 971 war seit Juni 1956 beim Bw Bamberg im Einsatz. Die Aufnahme von 1957/58 zeigt ihn mit DB-Keks und blauen Stirnflächen. Links unterhalb des Abort-Fensters der erst von der DB eingebaute Unterflurofen. *Foto: Sammlung Dirk Winkler*

## 135 081, 082, Beschleunigungstriebwagen, Bauart Jordan (nicht gebaut)

### Entstehungsgeschichte

Mitte der 1930er-Jahre setzte sich die Reichsbahn auch mit dem Einbau von Energiespeichern in Verbrennungstriebwagen auseinander. Daraus erwuchs das Vorhaben, versuchsweise zwei so genannte Beschleunigungstriebwagen zu beschaffen, die zum einen mit einer Beschleunigungseinrichtung von Jordan, zum anderen mit einer von der Firma Voith ausgerüstet werden sollten.

Nachdem die Jordan-Bremsen-Gesellschaft aus Berlin-Neukölln, ein im Bereich Hebe- und Fördermittel tätiges Unternehmen, bei der Reichsbahn vorstellig geworden war, beschäftigte sich das RZM München mit dem Entwurf eines zweiachsigen Triebwagens mit *„Beschleunigungsantrieb, Bauart Jordan"*. Im Beschaffungsprogramm 1935 wurden zwei Triebwagen dieser Bauart eingeplant[135]. Die Beschaffungsmittel wurden im Frühsommer 1936 bestätigt[136]. Als die Reichsbahn-Hauptverwaltung und das RZA München sich im Herbst 1936 über den Verbrauch der Beschaffungsmittel unterhielten, hieß es zum Beschleunigungstriebwagen: *„1 Wagen (Jordan) ist konstruktiv durchgebildet. Der maschinentechnische u. wagenbauliche Teil ist bestellt. Die Ablieferung erfolgt voraussichtlich im Mai 1937."* Handschriftlich war vermerkt, daß das RZA München, einen *„Antrag auf Streichung des weiteren Beschleunigungstriebwagen (Voith) vorlegen"* solle[137].

Immerhin ist im Nummernplan von 1937 noch ein Wagen mit der Nummer 135 081 enthalten, der bei der Firma Talbot in Aachen gebaut werden sollte und für den ein 180-PS-DWK-Dieselmotor vorgesehen war. Zum Bau des Fahrzeugs kam es aufgrund langwieriger konstruktiver Tätigkeiten nicht mehr.

### Aufbau und Technik

Der zweiachsige Triebwagen sollte im wagenbaulichen Teil den von der MAN konstruierten Einheits-Nebenbahntriebwagen folgen, nur Radsätze und Maschinentragrahmen hätten aufgrund der neuen Getriebebauart einer eigenen Konstruktion bedurft.

Vorgesehen war, einen liegenden Dieselmotor der DWK mit 180 PS (rd. 132,4 kW) Leistung einzubauen. Als Leistungsübertragungsanlage sollte ein Schalt- und Kraftspeichergetriebe der Jordan-Bremsen-Gesellschaft zum Einsatz kommen[138-139]. Der als Erfinder recht aktive Dr. Ing. Franz Jordan schlug hierfür vor, ein Zahnradgetriebe über eine elastische Kupplung mit einem in einem luftdicht abgeschlossenen Gehäuse laufenden Schwungrad zu ergänzen. Die Reibungskupplung sollte durch Druckluft betätigt werden. Durch das Schwungrad hätte die gespeicherte Energie zur Beschleunigung des Fahrzeugs sowie zum Speichern von Bremsenergie genutzt werden können[140].

## Dreiachsiger Triebwagen mit Lenkachsen nach System Bäseler (nicht gebaut)

### Entstehungsgeschichte

Die Gruppenverwaltung Bayern trat 1931 an die Reichsbahn-Hauptverwaltung heran, für ihre neigungsreichen Strecken im Bayerischen Wald einen besonders leichten, zweiachsigen Triebwagen mit 150 PS (rd. 110,3 kW) Antriebsleistung und Antrieb von beiden Achsen zu beschaffen. Der Wagen sollte 70 Sitz-, 30 Stehplätze sowie ein vereinigtes Post- und Gepäckabteil erhalten. Da diese Anforderungen die bisherigen technischen Möglichkeiten für den Bau von zweiachsigen Verbrennungstriebwagen überstiegen, wurde das RZM aufgefordert, die Anforderungen zu prüfen und Entwürfe zu erarbeiten[141].

Daraufhin arbeitete das RZM mehrere Ausführungsmöglichkeiten durch, darunter auch die eines Verbrennungstriebwagens mit drei Achsen, sowie einer kurzgekuppelten 2x2-achsigen Einheit[142]. Die weiteren Untersuchungen und Berechnungen, insbesondere eines dreiachsigen Laufwerks, führten bis 1933/34 zu mehreren Entwürfen, über die jedoch keine abschließende Entscheidung fiel.

Im Frühjahr 1934 bekam diese Entwicklung eine neue Richtung. Reichsbahn-Generaldirektor *Dorpmüller* (1869-1945) erteilte dem Präsidenten der Gruppenverwaltung Bayern, *Albert Gollwitzer* (1876-1964), den mündlichen Auftrag, zwei Triebwagen mit gesteuerten Achsen nach den Vorschlägen von Reichsbahnoberrat *Wolfgang Bäseler* (1888-1984) durch das RZA München entwickeln und beschaffen zu lassen. Das RZA München folgte diesem Auftrag und legte im Juli 1935 einen Entwurf vor, jedoch unter dem Vorbehalt, dass die Entwicklung der einachsigen Triebdrehgestelle als schwierigste Arbeit noch offen sei. Um eine Lösung für die konstruktive Gestaltung der einachsigen Drehgestelle zu finden, wurde der Umbau eines bayerischen C3i-Personenwagens vorgeschlagen[143]. Daraufhin entschied die Reichsbahn-Hauptverwaltung, dass die Entwicklungsarbeiten für den Triebwagen zurückgestellt werden sollten, bis die Versuche mit dem umgebauten Wagen abgeschlossen sein würden[144].

Vom 4. bis 6. Juni 1936 fanden erste Laufversuche mit einem umgebauten Wagen (97 287 München) sowie einem Vergleichswagen (95 817 München) auf der Strecke Freilassing – Berchtesgaden statt. Die dabei erzielten Ergebnisse waren zufriedenstellend, so dass die Inbetriebnahme des umgebauten Wagens sowie ein regelmäßiger Einsatz auf der Strecke beantragt wurden[145]. Im März 1938 zog man bei der HV das Resümee, dass der Wagen schlechtere Laufeigenschaften als ein Wagen gleicher Bauart mit gewöhnlichen Lenkachsen aufwies. Seitens des RZA München kam man zu den Schluss, dass Wagen mit gesteuerten Achsen für Hauptbahnen ungeeignet wären, ggf. für krümmungsreiche Nebenbahnen ein Betrieb sinnvoll sei. Darum wurde ein weiterer Dauerversuch auf der Strecke Kempten – Pfronten angeregt[146]. Damit war die Entwicklung entsprechender Triebwagen endgültig vom Tisch.

**Entwurfszeichnung für den 3-achsigen Nebenbahntriebwagen mit Lenkachsen von 1935.** *Sammlung Dirk Winkler*

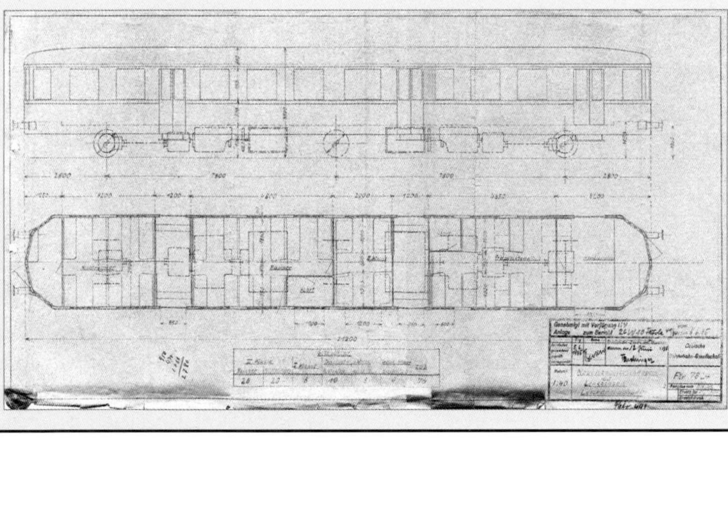

# Vier- und mehrachsige Dieseltriebwagen in Leichtbauweise

„862 Essen", der spätere 137 000, gehörte zum Baulos der WUMAG für die neuen vierachsigen dieselmechanischen Nebenbahntriebwagen. Die Leichtbauweise ermöglichte rund 10 t Masseersparnis bei fast gleicher Fahrzeuglänge gegenüber den alten EVA-Maybach-Triebwagen. *Werkfoto: Sammlung Günther Dietz*

## Vierachsige dieselmechanische Nebenbahntriebwagen 862II - 864II, 875, 876 / 137 000 - 004 (BC4vT-31)

### Entstehungsgeschichte

Auf Grundlage der Entscheidungen, künftige Triebwagen in Leichtbauweise zu fertigen und diese nicht mehr wie Reisezugwagen in Zügen einzustellen, gab das RZA bei der WUMAG die Entwicklung eines neuen vierachsigen Nebenbahntriebwagens in Auftrag, dessen Antriebsanlage auf der bewährten Ausführung der EVA-Maybach-Triebwagen (s. 853 - 871) basieren sollte[147]. Nach Vorlage des Entwurfes und eingehender konstruktiver Abstimmung der Kopfform des neuen Fahrzeuges in Windkanalversuchen wurden im Beschaffungsprogramm 1931 drei Stück bei der WUMAG in Görlitz und zwei bei der EVA in Wismar unter Vertrag 03.966/24.7516 vom 20.8.1931 in Auftrag gegeben[148]. Die fünf Baumusterfahrzeuge konnten im Sommer 1932 abgeliefert werden. Als Gattung BC4vT-31 erhielten sie die Nummern 862 - 864 (WUMAG) sowie 875, 876 (EVA), die im Herbst 1932 in 137 000 bis 004 geändert wurden.

### Aufbau und Technik

Der Wagenkasten und das Laufdrehgestell wurden für diese Fahrzeuge nach inzwischen sich am Leichtbau orientierenden Gesichtspunkten völlig neu konstruiert (s. 133 003 – 005). Die Profilstahlkonstruktion des Wagenkastenrohbaus bestand aus senkrechten Säulen und waagerechten querversteifenden Profilen (Spanten) mit Ober- und Untergurten, Säulen an den Fenster- und Türausschnitten und einem waagerecht durchgehenden Spant an der Fensterunterseite. Die Bekleidungsbleche waren angeschweißt. Die Seitenwände waren im Bereich der Einstiege eingezogen und die Kopfformen an den Wagenenden abgerundet. Das Dach war im Bereich der Führerstände aus gekümpelten Blechen geschlossen ausgeführt, über dem Fahrgastraumbereich war eine sogen. Dachkappe aus Blech vorhanden, die rund um den Wagen verlief und vom Obergurt der Seitenwände bis zum eigentlichen Dach reichte, das aus 6 mm starkem Sperrholz mit Doppeldrellbezug und Schutzanstrich bestand. Innen war 3 mm Sperrholz für die Deckenverschalung verwendet worden.

In den schlankeren Endbereichen der Fahrzeuge waren einerseits der Motor- und Führerraum bzw. der Gepäckraum untergebracht, die jeweils über separate Einstiegstüren mit zusätzlichem Klappflügel verfügten. Dem Einstiegsraum neben dem Motorraum folgten die Fahrgastabteile 3. Klasse mit Raucher- und Nichtraucherbereich mit insgesamt 55 Sitzplätzen in der Sitzteilung 2+3 auf Holzlattensitzbänken sowie am anderen Fahrzeugende ein Abteil 2. Klasse mit acht gepolsterten Sitzplätzen in der Sitzteilung 1+3. Ungefähr in Fahrzeugmitte befand sich neben der Trennwand von Raucher- und Nichtraucherabteil auf einer Fahrzeugseite ein Abort mit Leibstuhl. Daneben war in einem 440 mm langen Raum der koksgefeuerte Narag-Heizofen untergebracht. Alle Fenster im Fahrgastraum wurden mit Kurbeln betätigt, für die Entlüftung standen sieben Torpedo-Luftsauger zur Verfügung.

Skizzenblatt des BC4vT-31 (137 000 - 004)

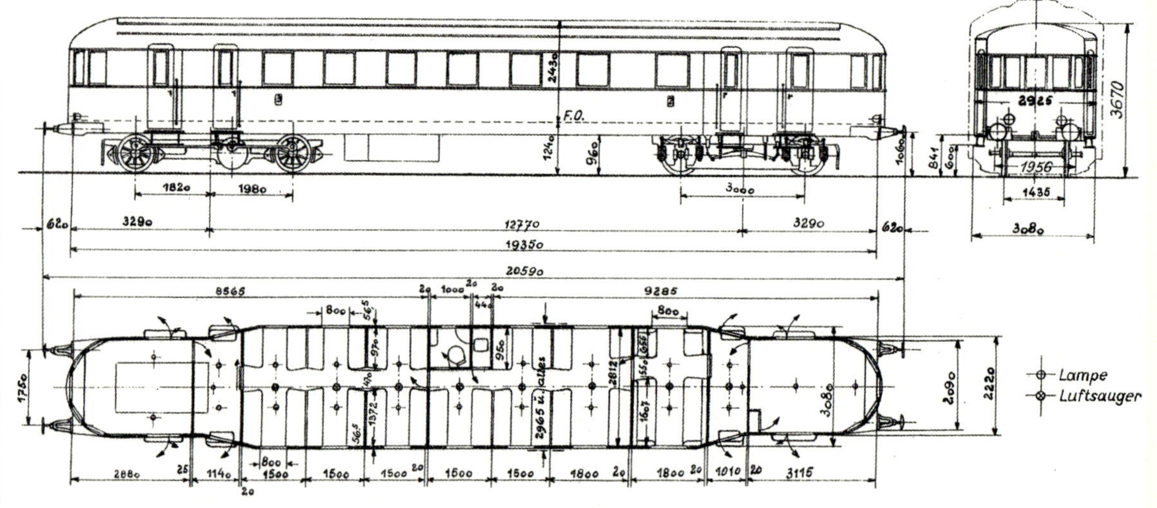

Das Maschinen-Triebdrehgestell entsprach weitgehend der alten Bauform für die Triebwagen 851 - 861 und 866 - 871. Allerdings wurde von vornherein der Maybach-G4b-Dieselmotor mit 175 PS Leistung eingebaut. *Werkfoto: Sammlung Günther Dietz*

Das Maschinentriebdrehgestell ähnelte den schweren EVA-Maybach-Triebwagen, besaß jedoch einen auf 3800 mm vergrößerten Achsstand. Die Laufdrehgestelle wurden den Belastungen entsprechend mit schwächeren Profilen und Bremsgestängen, jedoch noch in Nietbauweise, hergestellt. Es entsprach der Bauart Görlitz III leicht mit Rollenlagern, Blatt- und Schraubenfederung für die Radsätze und Blattfederung zur Wiegenfederung. Auch die Laufradsätze konnten erheblich leichter – unter anderem mit nur 900 mm Laufkreisdurchmesser und nur 50 mm Radreifenstärke bei besserer Materialgüte – ausgeführt werden.

Durch diese Leichtbauweise erzielte man beachtliche zehn Tonnen Masseersparnis bei fast gleicher Fahrzeuglänge, ggü. den alten EVA-Maybach-Triebwagen. Es wurden folgende niedrige Eigenmassen (leer ohne Vorräte) erzielt: Wagenkasten mit Bremsgestänge: 13.800 kg, Maschinentriebdrehgestell: 5.500 kg, Laufdrehgestell: 4.000 kg; zusammen 23.300 kg. Hinzu kam die Maschinenanlage mit 5.200 kg, so dass die Gesamtmasse den äußerst günstigen Wert von 28.500 kg erreichte.

Die Maschinenanlage der Fahrzeuge entsprach im Wesentlichen der der Triebwagen 851 - 861 und 866 - 871, nur wurde von vornherein der Maybach-Dieselmotor vom Typ G4b mit 175 PS (rd. 128,7 kW) Leistung bei 1400 Umdrehungen eingebaut. Der Sechszylinderreihenmotor war stehend im Maschinentriebdrehgestell angeordnet und auf einem Hilfsrahmen befestigt, der in drei Punkten im Drehgestell gelagert war. Mit ihm war der zur Kraftstoffeinblasung und Druckluftversorgung dienende und vor dem Motor angeordnete Hochdruckluftverdichter der Firma Maybach, Bauart K2b, gekuppelt.

Der Viertakt-Dieselmotor ragte dabei in den Wagenkasten hinein und war durch zwei aufklappbare Hauben abgedeckt. Der Einblasdruck des Kraftstoffes betrug 80 bis 85 bar (80 bis 85 kp/cm²). Die Kupplungslamellen für die vier Geschwindigkeitsstufen wurden mit Drucköl beaufschlagt.

Der Führerstand war sehr spartanisch eingerichtet. Unterhalb des mittig angeordneten Führerpultes befand sich ein ausklappbarer Hocker für den Fahrzeugführer. *Werkfoto: Sammlung Günther Dietz*

**Noch vor der geplanten Abgabe nach Seddin brannte 137 001 am 12. Mai 1935 aus. Der Wagen wurde anschließend verschrottet.**
*Foto: Sammlung Volkmar Kubitzki*

Das im Drehgestell angeordnete Getriebe befand sich unter dem Wagenfußboden. Das erzeugte Drehmoment wurde auf das ausschließlich für Triebwagenzwecke konstruierte Viergang-Lamellen-Kupplungs-Wechsel- und Wendegetriebe der Firma Maybach, Bauart T2, über eine Gelenkwelle mit zwischengeschalteten Gewebescheibenkupplungen übertragen. Im Getriebe befand sich das Wendegetriebe, welches das Drehmoment über Blindwellen und Kuppelstangen auf die beiden Treibradsätze übertrug. Gegen Fehlschaltungen in Form eines nicht zur momentanen Geschwindigkeit passenden Ganges war das Getriebe geschützt. Das Getriebe ermöglichte nunmehr eine Höchstgeschwindigkeit von 80 km/h. Die Geschwindigkeiten in den einzelnen Übersetzungsstufen betrugen im ersten Gang 13 km/h, im zweiten Gang 32 km/h, im dritten Gang 51 km/h und im vierten Gang 80 km/h, jeweils bei Höchstdrehzahl des Motors.

Die Steuerung der Füllungsverstellung des Motors und der Schaltstufen des Getriebes sowie der Fahrtrichtung des Wendegetriebes erfolgte in Einfachsteuerung mittels über Rollen laufender stählerner Seilzüge und endloser Ketten am Motor und Getriebe vom Führerstand aus. Zur Vermeidung von Fehlschaltungen war die Kurbel für die Wendeschaltung im Führerstand die selbe wie für die Schaltung der einzelnen Gänge. Dadurch konnte die Wendeschaltung nur bei Stillstand betätigt werden.

Das Anlassen unter Last bei gleichzeitigem Anfahren erfolgte nach Einlegen des ersten Ganges mit zwei unter dem Wagen vorhandenen Luftflaschen, wobei eine als Reserve diente. Ein Druck von 60 bis 65 bar (60 bis 65 kp/cm²) unter Betätigung eines Fußventils auf dem Führerstand gewährleistete das Anfahren und Einblasen des Kraftstoffs. Nach Aufnahme der Zündung des Dieselmotors wurde dieses Ventil selbsttätig abgesperrt und die Fahrt unter ausschließlichem Einblasen von Kraftstoff fortgesetzt. Die Kühlanlage befand sich erstmals unter dem Wagenkasten. Der Kühlerlüfter wurde über eine Antriebswelle vom Getriebe angetrieben.

Die Klotzbremse war zunächst als Knorr-Zweikammerbremse (Kzpbr) und ab 1936 als Hildebrand-Knorrbremse (Hikp) ausgeführt. Die Druckluftversorgung für die Bremse und die Hilfseinrichtungen erfolgte durch ein Überschleusventil im Führerstand vom Hochdruckluftverdichter aus zu den Hauptluftbehältern. Als Zugvorrichtung dienten leichte Schraubenkupplungen und als Stoßvorrichtungen leichte Stangenpuffer.

Die Stromversorgung der Batterie mit zunächst 160 Ah (später bei der DB mit 400 Ah) für die Beleuchtung übernahmen zwei Generatoren der Firma Bosch, Bauart FT 500/24, die vom Kühlerlüfter angetrieben wurden. Der Auspufftopf war unter dem Wagendach im Maschinenraum angebracht. Auf die vorgenommenen Bauartänderungen wird nachfolgend noch eingegangen.

### Einsätze und Verbleib

Alle fünf Wagen wurden nach ihrer Indienststellung der RBD Essen zugeteilt. Im Zuge des Plans zur Verteilung der Verbrennungstriebwagen vom Juni 1934 war der Wechsel aller fünf Wagen in die RBD Berlin vorgesehen. Hier sollten sie beim Bw Seddin beheimatet und auf den südlich Berlins gelegenen Nebenbahnen verkehren, u.a. zwischen Jüterbog und Zossen sowie Wannsee und Beelitz Heilstätten. Allerdings brannten noch vor ihrer Umsetzung zum Bw Seddin die beiden Triebwagen 137 001 und 004 aus, so dass nur drei Wagen in der RBD Berlin einsetzbar waren.

Aufgrund der Brandanfälligkeit der Antriebsanlage wurden ab 1935 bei den 20 Fahrzeugen der nachfolgenden Serie zusätzliche Brandschutzmaßnahmen umgesetzt. Zum Kriegseinsatz sei auf den nachfolgenden Abschnitt zu den 20 Serienfahrzeugen verwiesen.

Der einzige, nach Kriegsende noch vorhandene Baumustertriebwagen 137 002, war im Bw Flöha beheimatet. Er diente der sowjetischen Kommandantur als Dienstwagen, brannte jedoch am 25. Oktober 1950 ebenfalls aus, so dass auch er ausgemustert werden musste.

| Nummer | Verbleib | Hersteller | Ablieferung | Beheimatungen | Bemerkung |
|---|---|---|---|---|---|
| 862 / 137 000 | - | WUMAG | 16.06.1932 | 1932 Obr, 1936 Sed | + 1945 ? |
| 863 / 137 001 | - | WUMAG | ?1932 | 1932 Obr | am 12.05.35 in Essen ausgebrannt, + vor 1936 |
| 864 / 137 002 | DR | WUMAG | 05.07.1932 | 1932 Obr, 1936 Sed, 1945 Fl | am 25.10.50 in Flöha ausgebrannt, + 1956 |
| 875 / 137 003 | - | Wismar | 23.08.1932 | 29.08.32 Sr, 14.05.33 Obr, 17.05.1935 Sed, 07.02.1940 Sondereinsatz (Bw Mainz) bis 31.07.44 | + 04.11.44 (Ks) |
| 876 / 137 004 | - | Wismar | 14.09.1932 | 1932 Sr, 1934 Obr, 1936 Sed | am 08.08.35 ausgebrannt, + 22.05.36 |

Aus dem Beschaffungsprogramm 1932 gingen 20 weitere Triebwagen in annähernd gleicher Ausführung hervor. Im Bild der Triebwagen „137 019 Nürnberg" auf der Drehscheibe des Bahnbetriebswerks Gemünden (Main) nach seiner Anlieferung. *Foto: Sammlung Dirk Winkler*

## 137 005 - 006 (C4vT-32), 137 007 - 024 (BC4vT-32)

### Entstehungsgeschichte

Bereits im Beschaffungsprogramm 1932 wurden 20 weitere Triebwagen der vorgenannten Bauart in Auftrag gegeben. Der Vertrag 03.966/64.6732 vom 15. Dezember 1932 sah den Bau von fünf Fahrzeugen bei der WUMAG sowie der restlichen 15 bei LHB in Breslau vor, wobei zwei Wagen von der WUMAG als reine 3.-Klasse-Fahrzeuge ausgerüstet werden sollten. Die Fahrzeuge wurden alle in der ersten Jahreshälfte 1933 abgeliefert. Sie erhielten die Gattungsbezeichnung C4vT-32 für die Wagen 137 005 - 006 und BC4vT-32 für die Wagen 137 007 - 024.

### Aufbau und Technik

Gegenüber den fünf Baumusterfahrzeugen wurde in den 20 Nachfolgefahrzeugen nur der Abort vergrößert und zusätzlich mit einem Handwaschbecken ausgestattet. Zudem war der Narag-Heizofen in den Gepäckraum verlegt worden. Die Sitzplatzteilung der 2./3.-Klasse-Wagen blieb unverändert, die beiden 3.-Klasse-Wagen erhielten 66 Sitzplätze in der Sitzteilung 2+3, wobei die Abteillänge im eigentlichen 2. Klasse-Abteil nicht verändert wurde.

Zusammenfassend einige der an den fünf Baumusterwagen sowie den ersten 20 Serienfahrzeugen durchgeführten Bauartänderungen: 1935-37 erfolgten Einbau eines Doppelfußbodens mit Korkeinlage, Durchführung von Brandschutzmaßnahmen (z.B. Einbau einer Brandschutzwand auf der Motorauspuffseite), Verbesserung der Warmwasserheizung, Einbau der RZM-Sicherheitsfahrschaltung, Verstärkung des Maschinentragrahmens, Einbau der Hildebrand-Knorr-Bremse mit Triebwagensteuerventil (Hikpt), Verbreiterung der Trittfläche der oberen Stufen an den Fahrgasttüren, Änderung der Auspuffanlage sowie 1940/41 Umbau auf Kühlwasser-Ofenheizung.

Bei der DB erhielten nach 1948 die dort vorhandenen VT 62 905 und 906 eine neue Antriebsanlage mit 210-PS-Motoren (rd. 154,4 kW) und T2a-Getriebe.

### Einsätze und Verbleib

Die amtliche Verteilung der 20 Fahrzeuge entsprechend den Nummernplänen für die Jahre 1933, 1934 und 1937 zeigt nachfolgende Tabelle.

| Betriebs-nummer | 1933 RBD | 1934 RBD | Bw | 1937 RBD | Bw |
|---|---|---|---|---|---|
| 137 005 | Wuppertal | Wuppertal | | Wuppertal | Hagen-Eck |
| 137 006 | Wuppertal | Wuppertal | | Wuppertal | Hagen-Eck |
| 137 007 | Erfurt | Erfurt | Coburg | Erfurt | Coburg |
| 137 008 | Hannover | Hannover | Bremen | Berlin | Seddin |
| 137 009 | Hannover | Hannover | Bremen | Hannover | Bremen |
| 137 010 | Köln | Osten | | Osten | Glogau |
| 137 011 | Köln | Osten | | Osten | Glogau |
| 137 012 | Köln | Osten | | Osten | Frankfurt/O. |
| 137 013 | Mainz | Osten | | Osten | Glogau |
| 137 014 | Mainz | Osten | | Osten | Glogau |
| 137 015 | Osten | Osten | Frankfurt/O | Osten | Glogau |
| 137 016 | Osten | Osten | Frankfurt/O | Osten | Frankfurt/O. |
| 137 017 | Nürnberg | Nürnberg | Gemünden | Nürnberg | Gemünden |
| 137 018 | Nürnberg | Nürnberg | Gemünden | Schwerin | Schwerin |
| 137 019 | Nürnberg | Nürnberg | Gemünden | Nürnberg | Gemünden |
| 137 020 | Nürnberg | Nürnberg | Gemünden | Nürnberg | Gemünden |
| 137 021 | Stettin | Nürnberg | Gemünden | Nürnberg | Gemünden |
| 137 022 | Stettin | Osten | | Osten | Frankfurt/O. |
| 137 023 | Stuttgart | Berlin | | Berlin | Seddin |
| 137 024 | Stuttgart | Berlin | | Berlin | Seddin |

Skizzenblatt des BC4vT-32 (137 007 - 024)

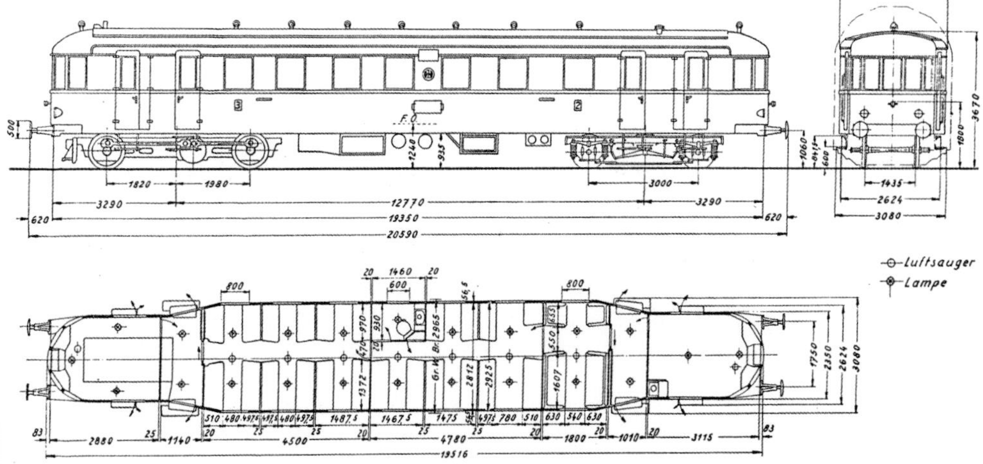


Die RBD Stettin gab 1935 ihre beiden Fahrzeuge 137 021 und 022 an die Direktionen Nürnberg und Osten ab[149]. Für den 137 019 ist vermerkt, daß er 1935 aus der RBD Königsberg an die RBD Nürnberg überstellt wurde[150]. Ob und wie lange das Fahrzeug in der Königsberger Direktion im Einsatz stand, ist unbekannt. Für den 137 014 ist die Überstellung in die RBD Osten erst für 1937 vermerkt[151].

Die Umläufe dieser Triebwagen waren teils beachtlich. An herausragenden Leistungen ist eine des Bw Frankfurt/Oder Pbf bekannt. Dort legte ein Triebwagen dieser Gattung in einer Zeit von etwas über zwölf Stunden 390 km vorwiegend auf Nebenbahnen zurück und erreichte dabei bei einem mittleren Haltestellenabstand von 5,2 km die beachtliche Reisegeschwindigkeit von 37,5 km/h trotz der verhältnismäßig schwachen Motorleistung und mit angehängtem Beiwagen. Der Laufweg war dabei Frankfurt/O 6:40 Uhr – Kallies 11:14 Uhr/12:16 Uhr – Arnswalde 13:14 Uhr/13:17 Uhr – Berlinchen 13:56 Uhr/14:04 Uhr – Arnswalde 14:40 Uhr/15:00 Uhr – Küstrin 17:30 Uhr/18:08 Uhr – Frankfurt/O 19:00 Uhr.

Die der RBD Berlin zugeteilten Wagen waren im Bw Seddin stationiert. Der geplante Einsatz zwischen Wannsee und Beelitz Heilstätten wurde nicht realisiert, dafür kamen die Fahrzeuge neben den vorgesehenen Umläufen zwischen Jüterbog und Zossen auch auf dem Güteraußenring zwischen Oranienburg und Jüterbog zum Einsatz. Hierfür waren die Umlaufpläne so abgestimmt, dass teils durchgehende Leistungen der Triebwagen von Wildpark über Jüterbog bis nach Zossen gefahren wurden, so im Sommer 1938 und 1939.

Bereits im September 1938 wies die Reichsbahn-Hauptverwaltung die RBD Breslau an, Versuchsfahrten zur Ermittlung der Schleppleistung der 175-PS-Triebwagen durchzuführen. Dafür sollten, neben einem der beiden Wagen 866 oder 867, auch einer der bei der RBD Osten beheimateten Triebwagen (137 010, 011, 013, 014) herangezogen werden[152]. Ziel war es, hierbei zu ermitteln, ob die Triebwagen zur Beförderung von Eisenbahngeschützen geeignet wären. Weitere Versuche wurden für den 3. und 4. Juli 1939 in Rügenwalde angesetzt, wo die Wehrmacht einen Schießplatz für schwere Artillerie betrieb[153]. Im Zuge der Kriegsvorbereitung wies das Reichsverkehrsministerium dann am 24. August 1939 einige ausgewählte und am 31. August letztlich alle Direktionen an, die Dieseltriebwagen der 175-PS- und 210-PS-Bauarten vordringlich ausbessern zu lassen[154]. Am 6. September 1939 folgte die Anweisung, dass umgehend alle Triebwagen dieser Bauarten *„einen Anstrich nach Nr. 46 der Farbtonkarte für Fahrzeuganstriche RAL Nr. 840 B 2"* erhalten sollten und den nächstgelegenen RAW zur Anstrichänderung zugeführt werden sollten[155]. Beide Maßnahmen sollten den geplanten Einsatz der VT für die Wehrmacht vorbereiten. Der geforderte Farbton entsprach im Übrigen einem Dunkelgrau (heute RAL 7021), wie er auch für die Lackierung der Wehrmachtfahrzeuge verwendet wurde[156].

Am 7. September 1939 wurden 137 002 und 003 der RBD Berlin, 137 015 der RBD Osten und 137 000 und 009 der RBD Schwerin zum RAW Darmstadt verfügt, um sie dort neu anstreichen zu lassen. Ihre Weiterleitung war zum Bahnhof Kreuznach der RBD Mainz vorgesehen, rund 100 km von den Grenzen Hollands, Frankreichs und Luxemburgs entfernt[157]. Die beiden Seddiner 137 002 und 003 gingen am 9. September 1939 um 8:06 Uhr auf Fahrt[158]. Vermutlich in Vorbereitung auf die bevorstehenden Feldzüge zwischen April und Juni 1940 gegen Dänemark und Norwegen (Unternehmen Weserübung) sowie den Westfeldzug gegen Frankreich und die Benelux-Staaten erging zudem Anfang Februar 1940 der Erlass an alle Direktionen, die *„noch in Ihrem Bezirk*

**Der von LHW gebaute 137 017 war eigentlich der RBD Nürnberg zugeteilt worden. Warum es ihn nach Dresden verschlug, ist nicht bekannt.**
*Foto: Sammlung Günther Dietz*

**Der vom Bw Seddin betreute 137 023 im Bahnhof Zossen am Bahnsteig des ehemaligen Militärbahnhofs. Er fuhr mit Beiwagen nach Jüterbog.** *Foto: Sammlung Dirk Winkler*

*hinterstellten 175 PS, 210 PS Maybach und 210 PS MAN, 360 PS MAN VT-Wagen für Sonderzwecke dem Bahnbetriebswerk Mainz"* zuzuführen[159]. Daraufhin schickte die RBD Berlin den noch im Bw Seddin stehenden VT 137 023[160].

Dass die Kriegseinsätze nicht folgenlos für die Fahrzeuge blieben, zeigt, dass die Reichsbahn bereits während der ersten Kriegsmonate gezwungen war, einige Fahrzeuge aufgrund von Kriegsschäden auszumustern. Dies geschah am 25. Oktober 1940 mit 137 010 und 024[161]. Auch in den folgenden Kriegsjahren sind die dieselmechanischen 175-PS-Triebwagen bei der Wehrmacht weiter verwendet worden. Im September 1942 verzeichnete das RZA München als *„im Sondereinsatz"* befindlich die Wagen 137 000 - 137 023[162]. Die RBD Nürnberg vermerkte in ihren statistischen Nachweisen für 1942 und 1943, dass VT 137 017 - 021 nach dem Westen verliehen waren[163-164]. Die Reichsbahn war auch hier gezwungen, die Fahrzeuge für die besonderen Anforderungen der Wehrmachtsdienststellen umzubauen. Im Herbst 1942 werden Betten in 137 013, 014, 015, 018, 020 eingebaut[165].

Bis Ende Dezember 1942 waren von den 175-PS-Triebwagen der Nummern 137 000 - 024 sowie 137 036 - 054 insgesamt 21 Fahrzeuge im Sondereinsatz und 23 Fahrzeuge bereits winterfest hergerichtet[166]. Die für die Wehrmachtseinsätze von VT zuständige RBD Mainz wies folgende Fahrzeuge dieser Bauart aus, die bei Eisenbahn-Batterien verwendet wurden, darunter zwei Wagen für den Verwundetentransport (mit + markiert): 137 012, 013, 014, 015, 016, 017, 018 +, 019 +, 020, 021, 022[167].

Durch den militärischen Einsatz im Krieg blieb kaum eines dieser Fahrzeuge unversehrt. Schon im Juni 1943 brannten bei einem Luftangriff auf Krefeld die Wagen 137 009, 017 und 137 023 aus. Weitere Fahrzeuge wurden schwer beschädigt, so dass nach Kriegsende nur noch fünf Triebwagen im Bestand der DR vorhanden waren, vier befanden sich bei der SNCF, einer in Österreich und zwei bei der späteren DB.

In der amerikanischen Besatzungszone Deutschlands wurde 137 021 am 15.7.1945 in Ochsenfurt erfasst[168]. Das RZA München ordnete ihn 1947 als VT 65 916 ein. Nach der Übergabe des 137 008 aus Österreich an die amerikanische Zone Deutschlands (s.u.) wurde er nachträglich in die Umzeichnungsliste des RZA München als VT 65 917 aufgenommen. Die beiden Fahrzeuge wurden nach ihrem Umbau auf Motoren mit 210 PS (rd. 154,4 kW) Leistung als VT 62 905 und 906 geführt und zunächst von Bremen und später von Braunschweig aus eingesetzt. 137 018 stand mit Totalschaden im RAW Nürnberg und wurde bereits am 20.11.1946 ausgemustert[169].

Vier Triebwagen fanden sich nach Kriegsende in der SBZ wieder. Nachfolgende Tabelle zeigt die Erfassungsdaten[170-171]. Der fünfte Wagen, 137 012, befand sich im Sommer 1948 in stark beschädigtem Zustand im RAW Dessau. Für ihn beantragte die Reichsbahn im Dezember 1948 die Ausmusterung, die die SMAD im Januar 1949 genehmigte[172-173].

| Nummer | Eintragungen in die TZA-Kartei | Aufstellung vom 23.06.1949 | Aufstellung vom 07.02.1950 |
|---|---|---|---|
| 137 005 | 1.7.46, Bw Zittau (Flöha), Betriebspark | Zittau, wartet auf RAW-Aufnahme | Dr.-Pieschen, fährt Planzüge |
| 137 006 | 1.7.46, Bw Halle, Betriebspark | Dessau, schwer beschädigt | Dessau, schwer beschädigt |
| 137 007 | 1.7.46, Bw Zittau (Flöha), Betriebspark | Zittau, fährt planmäßig | Dessau, VT 2 Ausbesserung in Arbeit |
| 137 013 | 1.7.46, Bw Halle-P, Betriebspark | Halle P, wartet auf RAW-Aufnahme | Halle P, Dienstwagen der RBD |

## Technische Daten

| Betriebsnummer | | | 137 000 - 004 | 137 005 - 006 | 137 007 - 009 | 137 010 - 024 |
|---|---|---|---|---|---|---|
| Gattungsbezeichnung | | | BC4cT-31 | C4vT-32 | BC4vT-32 | BC4vT-32 |
| Übersichtszeichnung | | | VTA843 WUMAG | VT/A 1855 WUMAG | 1854 WUMAG | 1854 WUMAG |
| Radsatzanordnung | | | B`2` | B`2` | B`2` | B`2` |
| Hersteller | Wagenteil | | WUMAG | WUMAG | WUMAG | LHB |
| | Motor | | Maybach | Maybach | Maybach | Maybach |
| | Getriebe | | Maybach | Maybach | Maybach | Maybach |
| | el. Ausrüstung | | - | - | - | - |
| Höchstgeschwindigkeit | | km/h | 80 | 80 | 80 | 80 |
| Länge über Puffer | | mm | 20590 | 20590 | 20590 | 20590 |
| ges. Radsatzabstand | | mm | 16090 | 16090 | 16090 | 16090 |
| Drehzapfenabstand | | mm | 12770 | 12770 | 12770 | 12770 |
| Radsatzabstand Drehgestell | | mm | 3800/3000 | 3800/3000 | 3800/3000 | 3800/3000 |
| Treibraddurchmesser | | mm | 1000 | 1000 | 1000 | 1000 |
| Laufraddurchmesser | | mm | 900 | 900 | 900 | 900 |
| Sitzplätze | 2. Klasse | | 8 | 8 | 8 | 8 |
| | 3. Klasse | | 55 | 55 | 55 | 55 |
| Stehplätze | | | 37 | 37 | 37 | 37 |
| Plätze gesamt | | | 100 | 100 | 100 | 100 |
| Dienstmasse | unbesetzt | t | 29,41 | 29,41 | 29,41 | 29,5 |
| | besetzt | t | 36,9 | 36,9 | 36,9 | 36,9 |
| | je Sitzplatz | kg | 470 | 470 | 470 | 470 |
| | je lfd. m Wagenlänge | t | 1,42 | 1,42 | 1,42 | 1,42 |
| spez. Antriebsleistung | | kW/t / PS/t | 4,3 / 5,9 | 4,3 / 5,9 | 4,3 / 5,9 | 4,3 / 5,9 |
| gr. Radsatzlast | | t | 9,84 | 9,84 | 9,84 | 9,1 |
| Steuersystem | | | Einzel | Einzel | Einzel | Einzel |
| Motor | Zahl / Bauart | | 1 / G 4 b | 1 / G 4 b | 1 / G 4 b | 1 / G 4 b |
| | Masse | kg | 1110 | 1110 | 1110 | 1110 |
| | Zyl./Durchm./Hub | mm | 6 / 140 / 180 | 6 / 140 / 180 | 6 / 140 / 180 | 6 / 140 / 180 |
| | Dauerleistung | PS | 175 | 175 | 175 | 175 |
| | Drehzahl | $min^{-1}$ | 1400 | 1400 | 1400 | 1400 |
| Getriebebauart | | | T2 | T2 | T2 | T2 |
| Zahl der Gänge | | | 4 | 4 | 4 | 4 |
| Motorsteuerung | | | mechanisch, Seilzug | mechanisch, Seilzug | mechanisch, Seilzug | mechanisch, Seilzug |
| Getriebesteuerung | | | mechanisch, Seilzug | mechanisch, Seilzug | mechanisch, Seilzug | mechanisch, Seilzug |
| Wendegetriebesteuerung | | | mechanisch, Seilzug | mechanisch, Seilzug | mechanisch, Seilzug | mechanisch, Seilzug |
| Kraftstoffvorrat l | | | 340 | 340 | 340 | 340 |
| Heizung | | | Whz | Whz | Whz | Whz |
| Beleuchtung, Stromart, Spannung | | | e. = 24 V | e. = 24 V | e. = 24 V | e. = 24 V |
| Bremse | | | Kzpbr (Kl) | Kzpbr (Kl) | Kzpbr (Kl) | Kzpbr (Kl) |

**Wann eine Umbeheimatung von Triebwagen aus der Nummernreihe 137 007 – 024 in die RBD Breslau erfolgte, ist bisher nicht klar. Und so bleibt der Triebwagen auf dem Postkartenmotiv vom Bahnhof Schwenten in der Grenzmark unidentifiziert.** *Foto: Sammlung Dirk Winkler*

In Gevelsberg am Nirgena-Platz steht Mitte der 1930er-Jahre der Wuppertaler 137 006. Der Triebwagen kommt aus Altenvoerde und fährt nach Hagen.
*Foto: Sammlung Dirk Winkler*

Die drei Triebwagen 137 005 - 007 waren teilweise bis Anfang der 1960er-Jahre weiter im Reiseverkehr in der Rbd Cottbus eingesetzt; 137 013 blieb bis zu seiner Abstellung 1960 Dienstwagen in der RBD Halle.

In Österreich fand sich 137 008 in Bregenz, wo er am 6.8.1946 erfasst wurde. Die ÖBB gaben ihn im Zuge eines Fahrzeugtausches am 27. August 1948 an die RBD München ab[174].

Vier Triebwagen dieser Bauart, 137 014, 019, 022 und 015, verblieben nach Kriegsende in Frankreich. Die zunächst als RZ 5201 - 5204 bezeichneten Fahrzeuge wurden 1948 zu XR 5201 - 5204. Die SNCF entschied sich zum Umbau in Beiwagen und unterzog sie für diesen Zweck im Atelier de Laon einer *„Francisation"*, wobei die Drehgestelle gegen französische Schwanenhalsdrehgestelle (Typ Pennsylvania) getauscht und der Fahrgastraum für 73 Sitzplätze (einschließlich Klappsitzen) der 2. Klasse hergerichtet wurde. Die vier Wagen erhielten einen neuen Anstrich in Elfenbein und Rot mit einem elfenbeinfarbigen *„Moustaches"* an den Fronten. Die später in der Région Nord eingesetzten Wagen wurden 1956 nach dem beschriebenen Umbau zu XR 8831 - 8834 umgezeichnet. Sie waren bis 1965 im Raum Laon im Einsatz[175].

Nachfolgend die bekannten Beheimatungen und der Verbleib der Fahrzeuge:

| Nummer | Verbleib | Hersteller | Ablieferung | Beheimatungen | Bemerkungen |
|---|---|---|---|---|---|
| 137 005 | DR | WUMAG | 11.04.1933 | 1933 Hg-Eck, 1945 Fl, 1946 Zi, 1956 Luckau, 01.07.58 Cs* , 08.08.59 Luckau | abgest. 09.01.60, + 01.06.62, |
| 137 006 | DR | WUMAG | 10.05.1933 | ?1933 Hg-Eck, 1946 Hl, 1952 Hd, 11.10.55 Luckau, 1957 z | abgest. 1957, + 1960 |
| 137 007 | DR | WUMAG | 26.04.1933 | ?1933 Cb, 01.08.45 Fl, 08.06.47 Zi, 19.10.56 Luckau | abgest. 05.06.61, + 03.01.68, |
| 137 008 | DB<br>VT 65 917/<br>VT 62 906 | WUMAG | 29.04.1933 | ?1933 Brm Hbf, 1936 Sed, 1945 ÖBB, 03.09.48 DB, 1950 BwgH | + 24.02.57 |
| 137 009 | - | WUMAG | 16.05.1933 | ?1933 Brm Hbf, 1936 Sed | + 23.10.44 |
| 137 010 | - | LHW | 29.04.1933 | ?1933 RBD Köln, 1935 Gau | + 15.10.40 |
| 137 011 | - | LHW | 29.04.1933 | ?1933 Krf, 05.02.35 Gau, 21.01.40 Sonderzwecke | + 28.11.44 |
| 137 012 | DR (Schad-VT) | LHW | 10.05.1933 | 14.05.33 Krf, 1935 Fkp, 1945 Fl | + 1955 |
| 137 013 | DR | LHW | 18.05.1933 | 26.05.33 Da, 1935 Gau, 10.09.46 Hl P, 01.11.62 z | abgest. 01.04.60, + 1966,<br>++ Dess. 16.09.68 |
| 137 014 | SNCF XR5201 | LHW | 18.05.1933 | 26.05.33 Da, 1935 Gau, + 28.11.44 (Ks) | SNCF |
| 137 015 | SNCF XR 5204 | LHW | 28.02.1933 | 10.03.33 Fkp, + 28.11.44 (Ks) | SNCF |
| 137 016 | - | LHW | 08.03.1933 | 10.03.33 Fkp | + 28.11.44 |
| 137 017 | - | LHW | 14.03.1933 | 22.03.33 Gm | + 23.10.44 |
| 137 018 | DB | LHW | 14.03.1933 | 28.03.33 Gm | + 20.11.46 |
| 137 019 | SNCF XR5202 | LHW | 01.03.1933 | 01.04.33 Nü, 12.04.33 Gm, 07.43 Mz, + 04.11.44 (Ks) | SNCF |
| 137 020 | - | LHW | 27.03.1933 | 01.04.33 Gm | + 04.11.45 |
| 137 021 | DB<br>VT 65 916/<br>VT 62 905 | LHW | 03.04.1933 | 25.04.33 Kol, Nü, 1950 Brm Hbf, 1952 BwgH | + 01.08.57 |
| 137 022 | SNCF XR5203 | LHW | 03.04.1933 | 25.04.33 Kol, 1937 Fkp, + 28.11.44 | SNCF |
| 137 023 | - | LHW | 14.04.1933 | 21.04.33 Stg, Sed | + 23.10.44 |
| 137 024 | - | LHW | 14.04.1933 | 21.04.33 Stg, 04.04.35 Sed | + 25.10.40 |

* ... hier ist vermutlich ein Fehler in den spärlichen Unterlagen vorhanden, da 137 005 z.B. 1959 in Zittau beheimatet war

Der in der RBD Nürnberg nach Kriegsende stehende 137 021 wurde 1947 zum VT 65 916. Nach Umbau auf einen 210-PS-Motor kam er als VT 62 905 zum Einsatz. Ab 1952 gehörte er zum Bw Braunschweig. *Foto: Sammlung Günther Dietz*

Nur ein ausgebranntes und zerstörtes Wrack ließ der Kriegseinsatz vom 137 012 übrig. Mitte Juni 1948 stand er noch neben vielen anderen Schadfahrzeugen im RAW Dessau, als die Ausmusterungskommission ihre Bestandsaufnahme vornahm. Im Januar 1949 wurde von der SMAD seine Ausmusterung genehmigt. *Foto: Sammlung Dr. Brian Rampp*

Knapp zehn Jahre gehörte 137 005 nach Kriegsende zum Bw Zittau. Im Juni 1961 wurde er abgestellt. Das Bild zeigt ihn im Raw Cottbus. *Foto: Sammlung Dirk Winkler*

Die vier in Frankreich verbliebenen Triebwagen wurden wieder in Betrieb genommen, jedoch bis 1956 zu den Beiwagen XR 5201 - 5204 umgebaut. *Foto: Sammlung Dirk Winkler*

In den Beschaffungsprogrammen 1933 und 1934 wurden nochmals 19 Nebenbahntriebwagen in Auftrag gegeben, diesmal jedoch mit einem 210-PS-Motor GO5h. Das Werkfoto der Waggonfabrik Dessau zeigt 137 050. *Foto: Sammlung Günther Dietz*

## 137 036 - 054 (BC4vT-33)

### Entstehungsgeschichte

Nachdem Maybach in seiner Dieselmotorenentwicklung einen kompressorlosen Zwölfzylindermotor geschaffen hatte, konnte mit dem GO5h auch ein 210 PS (rd. 154,4 kW) leistender Dieselmotor angeboten werden. Die Reichsbahn entschloss sich dazu, im Beschaffungsprogramm 1933 und 1934 nochmals vierachsige Nebenbahntriebwagen in der Ausführung der BC4vT-31 bzw. BC4vT-32 zu beschaffen[176-177]. Mit Vertrag 03.966/64.301 gab sie 19 Triebwagen bei der WUMAG sowie der Waggonfabrik Dessau im Beschaffungsprogramm 1933 in Auftrag. Die Triebwagen wurden Ende 1934 abgeliefert und als Gattung BC4vT-33 mit den Nummern 137 036 - 054 in den Triebwagenbestand eingeordnet.

### Aufbau und Technik

Die Konstruktion von Untergestell und Wagenkasten entsprach den Gattungen BC4vT-31 bzw. BC4vT-32. Im Unterschied zu diesen Wagen erhielten die BC4vT-33 zwei Abteile 2. Klasse mit jeweils acht Sitzplätzen in der Sitzteilung 1+3 als Raucher- und Nichtraucherabteil. Auch erhielten die Gepäckabteile von Beginn an Fahrradhalter. Als Heizung war in den Wagen 137 036 - 054 die Narag-Ofenheizung im Gepäckabteil eingebaut.

Die Maschinenanlage dieser VT wurde durch die inzwischen erzielte Leistungssteigerung der Motoren verändert. Sie erhielten Motoren der Bauart GO5h mit 210 PS (rd. 154,4 kW) Leistung. Durch die Kraftstoffeinspritzung konnte der störanfällige Hochdruckluftverdichter entfallen. Zwischen Motor und Getriebe wurde eine Flüssigkeitskupplung Bauart Vulkan eingebaut, um damit den Motor vor Überbeanspruchungen zu schützen und ein weicheres Anfahren zu ermöglichen. Das Getriebe Bauart T2a erforderte aus diesem Grunde eine Ergänzung in Form einer druckölgesteuerten Umschaltbremse, um beim Umschalten der Fahrtrichtung mit laufendem Motor bei nicht ganz gelöster Kupplung des Getriebes schädliche Stöße im Wendegetriebe zu vermeiden.

Zum Anlassen des Dieselmotors diente nun ein elektrischer Anlasser der Firma Bosch, Bauart DT 15/24. Der nun zur Druckluftversorgung erforderliche Luftverdichter der Firma Knorr, Bauart V 70/150, war hinter dem Getriebe auf einer Verlängerung des Drehgestellrahmens untergebracht und durch eine Antriebswelle vom Getriebe angetrieben. Die bei-

Gleich mehrere Triebwagen befanden sich in diesem Begleitzug für ein Eisenbahngeschütz. *Foto: Sammlung Dirk Winkler*

Skizzenblatt des BC4vT-33 (137 036 - 054)

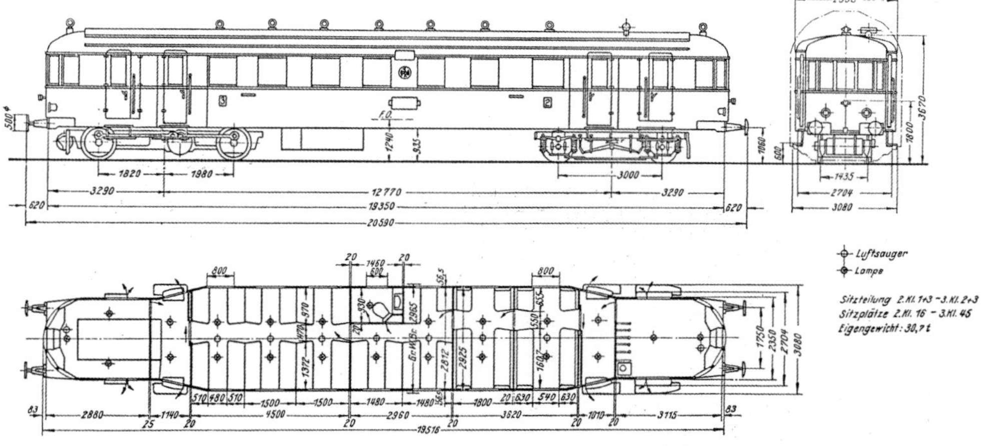


den Generatoren zur Batterieladung der Firma Bosch, Bauart GT 500/24, waren hinter den Kühlerlüftern angeordnet und wurden von diesen angetrieben. Die Batteriekapazität war 400 Ah. Die Getriebeabstufung entsprach dem Getriebe T2. Der Auspufftopf wurde ins Drehgestell verlegt.

### Zusammengefasst die Bauartänderungen:

- 1935: Kühlwasservorwärmung und Heizungsumwälzpumpe eingebaut
- 1936: Hildebrand-Knorr-Bremse eingebaut
- 1937: Einbau der selbsttätigen Lüfterkupplung
- Einbau von Sicherheitsglas (Sekuritscheiben)
- Anbau zusätzlicher Signalstützen
- Verstärkung des Rahmens des Maschinentriebdrehgestells
- Vergrößerung der Heizfläche
- Einbau der RZM-Sicherheitsfahrschaltung
- Änderung am Motor durch Ersatz der Fünflochdüse durch Vierlochdüse
- Einbau von Kühlwasserstands-Schaugläsern

### Einsätze und Verbleib

Die 19 Fahrzeuge wurden nach dem Nummernplan vom November 1934 folgenden Heimatorten zugeteilt: Krefeld (VT 137 036 - 041), Kreuzberg (VT 137 042 - 044), Stuttgart-Rosenstein (VT 137 045 - 047), Ulm (137 048 - 049), Trier (VT 137 050 - 054). Bis Mai 1937 waren die Ulmer Wagen auch nach Stuttgart umgesetzt worden. Zudem musste 137 039 bereits vor 1937 ausgemustert werden. Die drei Triebwagen 137 042 - 044 wurden 1939 von Kreuzberg nach Geldern umbeheimatet.

Im Zuge der Kriegsvorbereitung wurden, wie bereits dargestellt, die Direktionen bereits Ende August 1939 aufgefordert, auch die Dieseltriebwagen der 210-PS-Bauarten vordringlich ausbessern zu lassen[178]. Nahezu alle dieselmechanischen Triebwagen mit dieser Antriebsanlage waren bis Mitte 1940 bei der Wehrmacht im Einsatz. Ihr Einsatz sei an dieser Stelle zusammenfassend dargestellt.

Die aus den einzelnen Direktionen abgegebenen Fahrzeuge wurden an die RBD Mainz überstellt und dort verwaltet. Allerdings liegen keine durchgängigen Nachweise über die Abgaben vor. Die RBD Stuttgart vermerkte für 137 045 - 049 sowie 137 121 - 125 nur lapidar für die Monate August 1939 bis Dezember 1940 „WM“ für Wehrmacht[179]. Für die Wehrmachtseinsätze wurden zwischen 1940 und 1943 mindestens in 137 036, 037, 040, 042, 043, 046, 049, 050, 052, 053 und 137 122, 124, 127, 130, 131, 133 Betten eingebaut sowie an 137 040, 042, 045, 046, 050, 053 und 137 121, 122, 123, 125, 126, 127, 133 der Heizungsumbau durchgeführt.

**Bei Kreuzberg (Ahr) war 137 044 mit Beiwagen am 20. Mai 1937 unterwegs.**
*Foto: Carl Bellingrodt. Sammlung Günther Dietz*

Einer der neuen 210-PS-Triebwagen 137 048 - 054 auf Werksprobefahrt der Waggonfabrik Dessau. Auffallend die Anschrift des vorgesehenen Heimat-Bw „Friedrichshafen" links neben dem Fabrikschild. *Foto: Sammlung Günther Dietz*

Im Oktober 1941 wurde veranlasst, die drei Triebwagen 137 038, 046 und 132, die für Sonderzwecke in Narvik eingesetzt waren, aufgrund fehlender Frostschutzeinrichtungen von dort zurückzuziehen. Ersatz zu den zwei noch verbliebenen Fahrzeugen wurde durch 137 123, 124 und 135 gestellt. Sie hatten bereits im RAW Friedrichshafen abschaltbare Kühlerhälften erhalten. Weiterhin wurde der Kühlwasserrücklauf zum Motor hochverlegt, um einen besseren Wasserumlauf zu erzielen und die Maschinenanlage ohne elektrische Umwälzpumpe warmhalten und vorwärmen zu können[180].

Alle Triebwagen dieser Gattung waren im September 1942 *„im Sondereinsatz"*[181]. So war 137 132 vom 16.6.1942 bis zum 19.10.1943 an die E.A.Mot. 100 in Rügenwalde verliehen. Er gehörte seit dem 24.12.1941 zum Bw Darmstadt, dem ab Mitte des Jahres auch 137 122 zugeteilt wurde (19.5.42-18.1.43)[182]. Der mittlerweile an der Ostfront eingesetzte 137 050 brannte am 19.9.1942 bei Leningrad aus. Seine Ausmusterung erfolgte im Januar 1943[183].

Die militärische Verwendung dieser Fahrzeuge führte dazu, dass nur noch ein Wagen nach Kriegsende in einer der deutschen Besatzungszonen vorhanden war. Allein zehn Wagen mussten wegen Kriegsschäden 1944 ausgemustert werden. Ein Wagen verblieb bei der norwegischen Staatsbahn NSB (137 041), einer in Jugoslawien bei der JDŽ (137 049). Der in der SBZ vorhandene 137 044 stand schwer beschädigt in Flöha und wurde noch dem Bw Dresden-Pieschen zugerechnet. Das stark beschädigte Fahrzeug kam Ende 1949 ins RAW Dessau, wurde jedoch 1956 ausgemustert.

**Laufleistungen von bei der Wehrmacht 1944 eingesetzten BC4vT-33 und BCvT-34** (k.E. = kein Eintrag)[184-185]

| VT | Laufleistung [km] im März | April | Mai | Juni |
|---|---|---|---|---|
| 137 038 | 20 | - | - | 70 |
| 137 041 | 574 | 385 | - | - |
| 137 043 | 24 | 10 | 10 | 10 |
| 137 044 | 46 | - | - | - |
| 137 045 | 24 | 10 | 10 | 10 |
| 137 046 | 24 | 10 | 10 | 10 |
| 137 048 | - | - | 25 | 70 |
| 137 049 | - | 0 | 0 | 140 |
| 137 053 | 20 | 10 | 10 | 10 |
| 137 121 | 18 | 10 | - | - |
| 137 122 | k.E. | 10 | k.E. | k.E. |
| 137 124 | 265 | k.E. | k.E. | k.E. |
| 137 125 | 10 | 10 | | |
| 137 129 | - | - | 20 | 70 |
| 137 134 | 518 | 245 | k.E. | k.E. |

| Nummer | Verbleib | Hersteller | Ablieferung | Beheimatungen | Bemerkungen |
|---|---|---|---|---|---|
| 137 036 | - | WUMAG | 27.11.1934 | 01.12.34 Krf | + 29.08.44 |
| 137 037 | - | WUMAG | 03.11.1934 | 09.11.34 Krf | Verbleib unbekannt |
| 137 038 | - | WUMAG | 07.11.1934 | 08.11.34 Krf | + 28.11.44 |
| 137 039 | - | WUMAG | 28.11.1934* | 28.11.1934 Krf | + vor 11.37 |
| 137 040 | - | WUMAG | 18.12.1934 | 22.12.34 Krf | + 28.11.44 |
| 137 041 | NSB 18290 | WUMAG | 27.11.1934 | 01.12.34 Krf, 06.04.39 Sonderzwecke, 1945 NSB | NSB, + 1953 |
| 137 042 | - | WUMAG | 03.11.1934 | 10.11.34 Krg | Verbleib unbekannt |
| 137 043 | - | WUMAG | 14.11.1934 | 29.11.34 Deutzerfeld, 27.11.34 Krg, 12.05.39 Krf, 12.06.39 Lbf Geldern, 21.9.39 Sonderzwecke | + 28.11.44 |
| 137 044 | DR (Schad-VT) | WUMAG | 14.11.1934 | 28.11.34 Krg, 01.06.39 Gln, 1945 Fl | + 1956 |
| 137 045 | - | WUMAG | 20.12.1934 | 05.01.35 Stg | + 28.11.44 |
| 137 046 | - | WUMAG | 05.12.1934 | 21.02.35 Stg | + 28.11.44 |
| 137 047 | - | WUMAG | ?1935? | 1935 Stg | + 29.08.44 |
| 137 048 | - | Dessau | 06.12.1934 | 19.12.34 Stg, ? Ulm | + 28.11.44 |
| 137 049 | JDŽ | Dessau | 06.12.1934 | 20.12.34 Stg, ? Ulm, 1945 JDZ | JDŽ |
| 137 050 | - | Dessau | 10.11.1934 | 23.01.35 Tri | + 29.01.43 |
| 137 051 | - | Dessau | 10.11.1934 | 30.11.34 Tri | Verbleib unbekannt |
| 137 052 | - | Dessau | 14.11.1934 | 24.11.34 Tri | + 29.08.44 |
| 137 053 | - | Dessau | 17.11.1934 | 29.11.34 Tri | + 04.11.44 |
| 137 054 | - | Dessau | 24.11.1934 | 01.12.34 Tri | + 04.05.43 |

* ... Inbetriebnahme

Im Beschaffungsprogramm 1934 wurden letztmalig vierachsige, dieselmechanische Triebwagen mit Stangenantrieb bestellt. Im Bild der von der Waggonfabrik Danzig gebaute 137 135. *Foto: Sammlung Günther Dietz*

## 137 121 - 135 (BC4vT-34)

### Entstehungsgeschichte

Das Programm 1934 sah letztmalig die Beschaffung von vierachsigen, dieselmechanischen Triebwagen mit Stangenantrieb vor. Mit Vertrag 03.966/64.576 vom 2.2.1934 wurden 15 Triebwagen bei der Waggonfabrik Dessau, bei Talbot in Aachen sowie mit gesondertem Vertrag 39.008/64.587 vom 2.2.1934 bei der Waggonfabrik Danzig in Auftrag gegeben. Zwischen Frühjahr und Herbst 1935 kamen die als BC4vT-34 mit den Nummern 137 121 - 135 eingeordneten Triebwagen zur Auslieferung.

### Aufbau und Technik

Die Konstruktion folgte nahezu komplett den BC4vT-33. Allerdings wurde bei den Triebwagen 137 121 - 135 das vordere Abteil als Traglastenraum mit sechs Klappsitzen ausgestattet, so dass bei ihnen 16 Plätze in der 2. Klasse und 35 Plätze in der 3. Klasse vorhanden waren. Die Narag-Heizung wurde beibehalten, allerdings erhielten zwei Wagen (137 126 und 135) Unterflurheizöfen der Bauart Stangen-Görlitz.

### Einsätze und Verbleib

Die letzte Serie der vierachsigen Nebenbahntriebwagen mit Stangenantrieb ging in die Direktionen Stuttgart und Stettin. Die amtliche Verteilung der 15 Fahrzeuge entsprechend den Nummernplänen vom November 1934 und Mai 1937 zeigt nachfolgende Tabelle.

| Betriebs- | 1934 | | 1937 | |
|---|---|---|---|---|
| nummer | RBD | Bw | RBD | Bw |
| 137 121 | Stuttgart | Tübingen | Stuttgart | Ulm |
| 137 122 | Stuttgart | Friedrichshafen | Stuttgart | Ulm |
| 137 123 | Stuttgart | Crailsheim | Stuttgart | Ulm |
| 137 124 | Stuttgart | Ulm | Stuttgart | Friedrichshafen |
| 137 125 | Stuttgart | Aulendorf | Stuttgart | Friedrichshafen |
| 137 126 | Stettin | Kolberg | Stettin | Kolberg |
| 137 127 | Stettin | Kolberg | Stettin | Kolberg |
| 137 128 | Stettin | Kolberg | Stettin | Kolberg |
| 137 129 | Stettin | Kolberg | Stettin | Templin |
| 137 130 | Stettin | Kolberg | Stettin | Templin |
| 137 131 | Stettin | Neustrelitz | Stettin | Neustrelitz |
| 137 132 | Stettin | Templin | Stettin | Templin |
| 137 133 | Stettin | Templin | Stettin | Templin |
| 137 134 | Stettin | Templin | Stettin | Neustrelitz |
| 137 135 | Stettin | Templin | Stettin | Templin |

Auch ihre Laufleistungen waren zum Teil beachtlich. Beispielsweise erreichte 1937 ein VT des Bw Neustrelitz im Tagesumlauf Oranienburg – Neustrelitz – Fürstenberg – Neustrelitz – Stralsund – Neubrandenburg – Stralsund – Neustrelitz 467 km. Die beiden Neustrelitzer Triebwagen 137 131 und 134 wurden 1941 buchmäßig von der RBD Schwerin infolge Eingliederung des Bw von der RBD Stettin übernommen[186]. Auch von dieser Gattung waren

Der im Westen Deutschlands verbliebene 137 127 wurde 1947 zum VT 62 902 umgezeichnet und als einziges Fahrzeug dieser Gattung im Bereich der späteren DB wieder in Betrieb genommen. Im April 1955 stand er in Braunschweig. *Sammlung Robin Garn*

Skizzenblatt des BC4vT-34 (137 121 - 134)

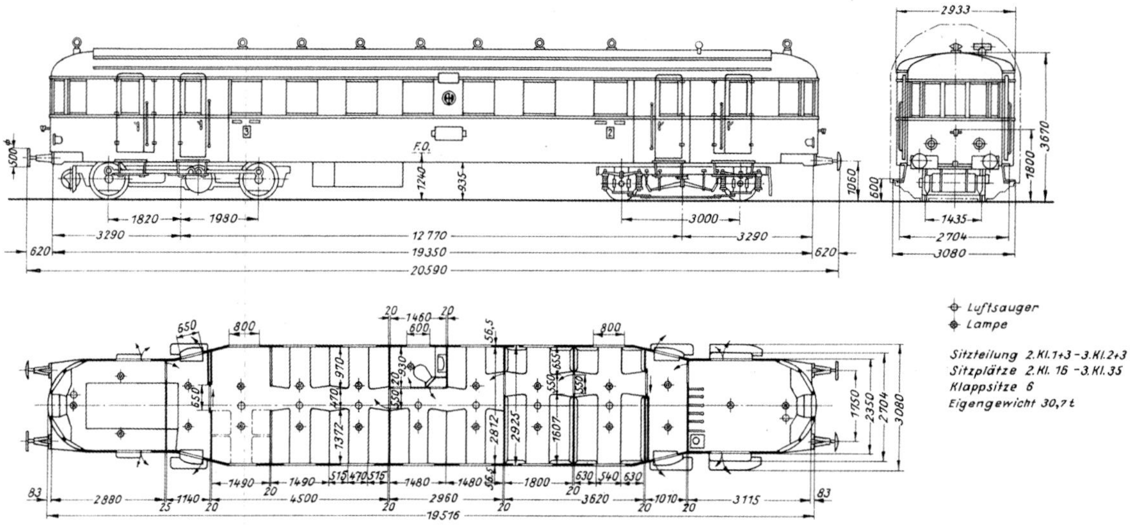


alle Triebwagen im September 1942 *„im Sondereinsatz“*[187]. Bezüglich der bekannten Einsätze sei auf den Abschnitt zu den Wagen 137 036 - 054 verwiesen.

Infolge der Wehrmachtseinsätze fanden sich nach Kriegsende fünf Triebwagen aus der Nummernreihe 137 121 - 135 in den deutschen Besatzungszonen, vier Wagen waren aufgrund der Einsätze u.a. in Narvig in Norwegen bei der NSB verblieben (137 123, 124, 134 und 135), in Jugoslawien fand sich 137 130 wieder.

Die DR hatte nach Kriegsende mit 137 122 und 132 zwei BC4vT-34 in ihrem Bestand. Zum 1. Juli 1946 wurden beide im Bw Flöha erfasst. Ab 1. Juni 1946 waren sie, lt. TZA-Kartei, dem Bw Anhalter Bahnhof in Berlin zugeteilt. Zum 20.9.1949 befanden sie sich im Bw Erkner, wobei nur 137 122 Planzüge fuhr, 137 132 wartete auf Ausbesserung[188-189]. Bis zu ihrer Abstellung 1964 bzw. 1963 waren sie in Bahnbetriebswerken der Rbd Berlin beheimatet und wechselten 1955 von Berlin-Karlshorst nach Frankfurt/O, das sie u.a. auch auf der Oderbruchbahn einsetzte.

Im Bereich der späteren DB befanden sich 137 121 (schwer beschädigt) und 127. Davon wurde 137 127 im Jahre 1947 zum VT 62 902 umgezeichnet und wieder in Betrieb genommen. Er war zunächst in Bielefeld und ab 1952 bis zur Ausmusterung 1958 in Braunschweig beheimatet.

Die vier in Norwegen befindlichen 137 123, 124, 134 und 135 wurden 1945 als Gattung Cmdo 9, mit den Betriebsnummern 18291 - 18294 von der norwegischen Staatsbahn NSB übernommen. Die durch ihren Kriegseinsatz heruntergekommenen Fahrzeuge wurden wieder instandgesetzt. Anfänglich im Distrikt Oslo auf der Solørbahn eingesetzt, zeigte sich recht schnell die Störanfälligkeit der Fahrzeuge. Der Wagen 18291 musste nach nur 39 Betriebskilometern aus dem Verkehr gezogen werden. Trotz der deutschen Bauart entschloss sich die NSB dazu, 1950 die Motoren der Triebwagen 18292 und 293 bei Maybach überholen zu lassen. Die beiden Wagen 18290 und 294 waren zu dieser Zeit schon abgestellt. Offiziell ausgemustert wurden 1953 der Wagen 18294 (ex 137 135) nach 88772 Betriebskilometern bei der NSB sowie 18291. Die aufgearbeiteten Triebwagen 18292 und 293 waren hingegen auf der Valdres- sowie der Skreiabahn noch bis 1955 bzw. 58 in Betrieb[190-191]. Die bekannten Beheimatungen und der Verbleib der Fahrzeuge zeigt nachfolgende Tabelle.

| Nummer | Verbleib | Hersteller | Ablieferung | Beheimatungen | Bemerkungen |
|---|---|---|---|---|---|
| 137 121 | DB (Schad-VT) | Dessau | 09.03.1935 | 28.03.35 Ub | + |
| 137 122 | DR | Dessau | 26.03.1935 | 22.03.35 Ub, ?, 19.05.42 Da, 17.02.43 Sonderzwecke, 06.45 Fl, 01.06.48 Ahb(z), 03.10.48 Ahb, 24.07.52 Rgb, 17.01.53 Kh, 15.08.55 Fkp | + 22.05.68, abgest. 16.06.64, ++ Dess 10.07.68 |
| 137 123 | NSB 18291 | Dessau | 28.03.1935 | 29.03.35 Ub, 1945 NSB | + 1953 |
| 137 124 | NSB 18292 | Dessau | 06.04.1935 | 13.04.35 Aulendorf,28.05.36 Fs, 15.07.41 Sonderzwecke, 1945 NSB | + 1955 |
| 137 125 | - | Dessau | 12.04.1935 | 24.04.35 Fs, 30.12.39 Sonderzwecke | + 28.11.44 (Ks) |
| 137 126 | - | Dessau | 18.05.1935 | 19.05.35 Kol | + 29.08.44 (Ks) |
| 137 127 | DB VT 62902 | Dessau | 24.05.1935* | ?1935 Kol, 1948 Bil, 1952 BwgH | + 19.02.58 |
| 137 128 | - | Talbot | 11.07.1935 | 11.07.35 Kol | Verbleib unbekannt |
| 137 129 | - | Talbot | 11.07.1935 | 04.08.35 Kol, 1937 Tem | + 28.11.44 (Ks) |
| 137 130 | JDŽ | Talbot | 03.08.1935 | 04.08.35 Tem | + ? |
| 137 131 | - | Talbot | 03.08.1935 | 04.08.35 Ntz | + 11.04.45 (Ks) |
| 137 132 | DR | Talbot | 09.08.1935 | 25.08.35 Tem, 19.06.39 Sonderzwecke, 24.12.41 Da, 26.06.42 E.A. Mot. 100 Rügenwalde, 08.45 Fl, 01.06.48 Ahb (z), 05.12.48 Ahb, 30.08.52 Kh, 24.09.55 Fkp | + 03.10.68, abgest. 07.07.68, ++ Dess 10.70 |
| 137 133 | DB (Schad-VT) | Talbot | 09.08.1935 | 24.08.35 Tem | + 04.11.46 |
| 137 134 | NSB 19293 | Talbot | 15.08.1935 | 01.10.35 Ntz, 27.03.40 Sonderzwecke, 1945 NSB | + 1958 |
| 137 135 | NSB 19294 | Danzig | 21.10.1935 | 15.11.35 Tem, 1945 NSB | + 1958 |

* ... Abnahme

## Technische Daten

| Betriebsnummer | | | 137 036-047 | 137 048-054 | 137 121-134 | 137 135 |
|---|---|---|---|---|---|---|
| Gattungsbezeichnung | | | BC4vT-33 | BC4vT-33 | BC4vT-34 | BC4vT-34 |
| Übersichtszeichnung | | | VT/A 2200c WUMAG | VT/A 2200c WUMAG | F52/7496 Dessau | |
| Radsatzanordnung | | | B`2` | B`2` | B`2` | B`2` |
| Hersteller | Wagenteil | | WUMAG | Dessau | WUMAG, Talbot | Danzig |
| | Motor | | Maybach | Maybach | Maybach | Maybach |
| | Getriebe | | Maybach | Maybach | Maybach | Maybach |
| | el. Ausrüstung | | - | - | - | - |
| Höchstgeschwindigkeit | | km/h | 80 | 80 | 80 | 80 |
| Länge über Puffer | | mm | 20590 | 20590 | 20590 | 20590 |
| ges. Radsatzabstand | | mm | 16090 | 16090 | 16090 | 16090 |
| Drehzapfenabstand | | mm | 12770 | 12770 | 12770 | 12770 |
| Radsatzabstand Drehgestell | | mm | 3800/3000 | 3800/3000 | 3800/3000 | 3800/3000 |
| Treibraddurchmesser | | mm | 1000 | 1000 | 1000 | 1000 |
| Laufraddurchmesser | | mm | 900 | 900 | 900 | 900 |
| Sitzplätze | 2. Klasse | | 16 | 16 | 16 | 16 |
| | 3. Klasse | | 45 | 45 | 35 | 40 |
| Klappsitze | | | 6 | 6 | 6 | 6 |
| Stehplätze | | | 39 | 39 | 39 | 39 |
| Plätze gesamt | | | 106 | 106 | 96 | 101 |
| Dienstmasse | unbesetzt | t | 30,89 | 30,75 | 31,1 | 31,66 |
| | besetzt | t | 37,2 | 36,88 | 35,3 | |
| | je Sitzplatz | kg | 502 | 502 | 546 | 533 |
| | je lfd. m Wagenlänge | t | 1,50 | 1,50 | 1,51 | 1,54 |
| spez. Antriebsleistung | | kW/t / PS/t | 5,0/6,8 | 5,0/6,8 | 5,0/6,8 | 5,0/6,8 |
| gr. Radsatzlast | | t | 10,02 | 9,96 | 9,5 | 9,5 |
| Steuersystem | | | Einzel | Einzel | Einzel | Einzel |
| Motor | Zahl / Bauart | | 1 / GO5h | 1 / GO5h | 1 / GO5h | 1 / GO5h |
| | Masse | kg | 1550 | 1550 | 1550 | 1550 |
| | Zyl./Durchm./Hub | mm | 6 / 150 / 200 | 6 / 150 / 200 | 6 / 150 / 200 | 6 / 150 / 200 |
| | Dauerleistung | PS | 210 | 210 | 210 | 210 |
| | Drehzahl | min-1 | 1400 | 1400 | 1400 | 1400 |
| Getriebebauart | | | T2 | T2 | T2 | T2 |
| Zahl der Gänge | | | 4 | 4 | 4 | 4 |
| Motorsteuerung | | | mechanisch, Seilzug | mechanisch, Seilzug | mechanisch, Seilzug | mechanisch, Seilzug |
| Getriebesteuerung | | | mechanisch, Seilzug | mechanisch, Seilzug | mechanisch, Seilzug | mechanisch, Seilzug |
| Wendegetriebesteuerung | | | mechanisch, Seilzug | mechanisch, Seilzug | mechanisch, Seilzug | mechanisch, Seilzug |
| Kraftstoffvorrat | | l | 340 | 340 | 340 | 340 |
| Heizung | | | Whz | Whz | Whz | Whz |
| Beleuchtung, Stromart, Spannung | | | e. = 24 V | e. = 24 V | e. = 24 V | e. = 24 V |
| Bremse | | | Kzpbr (Klotz) | Kzpbr (Klotz) | Kzpbr (Klotz) | Kzpbr (Klotz) |

**Im Bereich der SBZ bzw. DDR verblieben nach Kriegsende nur die 137 122 und 132. Im Juli 1961 stand 137 132 im Raw Dessau.** *Foto: Günter Fiebig. Sammlung Günther Dietz*

„Triebwagenführer Pagel beim Abholen von Linke-Hoffmann in Breslau“, so die handschriftliche Notiz auf der Rückseite des Fotos. Nun: Gänzlich fertiggestellt war der neue 300-PS-Hauptbahntriebwagen noch nicht, wie der unvollständige Anstrich sowie die fehlenden Schürzen zeigen. *Foto: Sammlung Günther Dietz*

# *300-PS-Hauptbahntriebwagen*

## 137 025 - 027 (BC4ivT-32)

### Entstehungsgeschichte

Neben den Hauptbahntriebwagen mit 410-PS-Dieselmotoren förderte das RZM zu Beginn der 30er-Jahre auch den Bau von dieselelektrischen Triebwagen mit 300-PS-Motoren[192]. Diese Fahrzeuge sollten im Personenzugverkehr auf Hauptbahnen zwischen kleineren Städten und für den Zubringerverkehr zu den Hauptstrecken mit bis zu 90 km/h Höchstgeschwindigkeit eingesetzt werden. Entsprechende Motoren waren von den Motorenwerken Mannheim (MWM) sowie Daimler bis 1933 entwickelt worden und somit verfügbar[193].

Die konstruktive Durchbildung der ersten Versuchswagen erfolgte durch LHB in Breslau. Im Beschaffungsprogramm 1932 waren drei Fahrzeuge vorgesehen, die mit Vertrag 03.077/24.9856 bei der TAG als Gesamtauftragnehmer bestellt wurden, die die Fertigung an LHB vergab. Das RZM hatte sich entschieden, den MWM-Motor zu verwenden, die elektrische Ausrüstung sollte die AEG liefern[194]. Mit der Wahl der MWM-Motoren wollte das RZM untersuchen, ob diese Dieselmotoren mit geringerer Höchstdrehzahl als die der Maybach-Dieselmotoren Vorteile in Bezug auf die Unterhaltung der Motoren bieten würden[195]. Die drei Versuchswagen lieferte LHB zur Jahreswende 1933/34. Die Reichsbahn ordnete sie als BC4ivT-32 mit den Nummern 137 025 - 027 ein.

### Aufbau und Technik

Die Grundkonstruktion von Untergestell und Wagenkasten folgte dem inzwischen etablierten Leichtbaugedanken. Untergestell, Wagenkasten sowie das komplette Dach waren als Schweißkonstruktion komplett aus Stahl gefertigt. Entsprechend den für die 175- und 410-PS-Triebwagen angestellten Windkanalversuchen wurden auch diese Triebwagen mit der korbbogenförmigen Stirnfront sowie umlaufenden Schürzen ausgeführt.

Bei den Wagen waren über dem Maschinendrehgestell der Führerstand mit Gepäckraum sowie ein davon abgeteilter Maschinenraum angeordnet. Der Gepäckraum verfügte über Schiebetüren. Dem Maschinenraum folgten der Einstiegsraum sowie zwei Abteile 3. Klasse mit 52 Sitzplätzen in der Sitzteilung 2+3. An der Trennwand der 3. zur 2. Klasse war einseitig ein Abort mit Leibstuhl und Handwaschbecken angeordnet. Es folgten zwei Abteile 2. Klasse mit 14 Sitzplätzen sowie der zweite Einstiegsraum, der zugleich den Führerstand beinhaltete. An den Stirnseiten besaßen die Wagen unsymmetrisch angeordnete Übergangstüren und mittig angebaute Übergangsbleche. Die Wagen besaßen eine Warmwasserheizung mit Narag-Öfen. Das Triebdrehgestell war von der Bauform Görlitz III leicht abgeleitet, das Maschinendrehgestell war im Gegensatz zur bis dahin üblichen Profilträgerbauweise aus Blechen geschweißt.

Der recht große MWM-Sechszylinder-Dieselmotor, mit zum Teil geschweißten Gestellen, und der Traktionsgenerator waren auf je einem Hilfsrahmen elastisch im Maschinendrehgestell angeordnet, wobei der Generator in Fahrtrichtung vorn lag. Damit war bei diesen Wagen ein abgeschlossener Maschinenraum möglich, während der Generator unter dem Fußboden des Gepäckraumes lag. Beide Fahrmotoren waren als Tatzlagermotoren im hinten angeordneten Triebdrehgestell eingebaut. Als Leistungssteuerung war die AEG-Lemp-Steuerung installiert, die Steuerung des Dieselmotors erfolgte in sechs Stufen elektro-pneumatisch. Die Einfachsteuerung gestattete den Betrieb mit Steuerwagen. In der kurzzeitig zu benutzenden Überlaststufe 6 leistete der Dieselmotor 330 PS (rd. 242,7 kW). Die Kühlanlage war als Seitenwandkühler am Maschinenraum mit elektrisch betriebenem Lüftermotor ausgeführt, der Auspuff mit Schalldämpfer war auf dem Dach angeordnet. Die Drucklufterzeugung erfolgte mit zwei elektrisch angetriebenen, im Triebdrehgestell eingebauten Knorr-Luftverdichtern, Bauart VV30/80G. Die Ladung der Batterie mit 56 Zellen und einer Kapazität von 200 Ah bei 110 V Spannung erfolgte vom Hilfsgenerator[196].

Skizzenblatt des BC4ivT-32 (137 025 - 027)

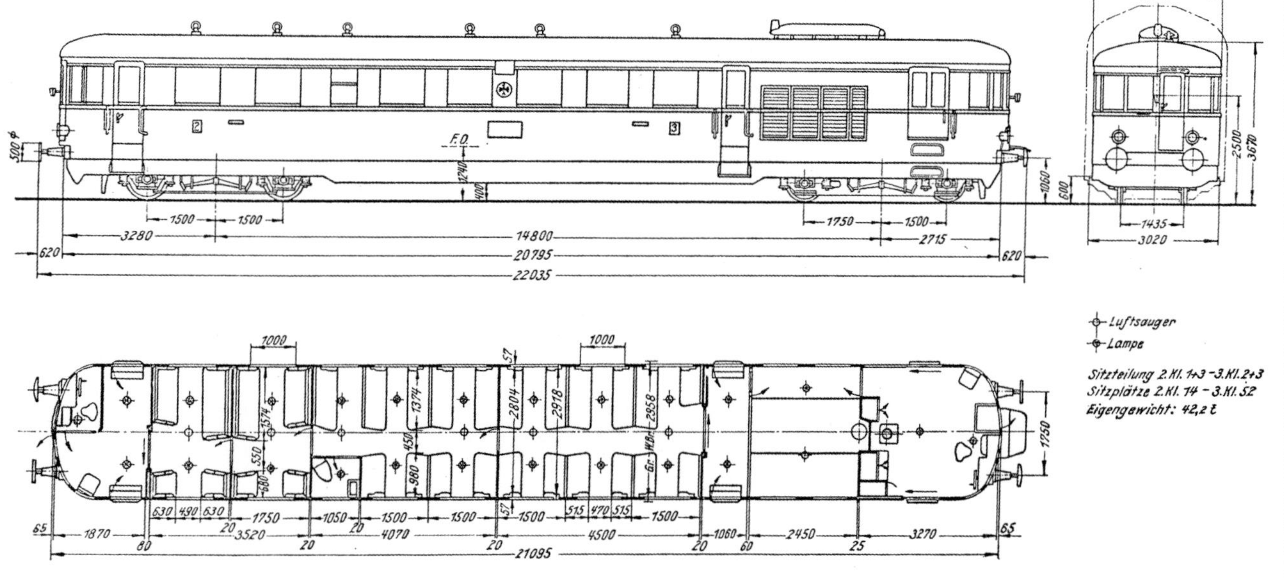


**An Bauartänderungen wurden folgende durchgeführt:**

- Verbesserung der Warmwasserheizung
- Radreifenprofil geändert
- Einbau eines Zusatzkraftstoffbehälters
- Einbau der Hildebrand-Knorrbremse mit Hikpt-Steuerventil
- Einbau von Sekuritscheiben und Anbau zusätzlicher Signalstützösen
- Umbau auf Kühlwasser-Ofenheizung
- Einbau einer Kühlwasser-Alarmeinrichtung
- Einbau der Wasserspülung in der Toilette nach 1945
- Einbau des Dieselmotors RS 125 S bei der planmäßigen Unterhaltung

Nur wenige Jahre blieben die drei in den Bestand der DB gelangten Wagen noch als Triebwagen im Einsatz, bevor ihr Umbau in Steuerwagen erfolgte. Anfang der 1950er-Jahre hielt Carl Bellingrodt VT 50 001 in Rotenburg (Han.) fest. Unter der neuen Nummer steht in Klammern noch 137 026. *Foto: Sammlung Dirk Winkler*

Ab 1937 waren alle drei Versuchswagen in Würzburg stationiert. Im Bild eine Garnitur aus 137 027 und 145 011 auf eingleisiger Strecke in Unterfranken. *Foto: Sammlung Dirk Winkler*

**Einsätze und Verbleib**

Nach der Ablieferung von 137 025 und 027 am 28.12.1933 sowie 137 026 am 31.01.1934 wurden die Wagen vom RAW Nürnberg abgenommen. Mit dem Wagen 137 025 fanden ausführliche Abnahmefahrten statt, die vor allem der Erprobung der neuen AEG-Lemp-Schaltung dienten[197]. Die drei Triebwagen wurden im Frühjahr 1934 beim Bw Nürnberg (137 025) und beim Bw Würzburg (137 026, 027) beheimatet. Vorgegeben war für diese Bauart, mit einem Steuerwagen eine Geschwindigkeit von 80 km/h zu erreichen. Tatsächlich wurden aber mit Steuerwagen noch 90 km/h auf einer Steigung 1:500 oder 2 ‰ erreicht. Als Steuerwagen waren für diese Triebwagen die drei Wagen 145 011 - 013 vorgesehen. Im August 1937 kam auch 137 025 von Nürnberg nach Würzburg, so dass dort alle drei Triebwagen verfügbar waren.

Seit Kriegsbeginn waren die Wagen abgestellt. Mit zunehmendem Bedarf an Notstromanlagen entsann man sich auch dieser drei Wagen im RZA München. Ein möglicher Umbau auf Flüssiggasbetrieb wurde 1943 mit Verweis auf die *„nicht ausreichende Betriebstüchtigkeit“* der MWM-Motoren verworfen. Ein Austausch der Dieselmotoren gegen andere Bauarten schied wegen unterschiedlichen Drehzahlen verfügbarer Motoren und dem damit notwendig werdenden zusätzlichen Austausch der Generatoren und den *„großen wagenbaulichen Änderungen“* aus. Darum schlug das RZA München vor, aus den Triebwagen die Antriebsanlage komplett zu entfernen und sie als Steuer- oder Beiwagen zu verwenden[198]. Die Reichsbahn-Hauptverwaltung stellte diesen Vorschlag mit Blick auf die Überlastung der RAW solange zurück, *„bis ein fühlbarer Mangel an Steuer- und Beiwagen eintritt“*[199].

Nach Kriegende werden alle drei Wagen am 15. Juli 1945 in der RBD Nürnberg im RAW Nürnberg erfasst[200]. Im August 1947 standen sie inzwischen auf dem Nürnberger Rangierbahnhof[201]. Das RZA München zeichnete sie 1947 in VT 50 000 - 002 um. Ab 1950 wurden die drei Triebwagen wieder aufgearbeitet. Ab Juni 1950 kamen sie zum Bw Buchholz (Kr. Harburg). Doch die Anfälligkeit der Motoren blieb bestehen, so dass die Wagen nach nur kurzer Betriebszeit aus dem Dienst wieder ausschieden. Nun, zehn Jahre später, kam der Münchener Vorschlag doch noch zur Ausführung. VT 50 000 wurde am 26. März 1952 zum VS 145 409 umgebaut, während die beiden anderen VT zunächst noch beim Bw Buchholz im Einsatz blieben. Zwei Jahre später waren dann auch die beiden anderen Wagen nicht mehr einsetzbar. VT 50 001 wurde am 29.11.1954 und VT 50 002 am 17.08.1955 ausgemustert und zu Wendezugsteuerwagen (nicht Triebwagen-Steuerwagen) umgebaut. Nach Ausbau der Steuereinrichtung liefen sie als normale Reisezugwagen mit den Bezeichnungen AB4ib Han 35 999 (später AB4i 20 30 001) und B4ib Han 79 999 (später B4i 20 20 001). Kurz vor ihrer Ausmusterung im Jahr 1969 erhielten sie noch die neuen UIC-Nummern 5080 3020 001-0 (ABi) sowie 5080 2020 020-2 (Bi). Die Wagen waren im Raum Goslar im Einsatz, u.a. nach Braunschweig und noch bis 1968 auf der Strecke Goslar – Vienenburg.

Bei der LHB in Breslau stand im Spätherbst 1934 „137 057 Königsberg“ zur Ablieferung bereit. Werkfoto. *Foto: Sammlung Günther Dietz*

## 137 055 - 057 und 137 111 - 115 (BC4ivT-33)

### Entstehungsgeschichte

Noch vor Ablieferung der drei Probefahrzeuge der Hauptbahntriebwagen in der 300-PS-Bauart mit MWM-Motor von LHB sah die Reichsbahn im Beschaffungsprogramm 1933 den Bau weiterer drei Fahrzeuge vor. Für das Beschaffungsprogramm 1934 waren nochmals acht Wagen geplant, wovon fünf mit Daimler-Motoren und drei mit MWM-Motoren ausgerüstet werden sollten[202]. Bis 1934 reduzierte man die Zahl der Wagen im Beschaffungsprogramm auf fünf[203].

Im Zuge der Konstruktionsvorarbeiten hatte sich das RZM entschieden, für diese neuen 300-PS-Hauptbahntriebwagen den Zwölfzylinder-Dieselmotor der Firma Daimler-Benz mit der Reihenbezeichnung OM85 in V-Anordnung zu verwenden. Dank der geringeren Baulänge des Dieselmotors konnten gegenüber den ersten drei Fahrzeugen (137 025 - 027) drei weitere Sitzplätze gewonnen und der Gepäckraum etwas größer ausgeführt werden.

Auftragnehmer war auch hier die TAG (Vertrag 03.077/24.255 sowie 03.077/64.564 vom 26. April 1935), die wie bei den anderen Wagen den Bau an LHB in Breslau vergab. Die Ausrüstung der elektrischen Leistungsübertragung wurde von der Firma AEG geliefert. Die drei ersten Wagen wurden im Spätherbst 1934 geliefert und mit den Nummern 137 055 - 057 bezeichnet. Die restlichen fünf Wagen kamen zwischen Mai und Oktober 1935 zur Ablieferung und erhielten die Nummern 137 111 - 115. Alle acht Fahrzeuge wurden unter der Gattungsbezeichnung BC4ivT-33 geführt.

### Aufbau und Technik

Bei gleicher Wagenkastenlänge konnte durch die Verwendung anderer Motoren der Grundriss insoweit verändert werden, dass in der 3. Klasse ein Halbabteil neben dem Abort mit drei Sitzplätzen mehr verbaut werden konnte. Auch der Abort wurde verlängert, enthielt aber einen zusätzlichen Geräteschrank. Durch die geringere Baulänge des Motors von Daimler und den damit kürzeren Maschinenraum konnten gegenüber den drei Versuchswagen der Gepäck- sowie der Fahrgastraum vergrößert werden.

Das Maschinendrehgestell musste neu entworfen werden und verfügte über einen größeren Achsstand. Der schnelllaufende Zwölfzylinder-Dieselmotor mit einer Leistung von 300 PS (rd. 220,6 kW) und der Hauptgenerator waren je in einem elastisch aufgehängten Hilfsrahmen im Maschinendrehgestell untergebracht. Die Leistungsübertragung erfolgte nach der RZM-A-Steuerung durch Drehzahlregelung mit fünf Laststufen. Die RZM-Einfachsteuerung gestattete den Betrieb vom Steuerwagen aus. Die Motorkühlanlage war nunmehr unterflur angeordnet[204].

Skizzenblatt des BC4ivT-33 (137 055 - 057, 137 111 - 116)

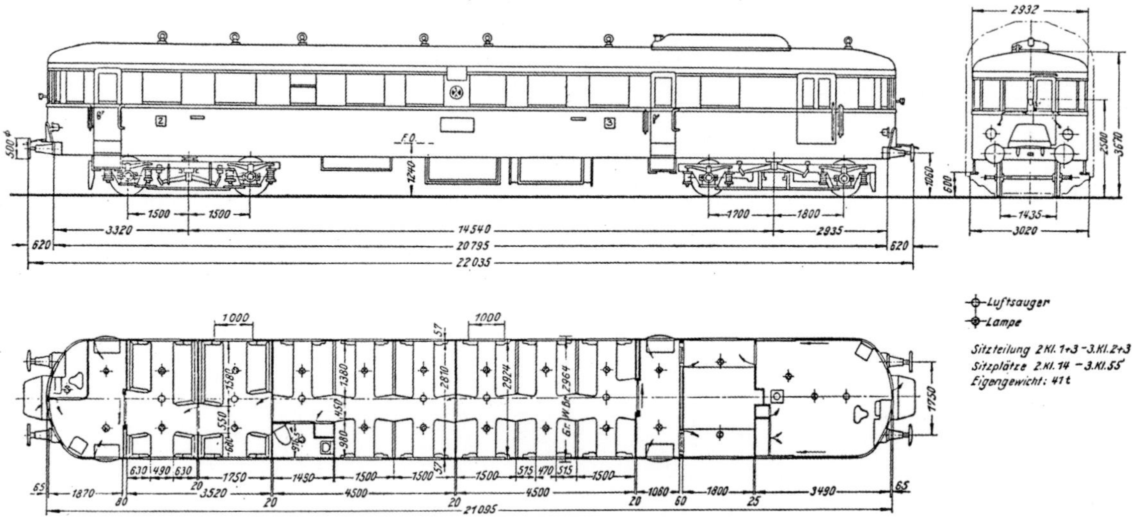

Alle neun 300-PS-Hauptbahntriebwagen wurden der RBD Königsberg zugeteilt und beim Bw Allenstein eingesetzt. Auf verschneiter Strecke in ostpreußischen Wäldern entstand ein später im Reichsbahnkalender veröffentlichtes Bild. *Foto: RVM / O. Kallien. Sammlung Dirk Winkler*

Aufgrund der ungenügenden Konstruktion der Daimler-Motoren mussten u.a. verstärkte Kurbelwellen mit sechs Gegengewichten in die Motoren eingebaut werden sowie größere Verbrennungsluftfilter und ein doppelter Kraftstofffilter für den Betrieb mit heimischen Kraftstoffen nachgerüstet werden.

Erst zwischen Februar und Mai 1944 wurden die Heizungen von 137 111 - 115 umgebaut. Im August 1944 richtete das RAW Nürnberg 137 111, neben 137 116, für den Einsatz bei der Heerestransportleitung West bzw. Süd als Besprechungswagen her. Dazu erhielten sie eine Kücheneinrichtung und Schlafkabinen. Ein gleichartiger Umbau erfolgte später noch nachweislich an 137 114 und 115[205].

### Einsätze und Verbleib

Die acht ab Oktober 1934 abgelieferten Triebwagen wurden alle beim Bw Allenstein der RBD Königsberg eingesetzt. Als Steuerwagen dienten ursprünglich für diese Bauart die Wagen 145 015 - 017 und 145 072 - 076. Einzig 137 113 war zusammen mit 147 074 kurzzeitig 1935 in der RBD Nürnberg[206-207].

Die Daimler-Benz-Motoren dieser Bauart bereiteten am Anfang ebenfalls Schwierigkeiten, da an den Kolben Risse auftraten. Immerhin erreichten die Triebwagen bis 1939 etwa 345.000 km, was einer Jahreslaufleistung von etwa 76.000 km entspricht.

Mit Kriegsbeginn wurden auch diese Triebwagen abgestellt. Im April/Mai 1940 befanden sich noch alle Wagen in Allenstein[208]. *Fiebig* gibt an, dass 137 112 für einen Führungsstab der Wehrmacht umgebaut worden war[209]. Ob, wann und wo ein militärischer Einsatz der anderen Wagen nach dem 1944 erfolgten Umbau der o.g. Wagen erfolgte, ist nicht bekannt. Bestätigt wird diese Angabe in der Aufstellung des RZA München vom September 1942, in der 137 111 und 112 als *„im Sondereinsatz"* befindlich geführt werden[210].

Nach dem Krieg verblieb ein Wagen in der SBZ (137 112), die übrigen sechs Triebwagen standen in den westlichen Besatzungszonen. Im Februar 1946 vermerkte das RZA München 137 056 und 057 im RAW Friedrichshafen[211].

Vermutlich aufgrund der vorhandenen Umbauten wurden einige dieser Triebwagen umgehend von den Besatzungsmächten vereinnahmt. So fuhr 137 113 im Jahr 1946 in Frankfurt/M1 und 1947 in Bielefeld im amerikanischen Besatzungsverkehr. Zunächst abgestellt blieben 137 114 und 115. Das RZA München zeichnete 1947 die in der Bizone vorhandenen Fahrzeuge zu VT 51 000, 001 und VT 51 101 - 104 um, darunter auch die nach Kriegsende im Bw Frankfurt/M1 schadhaft abgestellten

Bis auf zwei verblieben alle anderen Wagen dieser Bauart in den westlichen Besatzungszonen, wo sie anfangs zum Teil für die Besatzungsmächte fuhren. Das Bild zeigt VT 51 101 nach seiner Aufarbeitung bei WMD, Donauwörth. *Foto: Sammlung Dirk Winkler*

**Links: Noch 1956 stand VT 51 102 in der BD Frankfurt für den amerikanischen Hohen Kommissar als Salonwagen zur Verfügung. Auffallend die Schürze sowie die verschlossene Laderaumtür, an deren Stelle ein Fenster eingesetzt wurde.** *Foto: Joachim Claus. Sammlung Günther Dietz* – **Rechts: VT 51 000 wurde bereits im Dezember 1951 ausgemustert und zu VS 145 407 umgebaut. Am 28. August 1970 stand der Steuerwagen im Bw Neuenmarkt-Wirsberg.** *Foto: Richard Schulz. Sammlung Dirk Winkler*

137 056 und 057. Die VT 51 000 und 001 wurden bereits am 6.12.1951 ausgemustert und zu VS 145 407 und 408 umgebaut. Die übrigen VT dieser Bauart wurden zwischen 1949 und 1951 gründlich aufgearbeitet und dienten bis auf VT 51 103 weiterhin der amerikanischen Hohen Kommission als Salonwagen. Der VT 51 103 war als einziger VT noch im Reiseverkehr eingesetzt. Alle Wagen wurden bis 1957 ausgemustert.

Der einzige im Bestand der DR verbliebene 137 112 war 1945 in Flöha schadhaft abgestellt. Er erhielt bei seiner Instandsetzung im RAW Wittenberge im Sommer 1948 einen GO5h-Maybach-Dieselmotor mit 210 PS (rd. 154,4 kW). Die damit erbrachte Generatorleistung betrug nach Aussage eines früheren Mitarbeiters des Raw Dessau immerhin 140 kW, was bei seinem vorwiegenden Einsatz auf Nebenbahnen mit Steuerwagen ausreichte. Nach der erfolgreichen T4-Instandsetzung wurde der Triebwagen in Berlin, ab Januar 1962 in Frankfurt/Oder sowie ab Mai 1965 in Aschersleben eingesetzt. Seine Ausmusterung erfolgte 1968.

In der Tschechoslowakei verblieb nach Kriegsende 137 055. Er wurde in der Direktion Plzeň wieder in Betrieb genommen und als M261.001 umgezeichnet. Im Dezember 1950 erlitt er einen Schaden auf der Fahrt von Horní Heršpice nach Hrušovany, so dass er ausgemustert werden musste. Im Jahr 1951 erfolgte sein Umbau in einen Beiwagen der Gattung CDalm[212].

| Nummer | Verbleib | Ablieferung | Beheimatungen | Bemerkungen |
|---|---|---|---|---|
| 137 055 | ČSD M 261.001 | 24.10.1934 * | 12.12.34 Al | 1951 Ub. CDalm |
| 137 056 | DB VT 51 000 | 01.11.1934 | ? 34 Al, Ffm, Brm Hbf | + 06.12.51, 1951 Ub. zu VS 145 407 |
| 137 057 | DB VT 51 001 | 01.11.1934 | ? 34 Al, Ffm, Brm Hbf | + 06.12.51, 1951 Ub. zu VS 145 408 |
| 137 111 | - | 10.05.1935 | ? 34 Al | Kriegsverlust |
| 137 112 | DR | 10.05.1935 | 03.06.35 Al, ?, 01.45 Fl (z), 22.09.48 Ahb (z), 28.11.52 Rgb, 14.05.53 Kh, 23.01.62 Fkp, 30.05.65 Asch | abgest. 24.03.68, z 12.08.68, + 1969 |
| 137 113 | DB VT 51 101 | 16.05.1935 | ? 35 Al, 1946 Ffm,1947 Bil, 1948 Ffm, ? Hg, 1953 Stg | + 14.10.55 |
| 137 114 | DB VT 51 102 | 25.05.1935 | ? 35 Al, 1945 Ffm | + 08.03.57 |
| 137 115 | DB VT 51 103 | 14.06.1935 | ? 35 Al, 02.10.47 Mü Hbf, 1951 Brm Hbf | + 30.11.56, ++ 08.59 |

* ... Abnahme

**Links: Nur der schadhaft in Flöha abgestellte 137 112 verblieb nach 1945 im Bestand der DR in der SBZ. Nach Aufarbeitung und Ausrüstung mit einem 210-PS-GO5h-Maybach-Dieselmotor im Sommer 1948 wurde der Triebwagen in Berlin, ab Januar 1962 in Frankfurt/Oder sowie ab Mai 1965 in Aschersleben eingesetzt.** *Foto: Günter Fiebig. Sammlung Günther Dietz* – **Rechts: Die ČSD übernahm nach Kriegsende den Triebwagen 137 055 und zeichnete ihn als M 261.001 um. Nach einem Schaden im Dezember 1950 erfolgte seine Ausmusterung und im darauffolgenden Jahr der Umbau in einen Beiwagen. Noch vor seinem Umbau stand er in Dečin, scheinbar bereits abgestellt, denn er trägt die Anschrift „DOPRAVI KANCELÁŘ“, was Transportbüro bedeutet.** *Foto: Sammlung Günther Dietz*

## 137 116 (BC4ivT-34c)

### Entstehungsgeschichte

Im Rahmen des vorgenannten Auftrages an die TAG (Vertrag 03.077/64.564 vom 26. April 1935) wurde für einen Triebwagen die Konstruktion von LHB geändert. Sie orientierte sich an der Ausführung der Triebwagen nach Gattung BCPw4ivT-34 (137 117 - 120 und 137 296 - 300). Dieser letzte Wagen des Auftrages wurde erst am 31.10.1935 abgeliefert und als 137 116 unter der Gattung BC4ivT-34b geführt.

### Aufbau und Technik

Bisher ist nicht bekannt, warum für diesen Triebwagen von LHB eine neue Entwurfszeichnung (TK 5091d LHW) sowie Konstruktion angefertigt wurde. Alle Nummernverzeichnisse weisen das Fahrzeug in der Ausführung mit Daimler/AEG-Antriebsanlage aus.

Die Wagenkasten- sowie die Konstruktion des Maschinendrehgestells entsprachen den Triebwagen der Gattung BCPw4ivT-34. Im Unterschied zu den anderen Wagen (BC4ivT-33) hatte der 137 116 neben dem Maschinenraum je zwei 800 mm breite Fenster sowie den längeren Maschinen- und kürzeren Gepäckraum der BCPw4ivT-34. Auch der Fahrgastraum entsprach diesen Wagen und besaß in der 3. Klasse Polstersitze. Über eine abweichende maschinelle Ausrüstung des 137 116 gegenüber den anderen 300-PS-Daimler-Motoren (BC4ivT-33) sind keine Angaben bekannt[213].

Nach längerer kriegsbedingter Abstellzeit wurde auch bei 137 116 zwischen Februar und Mai 1944 die Heizung umgebaut sowie im August 1944 der Triebwagen für den Einsatz bei einer Heerestransportleitung hergerichtet[214].

### Einsätze und Verbleib

Der Triebwagen wurde nach seiner Ablieferung im November 1935 ebenfalls im Bw Allenstein eingesetzt. Entsprechend den Beschränkungen seit Kriegsbeginn war der Wagen mindestens bis April/Mai 1940 in Allenstein abgestellt[215]. Ob, wann und wo ein militärischer Einsatz nach dem 1944 erfolgten Umbau der o.g. Wagen noch erfolgte, ist nicht bekannt.

Nach Kriegsende war 137 116 im Bw Frankfurt/Main 1 vorhanden und wurde nach Instandsetzung ab Anfang 1946 im Dienstzugverkehr der OBL eingesetzt. Das RZA München zeichnete ihn 1947 zum VT 51 104 um. Er wurde bereits im Juni 1954 ausgemustert und kam am 21. September 1956 als VT 170 zur BOE.

Skizzenblatt des BC4ivT-34c (137 116) in abweichender Ausführung

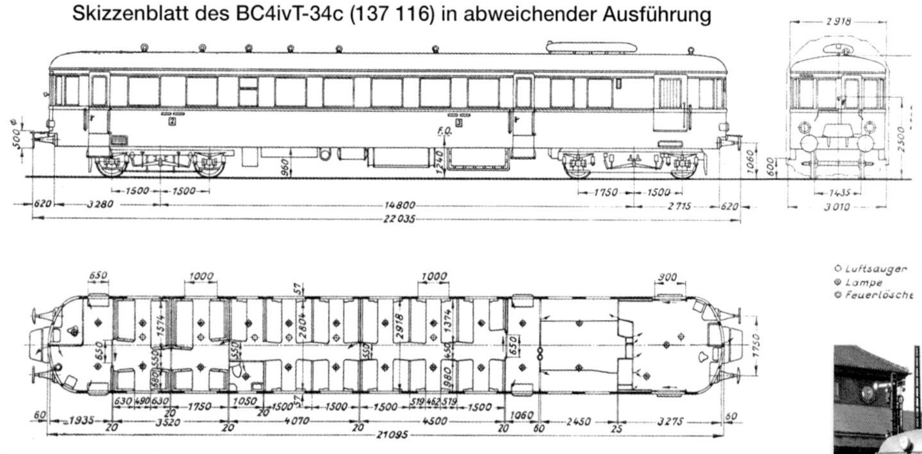

Großes Bild unten: 137 116 kam nach Kriegsende zur DB und wurde als VT 51 104 geführt. Bei Hain im Spessart hielt ihn Carl Bellingrodt fest. *Foto: Sammlung Dirk Winkler*

Die DB musterte VT 51 104 bereits im Juni 1954 aus. Ab September 1956 verkehrte er als VT 170 bei der Bremervörde-Osterholzer Eisenbahn. In Bremen Hbf hielt Joachim Claus den Triebwagen am 16. Mai 1961 fest. *Foto: Sammlung Günther Dietz*

„137 298 Nürnberg“ gehörte zu den letzten neun gelieferten 300-PS-Hauptbahntriebwagen. Das Foto vom April 1938 zeigt den ohne Schürze abgelieferten Wagen. *Foto: Sammlung Günther Dietz*

## 137 117 - 120 und 137 296 - 300 (BCPw4ivT-34)

### Entstehungsgeschichte

Mit dem Beschaffungsprogramm 1934/35 hatte sich die Reichsbahn entschieden, nochmals vier 300-PS-Hauptbahntriebwagen mit MWM-Motoren zu beschaffen, weitere fünf Wagen mit gleicher Ausrüstung wurden im Beschaffungsprogramm 1935 nachbestellt.

Auftragnehmer war wieder die TAG in Kiel, die die Fertigung, wie gehabt, bei LHB in Breslau beauftragte. Das Breslauer Werk lieferte die Wagen im Frühjahr 1936 bzw. im Frühjahr 1937. Die Reichsbahn vergab für die unter den Nummern 137 117 - 120 und 137 296 - 300 eingeordneten Wagen die selbe Gattungsbezeichnung BCPw4ivT-34.

### Aufbau und Technik

In der maschinentechnischen Ausrüstung entsprachen diese Fahrzeuge weitgehend den 137 025 - 027, nur wurde im Gegensatz zu diesen die vom Motor mit Gelenkwelle angetriebene Kühlanlage unter dem Wagen angeordnet. Der verwendete MWM-Dieselmotor RS 125 S besaß einen höheren Einspritzdruck als der zuvor verwendete RS 125. Die Leistungssteuerung der 137 117 - 120 wurde dahingehend verändert, dass sie mit der RZM-A-Steuerung ausgeführt wurde, die die Dieselmotordrehzahl in fünf Stufen mit einem elektrischen Drehzahlsteller einstellte und einen Betrieb vom Steuerwagen aus ermöglichte. Motor und Generator waren über eine Voith-Maurer-Kupplung, Bauart DIAH 4 Spez., verbunden.

Die 137 296 - 300 unterschieden sich von den VT 137 117 - 120 durch die Anwendung der RZM-B-Steuerung (auch als Volllastschaltung bezeichnet). Auch wurden in diese Wagen zwei Kraftstoffbehälter mit zusammen 400 l Fassungsvermögen eingebaut. Zudem wurden für eine bessere Lüftung des Generators in den Seitenwänden des Wagenkastens Lüftungsjalousien eingebaut.

Die Maschinendrehgestelle der beiden Fahrzeugserien waren unterschiedlich ausgeführt. Für die Triebwagen 137 117 - 120 kam die in den Wagen 137 025 - 027 verwendete Ausführung zum Einsatz. Das Maschinendrehgestell der 137 296 - 300 mit vergrößertem Radsatzabstand war ebenfalls geschweißt und wies eine symmetrisch liegende Quertraverse mit Drehzapfen auf.

Alle neun Wagen besaßen eine ölgefeuerte Warmwasserheizung, wobei 137 117 - 120 die Bauart „Ölfeuer GmbH“, Berlin, die 137 296 -

Skizzenblatt des BC4ivT-34 (137 117 - 120, 137 296 - 300)

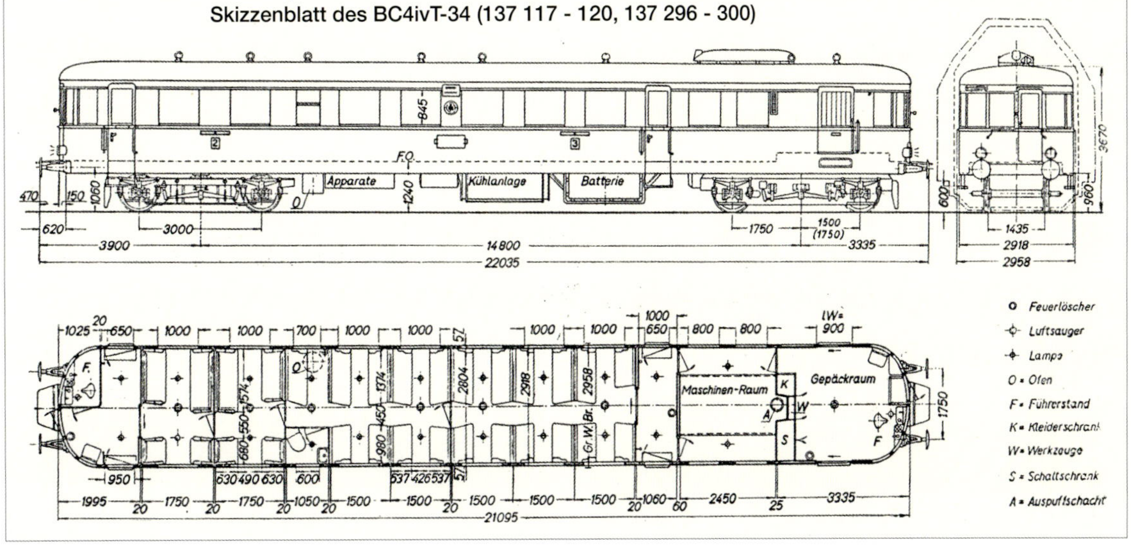

Links: Zwischen Nürnberg und Ansbach bei Oberasbach war 1950 einer der VT 50 unterwegs. *Foto: Peter Ramsenthaler. Sammlung Günther Dietz* — Rechts: Das Äußere des hier abgebildeten Wagens lässt auf eine frühe Nachkriegsaufnahme schließen. Verblichener und ausgebesserter Anstrich und fehlendes Hoheitszeichen mögen dafür stehen. Es dürfte sich um 137 298 oder 300 handeln, die Mitte September 1945 in die RBD München kamen. *Foto: Sammlung Günther Dietz*

300 eine Anlage des Fabrikats „Pintsch" erhielten[216]. Auch diese Wagen erhielten im Laufe der Zeit mehrere Bauartänderungen, darunter u.a. zur elektrischen Anzeige eventuellen Kühlwassermangels Einbau von Kontaktmanometern, Umbau der Heizung sowie 1937 Einbau einer Versuchskühlerjalousie in 137 300.

### Einsätze und Verbleib

Nach eingehenden Mess- und Funktionsfahrten wurden an 137 117 vom 15.10.1936 bis 14.05.1937 im Herstellerwerk Bauartverbesserungen durchgeführt. Anschließend kam er zur LVA Grunewald. Ebenfalls wurden die Bauartverbesserungen an 137 118 und 119 bis Februar 1937 durchgeführt. Erst dann standen sie für den Betriebseinsatz zur Verfügung und kamen alle zum Bw Nürnberg Hbf. Noch 1937 wurden 137 117 und 118 zum Bw Gemünden umbeheimatet.

Auch für diese Wagen kam mit Kriegsbeginn die Abstellung. Wie bei den BC4ivT-32 der Nummern 137 025 - 027 plante das RZA München bei diesen neun Triebwagen wegen der mangelhaften MWM-Motoren und der nicht möglichen Änderung der Antriebsanlage ebenfalls den Umbau in Steuer- oder Beiwagen, der jedoch nicht genehmigt wurde[217-218].

*Kurz* erwähnt, dass alle Wagen 1943 als ausgemustert geführt wurden (so z.B. 137 118 am 29.7.43). Ob und wie sie zu Sondereinsätzen kamen, ist unbekannt. Dass sie trotzdem noch zum Teil genutzt wurden, zeigt das Beispiel von 137 299, der ab Mai 1944 für eine sechsmonatige Wanderschau von der RBD München ausgeliehen wurde[219].

Bei Kriegende fanden sich am 15. Juli 1945 die Wagen 137 117 - 120 sowie 137 298 und 300 im RAW Nürnberg. Für die beiden letzteren war die Überstellung zum 15.09.1945 in die RBD München vermerkt[220]. Wie auch die MWM-Versuchstriebwagen standen 137 117 - 120 im August 1947 auf dem Nürnberger Rangierbahnhof[221]. Ebenfalls im Bereich der Bizone befanden sich 137 296, 297 und 299. Das RZA München zeichnete 1947 die Wagen in VT 50 100 - 103 und VT 50 200 - 204 um.

Die seit Kriegsbeginn abgestellten Triebwagen erhielten in den Jahren 1949 bis 1951 eine Hauptuntersuchung bei der WMD in Donauwörth. Aufgrund der störanfälligen Motoren wurden VT 50 100 und 50 204 bereits 1952 zu Steuerwagen mit den Nummern 145 410 und 411 umgebaut. Bei den übrigen Fahrzeugen erwog das BZA München, die MWM-Motoren durch Daimler-Benz-Motoren der Bauart MB836Ab zu ersetzen. Da dieser Umbau wirtschaftlich nicht vertretbar war, wurden auch die restlichen Wagen bis 1956 ausgemustert. Alle sieben nicht zu Steuerwagen umgebauten Triebwagen kaufte die DEBG an und setzte sie nach Umbau auf den Strecken Voldagsen – Duingen – Delligsen und Bruchsal – Menzingen ein[222].

Trotz der Motorenprobleme und der kriegsbedingten Abstellzeit erreichten einige Wagen ansehnliche Laufleistungen: 137 118 bis Juli 1939 303.000 km, 137 296 bis Mai 1949 546.000 km bzw. der 137 298 bis Mai 1949 503.000 km.

Links: Nach der Ausmusterung durch die DB kamen einige der Wagen zu westdeutschen Kleinbahnen. Dazu gehörte VT 50 102, der ehemalige 137 119. Der von der DEBG gekaufte und als VT 106e eingesetzte Triebwagen in Bruchsal am 3. August 1963. *Foto: Joachim Claus. Sammlung Günther Dietz* — Rechts: In Duingen stand im April 1962 VT 107, der ehemalige VT 50 103 bzw. 137 120. *Foto: Reinhard Todt. Sammlung Dirk Winkler*

## Technische Daten

| | | | | | | |
|---|---|---|---|---|---|---|
| Betriebsnummer | | | 137 025-027 | 137 055-057 / 137 111-116 | 137 117 - 120 | 137 296 - 300 |
| Gattungsbezeichnung | | | BC4ivT-32 | BC4ivT-33 | BCPw4ivT-34 | BCPw4ivT-34 |
| Übersichtszeichnung | | | T.227/33994A LHW | T245/37704 LHW | TAG. TK-5091g | TAG. TK-5091g |
| Radsatzanordnung | | | 2'Bo' | 2'Bo' | 2'Bo' | 2'Bo' |
| Hersteller | Wagenteil | | LHW | LHW | LHW | LHW |
| | Motor | | MWM | Daimler | MWM | MWM |
| | Getriebe | | - | - | - | - |
| | el. Ausrüstung | | AEG | AEG | AEG | AEG |
| Höchstgeschwindigkeit | | km/h | 90 | 90 | 90 | 90 |
| Länge über Puffer | | mm | 22035 | 22035 | 22035 | 22035 |
| ges. Radsatzabstand | | mm | 17800 | 17840 | 17800 | 17800 |
| Drehzapfenabstand | | mm | 14800 | 14540 | 14800 | 14800 |
| Radsatzabstand Drehgestell | | mm | 3250/3000 | 3500/3000 | 3250/3000 | 3250/3000 |
| Treibraddurchmesser | | mm | 900 | 900 | 900 | 900 |
| Laufraddurchmesser | | mm | 900 | 900 | 900 | 900 |
| Sitzplätze | 2. Klasse | | 14 | 14 | 14 | 14 |
| | 3. Klasse | | 52 | 55 | 52 | 52 |
| Klappsitze | | | | | 1 | 1 |
| Stehplätze | | | 44 | 44 | | |
| Plätze gesamt | | | 110 | 113 | | |
| Dienstmasse | unbesetzt | t | 42,2 | 40,86 | 44,7 | 46,0 |
| | besetzt | t | 47,2 | 49,335 | 49,7 | 51,0 |
| | je Sitzplatz | kg | 639 | 599 | 667 | 687 |
| | je lfd. m Wagenlänge | t | 1,92 | 1,86 | 2,02 | 2,08 |
| spez. Antriebsleistung | | kW/t / PS/t | 5,2 / 7,1 | 5,3/7,3 | 4,9 / 6,7 | 4,8 / 6,5 |
| gr. Radsatzlast | | t | 13,2 | | 13,0 | 13,0 |
| Steuersystem | | | Einfach, Sonderausf | RZM Einfach | RZM Einfach | RZM Einfach |
| Motor | Zahl / Bauart | | 1 / RS 125 | 1 / OM 85 | 1 / RS 125s | 1 / RS 125s |
| | Masse | kg | 2900 | 1835 | 3170 | 3170 |
| | Zyl./Durchm./Hub | mm | 6 / 200 /250 | 12 / 138 / 170 | 6 / 200 /250 | 6 / 200 /250 |
| | Dauerleistung | PS | 300 | 300 | 300 | 300 |
| | Drehzahl | $min^{-1}$ | 1100 | 1500 | 1100 | 1100 |
| Art u. System d. Leistungsübertragung | | | el. AEG Lemp | el. RZM | el. RZM | el. RZM-B |
| Traktionsgenerator Bauart | | | VGN 1350 | FG 4226 | FG 4628 | FG 4628 |
| | Stundenstrom | A / V | 430 / 500 | 340 / 630 | 350 / 615 | 350 / 615 |
| | Dauerstrom | A / V | 385 / 540 | 300 / 675 | 300 / 675 | 300 / 675 |
| | Leistung | kW | | | | |
| Hilfsgenerator | Bauart | | NLH 6,5 | FE 295 | FE 296 | SFE 4912 |
| | Dauerleistung | kW | 9,3 | 9 | 9 | 9 |
| Fahrmotor | Zahl / Bauart | | 2 / USL421f | 2/ USL 421f | 2 / USL421f | 2 / USL421f |
| | Std.-/Dauerleistung | kW | 103 / 76 | 103 / 76 | 103 / 74 | 103 / 74 |
| Motorsteuerung | | | elektro-pneumatisch | elektrisch | elektrisch | elektrisch |
| Kraftstoffvorrat | | l | 400 | 400 | 800 | 800 |
| Heizung | | | Whz | Whz | Whz, ölgefeuert | Whz, ölgefeuert |
| Beleuchtung, Stromart, Spannung | | | el. =110 V | el. =110 V | el. =110 V | el. =110 V |
| Bremse | | | Kzpbr (Kl) | Kzpbr (Kl) / Hikpt (Kl) | Hikpt (Kl) | Hikpt (Kl) |

| Nummer | Verbleib | Ablieferung | Beheimatungen | Bemerkungen |
|---|---|---|---|---|
| 137 117 | DB VT 50 100 | 11.05.1936 | 26.09.36 Nü, 1937 Gm, 1950 Flw | + 26.03.52; 1952 Ub. zu VS 145 410 |
| 137 118 | DB VT 50 101 | 30.05.1936 | 11.07.36 Nü, 14.12.37 Wü, 13.04.38 Nü, 12.12.40 Wü, 1951 Flw, 1952 Bz | + 24.09.55, 1957 DEBG 105e |
| 137 119 | DB VT 50 102 | 11.05.1936 | 03.03.37 Nü, 1951 Flw, 1952 Bz | + 01.06.55, 1956 DEBG 106e |
| 137 120 | DB VT 50 103 | 30.05.1936 | 16.03.37 Nü, 1951 Flw, 1952 Bz | + 27.06.56, 19.07.56 DEBG 107e |
| 137 296 | DB VT 50 200 | 17.03.1937 | 07.07.37 Nü, 10.11.46 Mü Hbf | + 28.10.55, 1956 DEBG 200e |
| 137 297 | DB VT 50 201 | 17.03.1937 | 06.06.37 Nü, 1945 Ffm, 1946 Mü Hbf, 1951 Mdf | + 29.11.55, 1956 DEBG 201e |
| 137 298 | DB VT 50 202 | 07.04.1937 | 06.05.37 Nü, 22.11.46 Mü Hbf, 1951 Mdf | + 29.11.55, 11.06.56 DEBG 202e |
| 137 299 | DB VT 50 203 | 07.04.1937 | 08.05.37 Nü, 1946 Mü Hbf, 1951 Mdf | + 29.11.55, 11.06.56 DEBG 203e |
| 137 300 | DB VT 50 204 | 13.05.1937 | 03.06.37 Nü, 1951 F | + 26.03.52, 04.12.52 Ub. zu VS 145 411 |

410-PS-Triebwagen mit Eilzugwagen-Grundriss „137 029 Halle" nebst Steuerwagen 145 040 wurde hier im Winter 1933/34 für den Wismarer Werksfotografen ins rechte Licht gerückt. *Foto: RVM, Sammlung Dirk Winkler*

# *410-PS-Triebwagen mit so genanntem Eilzugwagen-Grundriss*

## 137 028 - 030 (BC4ivT-32a)

### Entstehungsgeschichte

Nachdem das RZA 1931 die neuen Konstruktionsgrundsätze für Verbrennungstriebwagen verabschiedet hatte, nach denen erste zwei- und vierachsige Versuchsbauarten in Leichtbauweise für Nebenbahnen entwickelt wurden, stand auch die Frage der Beschaffung von Fahrzeugen für Hauptbahnen auf der Tagesordnung. Noch im selben Jahr gingen Konstruktionsaufträge an die Waggonbauindustrie für den Bau eines zweiteiligen Schnelltriebwagens sowie von vierachsigen Hauptbahntriebwagen. Für den Einsatz auf Hauptbahnen wurden zwei Gattungen entwickelt: Ein Triebwagen für 100 km/h Höchstgeschwindigkeit für Eilzüge sowie ein Triebwagen für 90 km/h Höchstgeschwindigkeit für Personenzüge. Alle drei Fahrzeugbauarten sollten den 410-PS-Maybach-Dieselmotor erhalten. Der Triebwagen für Eilzüge wurde von der EVA in Wismar entwickelt[223].

Im Beschaffungsprogramm 1932 waren drei Wagen dieser neuen Gattung enthalten, die mit Vertrag 03.966/24.9853 vom 2.10.1932 bei der EVA in Auftrag gegeben wurden. Unter Anwendung ähnlicher Gesichtspunkte für die Konstruktion wie bei den neuen vierachsigen Nebenbahntriebwagen entstanden bis Januar 1934 bei der Waggonfabrik Wismar die drei Triebwagen, die bei 21.873 mm Wagenlänge und 110 km/h Höchstgeschwindigkeit nur eine Leermasse von knapp 41 t aufwiesen. Die aus Trieb- und Steuerwagen bestehende Einheit hatte nur noch eine Dienstmasse leer von 61 t und bot 16/135 Sitzplätze der früheren 2./3. Klasse. Die Reichsbahn gab Ihnen die Nummern 137 028 - 030 und führte sie als Gattung BC4ivT-32a.

### Aufbau und Technik

Das Untergestell mit 20.633 mm Länge bestand aus zwei durchgehenden Langträgern aus leichten Sonderprofilen (so genannten Mannstaett-Profilen), die mit den Kopfstücken und Drehzapfen-Querträgern verschweißt waren. Das Wagenkastengerippe aus Profilstahl war geschweißt, und die unterhalb der Fensterbrüstung 2 mm dicken und darüber 1,5 mm dicken Bleche waren ebenfalls mit dem Wagengerippe verschweißt. Zur Verringerung des Luftwiderstandes besaßen die Wagen im Bereich des Langträgers eine Blechschürze. Den Fußboden bildeten 20 mm dicke Kiefernbohlen (im Gepäckraum 25 mm dick), die im Fahrgastraum mit Linoleum und in der Toilette mit Gummi belegt waren. Die Dachdecke bestand aus Sperrholz, das mit imprägniertem Segelleinen wasserdicht bespannt war. Die Fahrzeugkopfform war korbbogenförmig ausgebildet.

Der Fahrgastraum bestand aus zwei Abteilen 3. Klasse mit insgesamt 55 Sitzplätzen auf Holzlattensitzbänken in der Sitzteilung 2+3 so-

1934 war 137 028 mit dem zugehörigen Steuerwagen 145 010 zu Vorführfahrten bei Maybach in Friedrichshafen. Im Hintergrund eine der Zeppelinhallen. *Werkfoto BBC, Sammlung Dirk Winkler*

**Nochmals 137 029 mit Steuerwagen, diesmal im verschneiten Wismarer Hauptbahnhof.** *Foto: Sammlung Günther Dietz*

wie zwei Abteilen 2 Klasse mit 16 gepolsterten Sitzen in der Sitzteilung 1+3. Im Bereich zwischen 2. und 3. Klasse lag auf einer Seite ein Abort, gegenüber war ein Raum für den koksgefeuerten Heizofen der Warmwasserheizung abgeteilt. Die Fahrgastraumfenster konnten mit Kurbeln geöffnet werden.

Die Drehgestelle entsprachen in der Federanordnung der Görlitzer Bauart und waren aus Blechen und Profilstahl geschweißt. Die Radsätze hatten 900 mm Durchmesser. Der Drehzapfen war unsymmetrisch angeordnet.

Der Dieselmotor mit 410 PS (rd. 301,6 kW) Leistung und der Generator lagerten auf je einem geschweißten Tragrahmen. Die zwei Fahrmotoren waren als Tatzlagermotoren jeweils im hinteren Drehgestell angeordnet. Der Traktionsgenerator der Firma BBC arbeitete mit der BBC-Leistungswächtersteuerung. Die Drehzahl des Dieselmotors wurde in mehreren Stufen elektrisch vom Führerstand aus verstellt, wozu noch die Änderung der Generatorerregung eingestellt wurde, so dass die Leistung in 16 Stufen mit je etwa 18 kW bis zur Höchstleistung verändert werden konnte. Die BBC-Einfachsteuerung gestattete auch das Fahren vom Steuerwagen aus.

Die Kühlanlage war unter dem Wagenkasten angeordnet. Die Lüfterwelle des Kühlers wurde vom jeweiligen Generator angetrieben. Später wurde noch eine temperaturabhängig gesteuerte Lüfterkupplung zur besseren Temperaturregelung des Kühlwassers dazwischengeschaltet.

Zur Druckluftererzeugung diente ein elektrisch angetriebener Knorr-Luftverdichter VV48/75G mit einer Leistungsaufnahme von 2,2 kW. Die Wagen 137 028 - 030 hatten eine Notfahrschaltung, um bei Ausfall des

**Skizzenblatt des BC4ivT-32a (137 028 - 030)**

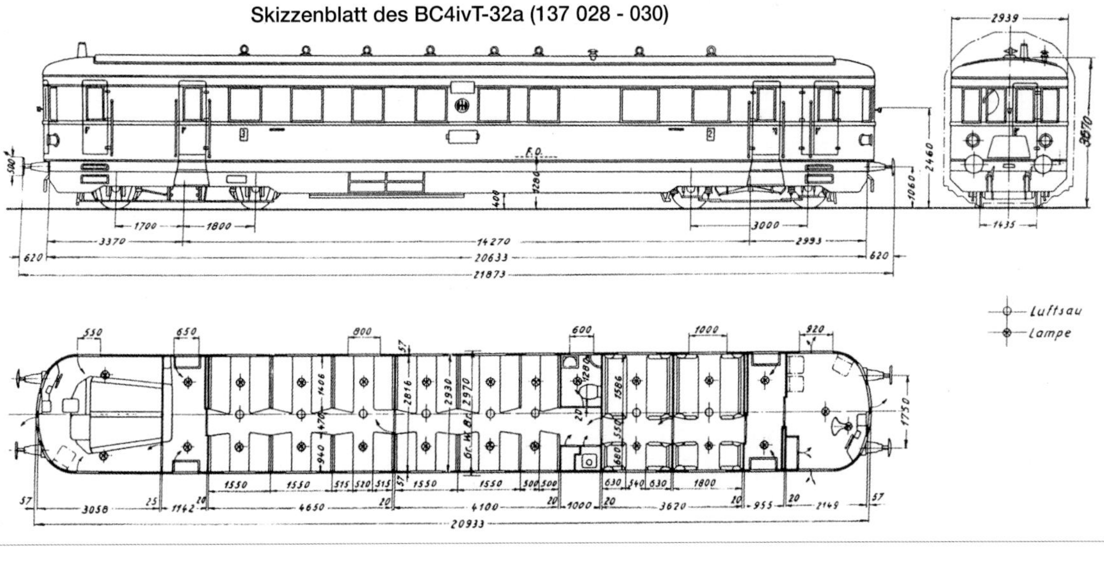

Von den drei Baumusterfahrzeugen war nach Kriegsende nur noch 137 030 vorhanden. Im August 1965 ist er mit einem Steuerwagen als Personenzug zwischen Güsten und Wiesenburg unterwegs. *Foto: Günter Fiebig. Sammlung Günther Dietz*

Dieselmotors mit der Batterie wenigstens den nächsten Bahnhof erreichen zu können. Die Ladung der Batterie mit 110 V Spannung und einer Kapazität von 180 Ah erfolgte vom Hilfsgenerator.

Als Stoßvorrichtung dienten leichte Stangenpuffer mit 500 mm Durchmesser, während die geteilte Zugvorrichtung ebenfalls eine leichte Bauart war[224-225-226].

Später erhielten die drei Fahrzeuge einen doppelten Fußboden zur besseren Schall- und Wärmeisolierung; weiterhin wurde die Hikp(Hikpt)-Bremse umgebaut. In den Kriegsjahren wurden alle drei Wagen für den Einsatz als fahrendes Notstromaggregat umgebaut und erhielten Kühlwasser-Ofenheizung.

## Einsatz und Verbleib

Der zuerst ausgelieferte Wagen 137 030 ging an die RBD Dresden, wurde aber Anfang September 1934 an das Bw Halle P überstellt, dem auch die beiden anderen Wagen zugeteilt wurden. Als Steuerwagen waren den drei Triebwagen die Steuerwagen 145 009, 010 und 014 zugeteilt. Mit Kriegsbeginn musste die RBD Halle die Wagen abstellen.

Mitte Februar 1940 stellte die RBD Halle als erste Direktion den Antrag, dieselelektrische VT als örtliche Notstromanlagen nutzen zu dürfen[227]. Im März 1940 wurde die Genehmigung erteilt, u.a. die beiden Wagen 137 028 und 030 als Anlagen zur Notstromversorgung herzurichten und einzusetzen. Vorgesehen war ihr Einsatz auf bestimmten Bahnhöfen oder im Bereich von Bahnbetriebswerken im Bezirk der RBD Halle[228]. Anfang Juli 1940 hatte das RAW Dessau die Wagen zur Notstromerzeugung fertig umgebaut. Dabei erfolgte auch der mit RVM-Verfügung 33 Bbt 264 vom 6.9.1939 vorgeschriebene graue Anstrich der Fahrzeuge.

Die drei Wagen wurden am 10.8.1940 nach Rouen für den Kommandeur des deutschen Heeres überstellt[229]. Allerdings kehrten die drei Wagen recht bald aus Frankreich zurück, denn 1941 waren die beiden Triebwagen 137 028 und 030 in Danzig-Odz. für die RBD Danzig als Notstromanlagen eingesetzt[230]. Nach Angaben im Betriebsbuch von 137 030 währte der Einsatz in Danzig vom 21. April 1941 bis 24. April 1942. Nach einem anschließenden RAW-Aufenthalt in Dessau bis Mitte Juli 1942 gehörte der Wagen wieder zum Bw Halle P, war aber lt. Vermerk im Kriegseinsatz[231]. Das RZA München führte im September 1942 alle drei Wagen als *„im Sondereinsatz"* befindlich[232].

Nach Kriegsende war nur 137 030 im Bw Halle P vorhanden. Bis Mai 1947 gehörte er zum dortigen Bw. Ob im Einsatz oder abgestellt, ist leider unklar. Ab 28. Juni 1947 war er dem Bw Leipzig-Waren zugeteilt sowie ab 10.7.1947 bis 15.2.1950 wieder dem Bw Halle P, wo er an beiden Standorten als Notstromaggregat verwendet wurde. Erst nachdem er Mitte September 1950 aus dem RAW Dessau zurückgekehrt war, wurde er wieder im öffentlichen Verkehr verwendet. Er verkehrte danach von Halle P, Leipzig Hbf West, Berlin-Karlshorst und Aschersleben aus im Personenverkehr. Der Nachkriegsverbleib der beiden anderen Wagen ist unbekannt.

| Nummer | Verbleib | Ablieferung | Beheimatungen | Bemerkungen |
|---|---|---|---|---|
| 137 028 | - | 15.01.34 | 02.07.34 Hl | Verbleib unbekannt |
| 137 029 | - | 15.01.34 | 19.02.34 Hl | Verbleib unbekannt |
| 137 030 | DR | 04.01.34 | 04.09.34 Hl, 1957 L, 18.08.61 Kh, 12.09.63 Hl P, 05.10.64 Asch | + 1969 |

Probefahrt des 1934 gebauten „137 060 Dresden“. *Foto: Sammlung Dirk Winkler*

## 137 058 - 067, 137 075 - 079 (BC4ivT-33a)

### Entstehungsgeschichte

Noch vor der Ablieferung der ersten Triebwagen mit Eilzugwagengrundriss entschloss sich das RZA in Berlin dazu, 13 weitere Wagen zu beschaffen[233]. Letztlich gab die Reichsbahn 15 Wagen in Auftrag; zehn Wagen wurden im Beschaffungsprogramm von 1933, weitere fünf im Rahmen des Beschaffungsprogrammes 1934 beauftragt. Mit Vertrag 03.966/64.263 vom 18. März 1933 bzw. 64.542 vom 5.-7. März 1934 wurde die Triebwagen- und Waggonfabrik Wismar mit dem Bau der insgesamt 15 Triebwagen beauftragt. Die Dieselmotoren lieferte wieder Maybach in Friedrichshafen, die elektrische Ausrüstung kam für diese Wagen von den SSW in Berlin. Die Reichsbahn ordnete die Wagen unter den Nummern 137 058 - 067 sowie 137 075 - 079 unter Vergabe der gleichen Gattungsbezeichnung BC4ivT-33a ein.

### Aufbau und Technik

Die Triebwagen entsprachen in Aufbau, maschineller Ausstattung und Grundriss weitgehend den oben beschriebenen Wagen der Gattung BC4ivT-33a. Maßgeblicher Unterschied in der Ausführung war die Ausstattung der Steuerung: Die Wagen 137 058 - 067 erhielten die RZM-Einfachsteuerung, 137 075 - 079 wurden bereits mit RZM-Mehrfachsteuerung ausgerüstet. Die Drehzahl des Dieselmotors wurde dabei elektrisch mit dem Drehzahlsteller in fünf Stufen verstellt. Die RZM-Einfachsteuerung erlaubte das Fahren der Triebwageneinheit vom Steuerwagen aus, während die Vielfachsteuerung die Steuerung von zwei Triebwageneinheiten vom Führerstand eines Trieb- oder Steuerwagens gestattete. Auch unterschied sich die elektrische Ausrüstung, zumal für die letzten fünf Wagen die SSW neue Traktions- und Hilfsgeneratoren lieferte. Aus diesem Grund konnte für die Wagen 137 075 - 079 die Ausführung des Motordrehgestells bereits auf einen symmetrischen

Über das Autobahnviadukt bei Chemnitz-Borna ist eine Eilzuggarnitur aus Steuer-, Trieb- und Steuerwagen auf dem Weg nach Dresden. *Foto: Sammlung Dirk Winkler*

Skizzenblatt des BC4ivT-33a (137 058 - 067, 137 075 - 079)

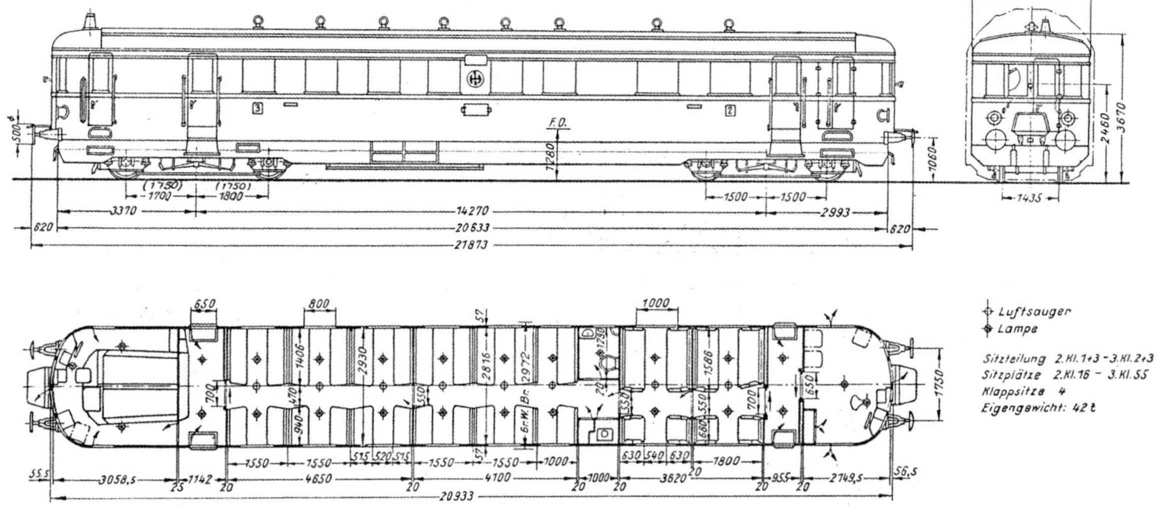


Achsstand von 1750+1750 mm geändert werden. Zudem hatte sich die Reichsbahn entschieden, die Wagen 137 066, 067, 075 - 079 mit Polstersitzen in der 3. Klasse auszustatten.

Im Laufe der Jahre wurden auch an diesen Wagen Bauartänderungen durchgeführt, darunter auch hier bereits 1935 ein doppelter Fußboden und die Kühlwasser-Vorwärmanlage. Ein Jahr später mussten die Triebdrehgestelle verstärkt werden. Außerdem wurden die selbsttätige Lüfterkupplung und Samsonregler in den Kühlkreislauf eingebaut und bei einigen Wagen erfolgte der Umbau von Knorr- auf Hik-Bremsen (137 061, 064, 067).

In den Kriegsjahren wurden an den fünf Wagen 137 075 - 079 die Sonderarbeiten Sa. 307 („Notstromanlage eingebaut") und Sa. 315 („Kühlwasser-Ofenheizungs-Kreisläufe gekuppelt") sowie Maßnahmen zur Verdunklung ausgeführt.

Nach dem Krieg baute die DB bei 137 066 auf Mehrfachsteuerung 1934 um, die DR tauschte 1961/62 die verschlissenen Maybach- gegen ČKD-Dieselmotoren.

### Einsatz und Verbleib

Die 15 Triebwagen 137 058 - 067 und 137 075 - 079 waren nach ihrer Anlieferung bei den Bw Dresden-Pieschen (137 058 - 065), Darmstadt (137 066, 067) und Trier Hbf (137 075 - 079) eingesetzt. 1937 wurden 137 066 und 067 von Darmstadt nach Dresden-Pieschen umbeheimatet. 137 077 - 079 waren wie auch vorher schon 137 075 um den Jahreswechsel 1938/39 zum Bw Frankfurt/Main umbeheimatet worden. Zum 6. Dezember 1939 wurden 137 077 und 078 in Dresden-Pieschen abgestellt.

Nach Kriegsbeginn betrachtete man auch diese Fahrzeuge als potentielle Notstromaggregate. Im April/Mai 1940 erfasste das RZA München folgende Standorte für die Wagen: 137 058 - 061 sowie 063 - 067 in Dresden-Pieschen, 137 075 - 077 und 079 in Frankfurt/Main[234].

Die beiden Triebwagen 137 075 und 076 wurden nach ihrem Umbau am 25.8.1940, nachdem sie, von Dresden-Pieschen kommend, in Duisburg auf das Zusammenarbeiten der elektrischen Anlagen vom Typ BBC und RZM geprüft worden waren, nach Rouen in Frankreich geschickt[235].

**Nur ein ausgebranntes Wrack blieb vom „137 078 Frankfurt" nach seinem militärischen Einsatz und der anschließenden Abstellung im Bw Dresden-Pieschen übrig. Betrachtet man das Bild, kann man kaum glauben, dass er noch instandgesetzt werden sollte.**

**Einzig der 137 066 befand sich nach Kriegsende in den westlichen Besatzungszonen Deutschlands. Er wurde 1947 zum VT 33 106 umgezeichnet. Die DB setzte ihn bis zu seiner Ausmusterung im April 1964 ein.**

*Beide Bilder Sammlung Günther Dietz*

**Dresden-Pieschen war in den ersten Nachkriegsjahrzehnten ein Einsatzschwerpunkt für die verbliebenen Triebwagen. Das Bild vom 25. September 1957 zeigt 137 061 mit Steuerwagen.** *Bildstelle RBD Dresden. Sammlung Dirk Winkler*

Bei der Überführung nach Rouen entgleiste jedoch 137 075 in Holland und musste dem RAW Opladen zugeführt werden[236]. Im Oktober 1940 sind die Wagen wie folgt verteilt: 137 075 in Ostende, 137 077 - 079 in Brügge[237]. Mitte 1941 sind 137 075 - 079 in Rotterdam eingesetzt. Ende 1943 befinden sich 137 075 und 076 in La Spezi, 137 077 und 079 in St. Nazaire und 137 078 in Pola[238]. Nach Angaben des RZA München waren im September 1942 die Wagen 137 075 - 079 *„im Sondereinsatz"*[239].

Im Gegensatz dazu blieben die ersten zehn Wagen dieser Bauserie ohne bekannte Einsätze. Ähnlich sah es bei 137 066 aus. Sie alle waren bis Januar 1940 in Betrieb und standen anschließend bis mindestens Dezember 1944 entweder im Raw oder warteten ebenfalls auf Ersatzteile[240-241-242-243-244].

| Nummer | in Betrieb bis | abgestellt oder Warten auf Ersatzteile |
|---|---|---|
| 137 060 | | 10.1940 – 10.1945 |
| 137 061 | 12.01.1940 | bis 08.1945 |
| 137 064 | 09.01.1940 | bis 07.1945 |
| 137 066 | 04.01.1940 | bis mind. 12. 1944 |
| 137 067 | 03.01.1944 | bis 12.1945 |

Nur ein Wagen dieser Gattung, 137 066, fand sich nach Kriegsende in den westlichen Besatzungszonen im RAW Nürnberg und kam zur späteren DB und lief dort als VT 33 106. Sein Einsatz erfolgte zunächst vom Bw Frankfurt/M1 und 1952 vom Bw Hamburg-Altona aus. 1955 war er beim Bw Flensburg eingesetzt und kam 1961 zum Bw Braunschweig. Er

| Nummer | Verbleib | Ablieferung | Beheimatungen | Bemerkungen |
|---|---|---|---|---|
| 137 058 | DR 185 003-1 | 20.04.34 | 17.08.34 Dre-P, 23.10.65 Fl, 01.10.66 Tem | + 08.11.74 |
| 137 059 | - | 26.06.34 | 09.08.34 Dre-P | + vmtl. 1945 |
| 137 060 | DR 185 004-9 | 23.05.34 | 08.07.34 Dre-P, 01.01.66 Dre | + 17.01.77, abgest. 10.05.76, ++ 06.93 Dre |
| 137 061 | DR 185 005-6 | 23.05.34 | 23.06.34 Dre-P, 29.01.66 Dre, 20.08.67 Tem | + 06.11.74, abgest. 12.11.73, ++ 31.07.75 Wit |
| 137 062 | - | 06.07.34 | 10.08.34 Dre-P | + vmtl. 1945 |
| 137 063 | DR 137 700 / 723 101-2 | 13.06.34 | 02.08.34 Dre-P, 01.07.47 Ahb, 01.09.52 Rgb, 24.04.54 Kh | 1958 Ub. zu 137 700, ca. 2007 Privatbesitz |
| 137 064 | DR 185 006-5 | 26.06.34 | 21.07.34 Dre-P, 01.01.66 Dre, 10.06.66 Tem | + 10.11.71, abgest. 10.70, ++ 15.02.72 Wit |
| 137 065 | DR 185 007-2 | 26.06.34 | 10.07.34 Dre-P, 01.01.66 Dre, 10.06.66 Tem | + 17.01.77, abgest. 19.05.76, ++ 31.01.78 Dre |
| 137 066 | DB VT 33 106 | 11.10.34 | 26.10.34 Da, 19.04.1939 Dre-P, 1946 Bw1 Ffm, 1952 Hbg-Alt, 1955 Flw, 1961 BwgH | + 14.04.64 |
| 137 067 | DR | 12.12.34 | 13.07.35 Da, 09.05.39 Dre-P, 25.09.65 Tem | + 05.10.70, abgest. 24.03.66, ++ 04.02.71 Wit |
| 137 075 | - | 29.04.35 | 20.05.35 Tri | Verbleib unbekannt |
| 137 076 | - | 29.04.35 | 12.05.35 Tri | Verbleib unbekannt |
| 137 077 | DR Schadfzg. | 29.04.35 | 11.05.35 Tri, 24.01.39 Ffm, 06.12.39 Dre-P | + 12.48, ++ 05.49 |
| 137 078 | DR Schadfzg. | 16.11.35 | 25.12.35 Tri, 31.12.38 Ffm, 06.12.39 Dre-P | + vmtl. 1948 |
| 137 079 | - | 22.11.35 | 15.12.35 Tri | + 28.11.44 |

Frühling in voller Blüte herrschte am 28. April 1966, als Günther Dietz nahe dem Haltepunkt Schweizerthal-Diethensdorf den Lt 2612 ablichtete. Zu der Garnitur notierte er damals: 137 058, 145 092, 145 184, 137 195.
*Foto: Günther Dietz*

wurde dort am 14. April 1964 ausgemustert. Nach Kriegsende erfasste die Reichsbahn in der SBZ von den zehn Wagen der ersten Serie 137 058, 060, 061, 063 - 065 und 067 in Dresden-Pieschen[245]. Die beiden Wagen 137 059 und 062 wurden vermutlich beim Bombenangriff auf Dresden im Februar 1945 im Bw Dresden-Pieschen zerstört. Ebenfalls in der SBZ stand 137 077, für den im Dezember 1948 die Ausmusterung beantragt und im Januar 1949 durch die SMAD genehmigt wurde[246-247].

Im Juni 1949 sind zumindest 137 060, 061, 064 und ab September 137 065 im täglichen Einsatz von Dresden nach Zittau, Leipzig und Görlitz. 137 067 war schwer beschädigt und wartete auf eine Ausbesserung im RAW Dessau. Der inzwischen nach Berlin überstellte 137 063 wurde als Dienstwagen der SMAD für einen General *Petrow* eingesetzt. In Dresden-Pieschen stand zudem 137 058 in schwer beschädigtem Zustand. Die im RAW Dessau begonnene VT 2-Ausbesserung des ebenfalls beschädigten 137 078 wurde wieder abgebrochen[248]. Die Dresdner Triebwagen waren, zum Teil erst nach einigen Jahren Abstellzeit und dann erfolgter Ausbesserung, bis zur Auflösung des Bw Dresden-Pieschen im September 1965 im Einsatz. Der 137 058 war für ein reichliches halbes Jahr ab September 1965 in Flöha beheimatet, ab 20. Mai 1966 ging er zum Bw Templin. Ihm folgten 137 061 am 19. August 1966, 137 064 am 9. Juni 1966 und 137 067 am 24. September 1966, während die beiden Wagen 137 060 und 065 bis zu ihrer Abstellung in Dresden blieben.

Der zunächst als Salontriebwagen in Berlin eingesetzte 137 063 wurde umgebaut und am 23. Dezember 1958 als Funkmesstriebwagen 137 700 in Betrieb genommen. Jahrelang war er neben der ehem. Berliner Hauptwerkstatt am Markgrafendamm abgestellt. Er ist heute in Privatbesitz noch vorhanden.

1934 als 137 063 geliefert, stand der Triebwagen nach Kriegsende als Salonwagen zunächst der SMAD zur Verfügung. Die DR baute ihn 1958 zum Funkmesstriebwagen um. Als 137 700 war er jahrelang in Berlin beheimatet und stand für gewöhnlich vor dem Schaltwerk Markgrafendamm. Ab 1970 als 188 101-0 geführt, wurde er 1992 nochmals zum 723 101-2 umgezeichnet und schließlich 1997 ausgemustert. Er wurde für Funkmessungen sowie auch für Messungen der punktförmigen Zugbeeinflussung (PZB) genutzt. Die Aufnahme zeigt ihn im Oktober 1977 in Wernigerode.
*Foto: Sammlung Dirk Winkler*

MAN-Werkfoto des „137 068 Mainz“ vom Spätherbst 1934. *Foto: Sammlung Günther Dietz*

## 137 068 - 073 (BC4ivT-33b)

### Entstehungsgeschichte

Wie bei der Beschreibung der Triebwagen 135 012 – 021 bereits erwähnt, hatte das RZM 1932 im Laufe der Entscheidungsfindung für das Beschaffungsprogramm 1932 die Beschaffung von zehn zweiachsigen, kurzgekuppelten Doppeltriebwagen geplant. Nach eingehender Prüfung des Vorhabens kam es zur Entscheidung, stattdessen zehn Leichttriebwagen mit 150-PS-Motoren und fünf vierachsige Wagen mit 410-PS-Motoren bei der MAN zu beschaffen. Die vierachsigen Wagen sollten *„nach denselben Zeichnungen, wie solche Wagen der EVA Werk Wismar in Auftrag gegeben“* werden[249]. So kam es, dass noch im Beschaffungszeitraum der ersten Versuchstriebwagen mit Eilzugwagen-Grundriss das RZM weitere Fahrzeuge mit Eilzugwagen-Grundriss bei der Industrie in Auftrag gab. Der bei der MAN platzierte Auftrag umfasste dann allerdings sechs Fahrzeuge, bei denen es als zweckmäßig erachtet wurde, den Gepäckraum zu vergrößern.

Die im Beschaffungsprogramm 1933 genehmigten Fahrzeuge wurden bei der MAN in Nürnberg mit Vertrag 03.966/64.263 vom 17.03.1933 und Nachtrag für 137 072 und 073 vom 25.11.1933 in Auftrag gegeben und Ende 1934/Anfang 1935 ausgeliefert. Sie wurden als Gattung BC4ivT-33b mit den Nummern 137 068 - 073 in Dienst gestellt.

### Aufbau und Technik

Die Konstruktion folgte weitgehend der Ausführung der BC4ivT-33a mit symmetrischem Achsstand des Triebdrehgestells. Im Gegensatz zu diesen Wagen führte die MAN den Wagenkasten komplett in Stahlleichtbauweise aus, also auch das Dach. Zugunsten des größeren Gepäckraumes wurde das neben Abort und Heizschrank gelegene Halbabteil 3. Klasse mit fünf Sitzplätzen weggelassen. Abort und die beiden Abteile 2. Klasse sowie der Einstiegsraum wurden in Richtung Fahrzeugmitte um knapp einen Meter verschoben. Somit verfügten die sechs Wagen nur noch über 50 Sitzplätze 3. Klasse und weiterhin 16 Sitzplätze in der 2. Klasse. Weiterhin erhielten die Fahrzeuge Schiebe- statt Drehtüren sowie längere Handstangen an den Einstiegen.

Die Anordnung der Maschinenanlage entsprach der der vorgenannten Fahrzeuge. Während die Dieselmotoren von der Firma Maybach stammten, erfolgte die elektrische Ausrüstung der Wagen 137 068 - 071 von der AEG und der Wagen 137 072 und 073 von der BBC.

Wesentliche Bauartänderungen vor dem Krieg waren der Einbau des Samson-Kühlwasserreglers, der selbsttätigen Lüfterkupplung und der Hikp-Bremse 1936/37. Die beiden Wagen mit BBC-Steuerung erhielten 1939 die RZM-Einfachsteuerung.

Während des Krieges wurden zumindest 137 072 und 073 für die Nutzung als Notstromaggregate umgebaut. Der Umbau zur kombinier-

Das Abteil 2. Klasse mit gepolsterten Sitzbänken und Mittelgang.

Im Gegensatz zu manch anderen Triebwagen waren in den BC4ivT-33b die Sitze im Abteil 3. Klasse gepolstert.
*Werkfotos MAN. Sammlung Günther Dietz*

Skizzenblatt des BC4ivT-33b (137 068 - 073)

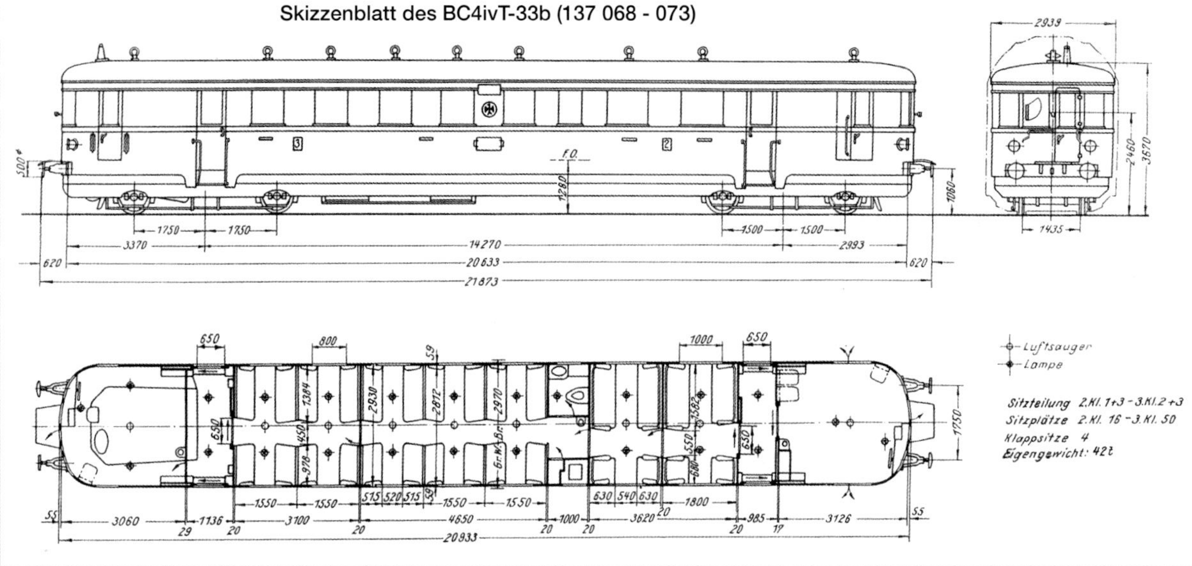


ten Kühlwasser-Ofenheizung erfolgte im Herbst 1940 im Bw Cambrai in Frankreich[250].

Die DB rüstete die beiden bei ihr verbliebenen VT 33 202 und 33 203 u.a. mit der Mehrfachsteuerung 1936 aus. Der bei der DR verbliebene 137 069 verlor später im Zuge der Generalreparatur seine umlaufende Schürze am Wagenkasten. Als Ersatzmotor wurde ein 8HVD-Motor des VEB Motorenwerks Johannisthal (Berlin) eingebaut.

### Einsatz und Verbleib

Die sechs Triebwagen sollten ursprünglich der RBD Mainz (137 068 – 070) sowie den Direktionen Karlsruhe (137 071) und Stuttgart (137 072, 073) zugeteilt werden. Ihre Ablieferung erfolgte dann lt. Nummernplan vom November 1934 an das Bw Darmstadt (137 068 - 071) sowie das Bw Halle (VT 137 072, 073). Dieselben Heimatorte hielt auch der Nummernplan vom Januar 1937 fest. Allerdings geben handschriftliche Eintragungen den Hinweis, dass 137 068 - 071 später an die RBD Oppeln, Bw Heydebreck abgegeben wurden. Anfang Mai 1940 sind die Fahrzeuge noch in ihren Heimatdienststellen Heydebreck und Halle vorhanden[251].

Auch für die beiden zur RBD Halle gehörenden Triebwagen 137 072 und 073 folgte, wie bei 137 028 und 030, der Antrag zum Herrichten als Fahrzeuge zur Notstromversorgung, den die Reichsbahn-Hauptverwaltung Anfang März 1940 genehmigte[252]. Allerdings wurden sie am 1. Juli 1941 nach Lille überstellt[253]. Im November 1940 war nur noch 137 072 in Lille zur Ladung von Signalbatterien für die Marine eingesetzt[254]. Nach der Rückkehr kam 137 073 (als Wagen des Bw Halle 1) nach Dresden-Pieschen, von wo aus er am 19.4.1941 nach Wilhelmshaven (zusammen mit 137 086) überführt wurde[255]. Im Mai 1941 war 137 073 für die Marine in Wilhelmshaven eingesetzt, 137 072 war inzwischen ins RAW Dessau gesandt worden[256]. Über den Einsatz der Heydebrecker Wagen ist nichts überliefert. Allerdings wurde 137 068 durch Kriegseinwirkungen zerstört und von der RBD Oppeln am 6. November 1944 ausgemustert[257].

Nach Kriegsende befanden sich 137 072 in Wilhelmshaven und 137 073 in der französischen Besatzungszone. Das RZA München zeichnete sie 1947 zu VT 33 202 und 33 203 um. VT 33 202 war zunächst in Hamburg-Altona und später in Bielefeld beheimatet, während VT 33 203 ab 1949 in Landau eingesetzt war.

**Rätsel gibt das Foto von 1950 dieses noch in Reichsbahnlackierung festgehaltenen VT 33 mit Steuerwagen in neuer DB-Lackierung auf. Entstanden bei Roßtal auf der Strecke Nürnberg – Ansbach, fällt auf, dass die Stirnwandtür des Führerstandes offen und das Übergangsblech heruntergeklappt ist. Zudem war keiner der Triebwagen dieser Gattung nach Kriegsende in und um Nürnberg beheimatet.**

*Foto: Peter Ramsenthaler. Sammlung Dirk Winkler*

## Technische Daten

| Betriebsnummer | | | 137 028-030 | 137 058-067 | 137 068-071 | 137 072-073 | 137 075-079 |
|---|---|---|---|---|---|---|---|
| Gattungsbezeichnung | | | BC4ivT-32a | BC4ivT-33a | BC4ivT-33b | BC4ivT-33b | BC4ivT-33a |
| Übersichtszeichnung | | | tl. 21968g Wismar | tl 27370 Wismar | 20585 MAN | 20585 MAN | tl 27370 Wismar |
| Radsatzanordnung | | | 2`Bo` | 2`Bo` | 2`Bo` | 2`Bo` | 2`Bo` |
| Hersteller | Wagenteil | | Wismar | Wismar | MAN | MAN | Wismar |
| | Motor | | Maybach | Maybach | Maybach | Maybach | Maybach |
| | Getriebe | | - | - | - | - | - |
| | el. Ausrüstung | | BBC | SSW | AEG | BBC | SSW |
| Höchstgeschwindigkeit | | km/h | 110 | 110 | 100 | 110 | 110 |
| Länge über Puffer | | mm | 21873 | 21873 | 21873 | 21873 | 21873 |
| ges. Radsatzabstand | | mm | 17470 | 17470 | 17520 | 17520 | 17470 |
| Drehzapfenabstand | | mm | 14270 | 14270 | 14270 | 14270 | 14270 |
| Radsatzabstand Drehgestell | | mm | 3500/3000 | 3500/3000 | 3500/3000 | 3500/3000 | 3500/3000 |
| Treibraddurchmesser | | mm | 900 | 900 | 900 | 900 | 900 |
| Laufraddurchmesser | | mm | 900 | 900 | 900 | 900 | 900 |
| Sitzplätze | 2. Klasse | | 16 | 16 | 16 | 16 | 16 |
| | 3. Klasse | | 61 | 55 | 50 | 50 | 55 |
| Stehplätze | | | 45 | 45 | 45 | 45 | 6 |
| Plätze gesamt | | | 122 | 116 | 111 | 111 | 77 |
| Dienstmasse | unbesetzt | t | 40,9 | 42,02 | 43,18 | 42,975 | 42,0 |
| | besetzt | t | 46,2 | 52,55 | 50,61 | 48,2 | 47,5 |
| | je Sitzplatz | kg | 576 | 595 | 660 | 726 | 568 |
| | je lfd. m Wagenlänge | t | 1,87 | 1,92 | 1,97 | 1,97 | 1,92 |
| spez. Antriebsleistung | | kW/t / PS/t | 7,4/10,0 | 7,2/9,8 | 7,0/9,5 | 7,0/9,5 | 7,2/9,8 |
| gr. Radsatzlast | | t | 11,8 | 12 | 12,15 | 12,155 | 14,4 |
| Steuersystem | | | Einfach, Sonderausf | RZM Einfach | RZM Einfach | BBC Einfach | RZM Mehrfach |
| Motor | Zahl / Bauart | | 1 / GO5 | 1 / GO5 | 1 / GO5 | 1 / GO5 | 1 / GO5 |
| | Masse | kg | 2030 | 2030 | 2030 | 2030 | 2030 |
| | Zyl./Durchm./Hub | mm | 12 / 150 / 200 | 12 / 150 / 200 | 12 / 150 / 200 | 12 / 150 / 200 | 12 / 150 / 200 |
| | Dauerleistung | PS | 410 | 410 | 410 | 410 | 410 |
| | Drehzahl | $min^{-1}$ | 1400 | 1400 | 1400 | 1400 | 1400 |
| Art u. System d. Leistungsübertragung | | | el. BBC-Leistungs-wächter | el. RZM | el. RZM | el. BBC- Leistungs-wächter | el. RZM |
| Traktionsgenerator Bauart | | | G550/6 | aGV 310/26 | FG 5227c | G 550/6 | FG 5227c |
| | Stundenstrom | A / V | 556 / 450 | 750/360 | 700/360 | 700/360 | 556/450 |
| | Dauerstrom | A / V | 404 / 640 | 600/420 | 600/450 | 600/450 | 404/640 |
| | Leistung | kW | 258 | 270 | 270 | 270 | 270 |
| Hilfsgenerator | Bauart | | G 340/6 | aG 230/5 | FE 295b | G 340/6 | FE 295b |
| | Dauerleistung | kW | 12 | 9 | 9 | 12 | 9 |
| Fahrmotor | Zahl / Bauart | | 2 / GdTM 1412 | 2/GBMy 700 | 2/GBMy 700 | 2/GDTM 1412 | 2/GBMy 700 |
| | Std.-/Dauerleistung | kW | 117/114 | 120 | 120 | 117/114 | 120 |
| Motorsteuerung | | | elektrisch | elektrisch | elektrisch | elektrisch | elektrisch |
| Kraftstoffvorrat | | l | 900 | 990 | 900 | 990 | 990 |
| Heizung | | | Whz | Whz | Whz, ölgefeuert | Whz, koksgefeuert | Whz |
| Beleuchtung, Stromart, Spannung | | | el. =110 V | el. =110 V | el. =110 V | el. =110 V | el. =110 V |
| Bremse | | | Kzpbr (Klotz) | Kzpbr (Klotz) | Kzpbr (Klotz) | Kzpbr (Klotz)) | Hikpbr (Klotz) |

| Nummer | Verbleib | Ablieferung | Beheimatungen | Bemerkungen |
|---|---|---|---|---|
| 137 068 | - | 17.12.34 | 06.07.35 Da, 03.10.39 Dr-P | + 06.11.44 |
| 137 069 | DR 185 008-0 | 17.12.34 | 12.03.35 Da, 03.10.39 Dr-P, 07.46 Dr-P z, 28.08.58 Dr-P, 26.04.65 Asch, 18.02.69 Gst Est. Asch | abgest. 29.08.75, + 13.04.76, ++ 25.10.76 Wit |
| 137 070 | - | 25.01.35 | 06.03.35 Da, 23.03.35 Hg-Eck, 01.06.35 Dr-P, 28.07.35 Da | Verbleib unbekannt |
| 137 071 | DR | 17.01.35 | 03.05.35 Hg-Eck, 17.06.35 Da, 01.03.38 Obr, 07.46 Dr-P, 11.09.65 Asch | abgest. 21.07.66, + 05.02.69, ++ 1969 Wit |
| 137 072 | DB VT 33 202 | 20.12.34 | 06.02.35 Hl, ? Hg-Eck, 1948 Raw Opladen, 1952 Hbg-Alt, 1958 Bil | + 07.09.64 |
| 137 073 | DB VT 33 203 | 09.01.35 | 27.01.35 Hl, 1947 Of, 1949 Lan | + 14.09.65 |

Zwei Triebwagen dieser Gattung kamen nach Kriegsende in den Bestand der DB. In Fulda stehen VT 33 202 (ex 137 072) und VS 145 042 am 26. Juni 1959 am Bahnsteig. 137 072 wurde im September 1964 ausgemustert. *Foto: Joachim Claus. Sammlung Günther Dietz*

In der SBZ standen nach Kriegsende 137 069 und 071. Sie wurden zum 1.7.1946 im Bw Dresden-Pieschen erfasst[258]. Im September 1949 hält das Ministerium für Verkehrswesen in seiner Triebwagenaufstellung fest: 137 069 *„Motor ausgebaut, verwendet für 137 065, Inneneinrichtung sehr primitiv"*, 137 071 fuhr nach Ausbesserung im RAW Dessau nun täglich zwischen Dresden und Görlitz[259]. Erst im Zuge einer Generalreparatur im Jahr 1956 wurde 137 069 wieder für den Betriebseinsatz hergerichtet. Er kam anschließend ebenfalls in den Bestand des Bw Dresden-Pieschen[260]. Beide Fahrzeuge waren bis 1965 beim Bw Dresden-Pieschen beheimatet und kamen dann 1965 zum Bw Aschersleben (ab 1969 Einsatzstelle des Bw Güsten). Der Verbleib von 137 070 ist nicht bekannt.

Einer der beiden im Bestand der DR befindlichen Wagen war 137 069, der hier im Jahr 1970 bei Mansfeld mit Steuerwagen das Hasselbach-Viadukt auf der Strecke Klostermansfeld – Wippra überquert. *Foto: Sammlung Günther Dietz*

„137 032 Essen“ und ein baugleicher Triebwagen vor der Überführung vom Hersteller MAN in Nürnberg nach Essen.
*Werkfoto MAN.*
*Sammlung Günther Dietz*

# *Triebwagen mit so genanntem Essener Grundriss*

## 137 031 - 035 (BC4ivT-32b)

### Entstehungsgeschichte

Im Zuge der Beschaffung der ersten Versuchsfahrzeuge nach den neuen Leichtbaugrundsätzen gab die Reichsbahn im Beschaffungsprogramm 1932 bei der MAN auch fünf Triebwagen in Auftrag, die maschinell den 410-PS-Hauptbahntriebwagen (BC4ivT-32a) folgen sollten, jedoch für die *„besonderen Betriebsverhältnisse des dicht besiedelten Ruhrgebietes entworfen“* wurden. Im Gegensatz zu den Triebwagen mit Eilzugwagen-Grundriss erhielten sie, *„um ein schnelles Ein- und Aussteigen zu ermöglichen … drei seitliche breite Schiebetüren“* [261].

Bestellt mit Vertrag 03.966/64.6874 und geliefert nach Vertrag 03.966/64.542 vom 27. Januar 1934 kamen die fünf Triebwagen im Spätsommer 1934 zur Ablieferung. Als Gattung BC4ivT-32b wurden sie mit den Nummern 137 031 - 035 für die Direktionen Essen und Köln in Dienst gestellt. Aufgrund des vorgesehenen Einsatzraumes im Ruhrgebiet wurde für diese Triebwagen der Begriff „Essener Grundriß“ bekannt.

### Aufbau und Technik

Untergestell und Wagenkasten folgten konstruktiv den Triebwagen der Gattung BC4ivT-32a in Stahlleichtbauweise, wobei der mittlere Einstiegsbereich mit Doppelschiebetür zu berücksichtigen war. Zudem sah die Konstruktion der MAN einen geschlossenen Dachaufbau aus Stahlblech vor. Neu in der Gestaltung des Wagenkastens war die halbkreisförmige Ausführung der Fahrzeugkopfform.

Die Maschinenanlage mit den Maybach-Dieselmotoren von 410 PS (rd. 301,6 kW) Leistung und ihre Einbaubedingungen im Wagenkasten und auf dem Maschinendrehgestell sowie die Anordnung der Schaltapparate stimmte mit den Wagen der Gattung BC4ivT-32a überein. Ebenso die elektrischen Antriebskomponenten der BBC. Der Traktionsgenerator arbeitete mit der BBC-Leistungswächtersteuerung für das elektrische Kraftübertragungssystem. Im Hinblick auf die spätere RZM-Steuerung des Reichsbahn-Zentralamtes für Maschinenbau wurde die Dieselmotordrehzahl auf fünf Fahrstufen aufgeteilt und die Steuerung als BBC-Mehrfachsteuerung zum Betrieb zweier Einheiten, jeweils bestehend aus

Skizzenblatt des BC4ivT-32b (137 031 - 035, 074)

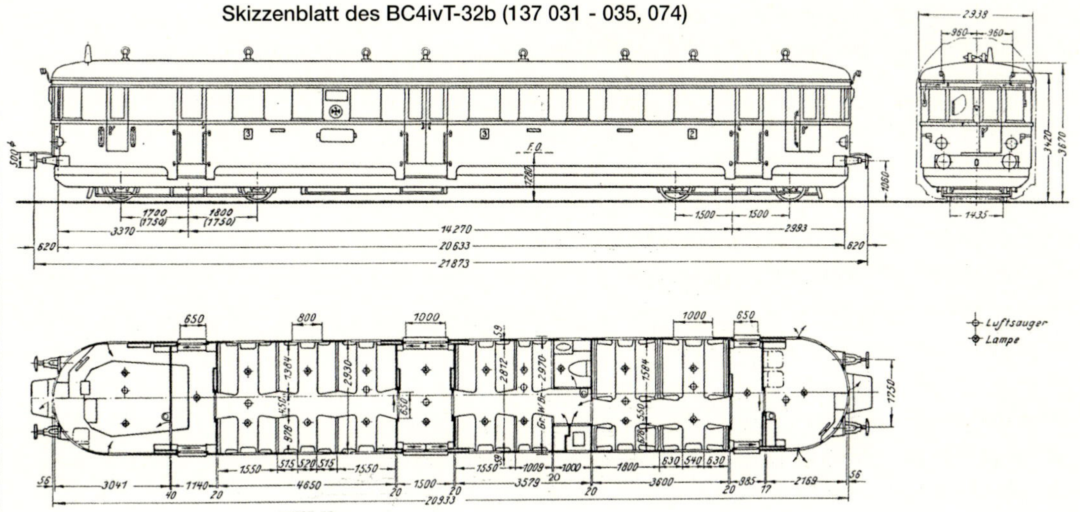

**Am 3. März 1933 ist 137 031 mit Steuerwagen bei Wuppertal-Langerfeld als Et 3451 zwischen Köln und Dortmund unterwegs.**
*Foto: Carl Bellingrodt. Sammlung Dirk Winkler*

Trieb- und Steuerwagen, ausgebildet, wobei die Drehzahl elektrisch verstellt wurde. Sie gestattete mit fünf Drehzahlstufen die Steuerung von zwei Triebwagen vom jeweils vorderen Führerstand des Trieb- oder Steuerwagens aus. Auch war ein Zusammenlauf mit Fahrzeugen mit der RZM-Steuerung möglich. Die Bremse war zunächst als Kzpbr-Klotzbremse ausgeführt, wurde jedoch rasch auf Hikpt-Bremse umgebaut[262]. Die Triebwagen besaßen bei Ablieferung keine Trennwände zwischen den Einstiegsräumen und den Abteilen 3. Klasse[263]. Da insbesondere das Abteil neben dem Einstieg über dem Maschinendrehgestell aufgrund des hohen Geräuschpegels sowie des Dieselgeruchs von den Fahrgästen gemieden wurde, genehmigte die Reichsbahn-Hauptverwaltung den nachträglichen Einbau der Trennwände[264].

Weitere Bauartänderungen an den Wagen waren:

- Einbau eines doppelten Fußbodens mit Korkisolierung
- Umbau der Kühlwasseranlage auf Fremddampfvorwärmung 1934/35
- Einbau einer selbsttätigen Lüfterkupplung
- Einbau der Hikpt-Bremse

Während des Krieges wurden alle Wagen als fahrbare Notstromaggregate verwendet und hierfür entsprechend umgebaut. Zudem erhielten sie zwischen 1941 und 1943 die kombinierte Kühlwasser-Ofen-Heizung.

Der Triebwagen 137 033 wurde nach dem Krieg als Salontriebwagen der Reichsbahn hergerichtet (S4iKlVT). Dabei wurde der mittlere Einstieg verschlossen.

**Der Fahrgastraum der 3. Klasse war mit den damals üblichen Holzlattenbänken ausgestattet. Die Trennwände zum Einstiegsraum sowie die Schiebetür boten mit ihrer Verglasung einen guten Durchblick durch die beiden Abteile.**
*Werkfoto MAN. Sammlung Günther Dietz*

| Nummer | Verbleib | Ablieferung | Beheimatungen | Bemerkungen |
|---|---|---|---|---|
| 137 031 | DR | 29.08.34* | 05.09.34 Hg-Eck, 23.04.35 Obr, 10.11.36 Hg-Eck, 17.05.41 Hlp, 01.01.46 Hlp, 23.09.46 Wa (Notstromeins.), 23.11.46 Hlp, 02.10.58 L, 11.10.61 Kh, 19.01.64 Sed | abgest. 10.02.69, z 12.09.69, + 12.11.70 |
| 137 032 | DR Schadfzg. | 05.08.34* | 01.09.34 Wt-St, 1936 Hg-Eck | + 11.04.45 |
| 137 033 | DR 185 253-2 | 30.06.34 | 28.08.34 Wt-St, 1936 Hg-Eck, 1946 Fl, 1952 Kh | abgest. 10.70, + 14.10.75; 1975 Üb. zu Ferienunterkunft |
| 137 034 | DR | 15.08.34 | 28.08.34 Wt-St, 1936 Hg-Eck, 01.10.45 Hlp, 12.06.46 Wa (Notstromeins.), 26.07.46 Hlp, 11.10.46 Wa (Notstromeins.), 04.01.47 Hlp, 01.12.61 Kh, 01.04.64 Sed | abgest. 21.12.66, z 08.04.68, + 31.01.69 |
| 137 035 | DR 185 002-3 | 01.09.34* | 01.09.34 Hg-Eck, 25.05.35 Obr, 21.12.36 Hg-Eck, ?, 01.01.46 Hlp, 26.07.46 Wa (Notstromeins.), 04.02.47 Hlp, 15.12.47 Ahb, 24.08.48 Hlp, 28.09.57 L, 15.08.61 Kh, 16.04.64 Sed | abgest. 25.12.68, + 12.11.70, ++ 14.04.71 Wit |

* … Abnahme

### Einsatz und Verbleib

Dem Nummernplan von 1933 ist zu entnehmen, dass die Fahrzeuge ursprünglich der RBD Essen (137 031 - 033) sowie der RBD Köln (137 034, 035) mit den entsprechenden Steuerwagen zugeteilt werden sollten. Der Nummernplan von 1934 verzeichnete dann ihre Beheimatung in der RBD Wuppertal, Bw Steinbeck. Hingegen sind in den erhaltenen Betriebsbüchern ihre Stationierungen im Bw Hagen-Eckesey eingetragen.

Die Triebwagen wurden auf den Strecken Lennep – Remscheid – Köln Hbf – Düren / Bonn sowie Düren / Remagen – Köln Hbf – Dortmund Hbf eingesetzt[265]. Nicht alle Wagen blieben dauerhaft in Hagen stationiert. 137 031 kam zum 13.03.1935 nach Dortmunderfeld, ging zum 23.4.1935 nach Oberhausen und kam erst am 10.11.1936 wieder ins Bw Hagen-Eckesey zurück[266].

Mit Kriegsbeginn wurden alle Wagen betriebsfähig abgestellt. Im April/Mai 1940 befanden sich die fünf Fahrzeuge noch in Hagen-Eckesey[267]. Bis August 1940 waren die Wagen 137 033 - 035 bereits als mobile Notstromaggregate hergerichtet worden und hatten den grauen Anstrich erhalten[268]. Sie wurden an den Bf Mainz überführt, um für das Oberkommando der Marine (OKM) bereitgestellt zu werden[269]. Im Oktober 1940 ist auch 137 031 umgebaut (21.2.-30.9.40) und wurde dem Bw Halle als Notreserve zugeteilt[270]. Die zunächst in Mainz abgestellten VT wurden nach Calais (137 033 - 035) an das OKM überführt[271]. Mitte 1941 befanden sie sich bei der Marine in Rotterdam[272]. Der bis November 1942 betriebsfähig abgestellte 137 031 wurde ab 20.11.1942 im Bw Leipzig Süd geführt[273].

Über 137 032 ist bekannt, dass er wegen Kriegsschäden vom 31.5.1942 bis zum 24.3.1944 im RAW Dessau abgestellt war, danach kurz zum Einsatz gelangte, bis er schließlich am 11. April 1945 wegen erneutem Kriegsschaden ausgemustert wurde[274]. Das beschädigte Fahrzeug stand allerdings weiter in Dessau und wurde deshalb im Dezember 1948 von der Reichsbahn nochmals zur Ausmusterung vorgesehen, die im Januar 1949 durch die SMAD genehmigt wurde[275-276].

Alle fünf Wagen befanden sich nach Kriegsende in der Sowjetischen Besatzungszone Deutschlands. Die beiden Triebwagen 137 034 und 035 wurden nach Kriegsende, teils bis Anfang 1947, noch bei der Deutschen Reichsbahn als Notstromanlagen genutzt[277].

Die TZA-Kartei erfasste zum 1.7.1946 die Triebwagen 137 031, 034 und 035 im Bw Halle P und 137 033 in Flöha[278]. Ende September 1949 fuhren 137 031 und 034 täglich die Relation Halle – Berlin, 137 033 war schwer beschädigt in Flöha abgestellt und 137 035 war inzwischen wieder betriebsfähig im RAW Dessau aufgearbeitet worden[279]. Erst 1952 kam 137 033 zur Berliner VT-Gruppe Karlshorst des Bw Rummelsburg, wie es amtlich hieß, wo er als Sonder-VT eingesetzt wurde[280]. Hierfür war der Mitteleinstieg entfernt worden. Von Juli 1952 bis 1961 war 137 034 wegen größerer notwendiger Ausbesserungsarbeiten abgestellt[281]. In den Jahren 1957/58 wechselten 137 031 und 137 035 zum Bw Leipzig Hbf West. Nach der Instandsetzung des 137 034 ging er 1961 mit 137 031 und 035 nach Berlin-Karlshorst, von wo sie 1964 nach Seddin umbeheimatet wurden. Dort blieben sie bis zur Ausmusterung 1969 bzw. 1970. Der Sondertriebwagen 137 033 wurde 1972 z-gestellt und kam anschließend nach Lietzow auf Rügen als Ferienheim.

**Bereits 1942 durch Kriegseinwirkungen beschädigt, wurde 137 032 bis zum Frühjahr 1944 wieder aufgearbeitet. Beim folgenden neuerlichen Einsatz im Dienste der Wehrmacht brannte er komplett aus. Noch im Juni 1948 stand er im RAW Dessau.**
*Foto: Sammlung Dr. Brian Rampp*

**Nach Kriegsende verblieb 137 031 in der SBZ. Die Aufnahme zeigt ihn in grünem Anstrich und „DR USSR Zone“ 1953 im Raw Dessau.** *Foto: Sammlung Günther Dietz*

**Der in der Rbd Berlin beheimatete 137 034 gehörte ab April 1964 zum Bw Seddin. Er diente in dieser Zeit als Dienstpendel zwischen Potsdam und Wannsee. Die Aufnahme zeigt ihn am 15. April 1965.**
*Foto: Sammlung Dirk Winkler*

MAN-Werkfoto des 137 074. Der Triebwagen besaß einen neuentwickelten Zweiwellenmotor mit 420 PS Leistung. Noch fehlt auf dem Schild mit der Wagennummer die Heimatdirektion. *Werkfoto MAN. Sammlung Günther Dietz*

## 137 074 (BC4ivT-32b)

### Entstehungsgeschichte

Weil die MAN Vertretern des RZA Berlin im Zuge der Besichtigung in ihrem Nürnberger Werk einen neuen Zweiwellenmotor vorführen konnte, der aufgrund seiner Bauart 2 x 210 PS, also 420 PS leistete, erhielt sie im Sommer 1933 die Zusage zur Erprobung eines entsprechenden Motors in einem vierachsigen Verbrennungstriebwagen. Bei einem Besuch des Reichsbahn-Generaldirektors sowie der Reichsbahndirektoren *Anger* und *Dr. Fuchs* im Nürnberger Werk forderte die MAN, sie bei der Lieferung der für Triebwagen im Beschaffungsprogramm 1934 benötigten 410-PS-Motoren stärker zu beteiligen. Die Reichsbahn prüfte die weiteren Vorschläge und entschloss sich daraufhin unter Berücksichtigung des Arbeitsbeschaffungsprogramms für den Winter 1933/34, der MAN Aufträge für einen neuen 12-Zylinder-420-PS-Einwellenmotor, zwei baugleiche Motoren mit Aufladung für 600 PS sowie sechs 210-PS-Motoren mit Aufladung auf 290 PS und drei 150-PS-Motoren mit Aufladung auf 210 PS zu erteilen. Dabei ging sie bewusst das Risiko ein, dass alle Motoren noch nicht fertig entwickelt und erprobt waren und alle damit zu bauenden Triebwagen nur als Versuchswagen zu betrachten waren[282].

Entsprechend der o.g. Auftragserteilung (Vertrag 24.278) sollte der 420-PS-Triebwagen aus den im Beschaffungsprogramm 1933 eingeplanten vierachsigen 410-PS-Triebwagen der Gattung BC4ivT-32b abgeleitet werden. Die MAN erarbeitete einen neuen Zeichnungssatz, in dem die Konstruktion des Fahrzeuges an die Gegebenheiten des neuen Motors angepasst wurde. Der Wagen wurde nach seiner Fertigstellung von der Reichsbahn unter der Nummer 137 074 eingereiht.

### Aufbau und Technik

Basierend auf der Konstruktion des BC4ivT32b für die Wagen 137 031 - 035 erfolgte die Ausführung des Versuchstriebwagens. Einziger äußerlicher Unterschied waren die längeren Handgriffe an den Einstiegstüren. Für den neuen Motor war vor allem die Konstruktion des Drehgestells zu verändern, das einen symmetrischen Achsstand von 1750 + 1750 mm erhielt.

Der neuentwickelte Zweiwellenmotor mit 420 PS (rd. 308,9 kW) Leistung war aus dem 210-PS-Dieselmotor abgeleitet und besaß zweimal sechs Zylinder in Reihe, wobei beide Kurbelwellen mit Zahnrädern verbunden waren und auf einen gemeinsamen Antrieb arbeiteten. Traktionsgenerator, Fahrmotoren sowie die weitere elektrische Ausrüstung entsprachen den anderen Wagen dieser Gattung, ebenso die BBC-Vielfachsteuerung.

Wie auch die fünf Vorgängerwagen wurden in 137 074 nachträglich die Trennwände zu den 3.-Klasse-Abteilen eingebaut. Später erhielt er u.a. ein zusätzliches Druckluftläutewerk. Für den Einsatz der US-Streitkräfte erhielt der Wagen einen Rauch- und einen Schlafsalon, einen Besprechungsraum und eine Küche im mittleren Einstiegsbereich. Ab 1947 besaß der Wagen auch eine RZM-Mehrfachsteuerung. Im Mai 1952 erhielt der Wagen einen neuen Daimler-Benz-Dieselmotor MB 836.

### Einsatz und Verbleib

Die Auslieferung des Wagens verzögerte sich bis Ende 1934. Er sollte nach seiner Fertigstellung zusammen mit dem Steuerwagen 145 070 dem LVA in Berlin-Grunewald zugeteilt werden, um die neue Antriebsanlage erproben zu können. Erst anschließend wollte das RZM über seine weitere Verwendung entscheiden[283].

**Der zum Bw Freilassing gehörende VT 33 002 im Münchener Hauptbahnhof am 25. Mai 1959. Ab September 1960 gehörte er zum Bw Kempten.** *Foto: Joachim Claus. Sammlung Günther Dietz*

Nach eingehender Erprobung ab 15.12.1934 wurde der Versuchswagen am 15. Februar 1935 dem Bw Flensburg zugeteilt, wo er vier Jahre im Einsatz stand. Am 7. April 1939 erfolgte seine Umbeheimatung nach Krefeld. Nachweise über eine Verwendung als Notstromtriebwagen in den Kriegsjahren sind nicht bekannt. Allerdings lässt die erste Nachkriegserfassung von 1945 in Wesermünde darauf schließen, dass auch dieser Wagen gegen Ende des Krieges noch für die Marine herangezogen wurde.

Der als Dienstwagen für die US-Streitkräfte genutzte Wagen wurde am 21. März dem Bw Frankfurt/Main 1 zugeteilt und fuhr zwischen dem US-Hauptquartier in Frankfurt und Bremen/Wesermünde. Das RZA München vergab 1947 für den Wagen die neue Nummer VT 39 000, die er bis 1952 trag. Ab 21.03.1947 in Bielefeld war er ab dem 08.07.1950 wieder in Frankfurt beheimatet. Vorher war er im EAW Nürnberg wieder für den zivilen Einsatz zurückgebaut worden. Ab dem 7. Mai 1952 befand sich der Wagen im z-Bestand des Bw Frankfurt-Griesheim, erhielt aber eine T4 sowie den neuen Dieselmotor. Anschließend lief er als VT 32 002 beim Bw Freilassing sowie ab 7. September 1955 beim Bww München Hbf. Fünf Jahre später überstellte ihn die BD München zum 07.09.1960 an des Bw Kempten, wo er vier Jahre später, am 07.09.1964, ausgemustert wurde.

**Maschinendrehgestell des 137 074 mit dem MAN-Zweiwellenmotor.**
*Werkfoto MAN. Sammlung Günther Dietz*

In Aachen bei Talbot wurde nach seiner Fertigstellung „137 088 Breslau" vom Werkfotografen festgehalten. Er gehörte zu den 14 Triebwagen aus dem Beschaffungsprogramm 1934. *Werkfoto Talbot. Sammlung Günther Dietz*

## 137 080 - 093 (BC4ivT-34)

### Entstehungsgeschichte

Im Beschaffungsprogramm 1934 wurden nochmals 14 Triebwagen mit dem so genannten Essener Grundriss genehmigt. Die nach Vertrag 03.966/64.542 beschafften Fahrzeuge wurden bei der Düsseldorfer Waggonfabrik sowie Talbot in Aachen in Auftrag gegeben. Alle 14 Triebwagen kamen in der ersten Jahreshälfte 1935 zur Auslieferung und wurden von der Reichsbahn als Gattung BC4ivT-34 unter den Nummern 137 080 bis 093 eingereiht.

### Aufbau und Technik der Fahrzeuge

Die Fahrzeuge folgten in Konstruktion und Ausführung weitgehend den Triebwagen der Gattung BC4ivT-32b, jedoch waren an den Einstiegen längere Handläufe montiert. Der Einbau der Trennwände zwischen den Einstiegsräumen und den 3.-Klasse-Abteilen wurde noch vor Ablieferung als Bauartänderung von der Reichsbahn genehmigt und von den Lieferfirmen ausgeführt[284].

Die Maschinenanlage war wie bei den vorbeschriebenen Fahrzeugen dieser Bauart angeordnet. Die Dieselmotoren mit 410 PS (rd. 301,6 kW) wurden von der Firma Maybach hergestellt, während die elektrische Ausrüstung der Wagen 137 080 - 086 von der BBC, die des 137 087 von der AEG und die der 137 088 - 093 von den SSW kamen. Die Triebwagen 137 080 - 086 waren mit BBC-Vielfachsteuerung ausgerüstet. Sie gestattete mit fünf Drehzahlstufen die Steuerung von zwei Triebwagen vom jeweils vorderen Führerstand des Trieb- oder Steuerwagens aus. Auch war ein Zusammenlauf mit Fahrzeugen mit der RZM-Steuerung möglich. Die Triebwagen 137 087 - 093 besaßen dagegen die RZM-Mehrfachsteuerung.

Die Bremse war bei den 137 080 - 093 als Hikpt-Klotzbremse ausgeführt. Die beiden ersten Wagen, 137 080 und 081, wurden noch mit Knorr-Zweikammerbremse ausgeliefert und später umgebaut. Die Druckluft wurde von einem elektrisch angetriebenen Knorr-Luftverdichter VV48/75G erzeugt (bei 137 074 V70/150). Die Batterie mit einer Kapazität von 180 Ah wurde vom Hilfs- bzw. Erregergenerator geladen. Die Wagen 137 080 - 084 erhielten 1936 eine Zwischenwand im Abteil 2. Klasse. Ein Jahr später wurden alle Wagen mit einer selbsttätigen Lüfterkupplung ausgerüstet. Bereits 1938 mussten die Untergestelle der Fahrzeuge verstärkt werden. Einige Wagen erhielten im selben Jahr Druckluftläutewerke und wurden zwischenzeitlich mit GO56-Dieselmotoren ausgerüstet. Für den vorgesehenen Kriegseinsatz wurde ab 1940 der Umbau zur Verwendung als Notstromaggregate durchgeführt, zudem erhielten die Wagen Kühlwasser-Ofenheizungen.

Die beiden nach Kriegsende im Besatzerverkehr verwendeten VT 33 204 und VT 33 211 wurden wie folgt umgebaut:

- VT 33 204 (US-Army): Seitengang, Salonraum ab Gepäckraumende, Bad, Küche, Salon-Schlafraum, Vierbett-Schlafabteil, Seitengang.
- VT 33 211 (Franz. Armee) Mitteleinstieg entfernt, Seitengang, zwei Schlafräume, drei Zweibett-Schlafkabinen.

Von der DB wurden noch folgende Bauartänderungen durchgeführt:

- Umbau aller Abteile in die 2. Klasse bei VT 33 205 für Einsatz 1949/50 als Dt 49/50 zw. Dortmund u. Frankfurt/M.
- Koksgefeuerte Warmwasser-Unterflurheizung bei VT 33 205 und 207.
- Neue Sitze mit Sitzteilung 2 + 2 in VT 33 205 (15/37 Sitzplätze).
- Neue Sitze mit Sitzteilung 1 + 2 in der 2. und 2 + 2 in der 3. Klasse bei VT 33 212 (12/37 Sitzplätze).
- Neue Sitze mit geändertem Sitzabstand bei VT 33 212 (16/38 Sitzplätze) + Traglastenraum.

Die DR rüstete 1963 zumindest 137 092 noch ersatzweise mit einem ČKD-Motor vom Typ 12 V 170 aus.

### Einsatz und Verbleib

Der Einsatz dieser 14 Triebwagen der Nummerreihe 137 080 - 093 war noch im Februar 1935 in folgenden Direktionen vorgesehen: 137 080 - 086 für RBD Köln, 137 087 für RBD Frankfurt/M, 137 088 - 093 für RBD Breslau[285]. Die Anlieferung ab Ende Februar 1935 erfolgte an die Bahnbetriebswerke Krefeld (137 080 - 085), Halle (137 086), Frankfurt/M (137 087), Hagen-Eckesey (137 088, 093) und Wuppertal-Steinbeck (137 089 - 092). Die Verteilung ab Januar 1937 sah wie folgt aus: Bw Krefeld (137 080 – 085), Bw Halle (137 086), Bw Frankfurt/M (137 087), Bw Steinbeck (137 088 – 093). Später wurde 137 087 von Frankfurt/M nach Dortmund umbeheimatet.

Skizzenblatt des BC4ivT-34 (137 080 - 093).

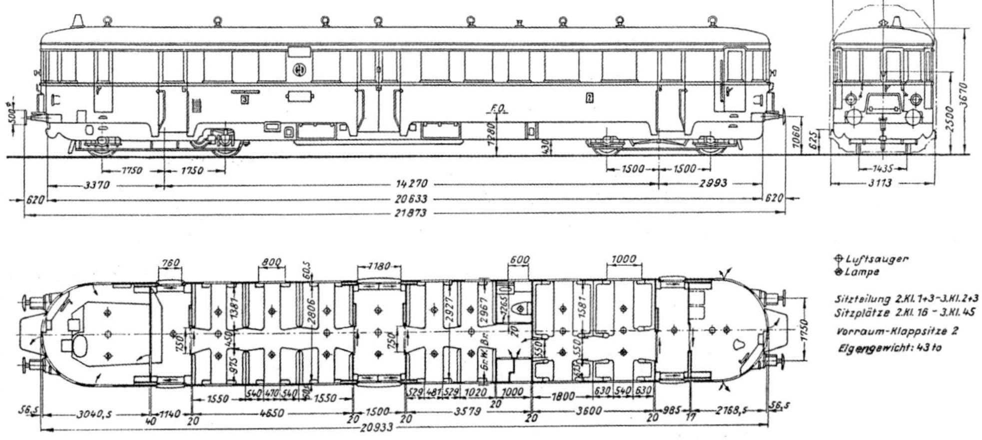


Die zum Kriegsbeginn abgestellten Fahrzeuge befanden sich im April/Mai 1940 alle in den o.g. Heimatdienststellen[286]. Doch auch für diese Wagen war der Einsatz als Notstromversorgung vorgesehen, und so rollte 137 086 als erster Wagen dieser Bauart am 1. Juli 1940 nach Lille[287]. Bis August 1940 waren auch 137 080 - 082 für die Notstromversorgung umgebaut und der RBD Köln vorerst zugeteilt worden, bevor sie im RAW Delitzsch den grauen Anstrich erhielten[288]. Bis November 1940 waren weitere Fahrzeuge abgegeben worden, die bis Kriegsende relativ stetig im Einsatz waren[289-290-291]. Ihre Standorte zeigt nachfolgende Tabelle.

| Nummer | Einsatzort OKM Nov. 1940 | Einsatzort OKM Mitte 1941 | Einsatzort OKM Ende 1943 |
|---|---|---|---|
| 137 080 | Dünkirchen | Dünkirchen | + |
| 137 081 | Dünkirchen | Dünkirchen | - |
| 137 082 | Dünkirchen | Dünkirchen | - |
| 137 083 | Rouen | - | - |
| 137 084 | - | - | - |
| 137 085 | - | Wilhelmshaven | Wilhelmshaven |
| 137 086 | Lille ▶ RAW Dessau | Wilhelmshaven | Wilhelmshaven |
| 137 087 | Ostende | Rotterdam | Pola |
| 137 088 | Boulogne | Braila | Constanza |
| 137 089 | - | - | Athen (nur Maschinendrehgestell) |
| 137 090 | Boulogne | - | Constanza (nur Maschinendrehgestell) |
| 137 091 | Boulogne | - | - |
| 137 092 | Ostende | - | - |
| 137 093 | Boulogne | Braila | Constanza |

Während der Verwendung bei der Marine wurden 137 081 und 082 in der Nacht vom 7. zum 8. Juli 1941 durch Bomben schwer beschädigt. 137 081 war *„motorseitig vollständig zerstört"*, 137 082 wies nur Teilschäden auf, 137 080 war fast unbeschädigt und als einziges der drei Fahrzeuge noch betriebsfähig[292-293]. Dementsprechend wurde 137 081 zum 29.11.41 ausgemustert. Das RZA München vermerkt unter den im Sondereinsatz befindlichen Wagen im September 1942 folgende: 137 080, 082, 083, 085, 086, 088, 090, 092 und 093[294].

In den westlichen Besatzungszonen fanden sich nach dem Krieg 137 080, 082, 083, 085, 086, 089 und 093. Der in der RBD Kassel befindliche, schwer kriegsbeschädigte 137 083 wurde am 16.05.1946 ausgemustert. Den ebenfalls komplett zerstörten 137 093 musterte die RBD Frankfurt/M am 03.07.1946 aus. Der in Österreich verbliebene 137 090 (Bregenz, Feldkirchen) wurde am 26.11.1948 an die RBD München überstellt.

Die britischen Besatzer nutzten die beiden Wilhelmshavener 137 085 und 086 anfänglich weiter als Notstromaggregate. Für die US-Army wurde 137 080 beim Bw Schweinfurt stationiert und kam im August 1946 als Konferenzwagen der US-Army zum Bww Nürnberg. Auch das Bw Kassel nutzte anfänglich den dort beheimateten 137 082 weiter als

**Links: Maschinen- und Triebdrehgestell eines BC4ivT-34 aus der Nummernreihe 137 080 - 093.** *Foto: Sammlung Günther Dietz* –
**Rechts: Trieb- und Steuerwagen zwischen Frankfurt-Louisa und Neu-Isenburg. Zwischen Sommer 1934 und 1939 waren solche Garnituren auf der Relation Frankfurt (Main) und Darmstadt unterwegs.** *Foto: Julius Vaternahm. Sammlung Dirk Winkler*

Sieben Triebwagen aus dieser Nummernreihe standen nach dem Krieg in den westlichen Besatzungszonen. Nach Überstellung eines in Österreich verbliebenen Wagens wurden sechs als VT 33.2 umgezeichnet und kamen später in den Bestand der DB. Am 4. April 1959 standen VT 33 204 (ex 137 080) und 145 086 als Et 3191 in Heidelberg. *Foto: Joachim Claus. Sammlung Günther Dietz*

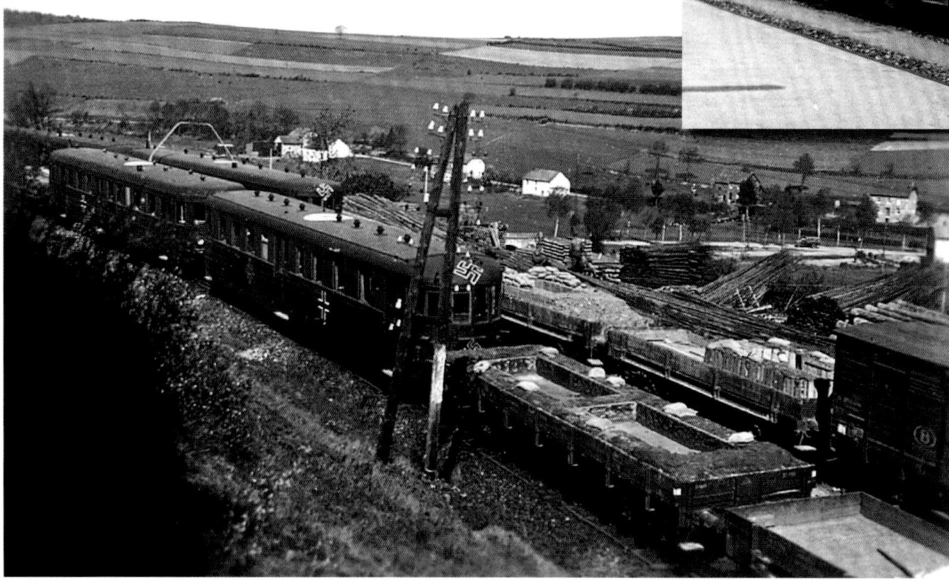

Auch die dieselelektrischen Triebwagen mit Essener Grundriss gehörten zu den ersten im Krieg eingesetzten VT. Hier ist eine Garnitur aus Trieb- und Steuerwagen an der Besetzung Belgiens im Mai 1940 beteiligt. *Foto: Sammlung Dirk Winkler*

Notstromaggregat. Ab April 1946 stand er im RAW Kassel und wurde im August selben Jahres mit eingedrücktem Dach und ausgeplündert im RAW Nürnberg abgestellt.

Vom RZA München wurden die Wagen 137 080, 082, 085, 086, 089 und 090 in VT 33 204, 205, 207, 208, 211 und 212 umgezeichnet. Ähnlich wie in der SBZ fuhren auch in den westlichen Besatzungszonen vorerst einige VT weiter im Besatzungsverkehr. 1948 waren VT 33 204 und 211 für die US-Army sowie die französische Besatzungsmacht unterwegs, VT 33 205, 208 und 207 gehörten zum Bw Bielefeld. Erst im Januar 1952 wurde VT 33 204 für die Verwendung im zivilen Bahnverkehr freigegeben, VT 33 211 folgte 1954. VT 33 205 und 207 fuhren ab 1949/50 zusammen mit VT 33 215 und 222 im Dienstreiseverkehr 2. Klasse zwischen Dortmund und Frankfurt/M (Dt49/50). Anfang der 1960er-Jahre sind die VT $33^2$ der DB vorwiegend bei Bw Landau und Bielefeld eingesetzt. Die Ausmusterung der Fahrzeuge zog sich von 1956 bis 1966 hin.

| Nummer | Verbleib | Hersteller | Ablieferung | Beheimatungen | Bemerkungen |
|---|---|---|---|---|---|
| 137 080 | DB VT 33 204 | Düwag | 28.02.35 | 06.06.35 Krf, 1945 Nü, 1948 Mü Hbf, 1951 BD Stg, 1952 Lan | + 25.10.66 |
| 137 081 | - | Düwag | 28.02.35 | 19.04.35 Krf | + 29.11.41 |
| 137 082 | DB VT 33 205 | Düwag | 02.03.35 | 29.04.35 Krf, 25.09.46 Rbd Hannover, 02.10.47 Rbd Frankfurt/M,<br>? Bil, 1949 Bww Dob, 1951 Bil | + 08.03.66 |
| 137 083 | DRw | Düwag | 02.03.35 | 31.05.35 Krf, 1946 RBD Kassel | + 16.05.46 |
| 137 084 | DR | Düwag | 23.03.35* | 08.05.35 Krf, 01.46 Hlp, 05.04.46 Wa (Notstromeins.), 15.05.48 Hlp, 05.10.57 L,<br>11.10.61 Kh, 20.03.66 Sed | abgest. 12.01.67, + 31.01.69 |
| 137 085 | DB VT 33 207 | Düwag | 15.03.35 | 29.04.35 Krf, 17.01.48 Bil, 1948 Bww Dob, 1951 Bil | + 02.12.63 |
| 137 086 | DB VT 33 208 | Düwag | 22.07.35 | 15.08.35 Hl, 01.07.40 Lille, 09.03.48 Bil, 04.12.48 Bww Dob, 28.07.51 Lan | + 14.09.65 |
| 137 087 | DR Schadfzg. | Düwag | 06.07.35 | 22.07.35 Ffm, 1939 Rbd Essen, 10.45 Flz | + 1956 |
| 137 088 | DR | Talbot | 08.05.35 | 09.05.35 Hg-Eck, ? St, 07.46 Hlp, 1957 L, 20.01.61 Kh, 21.03.66 Sed | abgest. 31.12.74,<br>+ 17.01.77, ++ 15.12.77 Wit |
| 137 089 | DB VT 33 211 | Talbot | 07.05.35 | 14.05.35 St, 1951 Of, 1952 Lan | + 09.10.57 |
| 137 090 | ÖBB ▶<br>DB VT 33 212 | Talbot | 07.05.35 | 15.05.35 St, 1945 ÖBB, 1948 DB, 01.12.48 Rbd Essen, 1949 Hbg-Alt,<br>1951 Dob, 1955 Bil | + 18.12.56 |
| 137 091 | SNCF<br>X DR 5301 | Talbot | 06.05.35 | 10.05.35 St, 1945 SNCF | + 24.10.54, Umb.<br>Beiwagen XRBDi 8836 |
| 137 092 | DR<br>185 010-6 | Talbot | 09.05.35 | 14.05.35 St, 05.46 Dr-P, 08.06.66 Asch, 01.01.69 Gü, 01.12.70 Sdl,<br>08.06.66 Rbd Magdeb., 1970 Stl | abgest. 06.10.74, + 11.03.75,<br>++ 18.05.76 Wit |
| 137 093 | DRw Schadfzg. | Talbot | 10.05.35 | 14.05.35 Hg-Eck, 06.10.35 St, 21.09.40 Kl, 27.04.41 Rumänien,<br>1946 RBD Frankfurt/M | + 03.07.46 |

* ... Inbetriebnahme

**Zum Bw Bielefeld gehörte VT 33 207, der hier zusammen mit 145 043 am 18. Mai 1961 in Herford unterwegs ist.** *Foto: Joachim Claus. Sammlung Günther Dietz*

Im Gebiet der SBZ verblieben vier Triebwagen dieser Gattung. In der TZA-Kartei sind zum 1.7.1946 die Triebwagen 137 084 und 088 im Bw Halle P, 137 087 bei der Fahrleitungsmeisterei Leipzig und 137 092 als Fahrzeug für die SMAD beim Bw Dresden-Pieschen vermerkt[295]. Aus den wenigen überlieferten Betriebsbüchern ist bekannt, dass 137 084 vom Bw Leipzig-Waren bis Juni 1947 als Notstromaggregat genutzt wurde[296]. Das Verzeichnis der in der SBZ vorhandenen Triebwagen vermerkte im September 1949: 137 084 mit Motorschaden und Warten auf RAW, 137 087 schwer beschädigt, Ausbesserung nicht möglich, 137 088 war auf eine Miene gelaufen und befand sich im RAW Dessau zur Beseitigung des Unfallschadens sowie 137 092, der auf RAW-Aufnahme wartete und wagenbaulich für die SMAD umgebaut werden sollte. Anfang Februar 1950 war 137 084 im RAW in Arbeit, 137 087 weiter abgestellt, 137 088 fuhr Planzüge und 137 092 fuhr für die SMA Dresden[297]. Aufgrund der großen Schäden wurde 137 087 nicht wieder instandgesetzt. Ab wann 137 092 für den regulären Einsatz zur Verfügung stand, ist nicht aus dem Betriebsbuch ablesbar. Die DR musterte zunächst die VT mit BBC-Steuerung aus, da diese Steuerung etwas unzuverlässig und deshalb unbeliebt war. Die VT mit RZM-Steuerung hielten sich dagegen etwas länger, nämlich bis 1977. Über die Be-

**Links: Vier Triebwagen dieser Gattung verblieben in der SBZ. Nach anfänglicher Weiternutzung als Notstromaggregate kamen drei Wagen Anfang der 1950er-Jahre wieder in den Betriebsdienst. Zwischen Leipzig und Berlin war Mitte der 1950er-Jahre der Hallenser 137 084 eingesetzt.** *Foto: Gerhard Illner. Sammlung Dirk Winkler* **— Rechts: Im Dienstverkehr zwischen dem Bw Seddin und West-Berlin war im Winter 1970 der seit 1966 zum Bw Seddin gehörende 137 088 im Einsatz.** *Foto: Sammlung Dirk Winkler*

## Technische Daten

| Betriebsnummer | | | 137 031 - 035 | 137 074 | 137 080 - 086 | 137 087 | 137 088 - 093 |
|---|---|---|---|---|---|---|---|
| Gattungsbezeichnung | | | BC4ivT-32b | BC4ivT-32b | BC4ivT-34 | BC4ivT-34 | BC4ivT-34 |
| Übersichtszeichnung | | | 20256 MAN | 20802 MAN | Düsseldorf SA P/184 | Düsseldorf SA P/184 | Düsseldorf SA P/184 |
| Radsatzanordnung | | | 2'Bo' | 2'Bo' | 2'Bo' | 2'Bo' | 2'Bo' |
| Hersteller | Wagenteil | | MAN | MAN | Düwag | Düwag | Düwag |
| | Motor | | Maybach | MAN | Maybach | Maybach | Maybach |
| | Getriebe | | - | - | - | - | - |
| | el. Ausrüstung | | BBC | BBC | BBC | AEG | SSW |
| Höchstgeschwindigkeit | | km/h | 100 | 100 | 100 | 110 | 110 |
| Länge über Puffer | | mm | 21873 | 21873 | 21873 | 21873 | 21873 |
| ges. Radsatzabstand | | mm | 17520 | 17520 | 17520 | 17520 | 17520 |
| Drehzapfenabstand | | mm | 14270 | 14270 | 14270 | 14270 | 14270 |
| Radsatzabstand Drehgestell | | mm | 3500 / 3000 | 3500 / 3000 | 3500 / 3000 | 3500 / 3000 | 3500 / 3000 |
| Treibraddurchmesser | | mm | 900 | 900 | 900 | 900 | 900 |
| Laufraddurchmesser | | mm | 900 | 900 | 900 | 900 | 900 |
| Sitzplätze | 2. Klasse | | 16 | 16 | 16 | 16 | 16 |
| | 3. Klasse | | 45 | 45 | 45 | 45 | 45 |
| Klappsitze | | | 2 | 2 | 2 | 2 | 2 |
| Stehplätze | | | 50 | 50 | 50 | 51 | 51 |
| Plätze gesamt | | | 113 | 113 | 113 | 114 | 114 |
| Dienstmasse | unbesetzt | t | 42,5 | 44,29 | 43,115 | 44,5 | 44,5 |
| | besetzt | t | 47,185 | 51,615 | 47,2 | 54,2 | 54,2 |
| | je Sitzplatz | kg | 671 | 703 | 675 | 675 | 675 |
| | je lfd. m Wagenlänge | t | 1,4 | 2,2 | 1,97 | 2,03 | 2,03 |
| spez. Antriebsleistung | | kW/t / PS/t | 7,1 / 9,7 | 7,0 / 9,6 | 7,1/9,6 | 7,1/9,6 | 7,1/9,6 |
| gr. Radsatzlast | | t | 11,8 | 13,49 | 11,8 | 12,32 | 12,32 |
| Steuersystem | | | BBC Mehrfach | BBC Mehrfach | BBC Mehrfach 1934 | RZM Mehrfach 1934 | RZM Mehrfach 1934 |
| Motor | Zahl / Bauart | | 1 / GO 5 | 1 / L2X6V 17,5/18 | 1 / GO5 | 1 / GO5 | 1 / GO5 |
| | Masse | kg | 2030 | 3330 | 2030 | 2030 | 2030 |
| | Zyl./Durchm./Hub | mm | 12 / 150 / 200 | 12 / 175 / 180 | 12 / 150 / 200 | 12 / 150 / 200 | 12 / 150 / 200 |
| | Dauerleistung | PS | 410 | 420 | 410 | 410 | 410 |
| | Drehzahl | $min^{-1}$ | 1400 | 1400 | 1400 | 1400 | 1400 |
| Art u. System d. Leistungsübertragung | | | el. BBC-Leistungs-wächter | el. BBC-Leistungs-wächter | el. BBC-Leistungs-wächter | el. RZM | el. RZM |
| Traktionsgenerator Bauart | | | G550/6 | G550/6 | G550/6 | FG 5127c | FG 5227c |
| | Stundenstrom | A / V | 556 / 450 | 556 / 450 | 556 / 450 | 556 / 450 | 700 / 360 |
| | Dauerstrom | A / V | 404 / 640 | 404 / 640 | 404 / 640 | 404 / 640 | 600 / 450 |
| | Leistung | kW | 258 | | | | |
| Hilfsgenerator | Bauart | | G 340/6 | G 340/6 | G 340/6 | FE 295b | FE 295b |
| | Dauerleistung | kW | 12 | 12 | 12 | 9 | 9 |
| Fahrmotor | Zahl / Bauart | | 2 / GDTM 1412 | 2 / GDTM 1412 | 2 / GDTM 1412 | 2/GBMy 700 | 2/GBMy 700 |
| | Std.-/Dauerleistung | kW | 117 / 114 | 117 / 114 | 117 / 114 | -/120 | -/120 |
| Motorsteuerung | | | elektrisch | elektrisch | elektrisch | elektrisch | elektrisch |
| Kraftstoffvorrat | | l | 990 | 990 | 990 | 990 | 990 |
| Heizung | | | Whz. Narag | Whz. Narag | Whz. | Whz. | Whz. |
| Beleuchtung, Stromart, Spannung | | | el. =110 V | el. =110 V | el. =110 V | el. =110 V | el. =110 V |
| Bremse | | | Kzpbr Klotz | Hikpbr (Kl) | Hikpbr (Kl) | Hikpbr (Klotz) | Hikpbr (Klotz) |

heimatung der Fahrzeuge gibt die Tabelle auf Seite 102 nähere Auskunft. Neben dem in Österreich verbliebenen Wagen befand sich ein Fahrzeug nach Kriegsende in Frankreich. Im Depot Paris La Chapelle wurde 137 091 aufgefunden, der für die Région Nord als X DR 5301 bezeichnet wurde. Nach längerer Abstellzeit wurde der Triebwagen wieder instandgesetzt, die Bestuhlung 2. Klasse durch eine für die 3. Klasse ersetzt, so dass 70 Sitzplätze zur Verfügung standen. Am 5. Mai 1947 wurde er dem Betrieb wieder übergeben.

Der Triebwagen verkehrte zusammen mit französischen Fahrzeugen auf der Strecke Paris – Beauvaise. Bis Ende 1950 legte der in der Regel mit Beiwagen verkehrende Triebwagen rund 146.000 km zurück. Ab 1951 wurde er nach Lille Rouges Barres umbeheimatet und im Vorortverkehr der Region eingesetzt. Zum 24. Oktober 1954 erfolgte seine Ausmusterung. Anschließend wurde er im Atelier de Laon zum Beiwagen XR 8836 umgewandelt. Dabei wurden Untergestell und Wagenkasten komplett umgebaut, so dass ein Mitteleinstiegswagen mit davon abgehenden, nahezu gleichlangen Fahrgastabteilen entstand. Maschinen- und Triebdrehgestelle wurden durch Schwanenhalsdrehgestelle französischer Bauart ersetzt. Der Beiwagen erhielt 86 Sitzplätze 2. Klasse[298].

# Triebwagen mit Einheitsgrundriss 1935

Westwaggon-Werkbild des 137 100. *Foto: Sammlung Günther Dietz*

## 137 094 - 110, 137 164 - 223 (BC4ivT-34b)

### Entstehungsgeschichte

Nachdem bis 1934 bei der Firma MAN fünf Eiltriebwagen mit sogenanntem „Essener Grundriß“, die bei 21.873 mm Wagenlänge nur eine Leermasse von 42,3 t hatten, entstanden waren, ließ das RZM 1933 aus dem „Essener Grundriß“ einen neuen Wagengrundriss entwickeln, der als Einheitsgrundriss (später auch Einheitsgrundriss 1935), bezeichnet wurde[299]. Im Gegensatz zu den Triebwagen mit Essener Grundriss wurden die Abteile 3. Klasse komplett am Motorende des Fahrzeugs angeordnet, der Abort in den Bereich des Einstiegsraums integriert sowie das Gepäckabteil vergrößert. Durch diese neue Anordnung besaßen die Fahrzeuge fünf Sitzplätze in der 3. Klasse weniger.

Es entstand in den Jahren 1935 bis 1937 mit insgesamt 85 Fahrzeugen, einschließlich der acht Versuchstriebwagen 137 156 - 159, 137 160, 161 und 137 271, 272 (s. dort) die größte Stückzahl der insgesamt von der Reichsbahn beschafften Verbrennungsmotortriebwagen mit einheitlichem Erscheinungsbild.

Im Beschaffungsprogramm 1934 sowie dem Zusatzprogramm 1934 waren insgesamt 77 Triebwagen mit Einheitsgrundriss enthalten, deren Lieferung auf fünf Firmen verteilt wurde. Den Entwurf für die Fahrzeuge fertigte Westwaggon in Köln-Deutz[300]. Innerhalb dieser 77 Fahrzeuge, die alle einheitlich als Gattung BC4ivT-34b bezeichnet wurden, gab es jedoch zahlreiche Bauartunterschiede, die die Antriebsanlage betrafen und weiteren Versuchen des RZM geschuldet waren. Abgeliefert wurden die Triebwagen von Sommer 1935 bis Spätsommer 1936 von Westwaggon (VT 137 094 - 100, 137 186 - 217), der Düsseldorfer Waggonfabrik (VT 137 101 - 110, 137 168 - 177), der Waggonfabrik Wismar (VT 137 164 - 167), Talbot in Aachen (VT 137 178 - 185) und MAN in Nürnberg (VT 137 218 - 223).

### Aufbau und Technik

Untergestelle aus St-37-Profilen und Wagenkästen aus leichten Walz- und Abkantprofilen waren geschweißt, das Dach aus 1 mm dickem Blech war genietet. Die innere Deckenverschalung bestand aus 3 mm starkem Sperrholz. Der Fußboden bestand aus 20 mm dicken Kiefernbohlen mit Linoleumbelag. Zur Verminderung des Luftwiderstands besaßen die Wagen eine Schürze aus 1 mm starkem Blech. Zur Wartung der unterflur eingebauten Geräte waren Teile der Schürze als Klappen ausgebildet. Die Gestaltung des mittleren Einstiegs mit Doppelschiebetüren mit 970 mm lichter Weite hatte man belassen. Alle Fenster im Fahrgastraum waren als Kurbelfenster ausgebildet. Als Heizung war eine Unterflur-Warmwasserheizung, Bauart Stangen, vorhanden.

Die geschweißten Drehgestelle entsprachen in der Federanordnung der Görlitzer Bauart und bestanden aus Stahlprofilen. Die Leichtbau-Radsätze hatten 900 mm Laufkreisdurchmesser. Sie liefen in Rollenlagern der Firmen Jaeger oder Fischer. Die Neigung der Laufflächen war 1:20/1:40.

Skizzenblatt des BC4ivT-34b (137 094 - 110, 137 164 - 223).

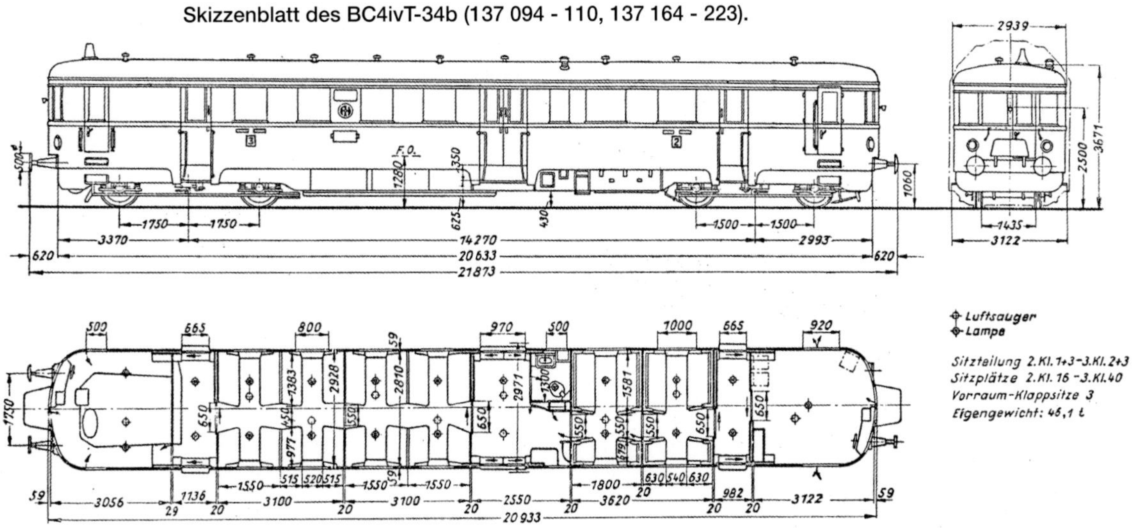

**Wismar liefert die Triebwagen 137 164 - 167 mit Maybach-GO5-Dieselmotoren und RZM-Vielfachsteuerung.**
*Werkfoto Waggonfabrik Wismar. Sammlung Dirk Winkler*

**Auf der Streckenverbindung Chemnitz – Leipzig war diese Garnitur aus VS-VT-VS Mitte Mai 1937 unterwegs.**
*Foto: Sammlung Dirk Winkler*

Dieselmotor und Generator waren im Maschinendrehgestell angeordnet, wobei der Dieselmotor, wie bei den vorherigen Bauarten gleicher Leistung, in den Wagenkasten hineinragte. Die Fahrmotoren waren im hinteren Drehgestell als Tatzlagermotoren angeordnet.

Die Antriebs- und Steuerungsanlagen der Triebwagen dieser Gattung wichen zum Teil erheblich voneinander ab. Die Fahrzeuge besaßen größtenteils die RZM-Vielfachsteuerung, geliefert von der AEG. Die Drehzahl wurde elektrisch mit dem Drehzahlsteller in fünf Stufen eingestellt. Hauptstromgenerator, Hilfsstromgenerator und Fahrmotoren stammten von SSW. In die Wagen 137 192 und 193 wurde zur Vermeidung von Drehzahldrückungen des Dieselmotors versuchsweise die BBC-Servo-Feldreglersteuerung eingebaut. Nachfolgend sollen die unterschiedlichen Ausrüstungen kurz zusammengefasst werden.

- **137 094** Maybach-Dieselmotor mit 410 PS (rd. 301,6 kW) Leistung, Bauart GO 56, mit RZM-A-Schaltung
- **137 095, 096** Maybach-Dieselmotor mit 410 PS (rd. 301,6 kW) Leistung, Bauart GO 56, mit RZM-B-Schaltung
- **137 097 - 110, 137 210 - 223** MAN-Zweiwellen-Dieselmotor mit 420 PS (rd. 308,9 kW) Leistung, Bauart L2 x 6 V 17,5/18, mit RZM-Vielfachsteuerung
- **137 110** MAN-Einwellen-Dieselmotor mit 420 PS (rd. 308,9 kW) Leistung, Bauart L 12 V 17,5/18 (Versuchsmotor mit geschweißtem Stahlblechgehäuse und einzeln aufgeschweißten Zylindern), mit RZM-Vielfachsteuerung
- **137 164 - 187, 137 191, 137 194 - 209** Maybach-Dieselmotor mit 410 PS (rd. 301,6 kW) Leistung, Bauart GO5, mit RZM-Vielfachsteuerung
- **137 192, 193** Maybach-Dieselmotor mit 410 PS (rd. 301,6 kW) Leistung, Bauart GO 5, mit BBC-Servo-Feldreglersteuerung
- **137 188 - 190** Dieselmotoren der Firma Daimler-Benz mit 450 PS (rd. 330,9 kW), Bauart OM 86, mit RZM-Vielfachsteuerung

Die Kühlanlage der Firma Windhoff war wie bei den anderen Triebwagen neuerer Bauart unter dem Wagenfußboden untergebracht. Die Lüfterräder wurden vom freien Wellenende des Hauptgenerators angetrieben. 1936/37 wurde zur besseren Regelung der Kühlwassertemperatur noch eine temperaturabhängig gesteuerte Lüfterkupplung eingebaut. Zum Vorwärmen des Kühlwassers war eine Vorwärmeinrichtung zum Vorwärmen mit Fremddampf vorhanden. Die Druckluft wurde durch den elektrisch angetriebenen

**Im Bahnhof Dietmannsried auf der Strecke von Kempten nach Neu-Ulm wartete am 28. August 1950 der zum VT 32 016 umgezeichnete 137 219. Er hatte bei der Instandsetzung nach Kriegsende seine Schürzen verloren.** *Foto: Sammlung Dr. Brian Rampp*

**Der einzige bei der DB verbliebene Triebwagen mit 450-PS-Daimler-Dieselmotor wurde als VT 30 001 eingereiht. Hier verlässt er mit VS 145 082 am 25. Juni 1960 Darmstadt.**
*Foto: Joachim Claus. Sammlung Günther Dietz*

Knorr-Luftverdichter VV 48/75 G erzeugt. Das 110-Volt-Bordnetz wurde von der Batterie mit 200 Ah Kapazität gespeist. Die Batterieladung erfolgte vom Hilfsgenerator. Angelassen wurden die Dieselmotoren vom Hauptgenerator mit Batteriestrom. Die Fahrzeuge besaßen die Notfahrschaltung zur Räumung der Strecke bei Ausfall des Dieselmotors.

Während die Fahrzeuge allgemein eine Trommelbremse mit außen-, wie auch innenliegenden Bremstrommeln und Drucköhandbremse besaßen, war bei den VT 137 208 und 209 versuchsweise eine Scheibenbremse vorhanden. Die Sicherheitsfahrschaltung entsprach der Bauart RZM. Die nur auf die Achsen des Triebdrehgestells wirkende Handbremse war bei 137 097 - 110 und 137 218 - 223 von der Firma Knorr, bei 137 210 - 217 von der Firma Teves hergestellt. Dadurch konnten die Triebdrehgestelle nur bedingt zwischen den Wagen getauscht werden.

Das Untergestell besaß an den Enden leichte Zug- und Stoßvorrichtungen. Die Stangenpuffer hatten einen Tellerdurchmesser von 500 mm. Die VT 137 094 - 110, 137 186 - 190 besaßen die normale Langkupplung, während die Wagen 137 164 - 185, 137 202 - 203 und 137 210 - 223 mit Kurzkupplung, einem Stoßpuffer und einer Stoßplatte an der Pufferbohle auf einer Wagenseite ausgerüstet waren[301]. Zeitweilig waren in die Triebwagen 137 174 (08.1937 - 12.1938) und 137 181 (06.1937 - 04.1939) Deutz-Dieselmotoren der Bauart A12M320 mit 360 PS (rd. 264,8 kW) Leistung eingebaut.

Wesentliche Bauartänderungen waren 1937/38 der Einbau verstärkter Treibachsen in alle Fahrzeuge. Zudem mussten Brandschutzmaßnahmen ergänzt werden (Auspuffrohr-Isolierung). Im Krieg wurden die Fahrzeuge auf die kombinierte Kühlwasser-/Ofenheizung umgebaut sowie als fahrende Notstromaggregate hergerichtet.

Nach dem Krieg wurden bei der DB 1951/52 die Triebwagen 137 097, 098 und 107, 222, 223 und 214 auf hydraulische Leistungsübertragung mit Voith-Zweiwandlergetriebe der Bauart T 24a umgebaut. Zudem erhielten sie Maybach-GO6-Motoren mit 600 PS (rd. 441,3 kW) Leistung. Das Maschinendrehgestell wurde hierbei zum Maschinentriebdrehgestell, während das vorherige Triebdrehgestell zum Laufdrehgestell wurde. Alle Drehgestelle erhielten Achslenker. Die Abgasanlage mit neuem Schalldämpfer wurde auf dem Dach installiert. Diese Wagen wurden als VT 255 bezeichnet.

**Der VT 25 502 gehörte zu den auf hydrodynamische Kraftübertragung umgebauten Wagen der Gattung BC4ivT-34b. Im Vorfeld des Kölner Hauptbahnhofs entstand am 16. April 1960 diese Aufnahme. Im Schlepp hat der Triebwagen VS 145 008 und 007.**
*Foto: Joachim Claus. Sammlung Günther Dietz*

**Links: Mit heller Abgasfahne schiebt VT 33 218 (ex 137 169) am 3. Mai 1963 eine Garnitur aus dem Hannoveraner Hauptbahnhof.** *Foto: Joachim Claus. Sammlung Günther Dietz* **– Rechts: Die ausgebrannten Reste von 137 184 standen Mitte Juni 1948 im RAW Dessau. Seine Ausmusterung wurde 1949 genehmigt.** *Foto: Sammlung Dr. Brian Rampp*

Bei dem Triebwagen 137 108 wurde der Zweiwellenmotor gegen den Einwellenmotor getauscht. Weiterhin erhielten die VT 32 005 (ex 137 102), 32 007 (ex 137 104), 32 010 (ex 137 108) und 32 011 (ex 137 110) den Daimler-Benz-Dieselmotor MB 836 Ab. Der VT 32 014 erhielt bereits 1950 einen Maybach-GO56-Motor und wurde zum VT 33 232 umgezeichnet. In den VT 33 231 (ex 137 205) der DB wurden Polstersitze in

**Für den Einsatz als Salontriebwagen wurden der Wagenkasten sowie Grundriss und Ausstattung von 137 101 umfänglich verändert. 1969 war er in Leipzig unterwegs.** *Foto: Günther Dietz*

**137 193 überstand den Kriegseinsatz bei der Marine und gelangte in den Bestand der DB, wo er in VT 33 225 umgezeichnet wurde. Im Mai 1967 stand er im Bw Bielefeld, drei Monate später wurde er ausgemustert.** *Foto: Richard Schulz, Sammlung Dirk Winkler*

Sitzteilung 2 + 2 in die 3. Klasse eingebaut. Bei der DB erhielten nach dem Krieg die Trieb-, Steuer- und Beiwagen einen roten Anstrich nach RAL 3004.

Bei verschiedenen Triebwagen wurden darüber hinaus noch weitere Bauartänderungen durchgeführt. Die später bei der DR aufgearbeiteten Triebwagen 137 167, 199, 212, 213 und 220 erhielten in der 2. Klasse die Sitzteilung 2+2, wodurch die Zahl der Sitzplätze auf 16/32 sank. Ab 1961 wurden die bei der DR im Betrieb befindlichen Wagen mit neuen ČKD-Dieselmotoren ausgerüstet.

### Einsätze und Verbleib

Die ab April 1935 abgelieferten Fahrzeuge wurden zunächst bei folgenden Bahnbetriebswerken beheimatet: Frankfurt/M (137 094, 188 - 190), Bww Dortmund Bbf (137 095, 096, 164 - 166, 168, 171, 173, 176, 187, 191 - 203, 206 - 209, 271, 272), Karlsruhe P (137 097 - 102, 107) Altona (137 103), Neumünster (137 104), Kempten (137 105, 106, 108 - 110), Essen (137 167, 170, 172, 174), Oberhausen (137 169, 175, 177 - 185, 217), Dresden-Pieschen (137 204, 205), Dortmunderfeld (137 210 - 216) und Breslau Hbf (137 218 - 223).

Die Triebwagen wurden vorwiegend im Ruhrschnellverkehr mit ihren Steuerwagen eingesetzt. Dabei wurden u.a. auch aus sechs Wagen bestehende Züge gebildet. In den übrigen Einsatzstellen liefen die Fahrzeuge vorwiegend im Eilzugverkehr mit den ihnen zugeordneten Steuerwagen.

Die Fahrzeuge des Bw Dortmunderfeld wurden 1936 zum neuerbauten Bww Dortmund Betriebsbahnhof umbeheimatet. Nach größeren Umbeheimatungen waren Anfang 1937 die Triebwagen wie folgt verteilt: Bww Dortmund Bbf (137 094 - 096, 164 - 169, 186, 187, 191 - 203, 206 - 209), Bw Dresden-Pieschen (137 204, 205), Bw Karlsruhe (137 097, 098, 106, 107), Bw Flensburg (137 099), Bw Neumünster (137 100 - 105), Bw Kempten (137 108 - 110, 210 - 217), Bw Essen Hbf (137 170 - 173, 175 - 177), Bw Krefeld (137 174, 181), Bw Oberhausen (137 178 - 180, 182 - 185), Bw Frankfurt/M (137 188 - 190), Bw Breslau Hbf (137 218 - 223).

Mit Kriegsausbruch wurden die Fahrzeuge zum großen Teil abgestellt. In der RBD Essen blieben die Wagen 137 094 - 096, 184 - 188, 190 - 203 und 206 - 209 bis mindestens Januar 1941 im Einsatz. Die übrigen Wagen wurden ab Ende 1940 militärischen Zwecken als Notstromaggregate, Befehlshaberwagen und zum Entmagnetisieren von Schiffen zugeführt. Dafür wurden bereits Mitte November 1940 im RAW Dessau und im RAW Wittenberge an den Triebwagen 137 164 - 173 und 174 - 183 der Heizungsumbau, der Umbau zur Notstromerzeugung sowie der graue Anstrich durchgeführt. Der größte Teil dieser Triebwagen wurde der Marine als mobile Stromerzeuger zur Verfügung gestellt. Erste Wagen gingen mit 137 165, 166 und 168 bereits am 31.1.41 nach Rotterdam (Schiehafen - E-Messstelle).

Beispielhaft sei hier der Verwendungszweck der beiden Triebwagen 137 164 und 169 genannt, die der magnetischen Messgruppe des OKM, Zweigstelle Brunsbüttelkoog, für die Speisung von Gegenmagnetisierungsschleifen dienten. Da die Maschinenanlage eines VT mit 240 kW zu schwach war für die notwendigen 330 kW Leistung, wurden die beiden VT-Generatoren parallel geschaltet. Dies war möglich, da die Generatoren die gleiche Charakteristik aufwiesen. Weitere Wagen wurden im Sommer 1940 (137 194, 199) sowie im Sommer 1941 umgebaut: 137 108, 110, 184, 203, 205, 210, 216. Ab Ende 1941 gingen auch einige dieser Triebwagen zum Oberkommando des Heeres (OKH) an die Ostfront. Die Einsatzorte sind in der nachfolgenden Tabelle vermerkt.

### Bekannte Einsatzorte der Notstromtriebwagen zwischen 1941 und 1943

| Nummer | Einsatzort OKM Mitte 1941 | Einsatzort OKH Ende 1941 | Einsatzort OKM Ende 1943 |
|---|---|---|---|
| 137 094 | - | Tschaplio | - |
| 137 106 | Rotterdam | - | - |
| 137 108 | Rotterdam | - | - |
| 137 164 | Brunsbüttelkoog | - | Brunsbüttel |
| 137 165 | Rotterdam | - | Hamburg |
| 137 166 | Rotterdam | - | Antwerpen |
| 137 167 | Kiel-Holtenau | - | Stettin |
| 137 168 | Rotterdam | - | Antwerpen |
| 137 169 | Brunsbüttelkoog | - | Brunsbüttel |
| 137 170 | Kiel-Holtenau | - | Pillau |
| 137 171 | Rostock | - | La Spezia |
| 137 172 | Rostock | - | La Spezia |
| 137 173 | Rotterdam | - | Boulogne |
| 137 174 | Rotterdam | - | Dünkirchen |
| 137 175 | Rotterdam | - | St. Malo |
| 137 176 | Rotterdam | - | Toulon |
| 137 177 | Rotterdam | - | St. Malo |
| 137 178 | Rotterdam | - | Cherbourg |
| 137 179 | Rotterdam | - | Genua |
| 137 180 | Rotterdam | - | Brest |
| 137 181 | Rotterdam | - | Marseille |
| 137 182 | Rotterdam | - | Toulon |
| 137 183 | Rotterdam | - | Boulogne |
| 137 184 | Posen | - | - |
| 137 186 | Rotterdam | - | Stettin |
| 137 187 | Drontheim | - | Drontheim |
| 137 190 | - | - | Kiel |
| 137 190 | - | - | Pillau |
| 137 191 | - | Smolensk | Paris |
| 137 192 | - | Smolensk | Hamburg |
| 137 193 | - | Smolensk | Hamburg |
| 137 194 | - | Smolensk | Stettin |
| 137 195 | - | Bobrinskaja | Antwerpen |
| 137 196 | - | Bobrinskaja | Hamburg |
| 137 199 | - | Smolensk | - |
| 137 200 | Drontheim | - | Drontheim |
| 137 201 | - | - | Bergen |
| 137 202 | - | - | Bergen |
| 137 203 | Drontheim | - | Drontheim |
| 137 206 | - | - | Rostock |
| 137 207 | - | - | Rostock |
| 137 208 | - | - | Bergen |
| 137 209 | - | - | Pillau |
| 137 211 | - | Pleskau | - |
| 137 212 | - | Pleskau | - |
| 137 215 | - | Pleskau | - |
| 137 217 | - | Pleskau | - |

## Technische Daten

| Betriebsnummer | | 137 094 | 137 095 - 096 | 137 097 – 100 | 137 101 – 110 |
|---|---|---|---|---|---|
| Gattungsbezeichnung | | BC4ivT-34b | BC4ivT-34b | BC4ivT-34b | BC4ivT-34b |
| Übersichtszeichnung | | 18629d Köln-Deutz | 18629d Köln-Deutz | 18629d Köln-Deutz | 18629d Köln-Deutz |
| Radsatzanordnung | | 2'Bo' | 2'Bo' | 2'Bo' | 2'Bo' |
| Hersteller Wagenteil | | Westwaggon | Westwaggon | Westwaggon | Düwag |
| Motor | | Maybach | Maybach | MAN | MAN |
| Getriebe | | - | - | - | - |
| el. Ausrüstung | | AEG/BBC/SSW | AEG | AEG/SSW | AEG/SSW |
| Höchstgeschwindigkeit | km/h | 90 | 110 | 110 / 90 | 110 / 90 |
| Länge über Puffer | mm | 21873 | 21873 | 21873 | 21873 |
| ges. Radsatzabstand | mm | 17520 | 17520 | 17520 | 17520 |
| Drehzapfenabstand | mm | 14270 | 14270 | 14270 | 14270 |
| Radsatzabstand Drehgestell | mm | 3500 / 3000 | 3500 / 3000 | 3500 / 3000 | 3500 / 3000 |
| Treibraddurchmesser | mm | 900 | 900 | 900 | 900 |
| Laufraddurchmesser | mm | 900 | 900 | 900 | 900 |
| Sitzplätze 2. Klasse | | 16 | 16 | 16 | 16 |
| 3. Klasse | | 45 | 40 | 45 | 40 |
| Klappsitze | | 3 | 3 | 3 | 3 |
| Stehplätze | | 44 | 44 | 44 | 44 |
| Plätze gesamt | | 108 | 103 | 108 | 103 |
| Dienstmasse unbesetzt | t | 47,2 | 47,5 | 48,3 | 48,5 |
| besetzt | t | 56,37 | 57,15 | 54,91 | 58,15 |
| je Sitzplatz | kg | 785 | 803 | 815 | 815 |
| je lfd. m Wagenlänge | t | 2,15 | 2,12 | 2,19 | 2,21 |
| spez. Antriebsleistung | kW/t / PS/t | 6,5/8,8 | 6,3/8,5 | 6,4/8,7 | 6,4/8,7 |
| gr. Radsatzlast | t | 12,82 | 13,15 | 13,9 | 13,88 |
| Steuersystem | | RZM Mehrf. 1934 | RZM Mehrf. 1934 | RZM Mehrf. 1934 | RZM Mehrf. 1934 |
| Motor Zahl / Bauart | | 1 / GO5 | 1 / GO5 | 1 / L2X6V 17,5/18 | 1 / L2X6V 17,5/18 |
| Masse | kg | 2030 | 2030 | 3330 | 3330 |
| Zyl./Durchm./Hub | mm | 12 / 150 / 200 | 12 / 150 / 200 | 12 / 175 / 180 | 12 / 175 / 180 |
| Dauerleistung | PS | 410 | 410 | 420 | 420 |
| Drehzahl | $min^{-1}$ | 1400 | 1400 | 1400 | 1400 |
| Art u. System d. Leistungsübertr. | | el. RZM-A | el. RZM-B AEG-Volllastsch. | el. RZM. | el. RZM. |
| Traktionsgenerator Bauart | | FG 5227c | FG 5227b | FG 5227c | FG 5227c |
| Stundenstrom | A / V | 700/360 | 700/360 | 700/360 | 700/360 |
| Dauerstrom | A / V | 600/450 | 600/450 | 600/450 | 600/450 |
| Leistung | kW | | | | |
| Hilfsgenerator Bauart | | FE 295b | FE 2911 | FE 295b | FE 295b |
| Dauerleistung | kW | 9 | 9 | 9 | 9 |
| Fahrmotor Zahl / Bauart | | 2/GBMy 700 | 2/GBMy 700 | 2/GBMy 700 | 2/GBMy 700 |
| Std.-/Dauerleistung | kW | -/120 | -/120 | -/120 | -/120 |
| Getriebebauart | | v | - | - | - |
| Zahl der Gänge | | - | - | - | - |
| Motorsteuerung | | elektrisch | elektrisch | elektrisch | elektrisch |
| Getriebesteuerung | | - | - | - | - |
| Wendegetriebesteuerung | | - | - | - | - |
| Kraftstoffvorrat l | 990 | 990 | 990 | 990 | |
| Heizung | Whz. | Whz. | Whz. | Whz. | |
| Beleuchtung, Stromart, Spannung | | el. =110 V | el. =110 V | el. =110 V | el. =110 V |
| Bremse | | Hikpbr (Trommel) | Hikpbr (Trommel) | Hikpbr (Trommel) | Hikpbr (Trommel) |

Das RZA München führte in seiner Übersicht vom September 1942 folgende Wagen dieser Gattung als im Sondereinsatz befindlich: 137 106 - 109, 164 - 187, 193, 194, 197, 198, 200 - 205, 207, 209, 210 - 215, 219, 220, 222[302].

Bei einigen Fahrzeugen muss scheinbar die Leistung nicht den Forderungen der Wehrmachtsdienststellen entsprochen haben, denn Ende 1943/Anfang 1944 wurde in 137 177 und 179 noch eine zweite Maschinenanlage als Verstärkung eingebaut. Für 137 182 und 183 war der Umbau vorgesehen, über die Durchführung ist jedoch nichts bekannt. Infolge der sich ständig ändernden Fronten wanderten auch die Triebwagen in zunehmendem Maße im letzten Drittel des Zweiten Weltkrieges. Im Januar 1944 ist 137 175 in Paris, ihm folgt 137 176 Ende Februar. Ab dem 20. März 1944 ist 137 175 dann bereits in St. Nazaire. Anfang März wird 137 199 in Stettin eingesetzt, 137 173 vom 11. - 30.3.1944 in Paris, anschließend wieder in Boulogne. Im April 1944 weilen 137 168, 179 und 183 in Paris, 137 164 und 169 in Kiel, 137 171 und 172 in Ge-

## Technische Daten

| Betriebsnummer | | | 137 164 - 187 | 137 188 - 190 | 137 191 - 209 | 137 219 - 223 |
|---|---|---|---|---|---|---|
| Gattungsbezeichnung | | | BC4ivT-34b | BC4ivT-34b | BC4ivT-34b | BC4ivT-34b |
| Übersichtszeichnung | | | 18629d Köln-Deutz | 18629d Köln-Deutz | 18629d Köln-Deutz | 18629d Köln-Deutz |
| Radsatzanordnung | | | 2'Bo' | 2'Bo' | 2'Bo' | 2'Bo' |
| Hersteller | Wagenteil | | Westw. / Wism. / Düwag / Talbot | Westwaggon | Westwaggon | Westw. / Düwag / MAN |
| | Motor | | Maybach | Daimler | Maybach | MAN |
| | Getriebe | | - | - | - | - |
| | el. Ausrüstung | | AEG/BBC/SSW | SSW | AEG/BBC/SSW | AEG/SSW |
| Höchstgeschwindigkeit | | km/h | 90 | 110 | 90 | 110 / 90 |
| Länge über Puffer | | mm | 21873 | 21873 | 21873 | 21873 |
| ges. Radsatzabstand | | mm | 17520 | 17520 | 17520 | 17520 |
| Drehzapfenabstand | | mm | 14270 | 14270 | 14270 | 14270 |
| Radsatzabstand Drehgestell | | mm | 3500 / 3000 | 3500 / 3000 | 3500 / 3000 | 3500 / 3000 |
| Treibraddurchmesser | | mm | 900 | 900 | 900 | 900 |
| Laufraddurchmesser | | mm | 900 | 900 | 900 | 900 |
| Sitzplätze | 2. Klasse | | 16 | 16 | 16 | 16 |
| | 3. Klasse | | 45 | 40 | 45 | 40 |
| Klappsitze | | | 3 | 3 | 3 | 3 |
| Stehplätze | | | 44 | | 44 | |
| Plätze gesamt | | | 108 | | 108 | |
| Dienstmasse unbesetzt | | t | 47,2 | 45,1 | 47,2 | 48,1 |
| | besetzt | t | 56,37 | 49,5 | 56,37 | 52,5 |
| | je Sitzplatz | kg | 785 | 764 | 785 | 815 |
| | je lfd. m Wagenlänge | t | 2,15 | 2,06 | 2,15 | 2,19 |
| spez. Antriebsleistung | | kW/t / PS/t | 6,5/8,8 | 7,4 / 10,0 | 6,5/8,8 | 6,4/8,7 |
| gr. Radsatzlast | | t | 12,82 | 14,0 | 12,82 | 14,0 |
| Steuersystem | | | RZM Mehrf. 1934 | RZM Mehrf. 1934 | RZM Mehrf. 1934 | RZM Mehrf. 1934 |
| Motor | Zahl / Bauart | | 1 / GO5 | 1 / OM 86 | 1 / GO5 | 1 / L2X6V 17,5/18 |
| | Masse | kg | 2030 | 2500 | 2030 | 3330 |
| | Zyl./Durchm./Hub | mm | 12 / 150 / 200 | 12 / 165 / 195 | 12 / 150 / 200 | 12 / 175 / 180 |
| | Dauerleistung | PS | 410 | 450 | 410 | 420 |
| | Drehzahl | $min^{-1}$ | 1400 | 1400 | 1400 | 1400 |
| Art u. System d. Leistungsübertr. | | | el. RZM-A | el. RZM. | el. RZM-A, BBC-Servo-Feldreglerst. | el. RZM. |
| Traktionsgenerator Bauart | | | FG 5227c | FG 5227c | FG 5227c | FG 5227c |
| | Stundenstrom | A / V | 700/360 | 700/360 | 700/360 | 700/360 |
| | Dauerstrom | A / V | 600/450 | 600/450 | 600/450 | 600/450 |
| | Leistung | kW | | | | |
| Hilfsgenerator Bauart | | | FE 295b | FE 295b | FE 295b | FE 295b |
| | Dauerleistung | kW | 9 | 9 | 9 | 9 |
| Fahrmotor | Zahl / Bauart | | 2/GBMy 700 | 2/GBMy 700 | 2/GBMy 700 | 2/GBMy 700 |
| | Std.-/Dauerleistung | kW | -/120 | -/120 | -/120 | -/120 |
| Getriebebauart | | | v | - | v | - |
| Motorsteuerung | | | elektrisch | elektrisch | elektrisch | elektrisch |
| Kraftstoffvorrat | | l | 990 | 990 | 990 | 990 |
| Heizung | | | Whz. | Whz. | Whz. | Whz. |
| Beleuchtung, Stromart, Spannung | | | el. =110 V | el. =110 V | el. =110 V | el. =110 V |
| Bremse | | | Hikpbr (Trommel) | Hikpbr (Trommel) | Hikpbr (Trommel) | Hikpbr (Trommel) |

nua, 137 191 in Antwerpen. Im Juni 1944 wird 137 179 nach Russe in Rumänien verlegt[303]. Die scheinbar auf deutschem Gebiet verbliebenen Wagen 137 097 und 098 wurden 1944 von der RBD Karlsruhe an die RBD Regensburg abgegeben[304].

Durch den Kriegseinsatz waren viele Fahrzeuge schwer beschädigt oder zerstört, andere verblieben im Ausland. Bei der Reichsbahn in den drei Westzonen waren nach Kriegsende noch 27, bei der DR in der SBZ 29 zum Teil schwer beschädigte Fahrzeuge vorhanden. Nicht alle diese Fahrzeuge konnten wieder in Betrieb genommen werden. Nach Kriegsende waren im Februar 1946 in der englischen und französischen Zone sowie in Österreich 137 107 (Bw Hannover), 137 108 (RAW Friedrichshafen) und 137 110 (Bhf Feldkirch), 137 164, 169, 190 (Kiel), 137 165, 192, 193, 196 (RAW Opladen), 137 186 (Bw Offenburg) und 137 217 (Bw Lindau) vorhanden[305]. Die wenigen nach Kriegsende in Westdeutschland noch betriebsfähigen Triebwagen fuhren zunächst im Dienstzugverkehr für die Besatzungsmacht, für Behörden und für höhe-

Relativ rasch kam hingegen 137 096 nach Kriegsende wieder zum Einsatz. Im winterlichen April 1954 stand er ohne Schürze in Flöha zusammen mit seinem Steuerwagen. *Foto: ZBDR. Sammlung Dirk Winkler*

re Bahndienststellen. Die schwer beschädigten Fahrzeuge wurden nach und nach wieder instandgesetzt, sofern das noch möglich war. 1947 wurden die VT der drei westlichen Besatzungszonen je nach Bauart der Dieselmotoren umgezeichnet. Die Fahrzeuge mit den Maybach-Motoren wurden als Reihe VT $33^2$, die mit den MAN-Anlagen als VT $32^0$ bezeichnet. Der einzige Wagen mit 450-PS-Daimler-Motor (137 190) wurde als VT 30 001 eingereiht. Für die Triebwagen 137 097 (VT 32 000), 098 (VT 32 001), 107 (VT 32 009), 214 (VT 32 020), 222 (VT 32 018) und 223 (VT 32 019) der DB, die als Ersatzteilspender dienten und die zunächst 1947 die neue in Klammern angegebene Nummer erhalten sollten, reichten die Ersatzteile nicht aus, so dass sie ab 1950 bei der Firma Westwaggon auf hydraulische Leistungsübertragung und leistungsstärkeren Motor umgebaut wurden (s.o.). Die DB vergab an diese Fahrzeuge die neuen Nummern VT 25 501 bis 506. Als Einsatzschwerpunkte bildeten sich bei der DB Bielefeld, Flensburg, Landau (VT 33), Kempten (VT 32) und Köln Bbf (VT 25.5) heraus. Die letzten Fahrzeuge schieden nach etwa 30 Dienstjahren 1967 aus.

In der SBZ wurden im Juli 1946 folgende Triebwagen aus dieser Gattung offiziell erfasst: 137 096, 099, 103, 176, 178, 195, 197, 203, 211 (Flöha), 137 100, 106, 189 (Berlin Anhalter Bhf), 137 101, 220 (Wittenberge), 137 105 (Halle P), 137 166, 191, 198 (Dresden-Pieschen), 137 185 (Berlin f. SMAD), 137 194 (RAW Eberswalde). Zudem standen 137 171, 184 und 216 in schwer beschädigtem Zustand im Gebiet der SBZ. Für sie wurde die Ausmusterung im Januar 1949 durch die SMAD genehmigt[306-307]. Weiterhin befand sich der schwer beschädigte 137 215 im Raw Dessau. Weitere Wagen wurden erst später registriert.

Die betriebsfähigen Fahrzeuge, so 137 096 oder 166, die ab März 1946 bzw. Juli 1945 im Einsatz standen[308-309], fuhren zunächst, ohne umlackiert zu werden, mit grauem oder grünem Anstrich im Reiseverkehr. Die Wagen 137 099, 100, 101, 103, 106 und 185 waren längere Zeit als Dienst- und Salontriebwagen eingesetzt. Anfang der 50er-Jahre besaß die VT-Einsatzstelle Flöha fünf und das Bw Dresden-Pieschen und Halle P je einen VT dieser Bauart für den Reiseverkehr. Ab etwa 1951 bekamen die Triebwagen der DR wieder ihren zweifarbigen Vorkriegsanstrich in Rot/Elfenbein.

Ab 1955 erhielten bei der DR auch noch einige der längere Zeit abgestellten Triebwagen eine so genannte Generalreparatur. Bis 1958 wurden auf diese Art wieder die 137 167, 199, 212, 213 und 220 in den Einsatzbestand gebracht. Nicht mehr aufgearbeitet wurden die bis dahin noch nicht ausgemusterten 137 172, 176, 191, 194, 203 und 215 wegen schwerer Beschädigungen oder Ersatzteilmangel. Sie dienten zum Teil als Ersatzteilspender. Weiterhin wurde 137 100 auf Anordnung des Präsidenten der Rbd Dresden zwischen November 1957 und

Links: Der inzwischen wieder für den normalen Reisezugdienst hergerichtete 137 103 kam nach Potsdam zum Einsatz. Nichts erinnert mehr äußerlich an die seinerzeit vorgenommenen Umbauten. Beim Potsdamer Hauptbahnhof entgleiste er am 29. September 1967. – Rechts: Ebenfalls zu den Salontriebwagen gehörte 137 103. Auf dem Bild lassen sich die durchgeführten Umbauten an dem Wagen erkennen: Entfall der Einstiege im Bereich der ehem. 2. Klasse sowie der Mitteleinstiege. *Fotos: Sammlung Günther Dietz*

Dezember 1958 zum technischen Sondertriebwagen umgebaut, um ihn bei Betriebsunfällen 1. Grades einsetzen zu können[310].

Neben den fünf Flöhaer VT besaß um 1960 das Bw Dresden-Pieschen drei VT, das Bw Leipzig Hbf West drei VT und Berlin-Karlshorst einen VT dieser Bauart für den Reiseverkehr. Nach dem Bau der Berliner Mauer am 13. August 1961 wurde der VT-Bestand des Bw Leipzig Hbf West aufgelöst und bis auf den 137 213 nach Berlin-Karlshorst umbeheimatet. Auch Flöha und Dresden-Pieschen mussten Fahrzeuge nach Berlin abgeben. Darüber hinaus wurden die Salontriebwagen 137 103 und 185 wieder für den Reiseverkehr umgebaut. In Berlin wurden die VT u.a. auf durch die Mauer unterbrochenen S-Bahnstrecken oder im Umleiterverkehr nach Potsdam eingesetzt. Ab 1963 wurden diese VT dann aufgrund der beengten Platzverhältnisse in Berlin-Karlshorst zum Bw Seddin umbeheimatet. Einige wenige Wagen waren im Dienstpendelverkehr in West-Berlin eingesetzt.

Nach Auflösung des Bw Dresden-Pieschen zum Ende des Sommerfahrplanes 1965 und der dazu gehörigen VT-Einsatzstelle Flöha zu Beginn des Sommerfahrplanes 1966 gingen die dortigen VT nach Templin, Brandenburg und Stendal. Außer in Seddin war damit der Hauptbahneinsatz bei der DR weitgehend beendet. Die letzten Fahrzeuge wurden 1978 ausgemustert. Leider blieb von diesen populären Fahrzeugen nur der frühere 137 099 (Dienst-VT des Präsidenten der ehemaligen Reichsbahndirektion Greifswald) im umgebauten Zustand für die Nachwelt erhalten.

Sechs Triebwagen dieser Gattung standen nach Kriegsende in Norwegen. Die Wagen 137 170, 187, 200, 201, 202 und 208 wurden durch die NSB anfänglich als Baureihe Cmdeo 1 mit den Nummern 18 295 - 300 geführt. Die Baureihenbezeichnung änderte sich 1946 in Cmdeo 10. Nach Aufarbeitung in der Werkstatt Marienborg in Trondheim kamen die Triebwagen ab 1946 nach und nach in den Einsatz. Doch hoher Verschleiß und die Ersatzteilbeschaffung aus Deutschland erschwerten den Einsatz, so dass alle Wagen 1948 wieder abgestellt waren. Der Fahrzeugmangel im Nachkriegs-Norwegen führte dazu, dass drei Wagen 1950 in Oslo einer Hauptuntersuchung unterzogen wurden, die unter Beibehaltung der überholten maschinellen Anlagen sowie neuer Inneneinrichtung 1951 abgeschlossen werden konnte. Damit gelangten die Wagen 18 295, 296 und 297 wieder in den Einsatz. Sie fuhren von Trondheim aus in Richtung Stjørdal und Oppdal. Nach nur wenigen Einsatzjahren wurden sie 1955/56 ausgemustert und als Wohn- und Werkstattwagen aufgebraucht[311-312].

Im Gegensatz zu anderen, Mitte der 1960er-Jahre nach Berlin umgesetzten Triebwagen dieser Gattung, war 137 220 nicht im Umleiterverkehr nach Potsdam eingesetzt, sondern wurde ebenfalls für Personalfahrten nach West-Berlin verwendet. Bei Wannsee am 15. Juni 1965. *Foto: Sammlung Dirk Winkler*

Zu den sechs in Norwegen verbliebenen Triebwagen gehörte auch 137 187. Das Bild zeigt ihn in seinem letzten Verwendungszweck als Dienstwagen im Bahnhof Ualand. *Foto: Dr. Rolf Löttgers*

Knapp ein Jahr vor seiner Ausmusterung stand 185 015-5 noch auf der Strecke Klostermansfeld – Wippra im Plandienst. Hier ist er bei Friesdorf als P 16244 am 21. Mai 1975 unterwegs. *Foto: Michael Malke. Sammlung Günther Dietz*

| Nummer | Verbleib | Hersteller | Ablieferung | Beheimatungen | Bemerkungen |
|---|---|---|---|---|---|
| 137 094 | DB VT 33 213 | Westwagg. | 01.07.35 | 27.07.35 Ffm1, 20.02.36 Dob, 03.48 Bil, 1948 Dob, 1955 Bil | + 26.04.65 |
| 137 095 | - | Westwagg | 03.08.35 | 20.08.35 Dob | Verbleib unbekannt |
| 137 096 | DR 185 011-4 | Westwagg | 03.08.35 | 06.11.35 Ffm 1, 27.01.38 Obr, 06.05.38 Dob, 20.10.38 Bodenbach, 27.01.39 Dob, 17.12..40 Obr, 07.46 Fl, 21.05.66 Tem | + 06.11.74, ++ 29.01.75 Brandenburg |
| 137 097 | DB VT 25 501 | Westwagg | 23.04.35 | 17.05.35 K Pbf, 1948-1949 Memmingen (z), 1950 Westwagg., 22.12.51 Abnahme, 12.51 Bw Kbf, 04.59 Kön, 05.62 OdgH, 05.63 Mstr | + 07.03.66 |
| 137 098 | DB VT 25 502 | Westwagg | 07.06.35 | 19.06.35 K Pbf, 1948-1949 Memmingen (z), 1950 Westwagg., 18.05.52 Abnahme, 05.52 Kbf, 04.59 Kön, 05.62 OdgH, 1964 Mstr | + 07.01.65 |
| 137 099 | DR 185 254-02) | Westwagg | 07.06.35 | 17.06.35 K Pbf, 07.46 Fl, 01.08.47 Ahb, 01.01.53 Rgb, 19.06.53 Srd, 14.03.64 Hlp, 27.03.64 Srd | 1992 Uz. zu 685 254-5, 1996 Uz. zu 688 136-1 noch vorhanden |
| 137 100 | DR 185 255-72) | Westwagg | 01.07.35 | 09.07.35 K Pbf, 13.05.36 Nms, 01.07.45 Fl, 10.10.45 Fl (z), 18.03.47 Ahb, 09.10.52 Dre-P, 12.10.55 Kh, 01.07.57 Dre-P | + 13.04.76, abgest. 16.02.71 ++ 31.03.76 |
| 137 101 | DR 185 257-32) | Düwag | 08.08.35 | 15.08.35 K Pbf, 06.05.36 Nms, 07.46 Witt (z), 01.01.50 Ahb, 07.03.53 Rgb, 12.08.53 Kh | + 13.07.78, abgest. 14.03.77, z 03.08.78, ++ 27.01.84 Wbge |
| 137 102 | DB VT 32 005 | Düwag | 08.08.35 | 27.08.35 K Pbf, 17.04.36 Nms, 1945 DR (Fl)4) 1948 Füssen (z), 1950 Mü Hbf, 05.60.Kn | + 07.09.64 |
| 137 103 | DR3) | Düwag | 01.08.35 | 14.09.35 Hbg-Alt, 1936 Nms, 07.46 Fl (z), 01.09.47 Ahb (z), 20.12.48 Ahb, 31.08.52 Rgb, 02.09.53 Kh, 02.12.63 Sed | + 06.02.69, abgest. 28.09.67 (Unfall) z 09.04.68 |
| 137 104 | DB VT 32 007 | Düwag | 01.08.35 | 14.09.35 Nms, 1948 Ffm, ? 1950 Mü Hbf | + 06.08.56, bei Buchloe ausgebrannt |
| 137 105 | DR 185 013-0 | Düwag | 24.08.35 | 09.10.36 Nms, 01.07.46 Witt, 06.05.47 Hlp, 12.09.47 Ahb, 07.12.49 Hlp, 14.07.53 Rgb, 23.09.53 Kh, 16.04.64 Sed | + 16.11.74, abgest. 16.05.72, ++ 11.74 |
| 137 106 | DR2) | Düwag | 23.09.35 | 17.10.35 K Pbf, 01.12.47 Ahb (z), 09.03.49 Ahb, 29.07.52 Rgb, 27.11.53 Kh | + 06.06.68, abgest. 26.05.54, ++1968 Dessau |
| 137 107 | DB VT 25 503 | Düwag | 19.08.35 | 29.08.35 K Pbf, 1948-1949 Kempten (z), 1950 Westwagg., 17.05.52 Abnahme, 1952 Kbf, 04.59 Kön, 05.62 OdgH, 05.63 Mstr | + 21.03.66 |
| 137 108 | DB VT 32 010 | Düwag | 19.08.35 | 06.09.35 Kn, 02.12.37 K Pbf, 10.09.39 Dre-P, 1951 Kobm, 1952 Lan, 1952 Mü Hbf, 05.60.Kn | + 30.03.62 |
| 137 109 | DB | Düwag | 26.08.35 | 25.09.35 Kn | + 04.09.46 (Ks.) |
| 137 110 | DB VT 32 011 | Düwag | 23.09.35 | 11.10.35 Kn, 1945 ÖBB, 21.08.46 an RBD Karlsruhe, 1951 Kobm, 1952 Lan, 1955 Kn | + 07.09.64 |
| 137 164 | DB VT 33 215 | Wismar | 29.05.36 | 08.06.36 Dob, 1937 Esn Hbf, 1948 Bil, 1949 Hbg-Alt, 1954 Flw, 05.63 Bil | + 02.08.67 |
| 137 165 | DB VT 33 216 | Wismar | 04.05.36 | 12.05.36 Dob, 1937 Esn Hbf, 1948 RAW Opl | + 04.08.47 (Bs.) nach and. Angaben + 10.01.49 |
| 137 166 | DR | Wismar | 18.05.36 | 25.05.36 Obr, 14.02.37 Dob, 03.02.38 Esn Hbf, 01.06.38 Dob, 29.07.38 Esn Hbf, 16.02.39 Dob, 07.45 Dre-P | + 10.07.65, abgest. 05.10.69 (Unfall), ++ 31.12.69 Dessau |
| 137 167 | DR 185 014-8 | Wismar | 17.05.36 | 22.05.36 Esn Hbf, ? Bww Dob, 1945 RBD Dresden (z), 19.04.55 Dre-P, 01.10.65 Bn, 19.11.65 Stl, 27.01.66 Bn | + 1973, abgest. 1970 |
| 137 168 | SNCF 2-XR 5302 | Düwag | 16.01.36 | 20.01.36 Dob, 1945 SNCF | + ? |
| 137 169 | DB VT 33 218 | Düwag | 23.01.36 | 14.02.36 Obr, 11.07.36 Bww Dob, 04.09.46 Hbg-Alt, 20.11.54 Flw, 20.02.61 | BwgH, 06.05.63 Bil + 06.09.66 |
| 137 170 | NSB 18 295 | Düwag | 04.03.36 | 21.03.36 Esn Hbf, 1945 NSB | + 56 |
| 137 171 | DR | Düwag | 25.02.36 | 29.02.36 Obr, 16.05.36 Esn Hbf, 08.06.41 Rostock, 1945 Betr.-R | + 11.04.45 / + 15.01.49), ++ 1949 Dessau |
| 137 172 | DR | Düwag | 13.03.36 | 17.03.36 Esn Hbf, 1945 RBD Halle | + ? |
| 137 173 | - | Düwag | 18.03.36 | 09.04.36 Dob, 1937 Bw Esn Hbf, Mitte 1944 Boulogne | Kriegsverlust FRA (?) |
| 137 174 | - | Düwag | 26.03.36 | 31.03.36 Esn Hbf, 04.08.37 Krf, 15.02.39 Esn Hbf | Kriegsverlust FRA (?) |
| 137 175 | SNCF 2-XR 5311 | Düwag | 21.01.36 | 27.01.36 Obr, 01.04.36 Bww Dob, 14.05.36 Esn Hbf, 1945 SNCF | + ? |
| 137 176 | DR | Düwag | 25.05.36 | 28.05.36 Dob, 04.07.36 Esn Hbf, 1945 Fl (z) | + 26.04.66, ++ 23.09.66 Flöha |
| 137 177 | - | Düwag | 27.02.36 | 04.03.36 Obr, 03.04.36 Bww Dob, 14.05.36 Esn Hbf, | Kriegsverlust FRA (?) |
| 137 178 | DR | Talbot | 17.01.36 | 20.01.36 Obr, 01.07.46 Fl (Schadfahrzeug) | + 19.08.44 |
| 137 179 | - | Talbot | 29.01.36 | 04.02.36 Obr, 1944 Russe (RUM) | Kriegsverlust RUM (?) |
| 137 180 | - | Talbot | 18.02.36 | 21.02.36 Obr | Kriegsverlust (?) |
| 137 181 | - | Talbot | 21.02.36 | 26.02.36 Obr, 10.06.37 Krf, 22.04.39 Obr | Kriegsverlust (?) |
| 137 182 | - | Talbot | 06.03.36 | 11.03.36 Obr | Kriegsverlust (?) |
| 137 183 | - | Talbot | 13.03.36 | 17.03.36 Obr | Kriegsverlust (?) |
| 137 184 | DR | Talbot | 28.04.36 | 30.04.36 Obr, 06.02.37 Esn Hbf, 12.02.37 Obr, 12.01.38 Esn Hbf, 15.04.38 Obr, 14,05,39 Da, 18.07.38 Obr, 1945 ? | + 12.48 / +15.01.49 |
| 137 185 | DR3) | Talbot | 17.04.36 | 30.04.36 Obr, 1937 Dob, 20.06.46 Ahb, 09.05.52 Rgb, 24.12.52 Kh, 21.07.64 Sed | + 1968, abgest. 02.12.67 (Unfall) |
| 137 186 | DB VT 33 222 | Westwagg. | 31.03.36 | 04.04.36 Dob, 01.12.40 Obr, 1945 Of, 1950 Kobm (Salontriebwagen), 1956/57 KPbf | + 09.10.57 |
| 137 187 | NSB 18 296 | Westwagg | 17.04.36 | 24.04.36 Dob, 11.12.40 Obr, 1945 NSB | + 1956 |

| Nummer | Verbleib | Hersteller | Ablieferung | Beheimatungen | Bemerkungen |
|---|---|---|---|---|---|
| 137 188 | - | Westwagg | 15.09.36 | 25.09.36 Ffm, 26.01.39 Dob | unbekannt |
| 137 189 | DR 185 015-5 | Westwagg | 03.08.36 | 08.08.36 Ffm, 17.01.39 Dob, 01.07.46 Ahb (z), 1948 Fl, 01.10.65 Bn, 1969 Gst | + 1976 |
| 137 190 | DB VT 30 001 | Westwagg | 02.04.36 | 04.08.36 Ffm, 13.01.38 Dob, 1948 Ffm (z), 1950 Ffm, 1951 F-Gr, 1954 Da | + 26.04.65 |
| 137 191 | DR (Schadfzg.) | Westwagg | 03.08.36 | 13.08.36 Dob, 01.07.46 Dre-P, 07.46 (z) (Schadfzg.) | + 26.04.66, abgest. 09.46 |
| 137 192 | DB VT 33 224 | Westwagg | 04.06.36 | 10.06.36 Dob, 1948 Ffm, 1948 Dob, 1955 Flw, 10.02.62 BwgH, 27.09.64 Bil | + 14.09.65 |
| 137 193 | DB VT 33 225 | Westwagg | 13.05.36 | 18.05.36 Dob, 1948 Bil, 14.01.48 Hbg-Alt, 1953 Flw, ? 1962 BwgH, ? 1964 Bil | + 02.08.67 |
| 137 194 | DR | Westwagg | 25.05.36 | 28.05.36 Dob, 26.07.38 Esn Hbf, 11.09.38 Dob, 01.05.48 RBD Greifsw. | + ?, ++ 50er Jahre RAW Ebersw. |
| 137 195 | DR 185 016-3 | Westwagg | 23.06.36 | 01.07.36 Dob, 01.07.45 Fl, 24.02.66 Dre-F, 02.04.66 Kmsh, 21.05.66 Stl | + 1975, abgest. 02.09.74 |
| 137 196 | DB VT 33 227 | Westwagg | 10.07.36 | 16.07.36 Dob, 01.03.48 Hbg-Alt, 1948 Bil, 1949 Hbg-Alt, 1954 Flw, ? 1962 BwgH, ? 1964 Bil | + 07.09.64 |
| 137 197 | DR 185 017-1 | Westwagg | 01.09.36 | 04.09.36 Dob, 04.04.38 Esn Hbf, 04.05.38 Dob, 13.05.38 Obr, 17.07.38 Dob, ß, 01.08.45 Fl, 01.08.66 Stl | + 06.11.74, abgest. 13.12.71, ++ 25.05.76 Wbge |
| 137 198 | DR 185 018-9 | Westwagg | 12.01.36 | 18.01.36 Dob, 01.07.46 Dre-P, 1961 Kh, 21.03.66 Sed | + 17.01.77abgest. 14.06.74, Gerät Frankfurt/O, ++ |
| 137 199 | DR 185 019-7 | Westwagg | 14.01.36 | 07.02.36 Df, 13.05.36 Dob, 10.07.37 Esn Hbf, 01.08.37 Dob, 1945 Dre-P (z), 01.05.58 Dre-P, 11.09.61 Kh, 16.02.62. Ntz, 16.11.62 Kh, 09.06.64 Sed | +11.03.75, abgest. 28.09.72 |
| 137 200 | NSB 18 297 | Westwagg | 20.02.36 | 22.02.36 Dob, 1945 NSB | + ? |
| 137 201 | NSB 18 298 | Westwagg | 12.12.35 | 18.01.36 Dob, 1945 NSB | + ca. 1952 |
| 137 202 | NSB 18 299 | Westwagg | 14.01.36 | 27.01.36 Dob, 1945 NSB | + ca. 1952 |
| 137 203 | DR | Westwagg | 16.12.36 | 27.02.36 Dob, 09.02.37 Esn Hbf, 24.03.37 Dob, 23.02.38 Obr, 26.02.38 Dob, 1945 Fl (z) | + 03.01.68, ++ 15.07.69 Kmsh |
| 137 204 | - | Westwagg | 15.06.361) | 1936 Dre-P, ? Da | unbekannt |
| 137 205 | DB VT 33 231 | Westwagg | 05.06.36 | 18.06.36 Dre-P, 21.07.38 Leb, 01.09.38 Dre-P, 10.05.39 Da, 07.10.39 Dre-P, 15.01.47 Bil, 1948 Dob, 1954 Flw, 1962 BwgH, ? Bil | + 13.06.67 |
| 137 206 | - | Westwagg | 15.06.36 | 25.06.36 Dob | unbekannt |
| 137 207 | - | Westwagg | 24.06.36 | 28.06.36 Dob | unbekannt |
| 137 208 | NSB 18 300 | Westwagg | 10.03.36 | 14.03.36 Dob, 1945 NSB | + ca. 1952 |
| 137 209 | - | Westwagg | 13.03.36 | 18.03.36 Dob | unbekannt |
| 137 210 | DB VT 32 012 | Westwagg | 27.07.35 | 16.05.36 Dob, 15.04.37 Kn, 1948 Mü Hbf, 1949 Ffm, 1950 Kn | + 07.09.64 |
| 137 211 | DR 185 020-5 | Westwagg | 27.07.35 | 12.08.35 Df, 1936 Dob, 06.08.36 Kn, 07.46 Fl (z), später dort betriebsfähig, 1961 Kh, 21.03.66 Sed, 28.10.68 Gst | + 1974, abgest. 1972, ++ 30.10.73 |
| 137 212 | DR 185 026-2 | Westwagg | 12.09.35 | 20.09.35 Df, 1936 Dob, 23.01.37 Kn, 1945 RBD Halle (z), 26.08.56 Hlp, 18.08.58 Lew, 21.01.61 Kh, 12.11.62, Dre-P, 01.10.65 Stl | + 13.04.76, abgest. 26.02.75, ++ 1976 Wittenberge |
| 137 213 | DR 185 021-3 | Westwagg | 10.09.35 | 17.09.35 Df, 1936 Dob, 06.08.36 Kn, 1945 RAW Dessau (z), 28.09.56 Hlp, 22.05.59 Lew, 28.07.61 Dre-P, 01.10.65 Stl | + 1974, abgest. 14.02.74 (Unfall), ++ |
| 137 214 | DB VT 25 506 | Westwagg | 29.08.35 | 17.09.35 Df, 1936 Dob, 06.08.36 Kn, 25.08.37 KPbf, 1948-1949 RAW Nürnberg (z), 1950 Westwagg., 04.08.51 Abnahme, 05.08.51 Bw Kbf, 04.59 Kön, 05.62 OdgH, 05.63 Mstr | + 25.01.66 |
| 137 215 | DR | Westwagg | 16.09.351) | 17.09.35 Df, 1936 Dob, 19.08.36 Kn, 1945 RBD Halle (z) | + 21.05.66, ++ 26.02.67 Raw Dessau |
| 137 216 | DR | Westwagg | 18.09.351) | 18.09.35 Df, 02.10.35 Obr, 10.02.36 Df, 16.05.36 Dob, 18.09.36 Kn, 1945 ? | + 11.04.45 / + 15.01.49 |
| 137 217 | DB VT 32 014/ VT 33 232 | Westwagg | 18.09.351) | 18.09.35 Obr, 21.02.36 Dob, 03.09.37 Kn, 1945 Of, 1950 Kobm | + 01.12.55 |
| 137 218 | DB VT 32 015 | MAN | 19.11.35 | 10.12.35 Br, 1948 Ffm (z), 1950 Kn | + 20.05.52 (Bs.) |
| 137 219 | DB VT 32 016 | MAN | 28.11.35 | 10.12.35 Br, 1948 Ffm (z), 1949 Ffm, 1950 Knd | + 07.09.64 |
| 137 220 | DR 185 022-1 | MAN | 17.12.35 | 14.01.36 Br, 07.46 RBD Schwerin, RAW Witt (z), 26.06.59 Sw, 22.07.59 Lew, 27.01.62 Kh, 01.08.64 Sed | + 20.10.75, abgest. 31.10.73, ++ |
| 137 221 | ČSD M 283.101 | MAN | 07.01.36 | 01.02.36 Br, 1945 ČSD | + |
| 137 222 | DB VT 25 504 | MAN | 18.01.36 | 01.02.36 Br, 1948-1949 Kn (z), 1950 Westwagg., 01.12.51 Abnahme, 1951 Kbf, 04.59 Kön, 05.62 OdgH, 05.63 Mstr | + 21.03.66 |
| 137 223 | DB VT 25 505 | MAN | 30.01.36 | 05.03.36 Br, 1948-1949 Memmingen (z), 1950 Westwagg., 01.12.51 Abnahme, 1951 Kbf, 04.59 Kön, 05.62 OdgH, 05.63 Mstr | + 27.10.66 |

1) Abnahme - 2) Dienst-VT - 3) Dienst-VT bis 1961 - 4) 1945 durch amerik. Besatzungsmacht nach Westdeutschland gebracht

In Frankreich verblieben nach Kriegsende mindestens zwei Triebwagen dieser Gattung, die wieder in Betrieb genommen wurden. Der Triebwagen 137 168 kam im April 1944 von Antwerpen nach Paris La Chapelle, 137 175 kam nach seinem Einsatz in Saint-Nazaire ebenfalls nach La Chapelle. Die beiden Wagen wurden als X DR 5302 und 5311 in den Bestand der SNCF aufgenommen und waren hier bis 1951 nachweisbar[313].

Der Triebwagen 137 221 befand sich nach Ende des Zweiten Weltkrieges auf tschechischem Staatsgebiet. Er wurde zum 13.09.1945 als M283.101 umgezeichnet[314]. Nach Ausbesserung bei Škoda in Plzeň nutzte ihn die ČSD ab Oktober 1945 in České Budějovice. Nachdem er am 19. Juni 1950 ausgemustert wurde, erfolgte sein Umbau zum Beiwagen Ca 4-5789[315-316]. Die Beheimatungen und Verbleibe der einzelnen Triebwagen sind in der hier aufgeführten Übersicht zusammengestellt.

MAN-Werkfoto des „137 156 Karlsruhe" von einer Probefahrt im Jahr 1935. *Foto: MAN-Archiv im DB-Museum Nürnberg*

## 137 156 - 159 (BC4ivT-34c)

### Entstehungsgeschichte

Im Zuge der Verhandlungen mit MAN im Herbst 1933 (siehe 137 074) war man übereingekommen, dass MAN probeweise zwei auf 600 PS (rd. 441,3 kW) aufgeladene 12-Zylinder-Einwellenmotoren liefern sollte. Dies schlug sich in dem ursprünglichen Beschaffungsprogramm für 1934 nieder, in dem neben weiteren Versuchstriebwagen, mit denen die Reichsbahn neue Motoren- und Getriebebauarten erproben wollte, vier vierachsige dieselelektrische Triebwagen mit 600 PS Motorleistung vorgesehen waren. Von den neuen, aufgeladenen Motoren sollten jeweils zwei von Maybach sowie MAN beschafft werden[317]. Wie der Nummernplan von 1934 noch vermerkte, war der Bau von je zwei Triebwagen bei der MAN sowie bei der Waggonfabrik Wismar geplant.

Im Zuge der fortschreitenden Klärung der Motorenbeschaffung sowie der konstruktiven Vorarbeiten im RZA präzisierte man die Auftragsvergabe dahingehend, dass alle vier Triebwagen bei der MAN beschafft werden sollten. Als Motoren hatte das RZM inzwischen 560 PS (rd. 411,8 kW) leistende Zweiwellen-Dieselmotoren der MAN ausgewählt, da ein adäquater Einwellenmotor noch nicht zur Verfügung stand. Die Reichsbahn sah von vornherein vor, alle vier Wagen mit 420/560-PS-Motoren in der RBD Karlsruhe auf der Schwarzwaldbahn einzusetzen[318]. Die zwischen Jahresende 1935 und Anfang 1936 ausgelieferten Wagen wurden unter der Gattung BC4ivT-34c mit den Nummern 137 156 - 159 von der Reichsbahn eingereiht.

### Aufbau und Technik

Die Wagen besaßen zwar den selben Grundriss wie die Wagen der Gattung BC4ivT-34b (137 094 - 110 und 164 - 223), doch erforderte die Anordnung der Maschinenanlage eine komplette Neukonstruktion von Untergestell, Wagenkasten und Drehgestellen. Untergestell und Wagenkastenrohbau waren in geschweißter Leichtbauweise ausgeführt, wobei die Untergestellkonstruktion im Bereich des Motorraums für den festen Einbau der Dieselmotor-Generatorbaugruppe angepasst wurde und breitere Seitengänge neben der Motorhaube möglich wurden. Der Maschinenraum wurde mit einer Trennwand mit Türen vom recht engen Führerstand abgeteilt. Zudem war das Fahrzeugdach so konstruiert, dass über dem Maschinenraum ein Dachteil, an dem auch die beiden Kraftstoffbehälter mit je 600 l Inhalt befestigt waren, für einen leichten Ein- und Ausbau der Motor-Generatorbaugruppe abgehoben werden konnte.

Die Bemessung der Einstiegsräume, Fahrgastabteile sowie des Gepäckraums wurden von den Wagen der Gattung BC4ivT-34b übernommen. Zu erwähnen ist, dass der Fahrgastraum 3. Klasse 40 gepolsterte Sitzplätze in der Sitzteilung 2+3 besaß.

Da für diese Wagen die Motor-Generatorbaugruppe fest im Wagenkasten installiert war, musste das Drehgestell unterhalb des Motorraums neu konstruiert werden. Das in geschweißter Blechträgerkonstruktion ausgeführte Laufdrehgestell war so dimensioniert, dass trotz des noch unter dem Wagenkastenfußboden liegenden Generators genügend freier Raum für die horizontalen und vertikalen Bewegungen des Laufdrehgestells vorhanden war. Die gekröpfte Drehgestellwiege stützte sich auf zwei mehrlagigen Blattfedern ab, die über Gehänge und Schraubenfedern am Drehgestellrahmen befestig war. Die Radsätze waren über mehrlagige Blattfedern und Schraubenfedern abgefedert.

Der aufgeladene 560 PS (rd. 411,8 kW) leistende Zweiwellen-Dieselmotor von MAN, abgeleitet aus dem baugleichen 420-PS-Zweiwellenmotor ohne Aufladung, war zusammen mit dem Generator auf einem Hilfsrahmen befestigt, der über Gummiklötze auf angeschraubten Konsolen der Untergestellträger befestigt war. Die beiden Fahrmotoren waren wie üblich als Tatzlagermotoren im hinteren Triebdrehgestell

Skizzenblatt des BC4ivT-34c (137 156 - 159).

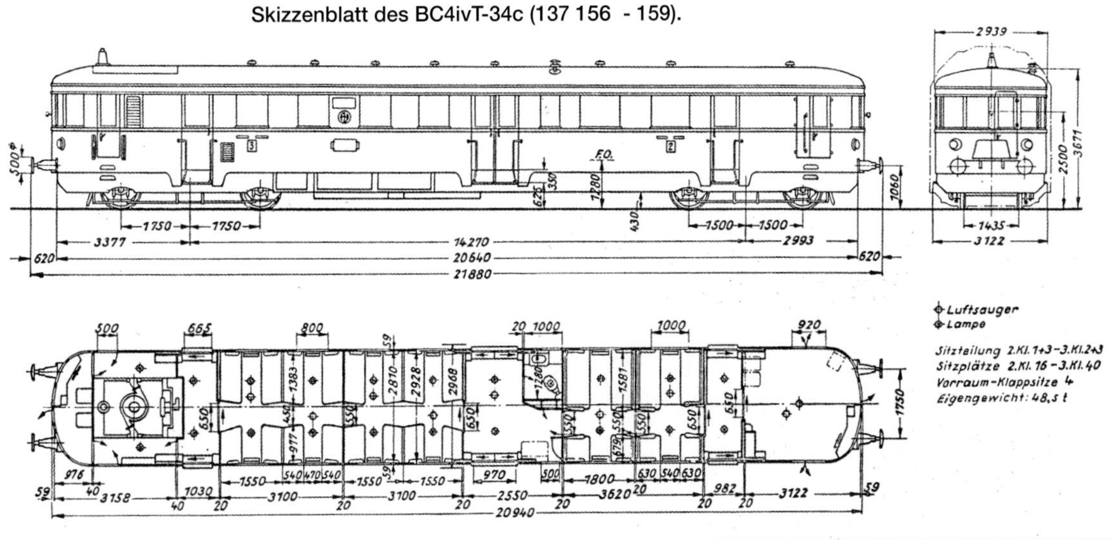


untergebracht. Die Steuerung des Dieselmotors erfolgte mit Drehzahlregelung in fünf Stufen als Vielfachsteuerung. Die Kühlanlage war unterflur angeordnet[319].

An Bauartänderungen wurden in den folgenden Jahren durchgeführt: Einbau eines Zusatzschmierölbehälters, Einbau der selbsttätigen Lüfterkupplung, Anbau zusätzlicher Signalstützösen. In den Kriegsjahren wurde im Zuge der winterfesten Herrichtung eine kombinierte Kühlwasser-Ofenheizung eingebaut.

Die DB tauschte nach dem Krieg die alten Dieselmotoren gegen Maybach-GTO6-Motoren in den VT 38 002 und 003 aus. Auch wurden die Schürzen bei der Aufarbeitung entfernt und die Stangenpuffer durch Hülsenpuffer ersetzt.

### Einsatz und Verbleib

Die vom 15. November 1935 bis 19. Februar 1936 abgelieferten Fahrzeuge wurden bis Kriegsausbruch beim Bw Karlsruhe P beheimatet. Sie bedienten anfänglich zusammen mit den Steuerwagen 145 082 - 085 die Schwarzwaldstrecke Karlsruhe – Offenburg – Triberg – Konstanz. Bei Probefahrten im Fichtelgebirge konnte ein Zug aus Trieb- und Steuerwagen mit 79,3 Tonnen Gesamtmasse eine lange 1:40-Steigung mit einer Beharrungsgeschwindigkeit von 48,5 bis 49 km/h befahren[320].

Nach Kriegsende befand sich 137 156 in der britischen Zone, 137 157 war in Feldkirchen in Österreich abgestellt, 137 158 und 159 befanden sich in der französischen Besatzungszone im RAW Friedrichshafen. Für alle vier Wagen verfügte das RZA München 1947 die Umzeichnung in VT 38 000 bis 003. Ende 1946 war 137 158 beim Bw Offenburg wieder im Betriebseinsatz. Die ÖBB gab Ende 1948 den 137 157 an die Reichsbahn in der Bi-Zone zurück, wo er anschließend beim Bww München-Pasing West eingesetzt gewesen sein soll.

In den Jahren 1949/50 erhielten die VT 38 001 - 003 im AW Friedrichshafen eine gründliche Aufarbeitung nach Schadgruppe T3 bzw. T4. Von der DB wurden später alle vier Triebwagen im Bereich der BD Karlsruhe konzentriert und vom Bw Karlsruhe Hbf eingesetzt. Die Ausmusterung begann bereits 1952 und endete 1962. Der am 27.10.1960 ausgemusterte VT 38 002 wurde anschließend zum Tunnelmesswagen (sog. Tunneligel) 6210 Karlsruhe umgebaut. 1968 erhielt er die Nummer 712 001. Er wurde bei der BD Karlsruhe bis zur Abstellung eingesetzt. Heute ist er im Eisenbahnmuseum Bochum-Dahlhausen noch vorhanden.

**Leider liegen von den vier 560-PS-Triebwagen der Gattung BC4ivT-34c nur einige Schnappschüsse aus dem Betriebseinsatz vor. Der erste zeigt 137 157 nach seiner Anlieferung im Bw Karlsruhe P neben 75 280.**
*Foto: Sammlung Dirk Winkler*

Anschließend ging es zur Probefahrt auf die Murgtalbahn, wo bei einem Halt auf dem zwischen Gausbach und Langenbrand gelegenen Tennetschlucht-Viadukt ein neuerliches Foto gemacht wurde. *Foto: Sammlung Dirk Winkler*

## Technische Daten

| | | | |
|---|---|---|---|
| Betriebsnummer | | | 137 156 - 159 |
| Gattungsbezeichnung | | | BC4ivT-34c |
| Übersichtszeichnung | | | Tw 21197 MAN |
| Radsatzanordnung | | | 2'Bo' |
| Hersteller | Wagenteil | | MAN |
| | Motor | | MAN |
| | Getriebe | | - |
| | el. Ausrüstung | | BBC |
| Höchstgeschwindigkeit | | km/h | 100 |
| Länge über Puffer | | mm | 21880 |
| ges. Radsatzabstand | | mm | 17520 |
| Drehzapfenabstand | | mm | 14270 |
| Radsatzabstand Drehgestell | | mm | 3500/3000 |
| Treibraddurchmesser | | mm | 900 |
| Laufraddurchmesser | | mm | 1000 |
| Sitzplätze | 2. Klasse | | 16 |
| | 3. Klasse | | 40 |
| Klappsitze | | | 4 |
| Stehplätze | | | |
| Plätze gesamt | | | |
| Dienstmasse | unbesetzt | t | 48,5 |
| | besetzt | t | 53,6 |
| | je Sitzplatz | kg | 818 |
| | je lfd. m Wagenlänge | t | 2,24 |
| spez. Antriebsleistung | | kW/t / PS/t | 8,7 / 11,5 |
| gr. Radsatzlast | | t | 14,0 |
| Steuersystem | | | BBC, Mehrfach 1934 |
| Motor | Zahl / Bauart | | 1 / L2x6V 17,5/18 |
| | Masse | kg | 3560 |
| | Zyl./Durchm./Hub | mm | 12 / 175 / 180 |
| | Dauerleistung | PS | 560 |
| | Drehzahl | $min^{-1}$ | 1400 |
| Art u. System d. Leistungsübertragung | | | elektrisch |
| Traktionsgenerator Bauart | | | G 600/6 |
| | Stundenstrom | A / V | |
| | Dauerstrom | A / V | 460 / 837 |
| | Leistung | kW | |
| Hilfsgenerator | Bauart | | G 340/6 |
| | Dauerleistung | kW | 10,5 |
| Fahrmotor | Zahl / Bauart | | 2 / GDTM 1522 |
| | Std.-/Dauerleistung | kW | 176,5 |
| Motorsteuerung | | | elektrisch |
| Kraftstoffvorrat | | l | 1200 |
| Heizung | | | Whz |
| Beleuchtung, Stromart, Spannung | | | el = 110 V |
| Bremse | | | Hikpt (Klotz) |

Nach Kriegende befanden sich alle vier Triebwagen im Bereich der späteren DB. In Kehl am Rhein wartete 1956 VT 38 002 auf einen weiteren Einsatz. *Foto: Sammlung Günther Dietz*

| Nummer | Verbleib | Ablieferung | Beheimatungen | Bemerkungen |
|---|---|---|---|---|
| 137 156 | DB VT 38 000 | 15.11.35 | 14.12.35 K Pbf | + 07.07.52 |
| 137 157 | ÖBB ▸ DB VT 38 001 | 30.12.35 | 10.01.36 K Pbf, 1945 ÖBB, 1948 DB Mü Pa, 1951 Kob, 1953 K Pbf | + 24.10.55 |
| 137 158 | DB VT 38 002, 6210 Kar, 712 001 | 04.02.36 | 10.02.36 K Pbf, 1946 Of, 14.07.48 Bw Lan, 29.05.49 Kobm, 01.10.49 Bw Fs, 15.07.50 Kob, 06.05.53 K Pbf, 01.06.58 Kob | + 27.10.60, Ub. zu 6210 Kar, später Mus. Bochum-Dahlh. |
| 137 159 | DB VT 38 003 | 19.02.36 | 28.02.36 K Pbf, 15.04.46 Mü-Pa, 1952 Kob, 1953 K Pbf, 01.06.58 Kob | + 20.09.62 |

Auch die Konstruktion der beiden Triebwagen mit 420-PS-MAN-Zweiwellenmotor und zweistufigem Voith-Strömungsgetriebe, des 137 160 und des 161, ähnelte den Wagen der Gattung BC4ivT-34b. Das Bild zeigt den 137 160. *Werkfoto Westwaggon. Sammlung Günther Dietz*

## 137 160 - 161 (BCPw4ivT-34a)

### Entstehungsgeschichte

Im Zuge der Erprobung des neuen Zweiwellenmotors (s. 137 074) kam das RZM der MAN entgegen und stimmte der Lieferung weiterer Motore zur Erprobung zu. Gleichzeitig wollte es die neuen hydraulischen Getriebe der Firma Voith auf ihre Eignung und Einsatzfähigkeit untersuchen. Für diese Zwecke waren im Beschaffungsprogramm 1934 auch zwei vierachsige Triebwagen enthalten, die mit einer solchen Antriebsanlage ausgerüstet werden sollten[321-322].

Den Auftrag zum Bau der beiden Versuchstriebwagen vergab die Reichsbahn an Westwaggon in Köln-Deutz mit Vertrag 03.966/25.336. Die Gestaltung der Fahrzeuge sollte dem frühen Einheitsgrundriss der Triebwagen der Gattung BC4ivT-34b (137 094 - 110) folgen. Die beiden Versuchstriebwagen wurden 1937 von Westwaggon abgeliefert und als BCPw4ivT-34a mit den Nummern 137 160 und 161 geführt. Als Steuerwagen waren die Wagen 145 086 und 087 vorgesehen.

Beide Triebwagen kamen nach Kriegsende in den Bestand der DB. VT 33 502 (ex VT 32 501, ex 137 161) steht am 11. Juli 1961 im Mannheimer Bahnhof. *Foto: Joachim Claus. Sammlung Günther Dietz*

### Aufbau und Technik

Die Konstruktion des Wagenkastens folgte den Wagen der Gattung BC4ivT-34b. Der Grundriss sowie die Aufteilung der Fahrgastabteile entsprach der Ausführung dieser Triebwagen. Im Unterschied zu diesen besaßen sie gepolsterte Sitz in der 3. Klasse.

Das Maschinentriebdrehgestell war eine geschweißte Blechkonstruktion und hatte einen verhältnismäßig großen Radsatzabstand von 4000 mm. Das zweite Drehgestell war bei diesen beiden Wagen ein reines Laufdrehgestell.

Der Zweiwellenmotor der MAN mit 420 PS (rd. 308,9 kW) Leistung und das zweistufige Strömungsgetriebe der Firma Voith, Bauart ACL 36m, waren auf zwei Hilfsrahmen gefedert im Maschinentriebdrehgestell angeordnet und mit einer Gelenkwelle verbunden. Das TAG-Wendegetriebe war mit dem Strömungsgetriebe vereinigt. Vom Abtrieb desselben wurden die beiden Radsatzgetriebe über Gelenkwellen angetrieben. Die Kühlanlage war, wie bei den übrigen Triebwagen, unter dem Wagen angeordnet.

Angetrieben wurde der Kühlerlüfter vom Strömungsgetriebe. Der Motorschmierölkühler war im Drehgestell angeordnet. In die Antriebswelle zum Kühlerlüfter war eine selbsttätige Lüfterkupplung eingebaut. Angelassen wurde der Motor von der Pintsch-Lichtanlassmaschine

Skizzenblatt des BC4ivT-34a (137 160 - 161).

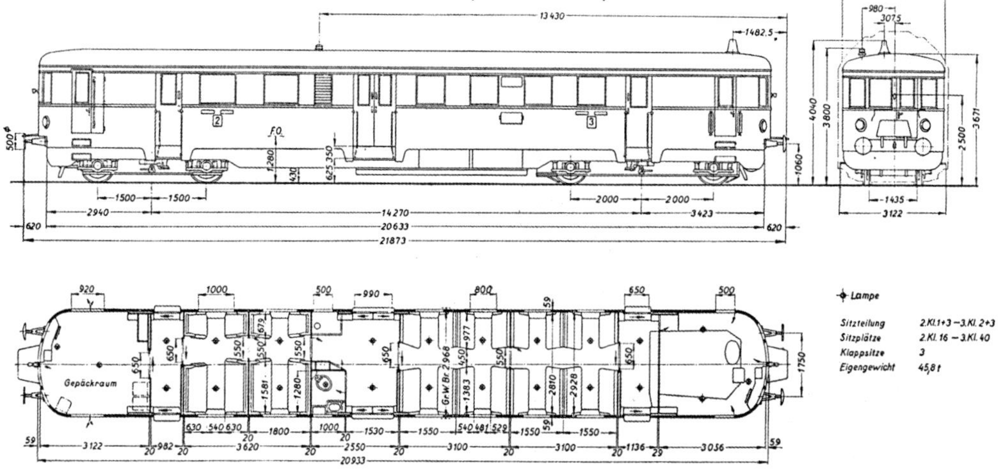


vom Typ 24/0101, die auch die Stromversorgung der 110-Volt-Batterie mit 400 Ah Kapazität übernahm.

Die Steuerung der Motorfüllung erfolgte elektrisch in fünf Stufen. Die Füllung des Anfahrwandlers und der Kupplung wurde vom Führerstand durch einen besonderen Schalter elektropneumatisch gesteuert. Auch die Steuerung des Wendegetriebes erfolgte elektropneumatisch. Ein Betrieb mit Steuerwagen war möglich.

Die Bremse war als Hikp-Druckluftbremse mit Bremstrommeln ausgeführt. Der Knorr-Luftverdichter VV 48/75 G war im Laufdrehgestell angeordnet und wurde elektrisch von der Batterie angetrieben. Die Handbremse war eine Teves-Druckölbremse. Beide Triebwagen besaßen leichte Zug- und Stoßvorrichtungen.

Im Sommer 1946 erfolgte bei Westwaggon der Umbau des 137 161 zum Salonwagen *„für den Präsidenten des DO Mainz“*. Zudem baute das EAW Friedrichshafen den Triebwagen von August 1947 bis Januar 1948 für den Maybach-GO56-Dieselmotor um. Zwischen Mai und Juli 1949 erfolgte der Rückbau des 137 161 für den *„Normalverkehr“*[323].

### Einsatz und Verbleib

Die am 19. Juni und 25. August 1937 abgelieferten Triebwagen wurden buchmäßig dem Bw Karlsruhe P zugeteilt. 137 160 war ab 22. Juni 1938 für einige Wochen bis zum 2. September 1938 beim Bw Kempten. Der zweite Wagen, 137 161, war von November 1937 bis Mai 1938 bei der LVA Grunewald und kam anschließend vom 22.06. bis 01.09.1938 ebenfalls zum Bw Kempten. Anschließend war er bis zu seiner Abstellung in Karlsruhe beheimatet.

Beide Triebwagen befanden sich nach Kriegsende im Bereich der französischen Besatzungszone und standen im Februar 1946 im RAW Friedrichshafen[324]. Das RZA München ließ die Wagen 1947 zu VT 32 500 und 32 501 umzeichnen. Nach dem Motorumbau erhielten sie die neuen Nummern VT 33 501 und 502.

In der ersten Nachkriegszeit waren die beiden VT zunächst in Offenburg eingesetzt. Der 137 161 wurde dann 1946 zum Salontriebwagen umgebaut. Anschließend lief dieser Triebwagen zunächst in Mainz und später bis 11. Mai 1949 in Offenburg. Nach Rückbau für den zivilen Verkehr lief VT 33 502 (ex. 137 161) dann für kurze Zeit beim Bw Friedrichshafen, war ebenfalls kurzzeitig in Konstanz und kam im Oktober 1949 zum Bw Offenburg zurück. Beide Fahrzeuge wurden ab Herbst 1952 in Landau/Pfalz eingesetzt. Der VT 33 501 wurde am 24. September 1960 und der VT 33 502 am 2. Dezember 1963 ausgemustert.

## Technische Daten

| | | | |
|---|---|---|---|
| Betriebsnummer | | | 137 160, 161 |
| Gattungsbezeichnung | | | BCPw4ivT-34a |
| Übersichtszeichnung | | | 19141b Köln-Deutz |
| Radsatzanordnung | | | B'2' |
| Hersteller | Wagenteil | | Westwaggon |
| | Motor | | MAN |
| | Getriebe | | Voith, TAG |
| | el. Ausrüstung | | Becker |
| Höchstgeschwindigkeit | | km/h | 110 |
| Länge über Puffer | | mm | 21873 |
| ges. Radsatzabstand | | mm | 17700 |
| Drehzapfenabstand | | mm | 14270 |
| Radsatzabstand Drehgestell | | mm | 4000/3000 |
| Treibraddurchmesser | | mm | 900 |
| Laufraddurchmesser | | mm | 900 |
| Sitzplätze | 2. Klasse | | 16 |
| | 3. Klasse | | 40 |
| Klappsitze | | | 3 |
| Stehplätze | | | |
| Plätze gesamt | | | |
| Dienstmasse | unbesetzt | t | 46,4 |
| | besetzt | t | 50,8 |
| | je Sitzplatz | kg | 786 |
| | je lfd. m Wagenlänge | t | 2,12 |
| spez. Antriebsleistung | | kW/t / PS/t | 6,6 / 9,0 |
| gr. Radsatzlast | | t | 14,7 |
| Steuersystem | | | Einfach, Sonderausführung |
| Motor | Zahl / Bauart | | 1 / L2x6V 17,5/18 |
| | Masse | kg | 3300 |
| | Zyl./Durchm./Hub | mm | 12 / 175 / 180 |
| | Dauerleistung | PS | 420 |
| | Drehzahl | $min^{-1}$ | 1400 |
| Art u. System d. Leistungsübertragung | | | hydr. W/K |
| Getriebebauart | | | ACL 36m1 |
| Zahl der Gänge / Geschwindigkeitsstufen | | | 2 |
| Motorsteuerung | | | elektrisch |
| Getriebesteuerung | | | elektro-pneumatisch |
| Wendegetriebesteuerung | | | elektro-pneumatisch |
| Kraftstoffvorrat | | l | 900 |
| Heizung | | | Luftheizung, ölgefeuert |
| Beleuchtung, Stromart, Spannung | | | el = 110 V |
| Bremse | | | Hikpt (Trommel) |

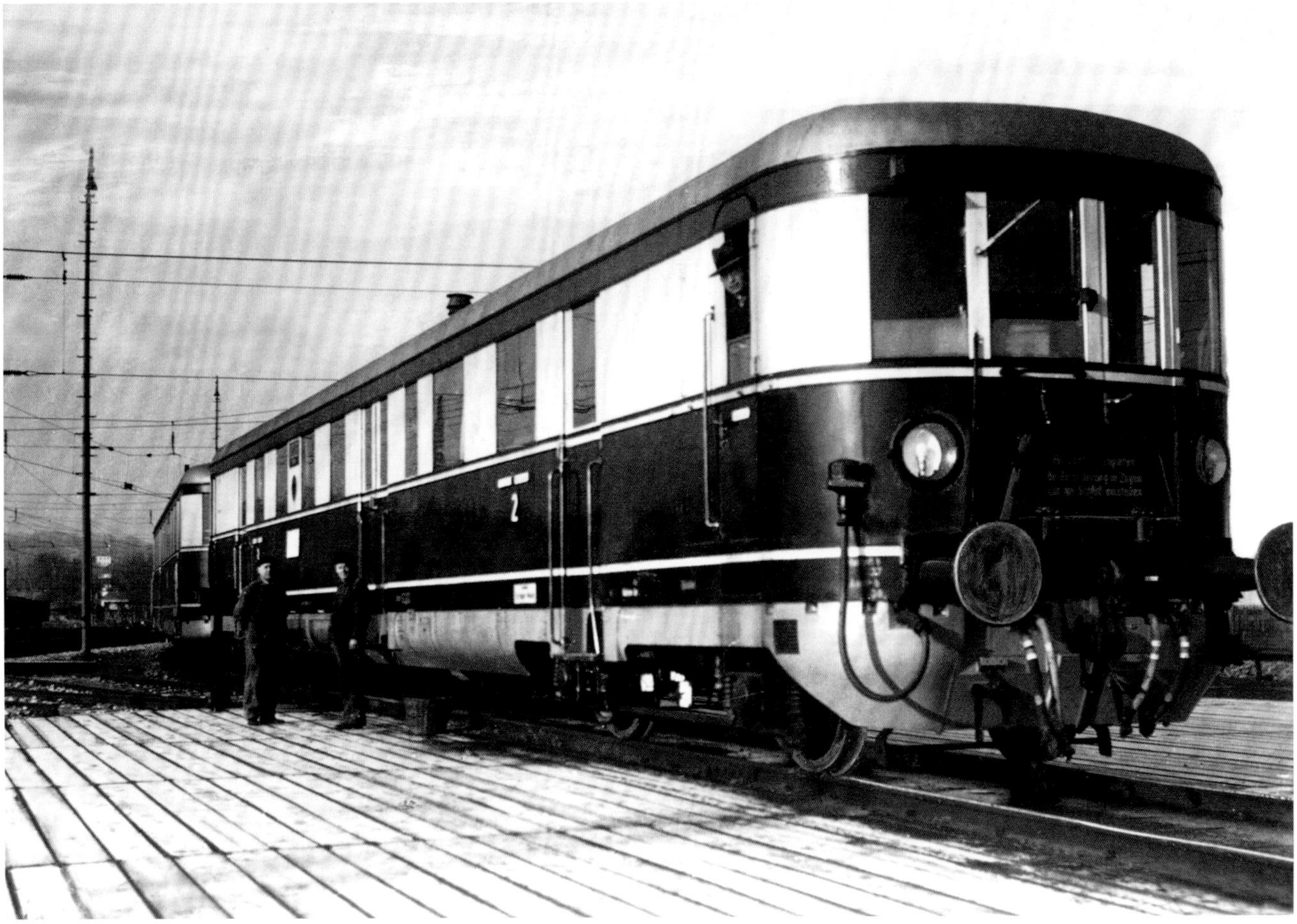

„137 271 Essen“ mit Maybach-Dieselmotor und Voith-Strömungsgetriebe auf Probefahrt. *Werkfoto Voith. Sammlung Dirk Winkler*

## 137 271 - 272 (BCPw4ivT-35)

### Entstehungsgeschichte

Im Beschaffungsprogramm 1935 folgten auf Wunsch des RZM nochmals zwei Triebwagen nach dem neuen Einheitsgrundriss, die als Versuchstriebwagen mit der neuen hydraulischen Leistungsübertragung der Bauart Voith-Maybach ausgerüstet werden sollten[325]. Den Auftrag zum Bau der beiden Versuchsfahrzeuge erhielt erneut die Firma Westwaggon in Köln, die den ersten Wagen im Dezember 1936 ablieferte. Der zweite Wagen folgte erst im Juni 1937. Sie erhielten die Nummern 137 271 und 272 aus dem Wagennummernverzeichnis und wurden als Gattung BCPw4ivT-35 geführt.

Skizzenblatt des BCPw4ivT-35 (137 271 - 272).

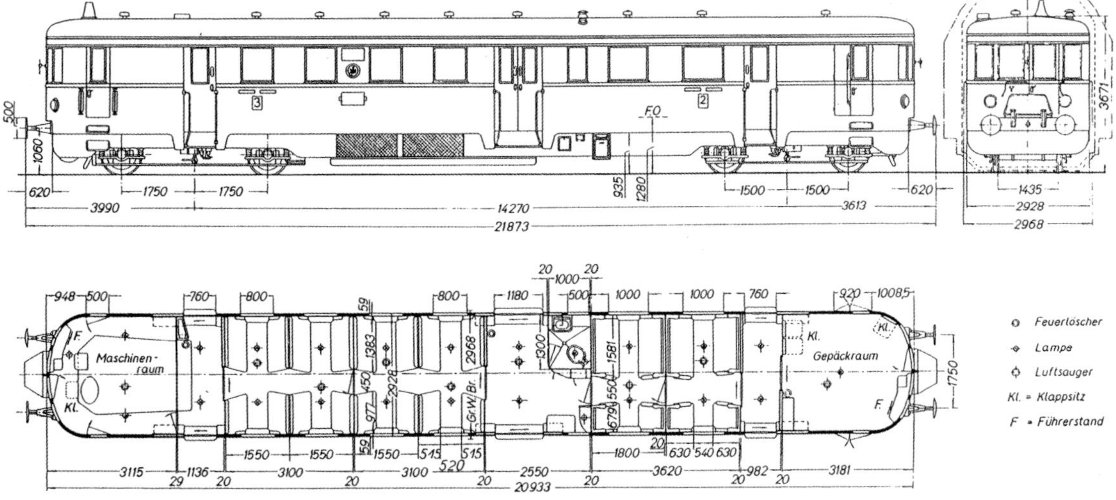

## Technische Daten

| Parameter | | Einheit | Wert |
|---|---|---|---|
| Betriebsnummer | | | 137 271, 272 |
| Gattungsbezeichnung | | | BCPw4ivT-35 |
| Übersichtszeichnung | | | Köln-Deutz 18629f |
| Radsatzanordnung | | | B'2' |
| Hersteller | Wagenteil | | Westwaggon |
| | Motor | | Maybach |
| | Getriebe | | Voith |
| | el. Ausrüstung | | Becker |
| Höchstgeschwindigkeit | | km/h | 90 |
| Länge über Puffer | | mm | 21873 |
| ges. Radsatzabstand | | mm | 17520 |
| Drehzapfenabstand | | mm | 14270 |
| Radsatzabstand Drehgestell | | mm | 3500/3000 |
| Treibraddurchmesser | | mm | 900 |
| Laufraddurchmesser | | mm | 900 |
| Sitzplätze | 2. Klasse | | 16 |
| | 3. Klasse | | 40 |
| Klappsitze | | | 4 |
| Stehplätze | | | |
| Plätze gesamt | | | |
| Dienstmasse | unbesetzt | t | 43,3 |
| | besetzt | t | 47,8 |
| | je Sitzplatz | kg | 722 |
| | je lfd. m Wagenlänge | t | 1,98 |
| spez. Antriebsleistung | | kW/t / PS/t | 7,0 / 9,5 |
| gr. Radsatzlast | | t | 13,5 |
| Steuersystem | | | Mehrfach 1934 |
| Motor | Zahl / Bauart | | 1 / GO 56 |
| | Masse | kg | 2200 |
| | Zyl./Durchm./Hub | mm | 12 / 160 / 200 |
| | Dauerleistung | PS | 410 |
| | Drehzahl | $min^{-1}$ | 1400 |
| Art u. System d. Leistungsübertragung | | | hydr. W/W/W |
| Getriebebauart | | | FF 16,3 CC 8,8 |
| Zahl der Gänge / Geschwindigkeitsstufen | | | 3 |
| Motorsteuerung | | | elektrisch |
| Getriebesteuerung | | | selbsttätig |
| Wendegetriebesteuerung | | | elektro-pneumatisch |
| Kraftstoffvorrat | | l | 900 |
| Heizung | | | Warmwasser |
| Beleuchtung, Stromart, Spannung | | | el = 110 V |
| Bremse | | | Hikpt (Trommel) |

### Aufbau und Technik

Auch bei diesen beiden Triebwagen folgte die Konstruktion des Wagenkastens den Wagen der Gattung BC4ivT-34b bei gleichem Grundriss und gleicher Ausführung der Fahrgastabteile, wobei auch diese beiden Wagen gepolsterte Sitze in der 3. Klasse erhielten. Als Heizung war eine Unterflurwarmwasserheizung mit Koksfeuerung der Bauart Pintsch vorhanden. Durch Verwendung des Maybach-Motors konnte das Maschinentriebdrehgestell im Gegensatz zu 137 160/161 mit dem ursprünglichen Achsstand von 3500 mm bei symmetrisch angeordneten Drehzapfen realisiert werden.

Beide Triebwagen erhielten Motoren der Bauart GO 56 von Maybach. Das Dreiwandlergetriebe, Bauart FF 16,3 CC 8,8, mit einem Anfahr- und zwei Marschwandlern lieferte Voith in Heidenheim. Dieselmotor und Getriebe waren in der üblichen Anordnung in Hilfsrahmen elastisch im Maschinentriebdrehgestell gelagert, wobei der Motor in den Wagenkasten hineinragte, während das hydraulische Getriebe unter dem Wagenfußboden angeordnet war. Das Drehmoment wurde vom Getriebe mit Gelenkwellen auf die beiden Radsatzwendegetriebe übertragen.

Während des Krieges wurde auch an diesen beiden Wagen die Heizung umgebaut. Zudem wurde 137 272 zum behelfsmäßigen Fahrleitungs-Untersuchungswagen im RAW Friedrichshafen umgebaut.

### Einsätze und Verbleib

Beide Fahrzeuge wurden 1936 bzw. 1937 der RBD Essen, Bw Dortmund Bbf, zugeteilt. Sie waren auch während der ersten Kriegsjahre im planmäßigen Dienst der RBD Essen, wie die Betriebsmittelübersicht vom 14. Januar 1941 zeigt[326]. Angaben zu ihrer Abstellung und Nutzung während der Kriegsjahre liegen nicht vor.

Ende 1945 waren beide Fahrzeuge im Dienstverkehr in der amerikanischen Besatzungszone im Einsatz. Zum Bw Frankfurt gehörte 137 271, wohingegen 137 272 beim Bw Augsburg lief. Im Nummernplan des RZA München von 1947 waren sie als VT 46 500 und 501 eingetragen. Nach einem Brand mußte VT 46 501 schon 1950 ausgemustert werden. Dem zweiten Wagen war eine etwas längere Dienstzeit beschieden. Ab 1951 beim neu eingerichteten Bahnbetriebswerk Frankfurt-Griesheim verwendet, lief er u.a. im Schnellzugdienst von Frankfurt nach Regensburg. 1954 kam VT 46 500 nach Darmstadt, wo er 1959 ausgemustert wurde. Er diente anschließend noch einige Jahre als Bahndienstwagen mit der Nummer 5909.

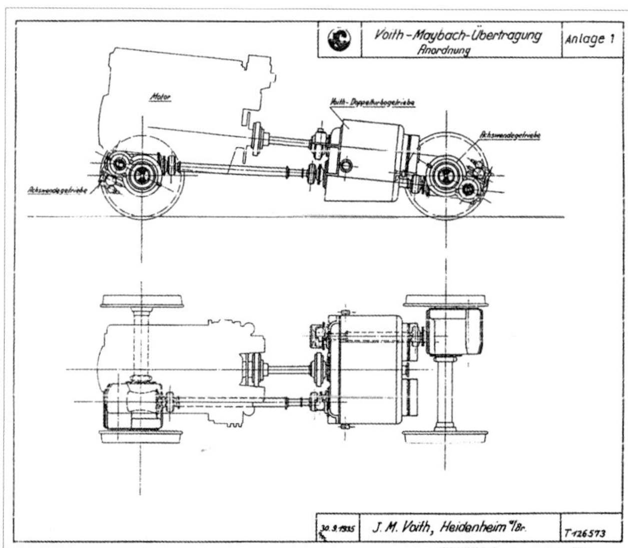


Prinzipdarstellung der Einbauanordnung der Antriebsanlage in den Triebwagen 137 271 - 272.

| Nummer | Verbleib | Ablieferung | Beheimatungen | Bemerkungen |
|---|---|---|---|---|
| 137 271 | DB VT 46 500 | 16.12.36 * | 16.12.36 Dob, 1948 Ffm1, 1948 Bil, 1949 Ffm1, 1951 Ffm G, 1954 Da | + 11.11.59 |
| 137 272 | DB VT 46 501 | 17.06.37 | 24.06.37 Dob, 1948 Ffm1, 1948 Bil, 1949 Ffm1 | + 07.11.50 (Bs.) |

* ... Abnahme

Die 210-PS-Nebenbahntriebwagen mit mechanischem Getriebe folgten im Grundriss weitgehend den dieselelektrischen 410-PS-Triebwagen mit Eilzugwagengrundriss. Auffälligstes Unterscheidungsmerkmal waren die fehlende Schürze im Unterflurbereich sowie die veränderte Bauart der Maschinendrehgestelle. Das Foto zeigt 137 136 vermutlich bei der Abnahme. *Foto: Sammlung Günther Dietz*

# *210-PS-Nebenbahntriebwagen*

## 137 136 - 148 (BC4ivT-34a)

### Entstehungsgeschichte

Das Beschaffungsprogramm 1934 enthielt auch zehn 210-PS-Nebenbahntriebwagen mit MAN-Dieselmotoren und 80 km/h Höchstgeschwindigkeit, denen im Beschaffungsprogramm 1935 nochmals acht baugleiche Wagen folgen sollten. Die Bauart stellte eine Weiterentwicklung des BC4ivT-33b (137 068 - 073) dar, dessen Wagenkastenkonstruktion und Grundriss weitgehend beibehalten wurden. Auffälligster Unterschied zwischen den beiden Bauarten war das Fehlen der umlaufenden Schürzen im Unterflurbereich.

Der Vertrag 03.966/64.576 sah die Lieferung von 13 Wagen von der Dessauer Waggonfabrik (137 136 - 140), Lindner in Ammendorf (137 141 - 145) sowie Talbot in Aachen (137 146 - 148) vor. Die Triebwagen wurden 1935 und 1936 ausgeliefert und unter der Gattung BC4ivT-34a mit den Nummern 137 136 - 148 in den Triebwagenbestand der Reichsbahn eingeordnet.

Zu den nach Kriegsende in Nürnberg eingesetzten Wagen dieser Gattung gehörte VT 63 905 (ex 137 142). Am 16. Juni 1957 ist er bei Rothenburg ob der Tauber unterwegs. *Foto: Karl Eckert. Sammlung Günther Dietz*

Skizzenblatt des BC4ivT-34a (137 136 - 148).

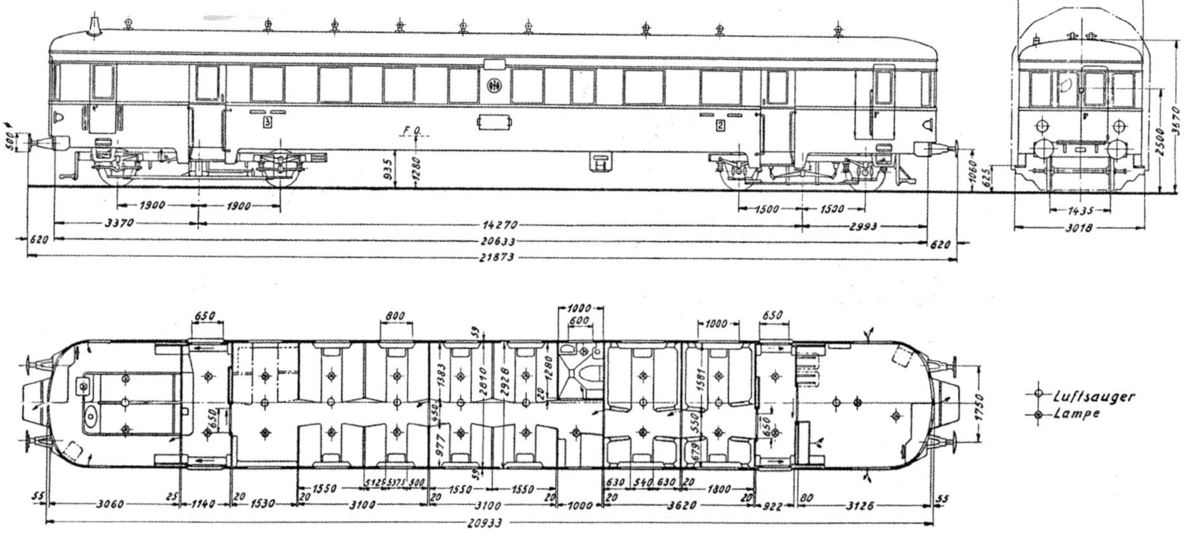


## Aufbau und Technik

Untergestell und auch das Wagenkastengerippe aus Walz- und Abkantprofilen dieser Triebwagen waren vollständig geschweißt. Die äußeren Bekleidungsbleche waren bis zur Fensterbrüstungsleiste 2 mm und darüber 1,5 mm stark. Das Dachblech besaß ebenfalls eine Dicke von 1,5 mm. Der Wagenfußboden bestand aus 20 mm dicken Kiefernholzbohlen, die mit 12 mm dicken Korkplatten zur Schall- und Wärmeisolierung unterlegt waren. Die Wagen besaßen eine Warmwasserheizung mit Unterflurkoksofen der Bauart Stangen-Görlitz mit Umwälzpumpe.

Die Maschinentriebdrehgestelle waren eine spezielle Neukonstruktion und wiesen u.a. über Schraubenfedern abgefederte Radsatzlager mit unterem Radsatzlagersteg auf. Die Laufdrehgestelle entsprachen in ihrer prinzipiellen Anordnung der Görlitzer Bauart und waren aus Profilen und Blechen geschweißt.

Der Dieselmotor der Firma MAN war mit dem vierstufigen Schalt- und Wendegetriebe LRG 175D der Firma TAG auf je einem mit Gummipuffern aufgehängten Hilfsrahmen im Maschinentriebdrehgestell angeordnet. Eine Gelenkwelle mit beiderseitiger Gewebescheibenkupplung verband Dieselmotor und Getriebe. Vom Getriebe wurden die beiden Radsatzgetriebe mit Gelenkwellen angetrieben. Die Steuerung des mit Füllungsregelung arbeitenden Dieselmotors erfolgte mit Seilzügen, während die Getriebe- und Wendegetriebesteuerung mit Druckluft erfolgte. Die Geschwindigkeiten betrugen in den einzelnen Gangstufen 13, 30, 52 und 80 km/h. Die Kühlanlage war unter dem Wagenkasten angeordnet. Die Batterie mit 24 Volt Spannung und 400 Ah Kapazität wurde von einer Bosch-Lichtmaschine mit 1000 W Leistung gespeist. Angelassen wurde der Dieselmotor mit einem Anlasser DT R1. Die Druckluftererzeugung geschah mit einem am Getriebe angebauten dreizylindrigen Luftverdichter der Bauart TAG. Der Auspufftopf hing im Motorhilfsrahmen und befand sich auf der äußeren (vorderen) Seite des Drehgestells.

Als Stoßvorrichtung dienten leichte Stangenpuffer, als Zugvorrichtung eine leichte Schraubenkupplung. Die Bremse war als Hikp-Trommel-

**Für die Konstruktion des Maschinendrehgestells wurde eine einfache Form aus Profilstählen gewählt.**
*Werkfoto Gottfried Lindner, Ammendorf, Sammlung Dirk Winkler*

In Ansbach rollen VT 63 909 und VS 145 061 am 2. Juni 1959 in den Bahnhof.
*Foto: Joachim Claus. Sammlung Günther Dietz*

bremse und die Handbremse als Druckölbremse der Bauart Knorr ausgeführt.
An Bauartänderungen vor und während der Kriegsjahre sind bekannt:

- Einbau von Heizkörpern im Führerstand
- Anbau zusätzlicher Signalstützen
- Einbau eines Batteriehauptschalters
- Einbau der selbsttätigen Lüfterkupplung
- Änderung des Unterflurofens
- Einbau einer durchgehenden Hauptluftbehälterleitung
- Umbau der Heizung und des Kühlkreislaufes für Warmhaltebetrieb

Nach dem Krieg änderte die Bundesbahn die Sitzteilung der dritten Klasse in den Jahren 1951/52 auf 2+2 bei VT 137 142 - 144 und 137 148. Dabei wurden die Stirnwandübergangstüren ausgebaut. Ebenfalls 1951/52 wurden in die VT 63 905 (ex 137 142), 63 906 (ex 137 143), 63 907 (ex 137 144) und 63 908 (ex 137 146) Maybach-GO56h-Motoren mit 225 PS (rd. 165,5 kW) Leistung eingebaut, bei VT 63 909 (ex 137 148) erfolgte der Einbau erst 1954. Zudem erhielten die Wagen Knorr-Luftverdichter VV 64/100.

### Einsatz und Verbleib

Die ab August 1935 ausgelieferten Triebwagen wurden zunächst bei den Bw Rheine (137 136 - 140) und Landau (137 141 - 148) beheimatet und blieben hier die nächsten Jahre heimisch.

Ein Teil der Fahrzeuge wurde nach Kriegsbeginn der Wehrmacht zur Verfügung gestellt und lief dort als Befehls- oder Lazarettwagen. *Kurz* gibt an, dass 137 136 - 139 als Lazarettwagen verwendet wurden. Das RZA München wies in seiner Aufstellung vom September 1942 alle Triebwagen dieser Gattung als „im Sondereinsatz" befindlich aus[327]. Im Detail vermerkte das RZA München zum 31.12.1942 die bei der Wehrmacht im Einsatz bei E-Batterien stehenden und winterfest hergerichteten Fahrzeuge, worunter sich auch Wagen der Gattung BC4ivT-34a befanden[328].

Das Betriebsbuch von 137 136 vermerkt vom 10.04. bis zum 05.08.1943 einen Sondereinsatz, wobei der Einsatzort, wie in fast allen Betriebsbüchern, nicht eingetragen ist. Zudem weilte der Triebwagen vom 23.09.1944 - 02.03.1945 im RAW Friedrichshafen, um *„Kriegsschäden am Wagenkasten"* beseitigen zu lassen[329]. Gegenüber

| Nummernband | im Sondereinsatz | davon im Osten | davon bei E-Batterien | Bauart insges. Winterfest | davon im Osten | in Arbeit (im Osten) |
|---|---|---|---|---|---|---|
| VT 137 121-135 oder VT 137 136-148 | 20 | 6 | 0 | 15 | 4 | 5 (2) |

Gleich drei Wagen wurden zwischen 1960 und 1962 an die Montafonerbahn in Österreich verkauft. Am 31. Juli 1966 standen VT 63 907 und 906 noch in desolatem Zustand in Tschagguns, bevor VT 63 905 und 907 zu zwei Zweisystem-Elektrotriebwagen. umgebaut wurden. *Foto: Dr. Rolf Löttgers*

**Das Niedersächsische Landeseisenbahnamt (NLEA) erwarb bereits 1958 den VT 63 902 (ex 137 138). Er wurde auf der Bremervörde-Osterholzer Eisenbahn (BOE) als VT 171 eingesetzt. Bremervörde-Süd, 29. Juni 1974.** *Foto: Dr. Ullrich Huckfeldt, Sammlung Dirk Winkler*

## Technische Daten

| | | | |
|---|---|---|---|
| Betriebsnummer | | | 137 136 - 148 |
| Gattungsbezeichnung | | | BC4ivT-34a |
| Übersichtszeichnung | | | F52/717e Dessau |
| Radsatzanordnung | | | B'2' |
| Hersteller | Wagenteil | | Dessau, Lindner, Talbot |
| | Motor | | MAN |
| | Getriebe | | TAG |
| | el. Ausrüstung | | - |
| Höchstgeschwindigkeit | | km/h | 80 |
| Länge über Puffer | | mm | 21873 |
| ges. Radsatzabstand | | mm | 17670 |
| Drehzapfenabstand | | mm | 14270 |
| Radsatzabstand Drehgestell | | mm | 3800/3000 |
| Treibraddurchmesser | | mm | 900 |
| Laufraddurchmesser | | mm | 900 |
| Sitzplätze | 2. Klasse | | 16 |
| | 3. Klasse | | 41 |
| Klappsitze | | | 9 |
| Plätze gesamt | | | |
| Dienstmasse | unbesetzt | t | 33,4 |
| | besetzt | t | 38,3 |
| | je Sitzplatz | kg | 506 |
| | je lfd. m Wagenlänge | t | 1,53 |
| spez. Antriebsleistung | | kW/t / PS/t | 4,6 / 6,3 |
| gr. Radsatzlast | | t | 10,3 |
| Steuersystem | | | Einzel |
| Motor | Zahl / Bauart | | 1 / L6V 17,5/18 |
| | Masse | kg | 1590 |
| | Zyl./Durchm./Hub | mm | 6 / 175 / 180 |
| | Dauerleistung | PS | 210 |
| | Drehzahl | $min^{-1}$ | 1400 |
| Art u. System d. Leistungsübertragung | | | mechanisch |
| Getriebebauart | | | LRG 175D |
| Zahl der Gänge / Geschwindigkeitsstufen | | | 4 |
| Motorsteuerung | | | mechanisch, Seilzug |
| Getriebesteuerung | | | pneumatisch |
| Wendegetriebesteuerung | | | pneumatisch |
| Kraftstoffvorrat | | l | 340 |
| Heizung | | | Warmwasser |
| Beleuchtung, Stromart, Spannung | | | el = 24 V |
| Bremse | | | Hikpt (Trommel) |

den obigen Angaben vermerkt das Betriebsbuch des 137 146, dass er ab 31. August 1939 abgestellt war, zwischen dem 6. Mai und dem 30. Juli 1940 auf dem militärischen Versuchsgelände in Hillersleben eingesetzt war und anschließend bis mindestens Februar 1943 erneut abgestellt war[330]. Zwei Triebwagen dieser Bauart, 137 137 und 138, sind ab dem 28.02.1944 in der RBD Mainz beim Bw Ludwigshafen geführt, wobei 137 137 vom 31.03. bis zum 12.04.1944 zu einer T1 im RAW Friedrichshafen weilte[331]. Andere Triebwagen dieser Gattung waren scheinbar abgestellt. Darauf deuten die Umsetzung von 137 140 aus der RBD Münster sowie von 137 141, 142, 143, 144 und 147 aus der RBD Mainz in die RBD Regensburg im Jahr 1944 hin[332].

Nach Kriegsende befanden sich neun Wagen in den westlichen Besatzungszonen, jeweils einer in der SBZ und auf dem Gebiet der ČSR. 137 139 und 137 145 wurden im Krieg schwer beschädigt und waren bereits ausgemustert.

Die neun Fahrzeuge in den westlichen Besatzungszonen Deutschlands wurden vom RZA München 1947 zu VT 63 901 bis 909 umgezeichnet. Die Triebwagen befanden sich in schlechtem Zustand und waren abgestellt, z.T. ausgeplündert. 1946 konnte zunächst 137 146 vom Bww Pasing West in Betrieb genommen werden. Die übrigen Triebwagen in der Westzone waren an folgenden Standorten abgestellt: RAW Friedrichshafen (137 137, 148), RAW Opladen (137 138, 143), RAW Nürnberg (137 144), Bww Pasing West (137 141), Bf. Neukirchen (137 140) und Bf. Neckarelz (137 142). Später wurden alle schadhaften VT, bis auf 137 137 und 137 145, beim Bww Kassel abgestellt. VT 63 904 ging bereits 1947 wieder in Betrieb, die VT 63 905 - 907 und 63 909 wurden nach einem Umbau bei der Waggonfabrik Fuchs erst 1951/52 wieder in Betrieb genommen. 1951 waren die VT 63$^{9}$ der DB wie folgt beheimatet: VT 63 902 Bw Offenburg, VT 63 903 Bw Konstanz, VT 63 904 Bw Landau/Pfalz, VT 63 905-908 Bww Nürnberg Hbf und VT 63 909 Bw Trier. Vier Jahre später hatte die DB die Triebwagen dieser Baurat an zwei Orten zusammengefasst: VT 63 902 - 904 waren 1955 in Karlsruhe Hbf beheimatet, VT 63 905 - 908 in Nürnberg. 1956 begann bei der DB bereits die Ausmusterung. 1958 sah die Verteilung wie folgt aus: VT 63 903 in Karlsruhe Hbf, VT 63 905 - 909 in

| Nummer | Verbleib | Hersteller | Ablieferung | Beheimatungen | Bemerkungen |
|---|---|---|---|---|---|
| 137 136 | DR | Dessau | 17.08.35 | 19.09.35 – 09.39 RhnP, 14.02.41 Da, 10.04.43 Sonderzwecke, 01.08.45 Fl z, 01.06.48 Ahb z, 27.04.49 Ahb, 11.12.52 Hd, 25.10.55 Zi | abgest. 12.57, + 04.04.67, ++ 15.09.67 Dessau |
| 137 137 | DB | Dessau | 31.08.35 | 14.02.36 – 09.39 RhnP, 1946 Raw Fh, 10.01.47 Lan, 01.04.47 ED Saarbr, Salonwagen | + 04.12.57, 1958 Ub. zu Lehrstellenwerkswg. 5407 Signalmeisterei Saarbr., 1995 FdE Hmbg, aktuell VVM Hbg. |
| 137 138 | DB VT 63 902 | Dessau | 14.10.35 | 18.11.35 – 09.39 RhnP, 28.02.44 Ludwigshafen, 16.09.47 Ks, 16.09.47 Of, 1955 K Pbf | + 06.09.57, 1958 an BOE T171 abgest. 19.08.77, 12.77 FdE Hamburg, 15.10.94 ausgebrannt in Bw Hamburg-Wilhelmsburg |
| 137 139 | - | Dessau | 16.10.35 | 03.01.36 – 09.39 RhnP | + 26.01.45, + 03.07.46 |
| 137 140 | DB VT 63 903 | Dessau | 27.11.35 | 28.11.35 – 09.39 RhnP, 1951 Ko, 1955 K Pbf | + 07.10.58 |
| 137 141 | DB VT 63 904 | Lindner | 08.10.35 | 25.10.35 Lan, 15.05.46 Mü Hbf, 15.05.46 Ks, 16.05.47 Of, 1952 K Pbf, 1952 Lan, 1955 K Pbf | + 08.05.56 |
| 137 142 | DB VT 63 905 | Lindner | 18.10.35 | 04.02.36 Lan, 18.09.39 Sonderzwecke, 20.03.41 Da, 19.04.52 Nü | + 24.09.60, an MBS ET 10 103 |
| 137 143 | DB VT 63 906 | Lindner | 31.10.35 | 08.11.35 Lan, ?, 12.06.52 Nü | + 28.03.61, an MBS ES 10 201 |
| 137 144 | DB VT 63 907 | Lindner | 18.11.35 | 20.12.35 Lan, 07.02.1940 Sonderzwecke, 17.08.41 Da, ?, 1951 Nü | + 30.03.62, an MBS ET 10 104 |
| 137 145 | - | Lindner | 11.12.35 | 14.01.36 Lan | + 25.05.44 |
| 137 146 | DB VT 63 908 | Talbot | 12.05.36 | 19.05.36 Lan, 06.11.41 Da, ? Pasing West, 1951 Nü | + 27.12.60 |
| 137 147 | ČSD M 150.005 | Talbot | 23.05.36 * | 26.05.36 Lan, 10.01.40 Sonderzwecke Mainz, 23.12.40 Da | + 08.12.1948; 1955 Umbau in EM 411.002 |
| 137 148 | DB VT 63 909 | Talbot | 29.05.36 | 01.07.36 Lan, ?, 11.05.41 Da, ?, Tri, 1953 Fs, 1954 Nü | + 1962, Ub. Bdw Nür 6301 |

* ... Inbetriebnahme

Nürnberg Hbf. Bis 1962 waren alle VT $63^9$ der DB ausgemustert. Drei Wagen erwarb die österreichische Montafonerbahn: VT 63 905 - 907. Unter ihrem Ing. Karl Zwirchmayer entstanden aus den ehemals dieselmechanischen Triebwagen VT 63 905 und 907 zwei Zweisystem-Elektrotriebwagen, die unter der Bezeichnung ET 10 103 und 104 bei der Montafonerbahn Dienst taten. Aus dem VT 63 906 entstand ein dazu passender Steuerwagen (ES 10 201).

Mit 137 136 verblieb ein Wagen dieser Bauart bei der DR in der SBZ. Zunächst in Flöha abgestellt, wurde er am 01.06.1948 buchmäßig dem Bw Berlin Anhalter Bahnhof zugeordnet. Ab dem 27.04.1949 soll er beim Bw Berlin Ahb Dienst getan haben. Ab 11.12.1952 gehörte er zum Bw Hoyerswerda und ab dem 25.10.1955 zum Bw Zittau. Im Dezember 1957 wurde der VT abgestellt, knapp zehn Jahre später, am 4. April 1967, erst ausgemustert. Die Zerlegung erfolgte am 15. September 1967 in Dessau.

In der ČSR verblieb 137 147, der 1945 in Praha Mas. erfasst und von der ČSD als M150.005 umgezeichnet, jedoch bereits am 8.12.1948 ausgemustert wurde[333]. Nachdem die ČSD nach Ersatz für die elektrischen Fahrzeuge für die Bahnstrecke Rybník – Lipno nad Vltavou zur Lipno-Talsperre suchte, wurden zwei inzwischen abgestellte Dieseltriebwagen für einen Umbau in elektrische Triebwagen ausgewählt. Dazu gehörte auch der M150.005, der am 3.6.1955 als elektrischer Triebwagen für 1.500 V Gleichspannung mit der Bezeichnung EM 411.002 in Betrieb ging[334].

**Mit dem 137 147 verblieb ein Wagen nach Kriegsende in der ČSR. Nach seiner Ausmusterung 1948 wurde er zu einem elektrischen Triebwagen umgebaut und ab Juni 1955 als EM 411.002 auf der Bahnstrecke Rybník – Lipno nad Vltavou eingesetzt. Am 28. November 1971 stand er in Vyšší Brod Klášter (Hohenfurth, Kloster).**
*Foto: Günter Meyer. Sammlung Günther Dietz*

Die beiden Wagen 137 162 und 163 erhielten einen aufgeladenen 280-PS-MAN-Dieselmotor sowie ein hydraulisches Getriebe. Bei Talbot in Aachen entstand die Aufnahme des „137 163 Münster" vor der Ablieferung an die Reichsbahn. *Werkfoto. Sammlung Günther Dietz*

## 137 162 - 163 (BCPw4itrvT-34b)

### Entstehungsgeschichte

Bereits im Beschaffungsprogramm für 1934 waren eine Reihe von weiteren Versuchstriebwagen vorgesehen, darunter auch zwei vierachsige, dieselmechanische Triebwagen mit 300 PS (rd. 220,6 kW) Motorleistung, die mit TAG-Voith-Flüssigkeitsgetriebe ausgerüstet werden sollten[335]. Die Beschaffung beider Wagen wurde im Programm 1934/35 bestätigt und die konstruktiven Vorarbeiten wurden beim RZM begonnen. Mit Vertrag 03.966/25.333 vom 29. Januar 1936 beauftragte man Talbot in Aachen mit dem Bau. Anderthalb Jahre später konnten im Juni 1937 die zwei dieselhydraulischen Triebwagen als Gattung BCPw4itrvT-34b und den Nummern 137 162 und 163 abgeliefert werden.

### Aufbau und Technik

Grundriss und Hauptabmessungen wurden von den Fahrzeugen der Gattung BCPw4itrvT-34a mit den Nummern 137 136 - 148 übernommen. Die Drehgestelle waren als geschweißte Blechträgerkonstruktion ausgeführt. Abweichend von den vorgenannten Triebwagen wurde ein aufgeladener Sechszylindermotor der Firma MAN mit 280 PS (rd. 205,9 kW) Leistung eingebaut. Die aufgeladenen Motoren bewährten sich nicht, so dass Mitte Dezember 1938 der Ausbau der Turbolader

Skizzenblatt des BCPw4ivT-34b (137 162 - 163).

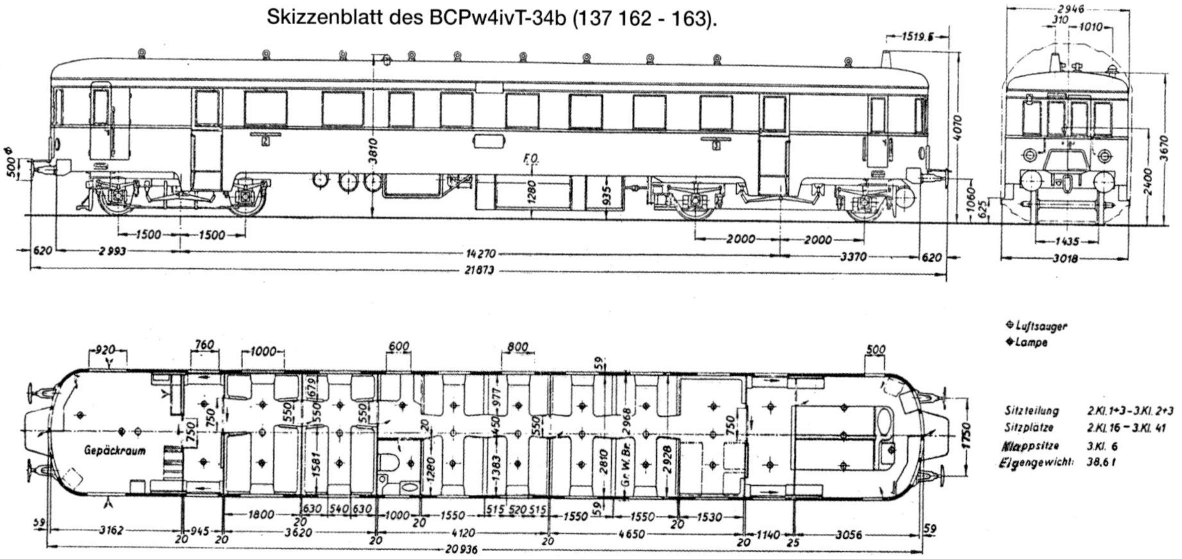

angeordnet wurde[336]. Gründe waren vor allem der wesentlich höhere Treibstoffverbrauch sowie die Störanfälligkeit der Aufladegebläse[337]. Die Dieselmotoren wurden seitdem als reine Saugmotoren mit 210 PS (rd. 154,4 kW) betrieben. Der Dieselmotor und das Strömungsgetriebe ACL36m1 der Bauart W/K waren in je einem Hilfsrahmen gelagert. Diese stützten sich über Gummipuffer in drei Punkten im Maschinentriebdrehgestell ab. Das Strömungsgetriebe war vom Motor über ein Vorgelege angetrieben. Das Wendegetriebe W30 der DWK war mit dem Strömungsgetriebe vereinigt. Vom Abtrieb des Wendegetriebes wurden über Gelenkwellen die beiden TAG-Radsatzgetriebe angetrieben.

Der Dieselmotor besaß einen Bosch-Anlasser DT 24/15 mit 24 V Spannung. Die Pintsch-Lichtmaschine mit 6 kW Leistung wurde vom Getriebe angetrieben. Die Steuerung der Motordrehzahl in fünf Stufen erfolgte elektrisch. Die Getriebe- und Wendegetriebesteuerung geschah pneumatisch vom Führerstand aus. Die Einfachsteuerung gestattete die Steuerung von einem Steuerwagen aus. Hierfür waren die VS 145 088 und 089 vorgesehen. Die Druckluftversorgung erfolgte durch einen vom Getriebe angetriebenen dreizylindrigen Luftverdichter der Deutschen Werke Kiel.

Im Herbst 1943 erfolgte für 137 163 im RAW Friedrichshafen die winterfeste Herrichtung (verbesserter Frostschutz und eine Warmhalteeinrichtung unter Mitbenutzung des Kühlwasserkreises). Zudem wurden Buntmetalle ausgebaut. Nach dem Krieg wurde in 137 163 als Ersatz für den MAN-Motor ein G56b-Motor eingebaut.

### Einsatz und Verbleib

Die beiden am 21. Juni 1937 abgelieferten Triebwagen 137 162 und 163 wurden nach ihrer am 22. Januar 1938 bzw. 2. August 1937 erfolgten Abnahme vom Betriebswerk Rheine P eingesetzt. Die Inbetriebnahme von 137 162 verzögerte sich so lange, da das Aufladegebläse mit Kupplung mehrfach als Ersatz für den 137 163 verwendet wurde. Bis zum 19. Mai 1938 hatten die beiden Triebwagen 35.000 bzw. 65.000 km zurückgelegt[338].

Die RBD Münster überstellte beide Wagen im August 1940 an die RBD Schwerin, wo sie im Bw Waren/Müritz hinterstellt wurden[339-340]. Mit Schreiben RZA München 4610 Bbtg vom 25.8.1943 wurde die RBD Münster angewiesen, den in Waren hinterstellten 137 163 zum RAW Friedrichshafen für die Winterfestmachung zu überführen. Der zweite Wagen, 137 162, verblieb 1943 weiterhin im Bw Waren[341]. Nach der winterfesten Herrichtung im RAW Friedrichshafen, die am 19.11.1943 beendet war, ging 137 163 für ein knappes Jahr zum Bw Angerburg. Anschließend befand er sich für eine T1-Ausbesserung vom 10.11. bis 17.12.1944 im RAW Wittenberge und wurde danach wieder nach Waren/Müritz überführt, wo er erneut abgestellt wurde[342]. Vermutlich ging 137 162 Anfang 1944 ebenfalls für die winterfeste Herrichtung zum RAW Friedrichshafen, wo er beim nächtlichen alliierten Luftangriff auf Friedrichshafen am 28. April 1944 schwer beschädigt wurde. Seine Ausmusterung erfolgte daraufhin am 29. August 1944.

Nach Kriegsende befand sich 137 163 im Bestand der DR. Er wurde statistisch mit schweren Beschädigungen dem Bw Berlin Anhalter Bahnhof zugeordnet. Nach einer Generalreparatur (GR), für die das Fahrzeug sich vom 7.7.1949 bis 10.09.1953 im RAW Dessau befand, wurde er dem Bw Aschersleben zugeteilt. Hier verrichtete er bis zum 6. März 1961 seinen Dienst, bevor er ab 7. März 1961 für rund dreieinhalb Jahre in die Altmark zum Bw Stendal wechselte. Ab 1. September 1964 gehörte er bis zur Abstellung 1965 wieder zum Bw Aschersleben[343]. Im Oktober 1965 wurde er zum VB 147 532 umgebaut. Er soll nach Abstellung in den Besitz nordsächsisch-mitteldeutscher Eisenbahnfreunde gekommen sein.

**Ein weiterer Versuchstriebwagen wurde 137 235. Er erhielt ebenfalls einen aufgeladenen Dieselmotor, jedoch als Kraftübertragungsanlage ein mechanisches Vierganggetriebe.** *Werkfoto Waggonbau Dessau. Sammlung Günther Dietz*

## 137 235 (BCPw4itrvT-36)

### Entstehungsgeschichte

Zu den im Beschaffungsprogramm 1934 vorgesehenen Versuchstriebwagen gehörten auch zwei vierachsige dieselmechanische Triebwagen mit 300 PS (rd. 220,6 kW) Motorleistung, die einerseits mit einem aufgeladenen MAN-Motor und DWK-Getriebe sowie andererseits mit einem aufgeladenen Maybach-Motor und Mylius-Getriebe ausgerüstet werden sollten[344]. Verschiebungen in den Beschaffungsprogrammen führten dazu, dass beide Versuchsfahrzeuge erst in das Beschaffungsprogramm 1935 aufgenommen wurden. Mit dem Triebwagen 137 235 sollte das neue hydraulische Getriebe der DWK im Vergleich zu den beiden in den Wagen 137 162/163 eingebauten hydraulischen Getrieben erprobt werden[345].

Der Bau des Wagens wurde bei der Dessauer Waggonfabrik mit Vertrag 03.966/25.364 vom 18. November 1935 beauftragt. Er wurde am letzten Tag des Jahres 1937 abgeliefert und unter der Gattung BCPw4itrvT-36 mit der Nummer 137 235 in Dienst gestellt.

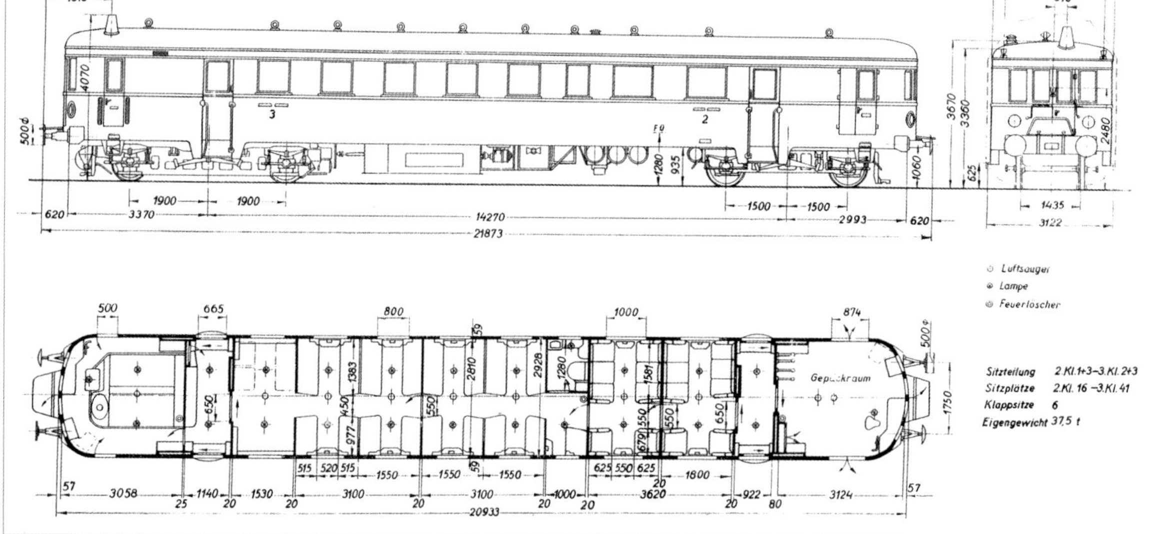


Skizzenblatt des BCPw4iVT-36 (137 235).

### Aufbau und Technik

Grundriss und Hauptabmessungen folgten den 13 Fahrzeugen der Gattung BCPw4itrvT-34a mit den Nummern 137 136 - 148. Auch hier waren die Drehgestelle geschweißte Blechträgerkonstruktionen.

Der aufgeladene Dieselmotor glich weitgehend dem Motor der BCPw4itrvT-34a. Bereits nach wenigen Wochen musste, ähnlich wie bei den beiden mit hydraulischer Kraftübertragung ausgerüsteten Versuchstriebwagen 137 162 - 163, der Motor als Saugmotor betrieben werden[346]. Vom Dieselmotor wurde das Drehmoment auf das mit dem Wendegetriebe vereinigte Vierganggetriebe LRG 250 der Deutschen Werke Kiel übertragen. Das Getriebe erlaubte folgende Geschwindigkeiten: 15, 33, 61 und 92 km/h. Der Motor (auf Tragrahmen) und das Getriebe waren mit Gummipuffern im Maschinentriebdrehgestell gelagert. Über Gelenkwellen wurden die beiden Radsatzgetriebe der DWK angetrieben. Die Druckluft erzeugte ein dreizylindriger Luftverdichter der DWK, der vom Getriebe angetrieben wurde.

Die elektrische Energie erzeugte eine Lichtmaschine mit 240 W Leistung bei 24 V Spannung. Sie wurde durch die Lüfterwelle angetrieben. Die Batterie hatte eine Kapazität von 400 Ah bei fünfstündiger Entladung. Der Dieselmotor wurde elektrisch mit einem Anlasser angelassen. Der Ölkühler wurde mit 1,25-facher Motordrehzahl vom Getriebe angetrieben. Von hier wurde mit einer zwischengeschalteten Lüfterkupplung der Lüfter des Kühlers für das Kühlwasser angetrieben. Die Füllung des Motors wurde mit der Brennstoffkurbel über Seilzug verstellt, während das Getriebe und das Wendegetriebe mit Druckluft gesteuert wurden. Im Jahr 1941 erfolgte der Umbau von Heizung und Kühlkreislauf auf Warmhaltebetrieb des Motors. Bei der Bundesbahn erhielt der Wagen einen Maybach-Motor G56h mit 250 PS (rd. 183,8 kW) Leistung.

### Einsatz und Verbleib

Der am 31. Dezember 1937 abgelieferte und am 15. Januar 1938 abgenommene 137 235 wurde beim Bw Rheine P beheimatet. Nach seiner Inbetriebnahme am 4.2.1938 hatte der Triebwagen bis zum 19.5.1938 eine Laufleistung von 12.000 km erbracht. Bereits seit dem 13.4.1938 lief er ohne Aufladung mit einer reduzierten Motorleistung von 210 PS (rd. 154,4 kW). Da dem Fahrzeug eine Fernsteuerung fehlte, war beim Einsatz mit Beiwagen ein aufwendiges Umsetzen auf den Endbahnhöfen notwendig[347]. Auch der 137 235 wurde im September 1939 an die RBD Mainz zur Verwendung durch die Wehrmacht abgegeben und war laut Aufstellung des RZA München im September 1942 „im Sondereinsatz"[348-349].

Nach Kriegsende in Bayern stehend, wurde der Wagen vom RZA München 1947 zum VT 63 910 umgezeichnet.

Dem anfänglichen Einsatz durch das Bww München-Pasing West folgte eine Grundüberholung 1951 beim Bww Nürnberg Hbf und der dortige Einsatz. Zehn Jahre später musterte die DB den Versuchstriebwagen am 28. März 1961 aus. Er ging 1962 ohne Maschinenanlage zur KVG und wurde dort 1967 ausgemustert.

## 137 236 (BCPw4itrvT-36a)

### Entstehungsgeschichte

Wie erwähnt, sah das Beschaffungsprogramm 1934 auch einen vierachsigen Versuchstriebwagen mit Mylius-Getriebe vor[350], der erst im Beschaffungsprogramm 1935 Berücksichtigung fand. Im Zuge der konstruktiven Vorarbeit zwischen RZM und den Lieferfirmen erhielt die Dessauer Waggonfabrik den Auftrag zum Bau eines 300-PS-Triebwagens mit mechanischem Getriebe. Als Lieferanten der Antriebskomponenten waren inzwischen Daimler für den Dieselmotor sowie die Deutsche Getriebe GmbH in Berlin für das Mylius-Getriebe ausgewählt worden. Trotz entsprechender konstruktiver Vorarbeit konnte das Mylius-Getriebe erst 1937 geliefert werden[351]. Mit diesem Triebwagen sollte die Grenzleistung mechanischer Getriebe ermittelt werden[352]. Der Triebwagen wurde im November 1937 ausgeliefert und als BCPw4itrvT-36a von der Reichsbahn mit der Nummer 137 236 eingereiht.

### Aufbau und Technik

Im Grundriss und in den Hauptabmessungen entsprach dieser Triebwagen wie auch der zuvor beschriebene 137 235 (BCPw4itrvT-36) den 13 Fahrzeugen der Gattung BCPw4itrvT-34a mit den Nummern 137 136 - 148, jedoch mit Drehgestellen in geschweißter Blechträgerausführung. Der Daimler-Benz-Motor vom Typ OM 85 war im Drehgestell auf einem

**Als vierter Versuchstriebwagen wurde „137 236 Königsberg" mit einem Daimler-Benz-Dieselmotor sowie Myliusgetriebe in Dienst gestellt.**
*Foto: Sammlung Günther Dietz*

gummigefederten Hilfsrahmen angeordnet, während das fünfstufige mit dem Wendegetriebe vereinigte Mylius-Getriebe der Deutschen Getriebe GmbH mit Hilfe von Gummiklötzen im Drehgestell befestigt war. Von der Wendegetriebewelle wurden die beiden Radsatzgetriebe des Maschinentriebdrehgestells über Gelenkwellen angetrieben.

Der Dieselmotor arbeitete mit Füllungsregelung und wurde durch Seilzug gesteuert. Die Gangvorwahl erfolgte durch eine Gelenkwelle mit Kegelrädern, während die Schaltung der Getriebestufen und des Wendegetriebes der Druckluft bedurfte. Die Kühlanlage war unter dem Wagenkasten untergebracht. Der Motorschmierölkühler wurde von einer Hilfswelle des Getriebes angetrieben. Die selbe Welle trieb unter Zwischenschaltung einer Lüfterkupplung den Lüfter des Wasserkühlers an. Als Sicherheitsfahrschaltung war die Bauart RZM vorhanden.

Als Bremse war die Hildebrand-Knorrbremse mit leichtem Steuerventil Hikpt als Klotzbremse vorhanden. Als Feststellbremse diente eine Spindelbremse, jeweils auf ein Drehgestell wirkend. Die Druckluft lieferte ein vom Dieselmotor angetriebener Luftverdichter V 70/150 der Firma Knorr. Das 24-Volt-Gleichstromnetz wurde von der Pintsch-Lichtmaschine Typ 23/03.08 mit 2400 W Leistung versorgt. Die Batteriekapazität betrug 400 Ah.

## Einsatz und Verbleib

Der für die RBD Königsberg bestimmte 137 236 wurde nach seiner Ablieferung leihweise der RBD Nürnberg für sechs bis acht Wochen zum Probebetrieb zugeweisen[353]. Nach seiner amtlichen Abnahme am 18. November 1937 war er seit dem 23. November beim Bw Nürnberg Hbf beheimatet. Erst am 17. Dezember 1938 wurde er zum Bw Allenstein der RBD Königsberg umbeheimatet. Die RBD Nürnberg vermerkte die Abgabe allerdings erst für das Jahr 1939[354]. Der zur Erprobung eines leistungsfähigeren mechanischen Getriebes beschaffte Triebwagen zeigte im Betrieb, dass vor allem aufgrund der hohen Übertragungsleistung die Kupplungen des Getriebes sich sehr schnell abnutzten. Im Jahr 1942 erfolgte seine Umsetzung aus der RBD Königsberg in die RBD München[355]. Vermutlich seit diesem Zeitpunkt wurde er für einen Personalverkehr zur Munitionsfabrik Desching bei Ingolstadt eingesetzt. In der RZA-Übersicht zum Sondereinsatz von VT vom September 1942 war er vermerkt[356].

Nach Kriegsende war das Fahrzeug in keiner der deutschen Besatzungszonen mehr nachweisbar. Ob der Wagen bei einem der verheerenden Luftangriffe auf Ingolstadt zerstört wurde, ist nicht mehr nachvollziehbar.

Skizzenblatt des BCPw4itrvT-36a (137 236).

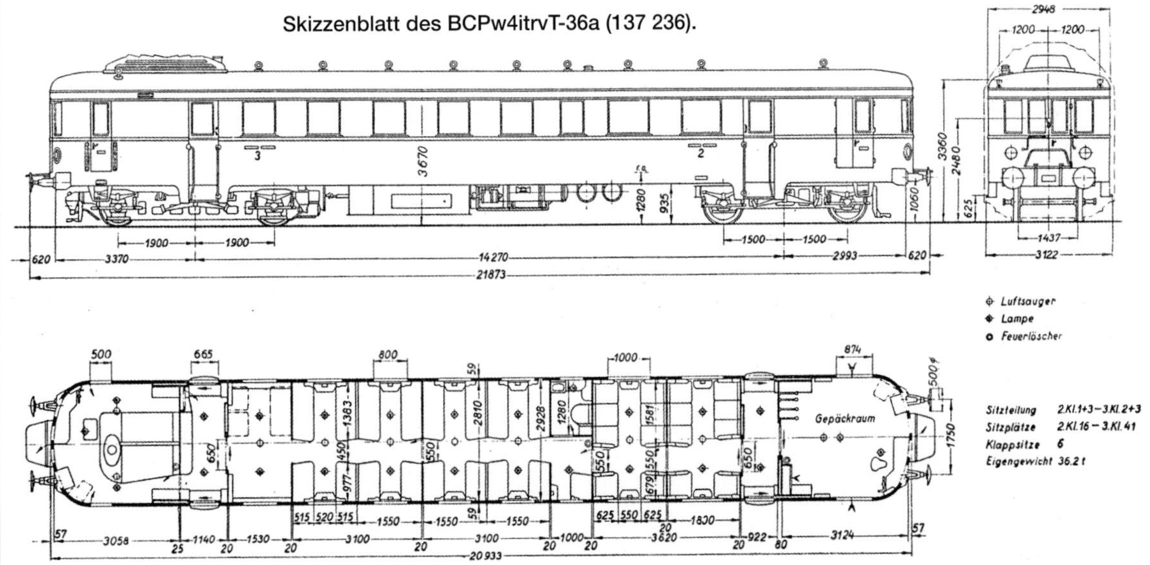

## Technische Daten

| Betriebsnummer | | | 137 162, 163 | 137 235 | 137 236 |
|---|---|---|---|---|---|
| Gattungsbezeichnung | | | BCPw4ivT-34b | BCPw4itrvT-36 | BCPw4itrvT-36a |
| Übersichtszeichnung | | | 17813 b Talbot | F52/847 b Dessau | F52/849 a Dessau |
| Radsatzanordnung | | | B'2' | B'2' | B'2' |
| Hersteller | Wagenteil | | Talbot | Dessau | Dessau |
| | Motor | | MAN | MAN | Daimler |
| | Getriebe | | Voith/TAG | DWK | DGG |
| | el. Ausrüstung | | - | - | - |
| Höchstgeschwindigkeit | | km/h | 80 | 90 | 90 |
| Länge über Puffer | | mm | 21873 | 21873 | 21873 |
| ges. Radsatzabstand | | mm | 17700 | 17670 | 17670 |
| Drehzapfenabstand | | mm | 14270 | 14270 | 14270 |
| Radsatzabstand Drehgestell | | mm | 4000/3000 | 3800/3000 | 3800/3000 |
| Treibraddurchmesser | | mm | 900 | 900 | 900 |
| Laufraddurchmesser | | mm | 900 | 900 | 900 |
| Sitzplätze | 2. Klasse | | 16 | 16 | 16 |
| | 3. Klasse | | 41 | 41 | 41 |
| Klappsitze | | | 7 | 6 | 6 |
| Dienstmasse | unbesetzt | t | 38,6 | 38,6 | 37,5 |
| | besetzt | t | 43,4 | 42,2 | 40,9 |
| | je Sitzplatz | kg | 603 | 595 | 575 |
| | je lfd. m Wagenlänge | t | 1,76 | 1,71 | 1,65 |
| spez. Antriebsleistung | | kW/t / PS/t | 5,3/7,2 | 5,5/7,5 | 6,1/8,3 |
| gr. Radsatzlast | | t | | 12,0 | |
| Steuersystem | | | Einzel | Einzel | Einzel |
| Motor | Zahl / Bauart | | 1 / L1x6V 17,5/18 | 1 / L1x6V 17,5/18 | 1 / OM 85 |
| | Masse | kg | 1710 | 1710 | 1835 |
| | Zyl./Durchm./Hub | mm | 6 / 175 / 180 | 6 / 175 / 180 | 12 / 138 / 170 |
| | Dauerleistung | PS | 280 | 280 | 300 |
| | Drehzahl | min-1 | 1400 | 1400 | 1500 |
| Art u. System d. Leistungsübertragung | | | hydr. W/K | mechanisch | mechanisch |
| Getriebebauart | | | ACL 36m1 | LRG 250D | Mylius EW |
| Zahl der Gänge / Geschwindigkeitsstufen | | | 2 | 4 | 5 |
| Motorsteuerung | | | elektrisch | mechanisch, Seilzug | mechanisch, Seilzug |
| Getriebesteuerung | | | elektro-pneumatisch | pneumatisch | Kardanw./Druckl. |
| Wendegetriebesteuerung | | | elektro-pneumatisch | pneumatisch | pneumatisch |
| Kraftstoffvorrat | | l | 560 | 540 | 600 |
| Heizung | | | Warmwasser | Warmwasser | Warmwasser |
| Beleuchtung, Stromart, Spannung | | | el = 24 V | el = 24 V | el = 24 V |
| Bremse | | | Hikpt (Trommel) | Hikpt (Trommel) | Hikpt (Klotz) |

Nach Probeeinsätzen in der RBD Nürnberg kam der Wagen 137 236 erst Mitte Dezember 1938 zum Bw Allenstein in der RBD Königsberg. *Foto: Sammlung Günther Dietz*

# Aussichtstriebwagen

Der zunehmenden Konkurrenz des Busverkehrs im Ausflugsverkehr trat die DRG 1935 mit dem Konzept von Aussichtstriebwagen entgegen. Der erste Baumustertriebwagen 137 240 wurde im Sommer 1936 der RBD Köln zugeteilt.
*Foto: H. Wagner, Sammlung Günther Dietz*

## 137 240 (C4vT-36) und 137 462 - 463 (C4VT-37)

### Entstehungsgeschichte

Die Konkurrenz des Straßenomnibusses wirkte sich nicht nur allgemein auf die Entwicklung von Triebwagen bei der Eisenbahn aus, sondern auch in einem speziellen Fall. Besonders im Sommer nahm Mitte der 1930er-Jahre der Ausflugsverkehr mit Straßenomnibussen in starkem Maße zu. Durch die Fortschritte im Karosseriebau entstanden Fahrzeuge, die große Fensterflächen bis in den Dachbereich sowie Rollverdecke ermöglichten, die den Reisenden in den Bussen auf Ausflugsstrecken eine gute Rundumsicht boten. Diese neuen Busse ließen bei der Reichsbahn den Gedanken reifen, ähnliche Fahrzeuge für den Ausflugsverkehr auf landschaftlich schönen Eisenbahnstrecken anzuschaffen.

Nachdem zwei elektrische Aussichtstriebwagen 1935 in Betrieb genommen werden konnten (elT 1998 - 1999, ab 1942 ET 91 001, 002; „Gläserner Zug"), sah die Reichsbahn im Beschaffungsprogramm 1935 auch einen Aussichtstriebwagen mit Verbrennungsmotor-Antrieb vor. Mit dem Bau des Versuchsfahrzeugs wurde die Firma Waggonfabrik Fuchs in Heidelberg betraut, die Konstruktion und Fertigung so rasch realisierte, dass das Fahrzeug bereits 1936 abgeliefert werden konnte. Der Triebwagen wurde als C4vT-36 mit der Nummer 137 240 in Dienst gestellt[357].

Aufgrund des guten Zuspruchs für das außergewöhnliche Fahrzeug wurde im Beschaffungsprogramm 1937 der Bau weiterer zwei Fahrzeuge vorgesehen. Der Auftrag ging erneut an Fuchs in Heidelberg (Vertrag 51.113/24.209), die die beiden Triebwagen erst 1939 ablieferte. Als C4VT-37 erhielten sie die Nummern 137 462 und 463.

Im Fahrzeugbeschaffungsprogramm 1939 war der Bau weiterer zwei Aussichtstriebwagen vorgesehen[358]. Nach den handschriftlichen Ergänzungen im Nummernplan von 1937 sollten diese Aussichtstriebwagen ebenfalls von Fuchs mit gleicher maschineller Ausstattung wie bei den zuletzt gelieferten Wagen ausgeliefert werden. Für beide Wagen waren die Nummern 137 560 und 561 vorgesehen, Heimat-Direktionen sollten Karlsruhe und Augsburg werden. Ihr Bau wurde aufgrund des Kriegsbeginns storniert.

### Technik und Aufbau

Die konstruktiven Anforderungen waren aus verschiedenen Gründen vor allem wegen der großen Fensteröffnungen herausfordernd. Der Wagenkasten war eine aus Rohren, Abkantprofilen und Blechen geschweißte Konstruktion aus St 37. Eine brückenähnliche Fachwerkkonstruktion zwischen den Untergestellbereichen der Wagenköpfe gewährleistete eine ausreichende Stabilität des ansonsten äußerst leichten und filigranen Rohbaus. Die Langträger waren in St 52 ausgeführt. Die Seitenwandverkleidung bestand aus 2,5 mm dickem Stahlblech. Im Bereich der Wagenköpfe mussten die Querträger des Untergestells geteilt werden, um die Ausschnitte für den Abortbereich und dessen Unterkonstruktion sicherstellen zu können.

Das Dach bestand ebenfalls aus geschweißten Stahlprofilen, in der Wagenmitte war ein kräftig dimensionierter Dachspriegel vorhanden. Die beiden Dachöffnungen besaßen zur besseren Aussicht nach oben je ein elektrisch angetriebenes Rollverdeck der Firma Traugott Golde aus Gera. Die Sitzgestelle der beiden 3.-Klasse-Abteile bestanden aus Hydronaliumrohr. Es waren 30 gepolsterte Doppelsitzbänke mit zusammen 60 Sitzplätzen vorhanden. Die Rückenlehnen waren je nach Fahrtrichtung klappbar.

Skizzenblatt des C4vT-36 (137 240).

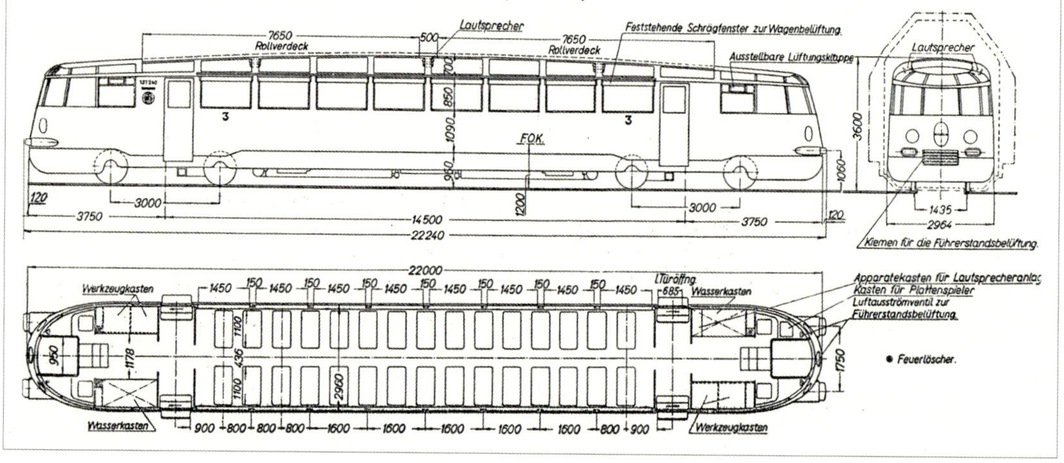


Skizzenblatt des C4VT-37 (137 462, 463).

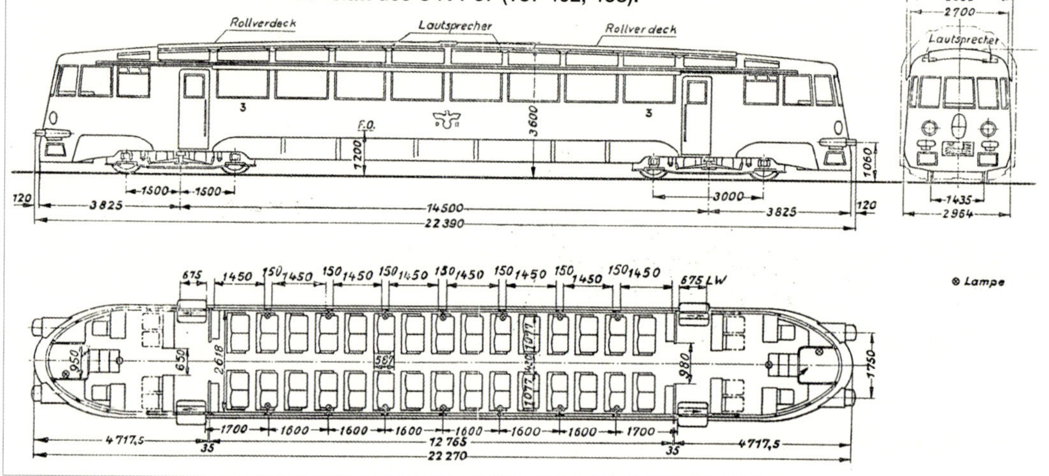


Die Seitenfenster besaßen mit 1450 mm eine außergewöhnliche Breite. Die beim 137 240 in die Dachwölbungen eingebauten Fenster bestanden aus Plexiglas. Alle Triebwagen besaßen eine Lautsprecheranlage, die 1937 beim 137 240 nachträglich eingebaut wurde. Für Musikübertragungen war ein Plattenspieler vorhanden. Wasser und Werkzeugkästen sowie Apparateschränke waren zwischen Einstieg und Führertisch so eingebaut, dass sie den Durchblick nicht beeinträchtigten. Aus diesem Grund waren auch die Führertische und Aborte tief angeordnet. Die beiden in den Fahrzeugen vorhandenen Aborte befanden sich mittig im Führerstandsbereich und wiesen eine Fußbodenhöhe von 280 mm über SO auf.

Werbung ist alles! Und so wurde auch mit einer farbigen Postkarte, auf der der Aussichtstriebwagen 137 240 an der Mosel festgehalten war, geworben. *Foto: Sammlung Dirk Winkler*

Die beiden Radsätze im aus Blechen geschweißten Drehgestell liefen in Jaeger-Doppelrollenlagern. Ihre Abfederung geschah durch Blatt- und Schraubenfedern. Die Wiegenfederung erfolgte mit einer längs liegenden Blattfeder.

Die selbsttätige Bremse war als beidseitig wirkende Scheibenbremse ausgeführt, die Bremsscheiben waren an den Rädern befestigt. Die Handbremse war eine Spindelbremse. Als Stoßvorrichtung dienten zwei verkleidete Stoßpuffer. Zum Abschleppen war ein verdeckt eingebauter Zughaken vorhanden.

Die Fahrzeuge besaßen zwei Antriebsanlagen von je 180 PS (rd. 132,4 kW) Leistung. Die Achtzylindermotoren in liegender Boxeranordnung der DWK waren gemeinsam mit den Kühlanlagen in je einem Tragrahmen angeordnet, der an vier Punkten gefedert unter dem Wagen aufgehängt war. Über eine Voith-Maurer-Kupplung und Gelenkwelle wurde jeweils das hinten im Triebdrehgestell angeordnete dreistufige Doppel-Turbo-Getriebe und von dort das auf dem vorderen Radsatz angeordnete Radsatzwendegetriebe (Bauart 5-OR) angetrieben. Die mit Füllungsregelung betriebenen Dieselmotoren wurden pneumatisch gesteuert. Die Steuerung der Getriebekreisläufe erfolgte selbsttätig in Abhängigkeit von der jeweiligen Geschwindigkeit. Die Steuerung der

**Links: Die Innenansicht zeigt den Fahrgastraum bei geöffnetem Rollverdeck.** *Werkfoto Fuchs-Waggonbau. Sammlung Wolfgang Dieter Richter*

**Rechts: Mittig zwischen Führerpult und einem Sitz für den Schaffner befand sich der Zugang zu dem niedriger eingebauten Abort.** *Foto: Lichtbildarchiv RBD Augsburg, Sammlung Dirk Winkler*

## Technische Daten

| | | | 137 240 | 137 462, 463 |
|---|---|---|---|---|
| Betriebsnummer | | | 137 240 | 137 462, 463 |
| Gattungsbezeichnung | | | C4vT-36 | C4VT-37 |
| Übersichtszeichnung | | | F.01.4c. Fuchs | PIII464b Heidelberg |
| Radsatzanordnung | | | (A1) (1A) | (A1) (1A) |
| Hersteller | Wagenteil | | Fuchs | Fuchs |
| | Motor | | DWK | DWK |
| | Getriebe | | Voith | Voith |
| | el. Ausrüstung | | - | - |
| Höchstgeschwindigkeit | | km/h | 120 | 120 |
| Länge über Puffer | | mm | 22240 | 22390 |
| ges. Radsatzabstand | | mm | 17500 | 17500 |
| Drehzapfenabstand | | mm | 14500 | 14500 |
| Radsatzabstand Drehgestell | | mm | 3000 | 3000 |
| Treibraddurchmesser | | mm | 900 | 900 |
| Laufraddurchmesser | | mm | 900 | 900 |
| Sitzplätze | 2. Klasse | | - | - |
| | 3. Klasse | | 60 | 60 |
| Klappsitze | | | - | 8 |
| Stehplätze | | | - | - |
| Dienstmasse | unbesetzt | t | 44,0 | 44,0 |
| | besetzt | t | 48,5 | 49,1 |
| | je Sitzplatz | kg | 733 | 647 |
| | je lfd. m Wagenlänge | t | 1,98 | 1,96 |
| spez. Antriebsleistung | | kW/t / PS/t | 6,0/8,2 | 6,0/8,2 |
| gr. Radsatzlast | | t | 12,3 | 12,3 |
| Steuersystem | | | Einzel | Einzel |
| Motor | Zahl / Bauart | | 2 / 2x4V18L | 2 / 2x4V18L |
| | Masse | kg | 1835 | 1835 |
| | Zyl./Durchm./Hub | mm | 12 / 138 / 170 | 12 / 138 / 170 |
| | Dauerleistung | PS | 2 x 180 | 2 x 180 |
| | Drehzahl | $min^{-1}$ | 1500 | 1500 |
| Art u. System d. Leistungsübertragung | | | hydraulisch | hydraulisch |
| Getriebebauart | | | JJ 5,4 CG 3,3 | JJ 5,4 CG 3,3 |
| Zahl der Gänge / Geschwindigkeitsstufen | | | 5 | 5 |
| Motorsteuerung | | | Seilzug | Seilzug |
| Getriebesteuerung | | | Kardanw./Druckl. | Kardanw./Druckl. |
| Wendegetriebesteuerung | | | Druckluft | Druckluft |
| Kraftstoffvorrat | | l | 600 | 600 |
| Heizung | | | Klatte-Frischlufthzg. | Warmluftheizung |
| Beleuchtung, Stromart, Spannung | | | el = 24 V | el = 24 V |
| Bremse | | | Hikpt (Klotz) | Hikpt (Klotz) |

Radsatzwendegetriebe geschah elektro-pneumatisch. Die Kühlanlage war unterflur angeordnet. Dabei wurden die Lüfterräder vom jeweiligen Dieselmotor angetrieben. Der Temperaturregelung diente ein Samson-Bypass-Regler. Die zweistufigen Knorr-Luftverdichter V70/150 wurden vom Dieselmotor von der Lüfterwelle angetrieben.

Die Heizung war bei den 137 240 und 462/463 zunächst eine Klatte-Frischluftheizung, die die Motorabgase ausnutzte. Zusätzlich diente ein ölbeheizter Zusatzbrenner über einen Heizwärme-Tauscher zur Wagenheizung. Das Bordnetz mit 24 V Spannung wurde von einer AFA-Batterie mit einer Kapazität von 400 Ah versorgt. Zur Batterieladung dienten zwei vom Dieselmotor angetriebene Bosch-Lichtmaschinen, Bauart GUL 1200/24.1100, mit je 1200 W Leistung. Die Dieselmotoren wurden elektrisch mit dem Bosch-Anlasser DT 15/24 angelassen. Als Höchstgeschwindigkeit wurden 120 km/h erreicht[359-360-361].

Die 1939 gelieferten beiden Aussichtstriebwagen 137 462 und 463 unterschieden sich vom 137 240 durch einen um 75 mm größeren Überhang, so dass die Wagen 150 mm länger waren. Im Gegensatz zum ersten Versuchsfahrzeug war das Dach über dem Führerstand nicht verglast. Weiterhin waren in der neuen Konstruktion die bisher großen Werkzeugkästen und Wasserkästen hinter dem Führerstand verkleinert worden, so dass noch acht zusätzliche Klappsitze im Fahrzeug untergebracht werden konnten. Weiterhin wiesen die Fahrzeuge eine verbesserte Getriebeölkühlung auf.

### Einsatz und Verbleib

Bereits Anfang Februar 1935 bemühte sich die RBD Köln um Zuweisung von Aussichtstriebwagen für den Einsatz auf der Rheinstrecke. Die Reichsbahn-Hauptverwaltung lehnte diesen Antrag Ende Februar mit dem Hinweis auf den im Bau befindlichen Versuchstriebwagen und die zunächst nicht vorgesehene Beschaffung weiterer Fahrzeuge ab[362]. Trotzdem

137 240 auf Fahrt in der RBD Nürnberg in der Hersbrucker Schweiz. *Foto: RVM. Sammlung Dirk Winkler*

wurde der am 29. Mai 1936 abgelieferte und am 1. Juli 1936 abgenommene 137 240 der RBD Köln zugeteilt und beim Bw Koblenz beheimatet. Anfängliche Probefahrten führten den Triebwagen auf Strecken um Nürnberg in die Fränkische Schweiz sowie in die RBD Saarbrücken[363-364].

Die beiden Aussichtstriebwagen 137 462 und 463 wurden erst am 24. März und im Juli 1939 abgeliefert und nach ihrer Abnahme am 21. April bzw. 2. August 1939 in Saarbrücken bzw. Dresden-Pieschen und Flöha eingesetzt.

Nach Kriegsbeginn übernahm die RBD Nürnberg 1939 aus der RBD Saarbrücken den Aussichtstriebwagen 137 462[365]. Das RZA München vermerkte dazu, dass der Wagen dort nur hinterstellt sei[366]. Im Jahr 1941 erhielt die RBD Saarbrücken das Fahrzeug zurück[367]. Wann der Wagen dann wieder nach Nürnberg zurückkehrte, ist unbekannt. Bei einem Luftangriff am 10. September 1944 wurde er zerstört und am 30. November 1944 ausgemustert. Die Zerlegung des im RAW Nürnberg stehenden Wagens genehmigte die RBD Nürnberg am 28. Januar 1948[368].

Nach Kriegsende befand sich 137 240 im Juli 1946 in stark beschädigtem Zustand im RAW Nürnberg[369]. Ende August 1947 stand er in Lohr am Main[370]. In der Erfassung der RBD Nürnberg vom November 1948 ist vermerkt, dass er Mitte September 1949 nach Frankfurt Main überstellt wurde[371]. Der zweite Aussichtstriebwagen, 137 463, stand ohne Maschinenanlage und teilweise ausgeplündert in Ingolstadt[372]. Beide Fahrzeuge wurden 1947 vom RZA München in VT 90 500 und 501 umgezeichnet.

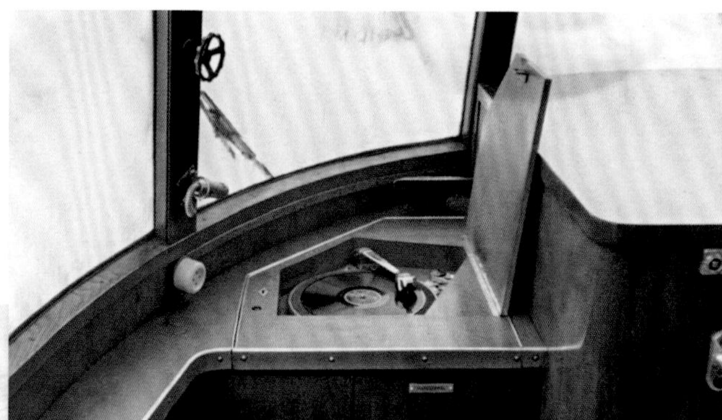

Die im Triebwagen vorhandene Lautsprecheranlage ermöglichte Durchsagen durch die Reiseleitung wie auch eine Beschallung mit Musik während der Fahrt. Im Bild der links neben Führerstand und tiefer liegendem Abort verdeckbar eingebaute Schallplattenspieler. *Foto: Lichtbildarchiv RBD Augsburg, Sammlung Dirk Winkler*

Die Einsätze im Ausflugsverkehr führten 137 240 unter anderen auf die Rheinstrecke, so hier bei Oberwesel. *Foto: RVM. Sammlung Dirk Winkler*

Wie der Triebwagen 137 462 vor seinem offiziellen Ablieferungstermin am 22. März 1939 nach St. Anton am Arlberg kam, ist unklar. Womöglich gönnten sich die Verantwortlichen des RZA München einen weiteren Ausflug während der Abnahmefahrt? *Foto: Lichtbildarchiv RBD Augsburg, Sammlung Dirk Winkler*

Knapp fünf Jahre nach Kriegsende, 1950, erfolgte die Aufarbeitung beider Wagen im RAW Nürnberg. Die DB setzte sie in den Direktionen Köln und Stuttgart noch in der Farbgebung der Vorkriegszeit ein. 1953/54 erhielten sie neue Büssing-Dieselmotoren vom Typ U 15 und Druckluft-Scheibenbremsen. Bei der Aufarbeitung wurden beim VT 90 500 die vorderen Dachfenster entfernt und die Anordnung der Wasser- und Werkzeugkästen sowie der Heizölbehälter geändert. Anfangs besaßen sie bis zur Umlackierung auf das einheitliche Rot der Triebwagen noch ihren früheren hechtgrauen Anstrich.

Der in Köln-Nippes beheimatete VT 90 500 kam vor allem im Raum Hunsrück und Mosel sowie Köln und Aachen zum Einsatz. Nachdem der Aussichtstriebwagen am 17. November 1958 schadhaft abgestellt werden musste, wurde seine Ausmusterung beantragt[373]. Sie erfolgte dann am 13. April 1960. VT 90 501 war zuletzt in Stuttgart beheimatet und vor allem in Baden-Württemberg und Oberbayern unterwegs. Die DB musterte ihn am 22.03.1962 aus.

Zwei der drei Wagen kamen nach Kriegsende in den Bestand der DB und wurden wieder eingesetzt. VT 90 501 (ex 137 463) in Lindau am 14. August 1960. *Foto: Dr. Rolf Brüning. Sammlung Günther Dietz*

Von den beiden nachgebauten Aussichtstriebwagen kam 137 463 zum Bw Dresden-Pieschen, wo diese Aufnahme im Juli 1939 entstand.
*Foto: Sammlung Günther Dietz*

Skizzenblatt des BCPw4itrvT-35 (137 241 - 270).

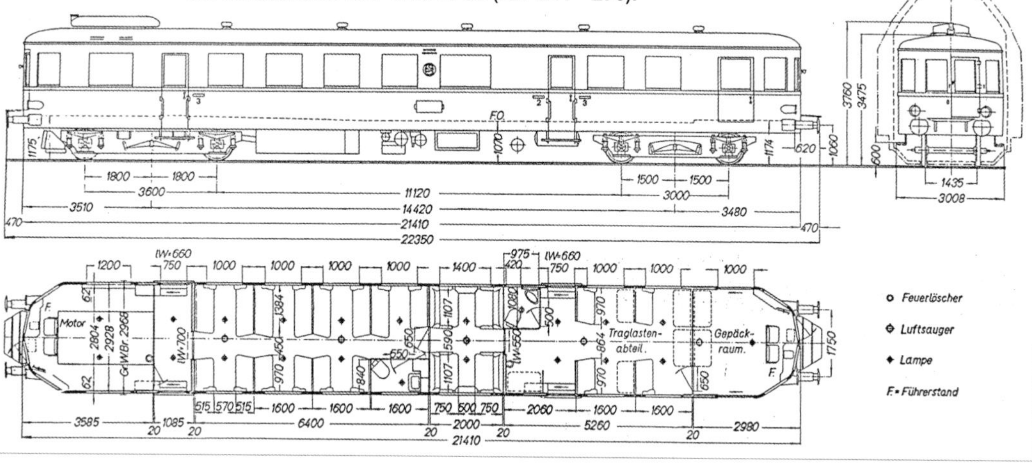


# *360-PS-Nebenbahntriebwagen mit hydraulischer Kraftübertragung*

## 137 241 - 270 (BCPw4itrvT-35)

### Entstehungsgeschichte

Im Beschaffungsprogramm 1935 sah die Reichsbahn neben einer größeren Zahl Triebwagen mit dem Einheitsgrundriss auch eine nennenswerte Anzahl an Nebenbahntriebwagen mit 360 PS (rd. 264,8 kW) Leistung vor. Sie waren die erste größere einheitliche Serie mit hydraulischer Leistungsübertragung. Da die Erfahrungen mit den bisherigen schnelllaufenden Dieselmotoren nicht befriedigend waren und andererseits im Ausland günstige Erfahrungen mit langsam laufenden Motoren vorlagen, erhielt diese Serie langsam laufende Dieselmotoren der MAN. Gleichzeitig sollte erforscht werden, ob durch die niedrigere Motordrehzahl die Unterhaltungskosten der Motoren reduziert werden könnten[374].

Mit Vertrag 53.206/61.135 vom 5.5.1936 wurde die Dessauer Waggonfabrik und mit gleicher Vertragsnummer vom 10.1.1936 auch die Düsseldorfer Waggonfabrik mit dem Bau der Fahrzeuge endgültig beauftragt. Den Entwurf für diese Triebwagen hatte Dessau aufgestellt, wobei im Zuge der Fertigungsvereinfachung die runde Kopfform der Wagen verlassen wurde.

Die Triebwagen, die als Gattung BCPw4itrvT-35 geführt und denen die Nummern 137 241 - 270 zugeteilt wurden, kamen zwischen Dezember 1936 und Juni 1938 zur Ablieferung. Dabei entfielen auf die Dessauer Waggonfabrik die Triebwagen 137 241 - 254, die Düsseldorfer Waggonfabrik lieferte die Wagen 137 255 - 270.

### Aufbau und Technik

Für den vorgesehenen Einsatz auf Nebenbahnen mit niedrigen Bahnsteigen wurde die Fußbodenhöhe im Bereich des vorderen Einstieges auf 1175 mm und am hinteren Einstieg auf 1070 mm über Schienenoberkante festgelegt. Zudem war die Wagenhöhe mit 3475 mm unge-

Die 360-PS-Nebenbahntriebwagen mit hydraulischer Kraftübertragung waren die ersten in größerer Stückzahl beschafften dieselhydraulischen Triebwagen der Reichsbahn. „137 241 Regensburg" wurde als erster Triebwagen der Gattung BCPw4itrvT-35 im Dezember 1936 ausgeliefert. Passend zu diesen Triebwagen wurden Steuerwagen mit Postabteil der Gattung BCPost4ivS-35 beschafft. Die Abbildung zeigt 137 241 mit gekuppeltem Steuerwagen.
*Werkfoto Waggonbau Dessau. Sammlung Robin Garn*

Anders als ursprünglich vorgesehen wurde „137 256 Hannover", wie die Anschrift es ausweist, nicht der RBD Hannover, sondern der RBD Dresden zugeteilt. Er gehörte zur Triebwagengruppe Flöha des Bw Chemnitz, wo er nach seiner Anlieferung im Mai 1938 auf Probefahrt nach Sangerhausen ging. *Foto: Sammlung Günther Dietz*

wöhnlich niedrig ausgeführt. Die Fensterunterkante lag bei diesen Wagen etwa 150 mm niedriger als bei den bisher beschafften Fahrzeugen. Auch die Fensterbreite war mit 1200 mm in der 2. Klasse und 1000 mm in der 3. Klasse entsprechend den neuen Grundsätzen des RZA München größer als bisher ausgeführt. Die Länge der Abteile war inzwischen in der 2. Klasse auf 2000 mm und in der 3. Klasse auf 1600 mm angestiegen. Darüber hinaus besaßen die Fahrzeuge eine aus mehreren Schrägflächen zusammengesetzte elegante Kopfform.

Die Drehgestelle wurden zur Erhöhung der Stabilität und zur Masseersparnis von etwa 500 kg im Gegensatz zur bisherigen Profilträgerbauweise aus Blechen geschweißt und durch Ober- und Untergurte sowie aufgeschweißte Rippen verstärkt. Die Anordnung der Federung entsprach aber weiterhin der bisher üblichen Art. Die Nachbauserie erhielt zusätzliche Schraubenfedern für die Drehgestellwiege.

Der relativ große und schwere Sechszylinderdieselmotor konnte gerade noch in das Drehgestell eingebaut werden. Die größere Motormasse wurde aber durch den Leichtbau der Trieb- und Steuerwagen mehr als ausgeglichen. Der Dieselmotor war auf einem gefederten Tragrahmen im Drehgestell gelagert und ragte in den Wagenkasten hinein. Er übertrug sein Drehmoment über eine Voith-Maurer-Kupplung (zur Dämpfung der drehelastischen Schwingungen des Motors) und eine Voith-Stiftenkupplung (zur Aufnahme von Axialverschiebungen zwischen Motor und Getriebe) mit Gelenkwelle auf das im Drehgestell unter dem Wagenfußboden angeordnete dreistufige Strömungsgetriebe der Bauart Wandler/Kupplung/Kupplung. Über Gelenkwellen wurden von hier die beiden Radsatzwendegetriebe angetrieben. Der Dieselmotor hatte Füllungsregelung. Dabei wurde die Füllung elektrisch in sechs Stufen mit dem Füllungsversteller verstellt. Die Steuerung war als Vielfachsteuerung zum Betrieb von zwei Trieb- und zwei Steuerwagen vom jeweils vorderen Führerstand ausgebildet. Das Füllventil des Getriebes wurde elektrisch vom Fahrschalter betätigt und die Radsatzwendegetriebe elektro-pneumatisch im Stillstand umgeschaltet. Die Füllung der jeweiligen Getriebekreisläufe wurde geschwindigkeitsabhängig vom Getriebe gesteuert. Als Besonderheit im Antrieb besaßen die beiden Antriebsradsätze voneinander getrennte Antriebe, d.h., im Anfahrbereich bis 51 km/h wurden vom Wandler beide Radsätze angetrieben, während von Kupplung II bzw. Kupplung III jeweils nur ein Radsatz angetrieben wurde. Die Kühlanlage für Kühlwasser war unter dem Wagenkasten angeordnet, während der Motorschmierölkühler vorn in das Maschinentriebdrehgestell eingebaut war.

Die Bremse war als Klotzbremse der Bauart Hikpt der ersten Serie ausgeführt, während die Heizung als ölgefeuerte Frischluftheizung ausgebildet war.

Die Getriebeölkühlung wurde nach einiger Zeit verbessert, da beim Befahren längerer Steigungsstrecken die Getriebeöltemperatur unzulässig hohe Werte erreichte, sowie die Luftansaugung für den Dieselmotor verändert (zu erkennen an den hinter dem vorderen Einstieg angeord-

Die Flöhaer Triebwagen fuhren u.a. zwischen Chemnitz und Leipzig. Hier ein Zug aus Steuer-, Trieb- und Steuerwagen auf dem Bahrebachmühlenviadukt über der Autobahn Chemnitz – Dresden. *Foto: Sammlung Dirk Winkler*

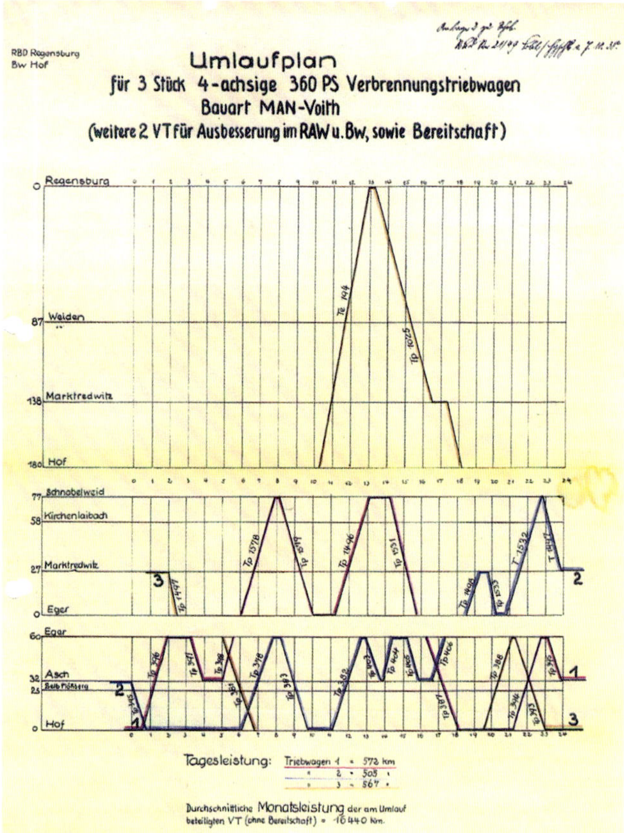


Umlaufplan der RBD Regensburg vom Oktober 1938.
*Sammlung Dirk Winkler*

Bereits Ende 1938 musste aufgrund von Wellenbrüchen durch Resonanzschwingungen zwischen Motor und Getriebe eine zusätzliche Rutschkupplung in alle Fahrzeuge eingebaut werden[375].

Für den Kriegseinsatz dieser Triebwagen wurde ab 1940 zur winterfesten Herrichtung die kombinierte Kühlwasser/Ofenheizung mit Dampfheizleitung eingebaut. Weiterhin wurden für den Wehrmachtseinsatz folgende Umbauten vorgenommen:

- Betteneinbau (ab Frühjahr 1940)
- Änderung des Führerstands 2 auf der Gepäckraumseite (ab Herbst 1942) durch Einbau einer kompl. Führerstandseinrichtung, zu der u.a. ein Ofen, zwei Betten, Schrank, Kohlenkasten, Vorratsbehälter und Werkzeugkiste gehörten

Bei der DB erhielten die Triebwagen teilweise eine Sitzteilung 2 + 2 in der 3. Klasse. Die für die alliierten Streitkräfte nach dem Krieg eingesetzten VT 36 500 und 506 erhielten als Salonwagen eine für den neuen Zweck geeignete Inneneinrichtung. VT 36 517 wurde am 4. August 1955 ausgemustert, die anderen Fahrzeuge richtete die DB wieder für den zivilen Verkehr her. Durch Umbauten der DB änderte sich zum Teil die Fahrzeugmasse, so dass die Wiegenblattfedern verstärkt werden mussten. Der VT 36 509 (ex 137 267) der DB wurde beim Wiederaufbau nach 1945 in Bezug auf die Inneneinrichtung der Nachbauserie angeglichen.

Der Umbau des Triebwagens 137 251 der DR zum Beiwagen 147 530 geschah zwischen Mai und Oktober 1965 im Raw Dessau[376].

neten zusätzlichen Lüfterjalousien). Die Geschwindigkeit dieser Triebwagen war zunächst mit 90 km/h festgelegt und wurde später auf 100 km/h erhöht. Aus diesem Grund wurden die Fahrzeuge entgegen den ursprünglichen Absichten vorwiegend auf Hauptbahnen eingesetzt.

Der elektrisch von der Batterie angetriebene Luftverdichter war im Laufdrehgestell angeordnet. Zur Stromversorgung des 110-V-Netzes diente die mit einer Gelenkwelle vom Getriebe angetriebene BBC-Lichtmaschine Gs 10c, die die Batterie mit einer Kapazität von 200 Ah lud. Der Dieselmotor wurde mit zwei Bosch-Anlassern DT 25/110 angelassen. Dazu reichte im Schadensfall übrigens auch ein Anlasser.

Neben den bereits angeführten Bauartänderungen wurde im Maschinentriebdrehgestell ein verstärkter Querträger eingebaut.

## Einsätze und Verbleib

Eingesetzt werden sollten nach einer Verteilungsübersicht vom Mai 1937 die Fahrzeuge wie folgt:

| | |
|---|---|
| 137 241 - 245 | RBD Regensburg, Bw Regensburg |
| 137 246 - 250 | RBD Dresden, Bw Chemnitz (Einsatzstelle Flöha) |
| 137 251 - 255 | RBD Hannover, Bw Bremen Hbf |
| 137 256 - 258 | RBD Hannover, Bw Hannover Hbf |
| 137 259 - 263 | RBD Mainz, Bw Mainz Hbf |
| 137 264 - 265 | RBD Mainz, Bw Darmstadt Hbf |
| 137 266 - 270 | RBD Oppeln, Bw Heydebreck |

Dies wurde jedoch nur für die ersten zehn Triebwagen realisiert. Die Fahrzeuge ab 137 251 wurden unter Aufgabe der vorgesehenen Einsatzstellen anders verteilt und damit im Wesentlichen zur Verstärkung der Bestände der Einsatzstellen Regensburg, Flöha und Mainz herangezogen. Bekannt ist aus dem statistischen Jahresnachweis der RBD Regensburg, dass 137 241 - 245 und 258 im Jahr 1937 als Neulieferung verbucht wurden. Davon war 137 242 zum Jahresende noch im RAW Nürnberg zur Abnahme[377]. Im Folgejahr verbuchte die RBD Regensburg neben dem nun abgenommenen 137 242 weitere fünf Triebwagen dieser Gattung: 137 257, 259, 260, 262 und 264[378].

Ab 1938 waren diese Fahrzeuge wie folgt zugeordnet: Bw Mainz Hbf (137 251 - 253, 255, 261, 266, 268 - 270), Bw Darmstadt Hbf (137 254), Bw Chemnitz, Triebwagengruppe Flöha (137 256, 263, 265, 267), Bw Regensburg (137 241 - 245, 257 - 260, 262, 264). Die vorliegenden

**Zwischen Einsweiler und Hunsweiler ist einer der 360-PS-Nebenbahntriebwagen aus der Nummernreihe 137 241 - 270 als Schleppzeug für ein Eisenbahngeschütz bei einer Übung eingesetzt.**
*Foto: Sammlung Dirk Winkler*

Neun Triebwagen dieser Gattung kamen bei der DB wieder in Dienst. In Köln-Deutz traf Joachim Claus am 16. April 1960 diese typenrein gebildete Einheit aus VT 36 501 (ex 137 246), zwei BCPost4ivS-35 sowie VT 36 511 (ex 137 270) an.
*Foto: Sammlung Günther Dietz*

unterschiedlichen Versionen der handschriftlichen Nachträge des Nummernplans vom Januar 1937 weisen zudem auf geplante oder durchgeführte Umsetzungen der Fahrzeuge nach 1937 hin. Den Einträgen nach blieben die Wagen 137 241 - 245 im Bw Regensburg, die Wagen 137 246 - 263 und 265 - 270 wurden dem Bw Mainz zugeordnet, nur 137 264 und 265 dem Bw Darmstadt.

Die im Herbst 1938 in der RBD Regensburg vorhandenen 15 Triebwagen waren in den Bw Regensburg und Hof konzentriert worden und waren im Winterfahrplan 1938/39 von Regensburg nach Hof, Beratzhausen, Kelheim, Augsburg, Sinzing, Passau, Nürnberg, Bayreuth, Weiden, Plattling, Eisenstein, Ingolstadt, Selb und Neuenmarkt-Wirsberg im Einsatz. Die Hofer Triebwagen fuhren nach Eger, Asch, Schnabelwaid und Marktredwitz[379].

Die Triebwagen der Triebwagengruppe Flöha des Bw Chemnitz waren vor Kriegsbeginn häufig auf der Strecke Chemnitz – Leipzig in der Reihung VS+VT+VS, also der VT in der Mitte eingereiht, anzutreffen. Das Platzangebot betrug dabei einschließlich der Klappsitze 40/189 Sitzplätze 2./3. Klasse.

Für 1939 ist der Wechsel von 137 259 von der Regensburger Direktion in die RBD Mainz nachgewiesen[380]. Nach dem kurzen zivilen Einsatz fanden spätestens ab 1940 die Triebwagen für militärische Zwecke u.a. als Schlepptriebwagen für Eisenbahn-Batterien sowie als Befehlshaber-

| Nummer | Verbleib | Hersteller | Ablieferung | Beheimatungen | Bemerkungen |
|---|---|---|---|---|---|
| 137 241 | DB VT 36 500 | Dessau | 29.12.1936 | 18.02.37 Reg, 1948 Bil, 1950 Hg-Eck, 1951 Wt-St, 1952 Hg-Eck, 1953 Wt-St | + 14.09.65 |
| 137 242 | - | Dessau | 14.01.1938 | 04.04.38 Reg | + 28.11.44 |
| 137 243 | - | Dessau | 31.05.1937 | 12.06.37 Reg | + 28.11.44 |
| 137 244 | - | Dessau | 12.05.1937 | 20.05.37 Reg | + 21.01.43 |
| 137 245 | - | Dessau | 17.06.1937 | 30.06.37 Reg | + 28.11.44 |
| 137 246 | DB VT 36 501 | Dessau | 30.06.1937 | 12.08.37 Fl, 1946 Ffm1, 1949 Kbf, 1960 Kön | + 28.11.44 / + 14.04.64 |
| 137 247 | - | Dessau | 22.07.1937 | 12.08.37 Fl | + 28.11.44 |
| 137 248 | - | Dessau | 25.08.1937 | 23.09.37 Fl, 16.01.40 Sonderzwecke (Mnz) | + 28.11.44 |
| 137 249 | DR (Schad-VT) | Dessau | 28.09.1937 | 01.11.37 Fl, 07.46 Fl | + 1955 |
| 137 250 | DB VT 36 503 | Dessau | 30.12.1937 | 07.01.38 Fl, 1946 Ffm1, 1949 Kbf | + 14.04.64 |
| 137 251 | DR 147 530/ 197 835-2 | Dessau | 30.12.1937 | 26.01.38 Mnz, 07.46 Fl, 1965 Ub. zu VB | 30.10.65, Ub. zu 147 530 / 197 835-2 |
| 137 252 | DB VT 36 505 | Dessau | 30.12.1937 | 13.09.38 Mnz, 26.05.40 Sonderzwecke, 1947 Bww Pasing W, 1948 Ffm1, 1949 Kbf | + 02.12.63 |
| 137 253 | FS ✳ DR | Dessau | 29.12.1937 | 22.09.38 Mnz, 18.06.40 Sonderzwecke, 1953 Fl (z), 17.01.59 Fl, 01.10.65 Asch | + 1968, abgest. 17.05.66 , z=13.03.68 |
| 137 254 | - | Düwag | 29.12.1937 | 27.01.38 Da | + 28.11.44 |
| 137 255 | DB VT 36 506 | Düwag | 10.01.1938 | 06.09.38 Mnz, 1949 Bil, 1955 Hg, 1957 Bil | 14.04.64 |
| 137 256 | - | Düwag | 15.05.1938 * | 06.07.38 Fl | Kriegsverlust |
| 137 257 | MAV ▶ DB | Düwag | 21.12.1937 | 04.01.38 Reg | + 28.11.44, MAV, DB |
| 137 258 | - | Düwag | 04.12.1937 | 20.12.37 Reg | Verbleib unbekannt |
| 137 259 | DB VT 36 507 | Düwag | 27.01.1938 | 28.04.38 Reg (+28.11.44), 1948 Ffm1, 1951 Kbf, 1961 Kön | + 02.12.63 |
| 137 260 | - | Düwag | 27.01.1938 | 14.05.38 Reg | + 28.11.44 |
| 137 261 | - | Düwag | 05.03.1938 | 28.06.38 Mnz | Verbleib unbekannt |
| 137 262 | DB VT 36 508 | Düwag | 17.02.1938 | 23.06.38 Reg, 1948 AW Nü, 1951 Hg-Eck, Wt-St | + 26.04.66 |
| 137 263 | - | Düwag | 17.02.1938 | 08.05.38 Fl | + 28.11.44 |
| 137 264 | - | Düwag | 25.03.1938 | 21.05.38 Reg | + 28.11.44 |
| 137 265 | - | Düwag | 06.04.1938 | 08.05.38 Fl | + 15.04.44 |
| 137 266 | - | Düwag | 30.04.1938 | 19.06.38 Fl, 06.09.38 Mnz, 07.05.39 Sonderzwecke | Verbleib unbekannt |
| 137 267 | DB VT 36 509 | Düwag | 30.04.1938 | 25.05.38 Fl, 1948 AW Opl, 1949 Dob, Wt-St | + 26.04.66, 08.66 GMHE T1, ++ 1987 |
| 137 268 | - | Düwag | 03.06.1938 | 28.08.38 Mnz | Verbleib unbekannt |
| 137 269 | DR (Schad-VT) | Düwag | 03.06.1938 | 21.09.38 Mnz, 07.46 Fl | + 1955 |
| 137 270 | DB VT 36 511 | Düwag | 23.06.1938 | 12.10.38 Mnz, 19.10.38 Fl, 20.12.38 Mnz, 29.05.40 Sonderzwecke, 1948 Ffm1, 1949 Kbf, 1961 Kön | + 14.04.64 |

* ... Abnahme

**Links: Zwei BCPw4itrvT-35 waren nach 1945 bei der Houillères du Bassin du Nord et du Pas-de-Calais in Frankreich eingesetzt.** *Foto: Sammlung Günther Dietz.* **— Rechts: Obwohl das äußere Erscheinungsbild des nach seinem Kriegseinsatz im RAW Dessau abgestellten „137 269 Oppeln" noch recht gut war, wurde auch er Anfang 1949 von der DR in der SBZ ausgemustert.** *Sammlung Dr. Brian Rampp*

wagen Verwendung. Nach Angaben des RZA München waren im September 1942 alle Triebwagen dieser Gattung *„im Sondereinsatz"*[381]. Durch diese Sondereinsätze wurden viele Fahrzeuge schwer beschädigt oder zerstört und mussten anschließend ausgemustert werden:

- am 21.01.1943 der Wagen 137 244
- am 15.04.1944 der Wagen 137 265 (1943 in Littauen, Bf. Zalinkai verunglückt)
- am 28.11.1944 die Wagen 137 242, 243, 245, 247, 248, 254, 257, 260, 264

Nach Kriegsende wurden in den westlichen Besatzungszonen 137 241 und 137 255 zunächst als Salonwagen nach entsprechendem Umbau für die alliierten Streitkräfte eingesetzt. Davon wurden sechs VT zwischen 1949 und 1957 wieder dem zivilen Verkehr zugeführt. Ende 1947 ließ das RZA München die vorhandenen Fahrzeuge umzeichnen: VT 36 500 (137 241), VT 36 501 (137 246), VT 36 503 (137 250), VT 36 505 (137 252), VT 36 506 (137 255), VT 36 507 (137 259), VT 36 508 (137 262), VT 36 509 (137 267), VT 36 511 (137 270).

Neben den alliierten Diensttriebwagen, die in Bielefeld, Hamburg-Altona, Frankfurt/M. und Heidelberg beheimatet waren, wurden bei den Bw Köln Bbf (später beim Bw Köln-Nippes) und Wuppertal-Steinbeck ab 1949 Triebwagen für längere Zeit für den Nahverkehr beheimatet. In Köln waren die VT 36 501, 503, 505, 507, 511 vorhanden, Wuppertal-Steinbeck besaß ab 1950 die VT 36 500, 508, 509. Die Kölner VT waren dabei u. a. auch als Triebwageneilzug (Te) auf längeren Strecken, so Aachen – Düsseldorf, Köln – Aachen, Duisburg – Aachen und Wuppertal – Aachen, sowie als Dt 845/846, 849/850 Köln – Kassel (301 km) eingesetzt. Die VT 36 506 und 513 wurden nach Rückgabe von den alliierten Streitkräften und Umbau weiterhin beim Bw Bielefeld eingesetzt.

Die Ausmusterung bei der DB endete am 26.04.1966 mit VT 36 508, 509 und 519. VT 36 509 sowie der VS 145 351 waren nach ihrem Ausscheiden bei der DB ab 1966 noch einige Jahre als VT1 und VS1 bei der Georgsmarienhütten-Eisenbahn in Betrieb. Die letzten beiden Fahrzeuge wurden dort 1978 abgestellt, der VT 1 1987 verschrottet. Bei der DR verblieben 137 249, 251 und 269. Davon wurde 137 251 wieder in Betrieb genommen. 1953 kam von der FS aus Italien noch 137 253 zurück. Er wurde 1959 nach einer Hauptuntersuchung wieder in Betrieb genommen. Wie vor dem Krieg wurden diese Triebwagen beim nunmehrigen Bw Flöha (ab 1956 Einsatzstelle des Bw Dresden-Pieschen) eingesetzt und verkehrten bis 1955 vorwiegend auf der Strecke Chemnitz – Leipzig. Danach wurden sie bis August 1965 vorwiegend auf der Strecke Karl-Marx-Stadt – Dresden eingesetzt. Im Oktober 1965 wurde 137 251 zum Beiwagen umgebaut und als 147 530 im Bw Karl-Marx-Stadt für Personalverkehr eingesetzt. Im September 1965 ging 137 253 zum Bw Aschersleben und war dort noch ein Jahr in Betrieb.

Infolge der Kriegseinsätze verblieben einige Fahrzeuge dieser Bauart nach Kriegsende im Ausland. Zwei Triebwagen mit unbekannter Fahrzeugnummer waren nach 1945 bei einer französischen Privatbahn eingesetzt, der Houillères du Bassin du Nord et du Pas-de-Calais[382]. In Italien befand sich, wie erwähnt, 137 253, der 1953 von der FS an die Reichsbahn zurückgegeben wurde. Der in Ungarn befindliche 137 257 wurde über Österreich an die Reichsbahn in der amerikanischen Besatzungszone zurückgegeben. Der Verbleib weiterer nicht bei den beiden deutschen Bahnen vorhandener Fahrzeuge ist nicht bekannt.

**In der SBZ verblieben nur drei Wagen dieser Gattung. Zudem übergab die italienische Staatsbahn 1953 noch einen weiteren Triebwagen an die Reichsbahn. Nach einer Hauptuntersuchung kam 137 253 ab 1959 wieder zum Einsatz. Das Bild zeigt ihn 1962 in Meißen.**
*Foto: Georg Otte. Sammlung Günther Dietz*

## 137 442 - 461 (BCPw4itrvT-37)

### Entstehungsgeschichte

Nachdem die Beschaffung von zehn 360-PS-Nebenbahntriebwagen der Gattung BCPw4itrvT-35 (137 241 - 270) angelaufen war, wurde im Beschaffungsprogramm 1937, entgegen dem aufgezeigten Vereinheitlichungsprogramm, der Bau weiterer 20 Fahrzeuge gleicher Bauart vorgesehen. Den Auftrag erhielt erneut die Dessauer Waggonfabrik mit Vertrag Nr. 53.27/25.308 vom 7. Juli 1939. Die späte Auftragsvergabe und der Beginn des Zweiten Weltkrieges mit den damit verbundenen wirtschaftlichen Beschränkungen verzögerten die Auslieferung. Die Dessauer Waggonfabrik konnte die ersten Wagen im Juni 1940 abliefern, die Abnahme der letzten Fahrzeuge zog sich bis weit in das Jahr 1941 hin. Die Triebwagen dieser Serie wurden unter der Gattung BCPw4itrvT-37 mit den Nummern 137 442 - 461 geführt.

### Aufbau und Technik

Die Grundkonstruktion der Fahrzeuge folgte den ebenfalls in Dessau gebauten BCPw4itrvT-35 (137 241 - 270), war jedoch etwas verstärkt ausgeführt. Die Abteillängen wurden weitgehend beibehalten, jedoch der Grundriss der Fahrgasträume entsprechend den Anforderungen des RZA München verändert. Das Abteil 3. Klasse erhielt 38 Sitzplätze in der Sitzteilung 2+3, der dort bisher vorhandene Abort entfiel. Das Abteil 2. Klasse wurde entsprechend den neuen Ausführungsrichtlinien als geschlossenes Abteil mit Seitengang und sechs Sitzplätzen in der Sitzteilung 0+3 ausgeführt. In dem benachbarten Einstiegsraum befand sich wiederum ein Abort mit Leibstuhl und Handwaschbecken sowie daran anschließend zur Gangseite ein Schrank für die Heizung. Der Klappsitz im Einstiegsraum entfiel ausführungsbedingt. Traglastenabteil und Gepäckraum wurden im Grundriss belassen und verfügten über acht feste und zwölf Klappsitze der 3. Klasse in der Sitzteilung 2+2.

Die maschinelle Ausrüstung dieser Triebwagen entsprach der ersten Ausführungsvariante des BCPw4itrvT-35; abweichend davon erhielten die Fahrzeuge eine verbesserte Getriebeölkühlung und Luftansaugung für den Dieselmotor. Sichtbarster Unterschied zur ersten Ausführungsvariante waren die neben der Einstiegstür am Motorende des Wagens befindlichen Lüftungsgitter für die Luftansaugkanäle des Dieselmotors.

### Einsätze und Verbleib

Die 20 Triebwagen dieser Serie waren zunächst für die RBD Regensburg (137 442 - 451) und Nürnberg (137 452 - 461) vorgesehen. Die RBD Regensburg erhielt mit 137 445, 447, 448, 450 und 451 die ersten fünf Wagen im Jahr 1940[383]. Weitere fünf folgten mit 137 442, 443, 444, 446 und 449 im Geschäftsjahr 1941[384]. Der RBD Nürnberg wurde 137 452 als Neulieferung im Jahr 1940 zugeteilt[385]. Erst 1942 verbuchte die RBD Nürnberg mit 137 452, 453, 454, 455, 456, 457, 458, 459, 460 und 461 weitere zehn Triebwagen dieser Gattung als Neulieferung, von denen 137 454 - 458 sowie 137 460 und 461 umgehend an die Wehrmacht für einen Einsatz *„im Osten"* verliehen wurden[386].

Aufgrund ihrer Auslieferung nach Kriegsbeginn wurden alle Wagen vorerst abgestellt, sofern sie nicht bereits für Einsätze der Wehrmacht bereitstanden. Ein weiterer Teil verblieb als betriebsfähige Reserve in deutschen Bw und RAW, so 137 454, der am 29.11.40 angeliefert wurde, ab dem 7.12. im RAW Nürnberg weilte, von dort am 18.12. seine Abnahmefahrt von Nürnberg Rbf nach Marktschorgast absolvierte und bis zum 25.6.42 weiterhin als zur TO im RAW Nürnberg geführt wird. In dieser Zeit erhielt er einen Besprechungsraum und drei Betten für den *„Sondereinsatz im Osten"*[387].

Der größte Teil dieser Fahrzeuge kam ab 1942 zu Wehrmachtseinsätzen, wobei diese Triebwagen für den Einsatz an der Ostfront genutzt wurden. Seit dem 14. April 1942 wurde 137 456 für den Oberbefehlshaber des AOK 18 in Pleskau genutzt[388]. Rasch kamen Begehrlichkeiten nach anderen Fahrzeugen auf. Im Juli 1942 wird im Rahmen der Sonderarbeit Nr. 337 die Winterfestmachung für 137 447 - 451 sowie

**Einige der 360-PS-Nebenbahntriebwagen aus der Nummernreihe 137 442 - 461 wurden als Befehlshaberwagen von der Wehrmacht verwendet und kamen damit kurzzeitig auch nach Frankreich. Die Aufnahme aus St. Jean de Luze entstand um 1942.**
*Foto: Sammlung Dirk Winkler*

Skizzenblatt des BCPw4itrvT-37 (137 442 - 461).

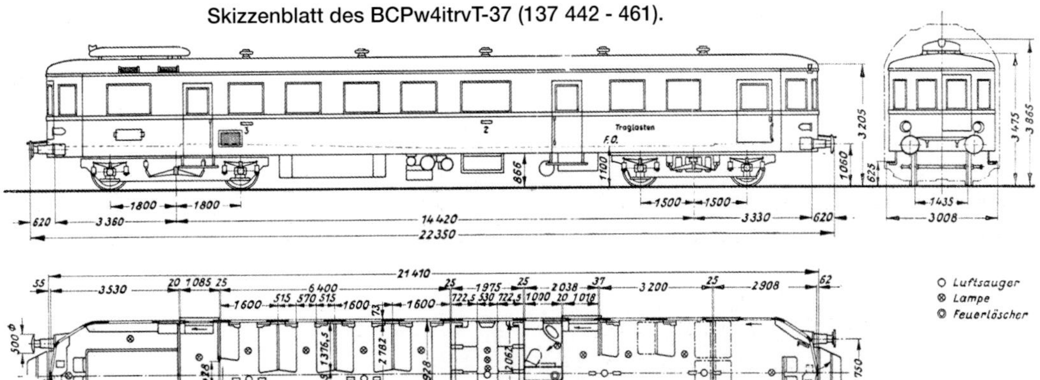

**Links: Der ursprünglich als sowjetisches Beutegut bei Arad vereinnahmte 137 461 verblieb in Rumänien und wurde dort als B AM MOT 765 eingereiht. 1963 stand er in Bukarest.** *Foto: Sammlung Dirk Winkler* **– Rechts: Die DB setzte die VT 365 teilweise bis Mitte der 1960er-Jahre ein. Am 15. April 1960 ist VT 36 518 (ex 137 454) in Köln-Deutz unterwegs.** *Foto: Joachim Claus. Sammlung Günther Dietz*

dazugehörige Steuerwagen 145 156 - 158 angeordnet. Die Umbauten sahen für die Triebwagen vor: Unveränderte Beibehaltung des Abteils 2. Klasse, zwei zusätzliche Schlafabteile 2. Klasse mit zwei Schlaflagern, ein Raum für die Unterbringung der Bedienungsmannschaft und ein Besprechungsraum mit Tisch und Sesseln. Die Steuerwagen hatten eine behelfsmäßige Küche zu erhalten. Während der Umbaumaßnahmen zeigten sich in erheblichem Maße Probleme bei der Personal- und Materialbereitstellung. So fehlten z.B. die für den Heizungsumbau nötigen Kupferschmiede. Außerdem war das RAW Nürnberg in dieser Zeit zuständig für den Heizungsumbau von acht 360-PS-Triebwagen, die Bildung von Zehnwagenzügen aus VS, die Ausbesserung eines Panzertriebwagens und eines Beutefahrzeuges sowie die Umstellung von Kleinlokomotiven und Kraftfahrzeugen auf Flüssiggasbetrieb und von Omnibussen und LKW auf Holz- und Flüssiggasbetrieb, die Ausrüstung von Kleinlokomotiven mit Frostschutzeinrichtungen und den Umbau von zehn VT zu Notstromanlagen und eines zweiachsigen VT auf Anthrazitgasgeneratorbetrieb[389]. Die RBD Regensburg schickte hierfür 137 449 - 451 sowie 145 156 und 157 am 6. Juni 1942 ins RAW Nürnberg[390]. Damit verzögerte sich die Fertigstellung und ihre Auslieferung konnte erst zwischen Mitte September und Ende November 1942 erfolgen.

Vorgesehen war der Einsatz der Fahrzeuge wie folgt: 137 447 mit 145 156 für AOK 6, 137 448 mit 145 157 für Panzer-AOK 1, 137 455 mit 145 158 als Nachforderung, 137 449, 450, 451 für FEKdo 3, Bhf Poltawa[391]. Aufgrund der verzögerten Fertigstellung wurden bereits im Juli als Ersatz die Triebwagen 137 452 für das Panzer-AOK 1 nach Drushkowa sowie 137 453 vom Bw Nürnberg für das AOK 6 nach Charkow abgegeben[392].

Ab Mitte Dezember 1942 sollten die beiden Wagen 137 457 und 458 für den General des Transportwesens A und FEKdo 5 bereitgestellt werden[393]. In denselben Zeitraum dürfte auch die Abgabe von 137 460 an das AOK 16 fallen[394].

Der Bedarf der Wehrmacht schien stetig zu steigen, teils, da die Vorzüge der Fahrzeuge für die Kriegsbelange erkannt wurden, teils, um Verluste auszugleichen. So ist 137 445 seit dem 1.12.1942 zur Wehrmacht überstellt[395]. Aber auch die Ausmusterungen infolge Kriegsschäden, vornehmlich durch Luftangriffe auf deutsche Städte, setzten sich fort: Im März 1943 brannte 137 442 nach einem Bombentreffer im RAW Nürnberg aus. Die RBD Regensburg musterte den Wagen 1943 aus[396]. Seit dem 26. Februar 1943 war 137 454 wieder im Sondereinsatz und blieb dies bis zum 14.12., wurde jedoch im Betriebsbogen als *„betriebsfähig abgestellt"* geführt[397]. Anfang Mai 1943 kehrte 137 451

**Der VT 36 519 sowie der VS 145 351 kamen nach ihrer Ausmusterung bei der DB ab 1966 noch einige Jahre bei der Georgsmarienhütten-Eisenbahn zum Einsatz. Die Aufnahme entstand im Januar 1970.**
*Foto: Sammlung Günther Dietz*

vom Wehrmachteinsatz beim Panzer-AOK 1 ins RAW zurück. Gleichzeitig wurde 137 461 zum FEKdo 3 bei der Heeresgruppe Süd nach Saporoshje überstellt[398]. Der oben erwähnte 137 455 musste am 14. September 1943 als *„auf dem östlichen Kriegsschauplatz in Verlust geraten“* zusammen mit dem Steuerwagen 145 156 aus dem Reichsbahnbestand gestrichen werden[399].

Letztlich kamen alle Wagen dieser Gattung zu militärischen Einsätzen, wie die Übersicht des RZA München vom September 1942 bestätigt[400]. Die RBD Nürnberg vermeldete für 1943 den Osteinsatz von 137 452 - 454 und 137 456 - 458, bis Ende März 1944 waren auch 137 459 - 461 wieder im Osteinsatz[401-402]. Seit dem 26.1.1944 weilte 137 459 beim FEKdo 4, 137 451 diente ab dem 20.3.1944 dem Oberbefehlshaber der Luftwaffe. Wegen Kriegsschäden musste 137 449 im Juni 1944 zur Ausbesserung ins RAW Nürnberg. Im Juli 1944 wurde 137 460 nach schwerer Entgleisung ins RAW Nürnberg überführt. Weitere Ausmusterungen folgten nach Luftangriffen auf Nürnberg am 2.1.1945 für 137 443 und 458 zum 5.3.1945[403].

Zwei Triebwagen, 137 253 und 445, waren im Krieg über die Feldpostnummer 29873 zu erreichen, die vom 24.8.1943 bis zum 5.4.1944 zur Eisenbahn-Batterie 693 gehörte. Diese Eisenbahnbatterie gehörte als Heerestruppe bis mindestens März 1945 zum Anfang August 1944 errichteten Generalkommando Lombardia, das bis Kriegsende in Ligurien eingesetzt war[404]. Die beiden Triebwagen verblieben in Italien. Für 137 445, der 1953 zusammen mit 137 253 an die Reichsbahn zurückgegeben wurde, weist die noch vorhandene Anschrift an der Fahrzeuglängsseite „FS-B“ auf einen Einsatz im Compartimento Milano hin[405].

Infolge der Kriegseinsätze verblieben weitere Fahrzeuge dieser Bauart nach der deutschen Kapitulation im Ausland. In Österreich befand sich mit 137 450 ein Wagen dieser Bauart, der am 28. April 1948 von der Direktion Linz an die Reichsbahn in der deutschen Bizone übergeben wurde[406]. In Ungarn verblieb 137 457, der schwer beschädigt am 28. August 1944 in Ploesti als Befehlswagen des AOK 6 zurückgelassen worden war. Von der MÁV wurde er über Österreich ebenfalls an die DR-West zurückgegeben[407]. Der im Zuge der Frontentwicklung im Osten von der Roten Armee in Arad vereinnahmte 137 461[408] verblieb auf rumänischem Gebiet und wurde von der CFR als B AM MOT 765[II] geführt. Der Verbleib weiterer, nicht bei den beiden deutschen Bahnen vorhandener Fahrzeuge ist nicht bekannt.

In den westlichen Besatzungszonen fanden sich sechs Fahrzeuge dieser Gattung. Fünf von ihnen (137 447, 448, 452, 454 und 456) wurden nach entsprechendem Umbau zunächst als Salonwagen für die alliierten Streitkräfte eingesetzt. Hier liegt nahe, dass dies auch aufgrund der bereits vorhandenen Umbauten geschah. Davon wurde als erster der VT 36 517 (137 452) am 04.08.1955 ausgemustert, während die anderen sechs VT zwischen 1949 und 1957 wieder dem zivilen Verkehr zugeführt wurden. Der Umzeichnungsplan von Ende 1947 hält fest: VT 36 513 (137 447), VT 36 514 (137 448), VT 36 515 (137 449), VT 36 517 (137 452), VT 137 518 (137 454), VT 36 519 (137 456). Der später als VT 36 520 eingereihte ehemalige 137 450 kam 1948 im Austausch gegen österreichische Triebwagen von der ÖBB.

Nach Rückgabe der Salonfahrzeuge und Umbau für zivile Einsätze kamen auch diese Triebwagen nach Köln Bbf (später Köln-Nippes) und Wuppertal-Steinbeck. Köln erhielt VT 36 515, 518, 519 und 520, Wuppertal-Steinbeck bekam ab 1950 den VT 36 514. Die VT 36 506 und 513 wurden nach Rückgabe von den alliierten Streitkräften weiterhin beim Bw Bielefeld eingesetzt. Die erste Ausmusterung geschah bei der DB am 26.06.1954 mit dem von der MÁV gekommenen, nicht umgezeichneten 137 457. VT 36 519 war nach Ausmusterung bei der DB ab 1966 noch einige Jahre als VT2 bei der Georgsmarienhütter Eisenbahn in Betrieb. Nach seiner Ausmusterung gelangte der VT2 zum Verein zur Erhaltung und Förderung des Schienenverkehrs (VEFS) in Bocholt, brannte dort jedoch später aus.

## Technische Daten

| | | | | |
|---|---|---|---|---|
| Betriebsnummer | | | 137 241 - 270 | 137 442 - 461 |
| Gattungsbezeichnung | | | BCPw4itrvT-35 | BCPw4itrvT-37 |
| Übersichtszeichnung | | | Dessau F.52/801g | F52/908f Dessau |
| Radsatzanordnung | | | B'2' | B'2' |
| Hersteller | Wagenteil | | Dessau/Düwag | Dessau |
| | Motor | | MAN | MAN |
| | Getriebe | | Voith | Voith |
| | Höchstgeschwindigkeit | km/h | 90/100 | 100 |
| Länge über Puffer | | mm | 22350 | 22350 |
| ges. Radsatzabstand | | mm | 17720 | 17720 |
| Drehzapfenabstand | | mm | 14420 | 14420 |
| Radsatzabstand Drehgestell | | mm | 3600/3000 | 3600 / 3000 |
| Treibraddurchmesser | | mm | 900 | 900 |
| Laufraddurchmesser | | mm | 900 | 900 |
| Sitzplätze | 2. Klasse | | 8 | 6 |
| | 3. Klasse | | 43 | 46 |
| Klappsitze | | | 14 | 12 |
| Dienstmasse | unbesetzt | t | 36,5 / 36,7 (ab 137 255) | 40,0 |
| | besetzt | t | 41,4 | 44,8 |
| | je Sitzplatz | kg | 562 | 625 |
| | je lfd. m Wagenlänge | t | 1,63 | 1,79 |
| spez. Antriebsleistung | | kW/t / PS/t | 7,2/9,9 | 6,6 / 9,0 |
| gr. Radsatzlast | | t | 13,5 | 14,0 |
| Steuersystem | | | Mehrfach-Sonderausf. 360 PS | Mehrfach, Sonderausführung |
| Motor | Zahl / Bauart | | 1 / W6V22/30 | 1 / W6V22/30 |
| | Masse | kg | 3500 | 3500 |
| | Zyl./Durchm./Hub | mm | 6 / 220 / 300 | 6 / 220 / 300 |
| | Dauerleistung | PS | 360 | 360 |
| | Drehzahl | $min^{-1}$ | 870 | 870 |
| Art u. System d. Leistungsübertragung | | | hydraulisch W/K/K | hydraulisch W/K/K |
| Getriebebauart | | | JJ14 CG 8,8 | JJ14 CG 8,8 |
| Zahl der Gänge | | | 3 | 3 |
| Motorsteuerung | | | elektrisch | elektrisch |
| Getriebesteuerung | | | selbsttätig | selbsttätig |
| Wendegetriebesteuerung | | | elektro-pneumatisch | elektro-pneumatisch |
| Kraftstoffvorrat | | l | 700 | 700 |
| Heizung | | | Frischluftheizung | Frischluftheizung, ölgefeuert |
| Beleuchtung, Stromart, Spannung | | | el = 110 V | el. = 110 V |
| Bremse | | | Hikpt (Klotz) | Hikpt (Klotz) |

Rechts: Von Mai 1962 bis April 1964 waren 137 445 und 446 beim Bw Eisenach beheimatet. Am 10. Juni 1963 stand 137 446 im Bw Erfurt. *Foto: Sammlung Günther Dietz*

Links: Die Dresdener Garnituren aus Trieb-, Bei- und Steuerwagen waren stattlich, wie hier um 1963 zwischen Hohenstein-Ernstthal und Wüstenbrand auf der Strecke von Dresden nach Werdau. Der T4405 bestand aus 137 451, 145 047, 147 014, 137 253 und 145 159. *Foto: Sammlung Günther Dietz*

In der SBZ befanden sich 137 446 und 451. Beide Wagen wurden im Oktober bzw. Juli 1945 wieder in Betrieb genommen. Allerdings überführte die SMAD 137 446 im November 1945 nach Berlin-Karlshorst für Sondereinsätze. Ab Mai 1946 fuhr er wieder im täglichen öffentlichen Betrieb, musste jedoch ab Juni 1948 abgestellt werden. Er sollte erst 1951 aus einer T5-Ausbesserung wieder in den Betrieb zurückkehren[409]. 1953 kam der erwähnte 137 445 aus Italien. Er wurde erst 1957 nach einer Hauptuntersuchung wieder in Betrieb genommen.

Wie vor dem Krieg wurden diese Triebwagen neben anderen VT beim Bw Flöha (ab 1956 Einsatzstelle des Bw Dresden-Pieschen) eingesetzt und verkehrten bis 1955 vorwiegend auf der Strecke Chemnitz – Leipzig. Danach befuhren sie bis August 1965 vorwiegend die Strecke Karl-Marx-Stadt – Dresden. Die beiden Triebwagen 137 445 und 446 waren zwischenzeitlich von Mai 1962 bis April 1964 beim Bw Eisenach beheimatet. Im September 1965 gingen sie zum Bw Aschersleben und waren dort noch ein Jahr (137 446) bzw. zwei Jahre (137 445) in Betrieb.

Für den 137 451 folgte im Februar 1966 der Umbau zum Beiwagen 147 531, der wie folgt im Reiseverkehr eingesetzt war: Stendal 27.02.66, Jerichow 07.09.68, Brandenburg 09.07.69, Jerichow 08.10.71 (bis zur Abstellung am 01.02.1973).

| Nummer | Verbleib | Hersteller | Ablieferung | Beheimatungen | Bemerkungen |
|---|---|---|---|---|---|
| 137 442 | - | Dessau | 24.06.1940 * | 1940 Kriegseinsatz | + 17.04.43 |
| 137 443 | - | Dessau | 14.06.1940 * | 1940 Kriegseinsatz, 1945 Nü | + 05.03.45 |
| 137 444 | - | Dessau | 06.07.1940 * | 1940 Kriegseinsatz | Verbleib unbekannt |
| 137 445 | FS ▶ DR | Dessau | 29.07.1940 | 09.11.40 Sonderzwecke, 1945 FS, 1953 DR (z), 01.02.57 Fl, 19.05.62 Ei, 10.12.63 Fl, 01.10.65 Asch | + 13.03.68, abgest. 02.09.67 |
| 137 446 | DR | Dessau | 1940 | 1940 Kriegseinsatz, 01.08.45 Fl, 23.08.62 Ei, 10.04.64 Fl, 01.10.65 Asch | + 1969, abgest, 06.07.66 |
| 137 447 | DB VT 36 513 | Dessau | 08.11.1940 * | 1940 Kriegseinsatz, 1948 Hbg-Alt, 1949 Bil, + 07.02.56, reaktiviert 23.07.56 | + 02.12.63 |
| 137 448 | DB VT 36 514 | Dessau | 24.10.1940 * | 1940 Kriegseinsatz, 11.45 Ffm1, 1951 Ffm G, 1952 Wt-St | + 14.09.65 |
| 137 449 | DB VT 36 515 | Dessau | 15.11.1940 * | 1940 Kriegseinsatz, 1945 Ffm1, 1949 Kbf, 1961 Kön | + 02.12.63 |
| 137 450 | ÖBB ▶ DB VT 36 520 | Dessau | 08.11.1940 * | 1940 Kriegseinsatz, 1945 ÖBB, 27.08.48 DB, 1949 Kbf, 1962 Kön | + 27.11.57 |
| 137 451 | DR | Dessau | 24.10.1940 | 09.11.40 Sonderzwecke, 06.45 Fl, 27.11.56 Dre-P, Außenstelle Fl, 26.02.66 Ub. zu VB | Ub. zu VB 147 531 |
| 137 452 | DB VT 36 517 | Dessau | 18.11.1940 * | 1940 Kriegseinsatz, 1945 Pasing-W, 1948 Ffm1, 1950 Hg | + 04.08.55 |
| 137 453 | - | Dessau | 1940? | 1940? Kriegseinsatz | Verbleib unbekannt |
| 137 454 | DB VT 36 518 | Dessau | 29.11.1940 | 07.12.40 RAW Nü, 26.06.-19.09.42 Da, 26.02.43 Sondereinsatz, 1948 Bil, 1949 Ffm1, 1950 Bw Kbf, 1962 Kön | + 02.12.63 |
| 137 455 | - | Dessau | 07.08.1941 * | 1941 Kriegseinsatz | + 14.09.43 |
| 137 456 | DB VT 36 519 | Dessau | 1941? | 1941 Kriegseinsatz, 11.45 Ffm1, 1951 Stg, 1952 Bil, 1955 Kbf, 1961 Kön, 08.66 an GMHE VT2, +71/72 verk. an MEP | + 26.04.66 |
| 137 457 | MÁV ▶ DB | Dessau | 1941? | 1941 Kriegseinsatz, 1945 MAV, 1952 DB | + 28.11.44, + 26.04.54 |
| 137 458 | - | Dessau | 1941? | 1941 Kriegseinsatz, 1945 Nü | + 05.03.45 |
| 137 459 | - | Dessau | 1941? | 1941 Kriegseinsatz | Verbleib unbekannt |
| 137 460 | - | Dessau | 1941? | 1941 Kriegseinsatz, 07.44 schw. Entgl. | Verbleib unbekannt |
| 137 461 | CFR B AM MOT 765" | Dessau | 1941? | 1941 Kriegseinsatz | + 14.11.44, ab 1945 CFR |

* ... Abnahme

# Mehrteilige Hauptbahntriebwagen

## 137 279 - 280 (BCPwPost12üvT), nicht gebaut

### Entstehungsgeschichte

In dem 1937 der Öffentlichkeit vorgestellten Triebwagenprogramm der Reichsbahn gehörte zu den sechs *„Baumustern"*, die weiter beschafft werden sollten, auch der *„zwölfachsige, dreiteilige Hauptbahntriebwagen"* mit stehenden Motoren. Er sollte für 120 km/h Höchstgeschwindigkeit ausgelegt werden und über die 2. und 3. Wagenklasse verfügen. Die Reichsbahn plante, vorrangig diese Triebzüge für den Eilzugdienst einzusetzen[410]. Das RZA München hielt im Plan von 1937 die Nummern 137 279 und 280 frei. Vorgesehen war ihre Beheimatung in der RBD Saarbrücken.

Im Herbst 1936 hielt das RZA München in einem Besprechungsbericht zum Stand der Arbeiten fest: *„Motoren u. Getriebe sind bestellt, die Maschinentechnische Konstruktion geklärt. Der wagenbauliche Teil wurde vom RZA B[erlin] bestellt. Es sind bisher nur wenige Zeichnungen angefertigt, da die Ruhrtriebwagen ... von Westwaggon bevorzugt behandelt werden sollten. Der wagenbauliche Teil wird so gefördert, daß die maschinelle Einrichtung nach ihrer Lieferung ohne Verzögerung eingebaut werden kann. Auslieferung voraussichtlich März bis April 1938."* [411]

Zum Bau der beiden geplanten Baumusterzüge durch Westwaggon kam es nicht mehr. Einen Anhalt für den Grund hierfür gibt ein Überblick zum Beschaffungsprogramm 1938, in dem es heißt: *„Das Fahrzeugbeschaffungsprogramm 1938 mußte mit Rücksicht auf das geringe der Deutschen Reichsbahn für Fahrzeugbeschaffungszwecke zur Verfügung stehende Stahlkontingent sehr beschränkt werden. Aus dem gleichen Grunde mußte auch eine Anzahl Fahrzeuge aus den Beschaffungsprogrammen früherer Jahre teils zurückgestellt, teils überhaupt gestrichen werden."* [412]

### Aufbau und Technik

Die wenigen in oben genannter Fachveröffentlichung gemachten Angaben zur Technik des Triebzuges sollen kurz wiedergegeben werden.

Geplant war, dass der dreiteilige Triebzug als feste Einheit aus VT+VB+VT verkehrt. Jeder Wagen ruhte auf zwei Drehgestellen. Als Motoren waren zwei 450-PS-Dieselmotoren von Daimler vorgesehen, als Leistungsübertragung wurde auf elektrische Komponenten gesetzt. Der Triebzug hätte 30 Plätze in der 2. Klasse sowie 155 Plätze in der 3. Klasse geboten und jeweils einen Raum für Post- und Gepäckbeförderung besessen.

## 137 283 a/b/c - 287 a/b/c (BCPw8iütrVT-35)

### Entstehungsgeschichte

Zur Verbesserung des Verkehrs im Ruhrgebiet gab es bereits 1904 Pläne, eine private Rheinisch-Westfälische Schnellbahn zu schaffen, die aber zu dieser Zeit nicht zur Ausführung gelangte. Da aber die Forderungen nach einer Schnellbahn nicht verstummten, und die Reichsbahn die Abwanderung des Verkehrs vermeiden wollte, führte sie im Jahre 1932 im Ruhrgebiet den so genannten Ruhrschnellverkehr ein. In Ermangelung eines eigenen Bahnkörpers für einen S-Bahn-ähnlichen Verkehr konnte kein starrer Taktfahrplan eingeführt werden, sondern die zunächst lokbespannten Züge mit drei bis vier Wagen verkehrten maximal im Abstand von 30 bis 40 Minuten. Bespannt waren diese Züge mit Lokomotiven der Baureihen 17, 38 oder 78.

Nachdem 1934 die ersten 410-PS-Triebwagen vorhanden waren, wurde nach und nach ein Teil der Ruhrschnellverkehrszüge durch Triebwagenzüge ersetzt. Für diese Dienste verfügte z.B. das Bww Dortmund Betriebsbahnhof 1937 über 30 derartige Fahrzeuge. Zur Erhöhung der Anfahrbeschleunigung erhielten die Fahrmotoren der dieselelektrischen Fahrzeuge andere Übersetzungen, so dass sie nur 90 km/h Höchstgeschwindigkeit erreichten. Bei 5,5 PS (4 kW) pro Tonne Antriebsleistung für den unbesetzten aus VT und VS bestehenden Zug entsprach auf Dauer die Beschleunigung nicht den an einen derartigen Verkehr gestellten Anforderungen, so dass man nach einer besser geeigneten Bauart Ausschau hielt.

Das RZM in Berlin wollte zur Vereinfachung des Betriebes *„Großfahrzeuge"*, wie sie es nannte, als Ersatz für die vorhandenen Trieb- und Steuerwagen beschaffen. Nach einer entsprechenden Planungsphase wurden im Beschaffungsprogramm 1935 acht zwei- und fünf dreiteilige Versuchstriebzüge eingeplant, die mit 2 x 400 PS (rd. 2 x 294,2 kW) Leistung ausgerüstet werden und eine Höchstgeschwindigkeit von 120 km/h entwickeln sollten[413].

Die dreiteiligen Triebzüge für den Ruhrschnellverkehr wurden bei Westwaggon mit Vertrag 03.966/64.021 vom 19.6.1936 in Auftrag gegeben. Da der Bau der Fahrzeuge sich über mehrere Jahre hinzog, kamen die ersten Wagen erst im Sommer 1939 zur Ablieferung. Die Reichsbahn ordnete die Fahrzeuge unter der Gattung BCPw8iütrVT-35 mit den Nummern 137 283 a/b/c - 287 a/b/c in ihren Triebwagenbestand ein.

Da bereits nach Ablieferung der zweiteiligen Triebzüge für den Ruhrschnellverkehr klar war, dass *„sie für den gedachten Zweck nicht geeignet sind"*, wurden sie als *„Hauptbahnwagen"* genutzt. Aus

Skizzenblatt des BCPw8iütr VT-35 (137 283 a,b,c - 287 a,b,c).

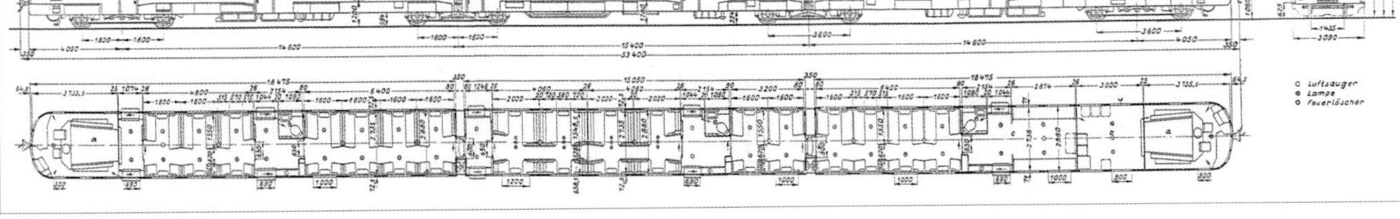

Die dreiteiligen Hauptbahntriebwagen waren ursprünglich für den Ruhrschnellverkehr gedacht. Die retuschierte Werkaufnahme zeigt 137 285 a/b/c. *Foto: Sammlung Günther Dietz*

diesem Grunde schlug das RZA München im September 1938 vor, um Verwechslungen mit den neu geplanten Trieb- und Steuerwagen der *„Bauart Ruhr“* zu vermeiden, die zwei- und dreiteiligen Triebzüge als *„Hauptbahntriebwagen“* zu bezeichnen[414]. Die Reichsbahn-Hauptverwaltung genehmigte die Bezeichnung im Dezember 1938[415].

### Aufbau und Technik

Untergestelle und Wagenkästen der dreiteiligen Fahrzeuge folgten der Spantenbauart in Leichtbauweise. Trotzdem das RZM bei den vierachsigen Hauptbahntriebwagen die umlaufende Schürze wieder aufgegeben hatte, wurden die mehrteiligen Versuchszüge für den Ruhrverkehr mit ebensolchen Schürzen ausgerüstet. Wie bei den Schnelltriebwagen wurden für diese Triebzüge Jakobsdrehgestelle für die inneren Drehgestelle genutzt. Die Wagenübergänge waren mit einem äußeren Faltenbalg aus Segelleinwand und einem inneren Faltenbalg mit Filzabdeckung geschützt Die Fahrgasträume 2. und 3. Klasse waren jeweils als Großräume ausgelegt, wobei die 3. Klasse erstmals in der Sitzteilung 1+3 ausgestattet war. Neu bei diesen Fahrzeugen war die Ausrüstung mit zentral elektropneumatisch schließbaren Schiebetüren für die Einstiegsräume.

Die Drehgestelle waren in geschweißter Blechträgerbauweise ausgeführt und vierfach gefedert. Die mittleren Jakobsdrehgestelle waren reine Laufdrehgestelle, wohingegen die äußeren Triebdrehgestelle die Antriebsanlage aufnahmen. Der in den Maschinenraum hineinragende Dieselmotor und das unter dem Wagenfußboden angeordnete Strömungsgetriebe waren dabei in je einem federnden Hilfsrahmen im Drehgestell gelagert.

Die Triebzüge der Nummern 137 283 - 285 waren mit 410-PS-(302 kW)-Maybach- und die der Nummern 137 286 - 287 mit 450-PS-(rd. 330,9 kW)-Daimler-Motoren ausgerüstet. Über ein Zweiwandlergetriebe der Firma Voith und Gelenkwellen wurde die Leistung auf zwei Radsatzwendegetriebe übertragen. Die Drehzahlregelung der Dieselmotoren erfolgte in fünf Fahrstufen elektrisch mit dem Drehzahlsteller. Die Getriebesteuerung erfolgte abhängig von der Geschwindigkeit selbsttätig. Vom vorderen Führerstand konnten über die an der Scharfenbergkupplung angeordnete 70-polige Steuerstromkupplung drei Triebzüge gesteuert und zwei überwacht werden, d.h., der dritte Triebzug musste mit einem Maschinenwärter besetzt sein. Die Kühlanlage war unter dem Wagenkasten angeordnet.

Die Druckluftversorgung erfolgte mit zwei elektrisch angetriebenen Luftverdichtern. Die Heizung war als ölgefeuerte Warmwasserheizung ausgeführt. Die Stromversorgung bzw. Ladung der Batterie mit einer Kapazität von 200 Ah bei 110 V Spannung erfolgte von der BBC-Lichtmaschine GS II c mit 9,35 kW Leistung. Angelassen wurden die Dieselmotoren mit den Bosch-Anlassern DTG 25/110 CR3. Die Triebzüge besaßen eine elektrische Steuerung der Druckluftbremse. Die Knorr-Personenzugbremse wirkte als Klotzbremse beidseitig auf alle Radsätze.

Die Farbgebung der Triebzüge folgte dem neuen Farbgebungsschema der Reichsbahn. Die Seiten- und Stirnwände waren in Oxidrot (RAL

**Links: Führerstand eines dreiteiligen Hauptbahntriebwagens.** *Werkfoto Westwaggon. Sammlung Günther Dietz* — **Mitte: Das Großraumabteil 2. Klasse mit gepolsterten Sitzen und quer angeordneten Gepäckträgern aus Leichtmetall.** *Werkfoto Westwaggon. Sammlung Günther Dietz* — **Rechts: Auch die Sitzbänke im Großraumabteil der 3. Klasse waren gepolstert, hatten jedoch Gepäcknetze in Leichtmetallhaltern.** *Werkfoto Westwaggon. Sammlung Günther Dietz*

**Nach Kriegsende befanden sich drei dreiteilige Hauptbahntriebwagen in der RBD Dresden. Einer der beiden im Oktober 1945 dort erfassten 137 284 a/b/c und 137 287 a/b/c steht hier im Juli 1946 im Bw Dresden-Pieschen.** *Foto: Bildstelle Rbd Dresden. Sammlung Günther Dietz*

**Die schlechte Bildqualität der beiden zusammengesetzten Fotos mag anhand des raren Bildgegenstandes entschuldigt werden. Einer der beiden Dreiteiler im Dresdner Hauptbahnhof Ende der 1940er- /Anfang der 1950er-Jahre noch in altem Anstrich.** *Foto: Sammlung Dirk Winkler*

3009) mit hellgrauen Zierlinien (RAL 7032), dunkelgrauer Wagenkastenschürze (RAL 7022) sowie aluminiumfarbigem Dach ausgeführt. Der Anstrich dieser Triebzüge in den Nachkriegsjahren war zunächst noch in dem ursprünglichen dunkelroten Farbton (RAL 3009) bzw. später grün mit grauem Dach und grauer Schürze mit einem schwarzen Streifen unter den Fenstern aus Vereinfachungsgründen wie bei den Reisezugwagen ausgeführt. Der Anfang der 1950er-Jahre zum „Friedenszug" deklarierte 137 287 behielt zunächst noch den bordeauxroten Anstrich für einige Jahre. Anfang der 50er-Jahre erhielten alle Triebwagen der DR nach und nach den verkehrswerbenden zweifarbigen Triebwagenanstrich in Rot/Elfenbein mit grauem Dach und grauer Schürze sowie schwarzen und elfenbeinfarbigen Absetzlinien.

Seit Anfang der 1960er-Jahre wurden im Zuge größerer Ausbesserungen bei der DR wesentliche Änderungen an der Inneneinrichtung vorgenommen. So erhielt 137 283 a/b/c Großraumabteile für 1. und 2. Klasse und neue Wirtschaftsräume. Die 1. Klasse erhielt mit rotbraunem und blauen Plüsch bezogene Sitzbänke in der Sitzanordnung 2+1, die 2. Klasse wurde mit in grünem Kunstleder bezogenen Sitzbänken in der Sitzanordnung 2+2 ausgerüstet. Die Wandbekleidungen wurden in der 1. Klasse in Macoré (afrikanischem Birnbaum) und rotem Kunstleder, in der 2. Klasse in Eiche-Furnier und grünem Kunstleder ausgeführt. Alle Abteile erhielten Alu-Gepäckraufen mit Schirmablagen und neue Leuchten. Zudem wurden die Fahrzeuge mit einem dritten Spitzenlicht ausgerüstet.

### Einsatz und Verbleib

Die dreiteiligen Triebzüge wurden erst im zweiten Halbjahr 1939 von Westwaggon ausgeliefert und gleich an das Bw Dresden-Pieschen überstellt. Die vorgesehene Beheimatung in der RBD Essen beim Bw Dortmund Bbf kam nicht mehr zustande. Zu einem Einsatz dieser Hauptbahntriebwagen vor Kriegsbeginn kam es wegen der kriegsbedingten Kraftstoffsperre für zivile Zwecke ab Ende August 1939 kaum

**Links: Am 18. Juni 1948 ließ die Ausmusterungskommission mehrere Aufnahmen des 137 282 im RAW Dessau anfertigen. Sie zeigen einen komplett ausgebrannten Zug. Im Bild die Reste des c-Wagens.** *Foto: Sammlung Dr. Brian Rampp* — **Rechts: Vermutlich kurz nachdem 137 284 aus dem Raw Wittenberge von seiner Ausbesserung zurückgekehrt war, entstand diese Aufnahme zusammen mit 137 287 in Görlitz.** *Foto: Georg Otte. Sammlung Dirk Winkler*

noch. Aus den vorhandenen Betriebsbüchern sind nur wenige Eintragungen aus der Zeit vor 1945 vorhanden. Danach waren zumindest die Triebzüge 137 284 und 285 für 20 Tage im Einsatz. Nach seiner Abnahme im RAW Kassel kam 137 287 a/b/c am 8. Dezember 1939 zum Bw Dresden-Pieschen und lief hier ebenfalls noch für acht Tage, bevor er abgestellt wurde[416]. Ähnlich dürfte die RBD Dresden mit den anderen Triebzügen verfahren sein. Ein Foto eines dreiteiligen Hauptbahntriebwagens im Bahnhof Grottau an der Strecke Zittau – Reichenberg zeigt einen dieser Züge im erwähnten Weihnachtsverkehr.

Nach Kriegsende wurden am 10.10.1945 in der RBD Dresden die beiden Triebzüge 137 284 und 287 erfasst[417]. Dies deckt sich mit den Karteikarten des TZA-Berlin, wo sie zum 1.7.1946 als Fahrzeuge des Betriebsparks geführt wurden[418]. Die Aufstellung der DR vom 20.9.1949 weist beide Fahrzeuge als betriebsfähig aus[419]. Sie waren bei der Triebwageneinsatzstelle Flöha am ehesten wieder einsatzfähig. Mit ihnen wurde der Eilzugverkehr auf der Strecke Chemnitz – Leipzig wiedereröffnet, bevor sie 1946 beim schwer zerstörten Bw Dresden-Pieschen Verwendung fanden.

Nicht genannt wurde der ebenfalls in der RBD Dresden vorhandene 137 285. Laut Fotos der Bildstelle der Rbd Dresden soll dieser nach 1945 in Dresden an der Nossener Brücke einen Unfall erlitten haben. Ob und wie mit dem beschädigten Fahrzeug weiter verfahren wurde, ist unklar. Bekannt ist, dass ein teils ausgebrannter Triebzug im Sommer 1948 im RAW Dessau stand und die Nummer 137 285 getragen haben soll. Die Reichsbahn-Hauptverwaltung stellte im Dezember 1948 den Antrag zur Ausmusterung dieses Zuges, der im Januar 1949 von der SMAD genehmigt wurde[420]. Die GDR ordnete anschließend an, den ausgemusterten Zug der RBD Dresden zur Verfügung zu stellen, damit er zur Instandsetzung des durch einen Unfall beschädigten 137 287 genutzt werden konnte[421]. Der 137 287 wurde daraufhin im Jahr 1949 bis zum 1. November im Bw Dresden-Pieschen ausgebessert. Ob bei dieser Ausbesserung auf Material aus dem 137 285 zurückgegriffen werden konnte, erscheint angesichts von Fotos des nahezu komplett ausgebrannten Triebzuges eher unwahrscheinlich.

Der für die nächsten 20 Jahre für die dreiteiligen VT vom Bw Dresden-Pieschen aus erfolgende Einsatz geschah zunächst u.a. auf den Strecken Dresden – Chemnitz – Erfurt und Dresden – Chemnitz – Radiumbad Brambach. Daneben verkehrten die Züge längere Zeit nach Leipzig (dabei vorwiegend über Meißen – Döbeln) und auf der Strecke Dresden – Zittau.

## Technische Daten

| Betriebsnummer | | | 137 283 - 285 | 137 286 - 287 |
|---|---|---|---|---|
| Gattungsbezeichnung | | | BCPw8iütrVT-35 | BCPw8iütrVT-35 |
| Übersichtszeichnung | | | 27034g Köln-Deutz | 27034g Köln-Deutz |
| Radsatzanordnung | | | B'2'2'B' | B'2'2'B' |
| Hersteller | Wagenteil | | Westwaggon | Westwaggon |
| | Motor | | Maybach | Daimler |
| | Getriebe | | Voith | Voith |
| | el. Ausrüstung | | - | SSW |
| Höchstgeschwindigkeit | | km/h | 120 | 120 |
| Länge über Puffer | | mm | 53400 | 53400 |
| ges. Radsatzabstand | | mm | 48200 | 48200 |
| Drehzapfenabstand | | mm | 14600 + 15400 + 14600 | 14600 + 15400 + 14600 |
| Radsatzabstand Drehgestell | | mm | 3600 | 3600 |
| Treibraddurchmesser | | mm | 930 | 930 |
| Laufraddurchmesser | | mm | 930 | 930 |
| Sitzplätze | 2. Klasse | | 30 | 30 |
| | 3. Klasse | | 108 | 108 |
| Klappsitze | | | 6 | 6 |
| Dienstmasse | unbesetzt | t | 102,5 | 102,5 |
| | besetzt | t | 113,3 | 113,3 |
| | je Sitzplatz | kg | 712 | 712 |
| | je lfd. m Wagenlänge | t | 1,91 | 1,91 |
| spez. Antriebsleistung | | kW/t / PS/t | 5,9 / 8,0 | 6,5 / 8,8 |
| gr. Radsatzlast | | t | 14,8 | 14,8 |
| Steuersystem | | | RZM-Mehrfach | RZM-Mehrfach |
| Motor | Zahl / Bauart | | 2 / G056 | 2 / MB806 |
| | Masse | kg | 2200 | 2500 |
| | Zyl./Durchm./Hub | mm | 12 / 160 / 200 | 12 / 165 / 195 |
| | Dauerleistung | PS | 410 | 450 |
| | Drehzahl | $min^{-1}$ | 1400 | 1400 |
| Art u. System d. Leistungsübertragung | | | hydraulisch, W/W | hydraulisch, W/W |
| Getriebebauart | | | T45MZ | T45MZ |
| Zahl der Gänge / Geschwindigkeitsstufen | | | 2 | 2 |
| Motorsteuerung | | | elektrisch | elektrisch |
| Getriebesteuerung | | | selbsttätig, elektrisch | selbsttätig, elektrisch |
| Wendegetriebesteuerung | | | elektro-pneumatisch | elektro-pneumatisch |
| Kraftstoffvorrat | | l | 1920 | 1920 |
| Heizung | | | Warmlufthz. ölgefeuert | Warmlufthz. ölgefeuert |
| Beleuchtung, Stromart, Spannung | | | el.= 110 V | el.= 110 V |
| Bremse | | | Ksbr (EVB), el. (Klotz) | Ksbr (EVB), el. (Klotz) |

**Zu den illustren Zugzusammenstellungen gehörten die Einsätze mit Steuerwagen und 410-PS-VT. Hier ist 137 284 bei Dresden-Klotzsche im Juli 1960 unterwegs.**

*Foto: Georg Otte. CC BY-SA 3.0*

**Bis März 1966 wurden die dreiteiligen Hauptbahntriebwagen zum Bw Templin umbeheimatet. Ihr Einsatz erfolgte u.a. im Verkehr nach Berlin. Im April 1966 war 137 284 a/b/c bei Sachsenhausen auf der Strecke von Löwenberg nach Oranienburg bei Berlin unterwegs**
*Foto: Hans Müller. Sammlung Günther Dietz*

Beim Bw Dresden-Pieschen wurden in vielen Fällen gemeinsam mit den 410-PS-VT und ihren Steuerwagen größere Züge gebildet. Zu diesem Zweck erhielten die Steuerwagen 145 015, 028 und 029 auf einer Seite Scharfenbergkupplungen. Die längsten Zugläufe wurden in dieser Zeit mit den Zügen Dt 179/180 Dresden – Berlin – Lichtenberg – Rostock (458 km) mit Flügelzug Dt 2179/2180 nach Stralsund (425 km) gefahren. Längere Zeit verkehrte auch ein Eiltriebwagen 309/310 Dresden – Frankfurt/Oder – Angermünde (321 km) mit Verlängerung an Freitagen bis Stralsund (491 km).

Allerdings war es auf Dauer nicht günstig, derartig lange Triebwagenzüge mit bis zu acht Wagen verkehren zu lassen. Dies erforderte einen recht hohen personellen und technischen Aufwand. Zwar konnte der jeweils hintere Triebzug vom vorderen Führerstand gesteuert werden, aber alle weiteren im Zug mitlaufenden Triebwagen mussten wegen ihrer abweichenden Bauart mit Personal besetzt und über Klingelsignale gesteuert werden. Der Triebwageneinsatz bei der DR auf Hauptbahnen bereitete ohnehin Schwierigkeiten, da die dicht belegten und vorwiegend eingleisigen Strecken zugunsten des Güterverkehrs keinen allzu dichten Reiseverkehr zuließen. Die relativ wenigen Reisezüge waren deshalb so gut besetzt, dass Züge mit zwei bis drei Wagen in den seltensten Fällen ausreichten. Einige weitere Nachteile hatte dieser Einsatz auf Fernstrecken für den Reisenden ebenfalls noch. Die Wagenzüge ließen keinen Übergang zu den Nachbarwagen zu, und Fahrzeuge mit Mittelgang boten vor allem auf längeren Strecken dem Reisenden zu wenig Komfort. Nach Besserung der Reisezugwagensituation bei der DR wurden dann derartige Langläufe aufgegeben. Bis zum Ende des Sommerfahrplanes im September 1965 wurde der Triebwagenverkehr beim Bw Dresden-Pieschen bis auf einen kleinen Rest eingestellt und diese Dienststelle bis Ende 1965 zum reinen Kraftfahrzeugbetriebswerk (Kbw) umgewandelt (vorher VT-Bw und Kbw). Aus diesem Grund wurden die bis dahin drei vorhandenen Triebzüge dieser Bauart bis zum 19. März 1966 zum Bw Templin umbeheimatet (siehe Übersicht am Schluss).

Der Einsatz der bis März 1966 zum Bw Templin umbeheimateten Triebwagen währte dort nur bis Juni 1967. Sicher war die Wartung und Unterbringung dieser dreiteiligen Züge in Templin recht schwierig, was mit zur schnellen Abstellung dieser Fahrzeuge führte.

Auf dem Territorium der ČSR befanden sich zwei Triebzüge dieser Bauart nach Ende des Krieges. Das tschechische Verkehrsministerium ordnete im September 1945 die Umzeichnung von 137 283 und 286 in M493.001a,b,c und M493.002a,b,c an[422]. Die beiden in Prag beheimateten Züge wurden wieder in Betrieb genommen und fuhren u.a. nach Podmokly (Bodenbach) und Kolin. Beide Züge wurden im November 1953 ausgemustert und zum 6. März 1956 an die Reichsbahn übergeben[423-424]. Anzumerken ist, dass ein Ausmusterungsprotokoll vom 9.1.1964 für den Triebzug 137 286 vorhanden ist. Darin ist vermerkt, dass der Wagen seit 1945 nicht mehr im Betrieb war und 1957 mit dem Wiederaufbau des Fahrzeugs begonnen wurde, jedoch aufgrund fehlender Motoren und Flüssigkeitsgetriebe wieder eingestellt wurde[425].

Aus Teilen der im Raw Wittenberge abgestellten 137 285 und 137 286 entstand nach Generalreparatur im Raw Wittenberge der „neue" ab 1. Februar 1962 im Bw Dresden-Pieschen beheimatete 137 283 a/b/c. Beim Wiederaufbau erhielt dieser Triebzug abweichend eine kohlegefeuerte kombinierte Kühlwasser-Ofenheizung.

| Nummer | Verbleib | Ablieferung | Beheimatungen | Bemerkungen |
|---|---|---|---|---|
| 137 283 | ČSD M 493.001 ▶ DR | 08.07.1939 | 04.08.39 Dre-P, 1945 ČSD, 1956 DR (z), 01.02.62 Dre-P, 12.11.65 Tem | + 10.11.53 ▶ 06.03.56 DR, abgest. 1966, + 05.10.70, z 25.06.68, ++ 18.03.73 |
| 137 284 | DR | 01.08.1939 | 26.08.39 Dre-P, 08.45 Fl, 12.04.46 Dre-P, 24.08.65 Tem | abgest. 14.03.67, + 05.10.70, z 25.06.68, ++ 15.02.73 |
| 137 285 | DR | 29.08.1939 | 16.09.39 Dre-P, 1948 +, 1957 DR z, abgest. Raw Witt | Teile u. a. für Wiederaufbau 137 287 verw. |
| 137 286 | ČSD M 493.002 ▶ DR | 24.11.1939 | 05.12.39 Dre-P, 1945 z (le. Br. Unt. 08.41) | + 10.11.53 ▶ 06.03.56 DR, + 22.05.65, ++ 10.06.67 Wbge Teile u.a. für Wiederaufbau 137 283 verw. |
| 137 287 | DR | 24.11.1939 | 08.12.39 Dre-P, 08.45 Fl, 19.02.46 Dre-P, 17.03.66 Tem | abgest. 30.06.67, + 05.10.70, z 25.06.68, ++ 10.05.72 Wbge |

Seiten- und Stirnansicht des von der WUMAG in Görlitz gebauten zweiteiligen Hauptbahntriebwagens 137 291 a/b. *Foto: Sammlung G. Dietz*

## 137 288 a/b - 295 a/b (BCPw6iütrVT-35)

### Entstehungsgeschichte

Wie bereits oben geschildert, wurden auch acht zweiteilige Versuchstriebwagen im Beschaffungsprogramm 1935 vorgesehen. Die Triebzüge für den Ruhrschnellverkehr wurden bei der WUMAG in Görlitz mit Vertrag 03.966/64.257 vom 22.7.1936 beauftragt und konnten seit Jahresbeginn 1938 abgeliefert werden. Die unter der Gattung BCPw6iütrVT-35 geführten Triebzüge erhielten die Nummern 137 288 a/b bis 295 a/b.

### Aufbau und Technik

Konstruktiv ähnelten die zweiteiligen Triebzüge den dreiteiligen. Auffälligster Unterschied war neben den längeren Wagenkästen die im Bereich der äußeren Motordrehgestelle hochgezogene Umlaufschürze. Das geschweißte Stahlgerippe der Wagenkästen war mit 2 mm dickem Blech verkleidet. Basierend auf den negativen Erfahrungen mit den Schnelltriebwagen der Bauart „Hamburg" wurde der Maschinenraum von vornherein feuerfest ausgestattet. Seitenwände, Decke und Maschinenraumrückwand waren doppelwandig in Blech ausgeführt, die Zwischenräume wurden mit Knitteralfol (Aluminiumfolie) ausgefüllt. Der Fußboden am Führertisch, wie auch die klappbaren Teile der Motorhaube wurden mit doppelseitigem Xylotec, einem mit Asbestplatten bewehrten Holz, ausgeführt. Die Gänge neben der Motorhaube erhielten Riffelblech.

Die Maschinenanlage der dieselelektrischen Triebzüge war ebenfalls im jeweils vorderen Drehgestell untergebracht. Der Dieselmotor war gemeinsam mit dem Traktionsgenerator im Maschinendrehgestell angeordnet. Auch hierbei ragte der Dieselmotor in den Maschinenraum hinein, während der Traktionsgenerator unter dem Fußboden lag. Dieselmotor und Generator waren in je einem abgefederten Hilfsrahmen gelagert. Die Anordnung der Maschinenanlage ähnelte der des Schnelltriebwagens Bauart „Hamburg", d.h., es wurden die bei diesem Fahrzeug gesammelten Erfahrungen beim Bau der Versuchstriebzüge teilweise berücksichtigt. Die beiden elektrischen Fahrmotoren waren im mittleren Jakobsdrehgestell angeordnet. Als Steuerung war die RZM-Vielfachsteuerung eingebaut. Es konnten drei Triebzüge vom vorderen Führerstand gesteuert und zwei dabei überwacht werden. Die Drehzahlregelung erfolgte in fünf Stufen elektrisch mit dem Drehzahlsteller. An der Scharfenbergkupplung war ebenfalls die 70-polige Steuerstromkupplung angeordnet. Die Kühlanlage war unter dem Wagenkasten untergebracht.

Zur Druckluftversorgung dienten zwei am Untergestell aufgehängte elektrisch angetriebene Luftverdichter. Die Heizung war eine ölgefeuerte Warmluftheizung. Die Ladung der Batterie mit einer Kapazität von 200 Ah bei 110 V Spannung erfolgte vom Hilfsgenerator, der mit dem Hauptgenerator zusammengebaut war[426].

Die überalterten Maybach-Dieselmotoren der im Einsatz befindlichen Fahrzeuge wurden in den 1960er-Jahren bei der Reichsbahn durch bewährte Motoren tschechischer Produktion vom Typ ČKD 12 V 170 DR ersetzt.

Beim Wiederaufbau des 137 288 a/b im Raw Wittenberge erhielt der Triebzug zwei der vorgenannten ČKD-Dieselmotoren sowie Generatoren und Fahrmotoren der Bauart „Hamburg" (Generator AG 310/26 b, Fahrmotor-Typ Dx 1681 a). Für den Einbau der Dieselmotoren mussten neue Motorhilfsrahmen und Motorhauben gebaut werden. Bremse, Zug- und Stoßeinrichtungen wurden aufgearbeitet, ebenso die elektrische Anlage, die Warmluft-Ölheizung sowie die Batterien erneuert. Die Fahrgasträume 1. und 2. Klasse sowie ein Wirtschaftsraum wurden neu aufgebaut mit 18 Sitzplätzen in der Sitzteilung 1+2 in blauem Plüsch sowie 80 Sitzplätzen 2. Klasse in der Sitzteilung 2+2 und grünem Kunstleder[427].

Skizzenblatt des BCPw6iütr VT-35 (137 288 a,b - 295 a,b).

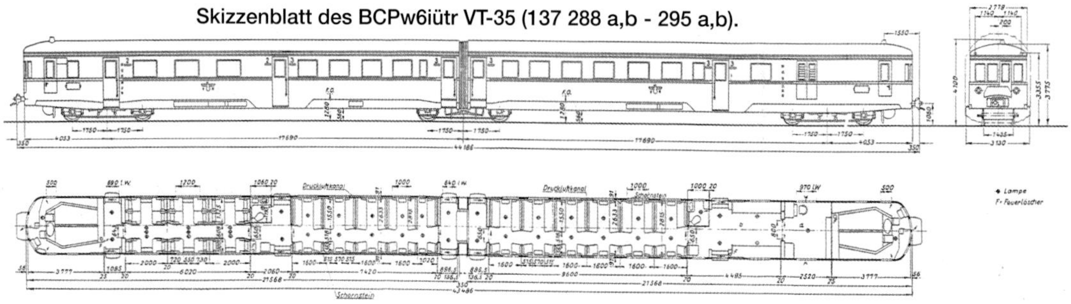

Links: Der Blick in den Führerstand zeigt die nicht vorhandene Trennung zwischen dem Bereich für den Triebwagenführer und dem Motorraum. Links mittig die Verkleidung für die Abgasleitung, dahinter die Abdeckung des Dieselmotors. *Werkfoto Siemens.* — Rechts: Das Traglastenabteil mit hölzernen Längsbänken und Doppelschiebetür zum Abteil 3. Klasse. *Werkfoto WUMAG. Sammlung Wolfgang Dieter Richter*

## Einsatz und Verbleib

Die im ersten Halbjahr 1938 fertiggestellten zweiteiligen Hauptbahntriebwagen erhielt das Bww Dortmund Bbf. Mit der vorgesehenen Antriebsleistung von 8,3 PS/t (rd. 6,1 kW/t) waren Beschleunigung und Höchstgeschwindigkeit der Fahrzeuge zwar gut, doch reichten die Zahl der Einstiege bei in der Zwischenzeit auf das Doppelte angestiegenem Verkehr und das Fassungsvermögen nicht aus, so dass die zweiteiligen Fahrzeuge schon nach einem reichlichen halben Jahr zum Bw Trier u.a. auch für den Nahverkehr Saarbrückens umbeheimatet wurden.

Nach kriegsbedingter Abstellung der Fahrzeuge wurden alle zweiteiligen Hauptbahntriebwagen seit Anfang der 1940er-Jahre von Trier in östlich gelegene Dienststellen abgegeben. Mehrere der zweiteiligen Hauptbahntriebwagen wurden in das Bw Dresden-Pieschen umbeheimatet und gemeinsam mit den dreiteiligen VT dort betriebsfähig abgestellt. Bekannt ist, dass 137 290 a/b ab dem 28.11.1939 in Dresden-Pieschen beheimatet war. Ab Oktober 1940 befand er sich im RAW Dessau, wo er bis Kriegende abgestellt blieb. Für 137 295 a/b ist der Zugang in Dresden-Pieschen für den 20.01.1940 vermerkt, nachdem er vorher im RAW Opladen seit Anfang September 1939 zu einer T2 weilte[428]. Der 137 293 a/b gelangte zum Bww Leipzig Süd, wo er nachweislich im November 1941 stand[429]. Aufgrund der Zuweisung von Notstromversorgungswagen wurde der Triebzug im Oktober 1942 zur weiteren Abstellung zum Bw Halle überführt[430].

Sechs der zweiteiligen Triebzüge fanden sich nach Kriegsende in der SBZ wieder. Die Erfassungsdaten der Reichsbahn sind in nachfolgender Tabelle zusammengestellt[431-432-433]. Der sechste Triebzug, 137 290 a/b, stand kriegsbeschädigt im RAW Dessau. Seiner Ausmusterung wurde im Januar 1949 zugestimmt[434-435].

| Nummer | Erfassung 10.10.1945 | Eintragungen in die TZA-Kartei | Aufstellung vom 20.09.1949 |
|---|---|---|---|
| 137 288 | nicht bekannt | 1.7.46, Bw Dresden-Pieschen, Betriebspark | RAW Dessau, schwer beschädigt |
| 137 291 | RBD Dresden | 1.7.46, Bw Dresden-Pieschen, Betriebspark<br>1.4.47, Bw Halle-P, Betriebspark | betriebsfähig, RBD Halle |
| 137 293 | nicht bekannt | 1.7.46, Bw Dresden-Pieschen, Schadpark<br>2.12.47 – 30.8.49, Bw Halle-P. Schadpark<br>31.8.49, Bw Halle-P, Betriebspark | betriebsfähig, RBD Halle |
| 137 294 | RBD Dresden | 1.7.46, Bw Halle-P, Schadpark | betriebsfähig, RBD Halle |
| 137 295 | RBD Dresden | 1.7.46, Bw Dresden-Pieschen, Betriebspark | Bw Dre.-Pie., zur Ausbesserung vorgesehen |

Links: Da die Triebzüge den Verkehrsbedürfnissen im Ruhrgebiet nicht genügten, wurden sie bis zum Herbst 1938 an die RBD Saarbrücken zum Bw Trier abgegeben. Im Frühjahr 1938 wurde „137 290 Essen" im Rahmen der Propagandaveranstaltung „Österreichfahrt der deutschen Technik" eingesetzt. *Foto: RVM.* — Rechts: Von den nach Kriegsende vorhandenen Zügen wurden recht bald erste Einsätze gefahren. 1947 traf dieser Triebwagen als Dienstreisezug aus Dresden im Anhalter Bahnhof in Berlin ein. *Foto: Klaus Kindermann. Sammlung Dirk Winkler*

**Links: Reste des zerschossenen und ausgebrannten 137 290 im RAW Dessau im Juni 1948. Mehr als die Drehgestelle war nicht mehr verwendbar.** *Foto: Sammlung Dr. Brian Rampp* **– Rechts: Weniger repräsentativ waren Anfang der 1960er-Jahre die Einsätze im Sputnikverkehr rund um Berlin. 1963 steht 137 291 a/b in Wustermark am Bahnsteig.** *Foto: ZBDR. Sammlung Dirk Winkler*

## Technische Daten

| | | | |
|---|---|---|---|
| Betriebsnummer | | | 137 288-295 |
| Gattungsbezeichnung | | | BCPw6iütrVT-35 |
| Übersichtszeichnung | | | BC6vT 2r WUMAG |
| Radsatzanordnung | | | 2'Bo'2' |
| Hersteller | Wagenteil | | WUMAG |
| | Motor | | Maybach |
| | Getriebe | | - |
| | el. Ausrüstung | | SSW |
| Höchstgeschwindigkeit | | km/h | 120 |
| Länge über Puffer | | mm | 44186 |
| ges. Radsatzabstand | | mm | 38880 |
| Drehzapfenabstand | | mm | 17690 + 17690 |
| Radsatzabstand Drehgestell | | mm | 3500 |
| Treibraddurchmesser | | mm | 1000 |
| Laufraddurchmesser | | mm | 930 |
| Sitzplätze | 2. Klasse | | 18 |
| | 3. Klasse | | 96 |
| Dienstmasse | unbesetzt | t | 99,0 |
| | besetzt | t | 107,5 |
| | je Sitzplatz | kg | 868 |
| | je lfd. m Wagenlänge | t | 2,24 |
| spez. Antriebsleistung | | kW/t / PS/t | 6,1 / 8,3 |
| gr. Radsatzlast | | t | 19,6 |
| Steuersystem | | | RZM-Mehrfach |
| Motor | Zahl / Bauart | | 2 / G056 |
| | Masse | kg | 2200 |
| | Zyl./Durchm./Hub | mm | 12 / 160 / 200 |
| | Dauerleistung | PS | 440 |
| | Drehzahl | $min^{-1}$ | 1400 |
| Art u. System d. Leistungsübertragung | | | elektrisch |
| Traktionsgenerator Bauart | | | aG280/25 |
| | Stundenstrom | A / V | 400 / |
| | Dauerstrom | A / V | 380 / |
| | Leistung | kW | |
| Hilfsgenerator Bauart | | | a GV 240/ 6 |
| | Dauerleistung | kW | 15 |
| Fahrmotor | Zahl / Bauart | | 2 / Dy 1411a |
| | Std.-/Dauerleistung | kW | 245 |
| Kraftstoffvorrat | | l | 1800 |
| Heizung | | | Warmlufthz. ölgefeuert |
| Beleuchtung, Stromart, Spannung | | | el.= 110 V |
| Bremse | | | Ksbr (EVB), el. (Klotz) |

Die betriebsfähigen Züge wurden zunächst ab 1946/47 beim Bw Halle P u.a. für die Einsätze dieses Bw nach Leipzig, Cottbus, Halberstadt (-Ilsenburg) und Jena – Saalfeld im Wechsel mit 410-PS-VT sowie den Fahrzeugen der Bauart „Stettin" verwendet. In den Jahren 1950/51 wurden diese drei VT im Tausch gegen die drei VT der Bauart „Stettin" 137 329, 331 und 371 zum Bw Berlin Anhalter Bf abgegeben.

Der Einsatz beim Bw Berlin Anhalter Bf erfolgte dort aber wegen der Teilung Berlins nur kurzzeitig. Aus den genannten politischen Gründen suchte man für die Triebwagen eine neue Unterbringungsmöglichkeit. Nach kurzzeitiger Nutzung der S-Bahn-Betriebswerke in Erkner und Grünau erfolgte sie ab 1952 im Bww Berlin Rummelsburg-Abstellbahnhof (ab 1953 T-Bw Karlshorst), das sich mit seinem langen, rechteckigen Schuppen dafür anbot. Insofern sind die Ortsbezeichnungen der Berliner Dienststellen bei den Triebwagenbeheimatungen nicht unbedingt als Standortangabe aufzufassen. Der 137 291 kam 1953 vom Bw Anhalter Bf direkt zum Bww Karlshorst. Die drei VT wurden ab 30.12.1950 noch durch den 137 295 beim Bw Anhalter Bf ergänzt, der nach der Ausbesserung gleich zu diesem Bw kam.

Als letzter nach 1945 wieder in Betrieb genommener zweiteiliger Hauptbahntriebwagen kam der 137 288 erst am 1. Januar 1962 zum T-Bw Karlshorst, so dass dort alle fünf VT dieser Bauart der DR vorhanden waren. Dies ist insofern bemerkenswert, da der Wagen seit 1945 abgestellt war und nach über 20 Jahren erst 1968, von August bis Ende Dezember im Rahmen einer T5, also einer Generalinstandsetzung, wieder aufgebaut wurde[436].

Mit ihren 114 Polstersitzen, der 120 km/h Höchstgeschwindigkeit und dem guten Beschleunigungsvermögen waren die Triebzüge bei Mangel an Schnelltriebwagen (z.B. durch längere Raw-Ausbesserungen vor allem wegen häufiger Motorschäden) gut geeignet, selbst die Schnelltriebwagen der Bauart „Köln" mit 120 Sitzplätzen (Umbau bei DR auf 48/72 Sitzplätze 1./2. Klasse) zu ersetzen. So waren die Berliner-Triebzüge häufig auch als FDt 66/65 auf der Strecke Berlin – Hamburg anzutreffen. Aber auch bei anderen Einsätzen des T-Bw Karlshorst, die in den 50er-Jahren häufig wechselten, so nach Erfurt, Suhl, Dresden, Magdeburg, Dessau, Oebisfelde, Schwerin, Rostock, Leipzig und Groß Ziethen, fanden die Triebzüge zum Teil als Ersatzfahrzeuge Verwendung.

Nach dem Mauerbau 1961 wurden sie auch auf dem nördlichen Berliner Außenring und auf dem südlichen Außenring für die Verbindung Potsdams mit Berlin eingesetzt. 1967 befuhr das T-Bw Karlshorst auch

**Links: Die Mittagspause wurde während der Ausbildung 1982 dazu genutzt, den im Bw Rummelsburg abgestellten 184 002-4 zu besichtigen. Seinerzeit ging das Gerücht, der frisch aufgearbeitete und dann abgestellte Zug sollte in die BRD verkauft werden. – Rechts: Blick in ein Abteil 2. Klasse, wie es nach den Umbauten der DR ausgeführt war, 1982 noch mit makellosen Sitzbänken. Im Juli 1983 wurde der Triebzug ausgeschlachtet.** *Fotos: Prof. Dr. Olaf Reimer*

die Strecken nach Neubrandenburg und Frankfurt/Oder mit SVT „Hamburg“ oder „Ganz“, so dass auch hier ersatzweise die zweiteiligen Triebzüge zum Einsatz kamen.

In den letzten Jahren ihres Einsatzes dienten die Berliner Hauptbahntriebwagen zur Verstärkung der SVT „Köln“ auf der Strecke Berlin – Bautzen. Als erster zweiteiliger Triebzug wurde der 137 294 wegen eines Rahmenrisses im August 1967 abgestellt. Die übrigen Fahrzeuge folgten bis Juni 1977 (184 002-4). Auch der früher recht schöne Anstrich wurde bei einigen Fahrzeugen noch durch den weniger gut wirkenden, bei den ČSD üblichen einfacheren Anstrich in Rot/Elfenbein mit grauem Dach und grauen Schürzen ohne Absetzlinien ersetzt.

Zwei Fahrzeuge dieser Bauart verblieben nach Kriegsende auf dem Gebiet der ČSR. Die beiden betriebsfähigen Triebzüge 137 289 a/b und 292 a/b ordnete die ČSD im September 1945 als M296.001a,b und 002a,b in ihren Bestand ein[437]. Eine bekannte Erfassung weist sie am 13.09.1945 dem Bahnhof Praha Masarykovo nádraží zu. Sie wurden als Schnelltriebwagen u.a. zwischen Prag und Kolin bzw. Pardubice eingesetzt. Der Triebzug M296.002 musste bereits 1959 ausscheiden, der M296.001 blieb bis zum 1. Dezember 1963 im Einsatz. Nach Rekonstruktion des Fahrzeugs, wobei er einen neuen ČKD-Dieselmotor vom Typ 12 V 170 DR und normale Zug- und Stoßeinrichtungen erhielt, lief er noch unter der Bezeichnung M264.001$^{\text{II}}$ als Fahrleitungsuntersuchungswagen[438].

**Zwei zweiteilige Triebzüge blieben auf dem Gebiet der ČSR stehen. Sie wurden wieder instandgesetzt und verkehrten zwischen Prag und Kolin bzw. Pardubice. Die Aufnahme zeigt M296.001 im Einsatz.** *Foto: Sammlung Dirk Winkler*

| Nummer | Verbleib | Ablieferung | Beheimatungen | Bemerkungen |
|---|---|---|---|---|
| 137 288 | DR 184 001-6 | 1938 | 1938 Dob, 1939 Tri, 12.39 Dre-P, 1955 z, 20.08.-31.12.61 Raw Witt, 01.01.62 Kh | abgest. 15.03.76, + 02.01.78, z 1977, ++ 21.12.77 Wbge |
| 137 289 | ČSD M 296.001 | 22.02.1938 | 24.02.38 Dob, 01.39 Tri, 12.39 Dre-P, 1945 ČSD, 1963 Ub. zu M 294.001 | 1963 Ub. zu Fahrleitungs-unterhaltungsfahrzg. |
| 137 290 | DR | 01.03.1938 | 10.03.38 Dob, 1939 Tri, 12.39 Dre-P | 23.08.45 Raw Dessau Schadpark, + 1954 |
| 137 291 | DR 184 002-4 | 10.03.1938 | 27.03.38 Dob, 1939 Tri, 12.39 Dre-P, 11.45 Dre-P, 01.04.47 Hlp, 01.08.50 Ahb, 1953 Kh | z 03.03.82, + 30.11.84, ++ 04.86 Wbge |
| 137 292 | ČSD M 296.002 ▸ M264.001$^{\text{II}}$ | 31.03.1938 | 12.04.38 Dob, 1939 Tri, 12.39 Dre-P, 1945 ČSD | weiterer Verbleib unbek. |
| 137 293 | DR 184 003-2 | 14.04.1938 | 23.04.38 Dob, 1939 Tri, 12.39 Dre-P, 11.41 Lpz-S, 10.42 Hl, 01.07.46 Dre-P, 02.12.47 Hlp, 16.02.51 Ahb, 03.07.52 Rgb, 14.07.53 Kh | abgest. 24.06.74, + 07.07.76, z 14.07.77, ++ 1977 |
| 137 294 | DR 184 004-0 | 30.04.1938 | 05.05.38 Dob, 1939 Tri, 12.39 Dre-P, 07.46 Hlp, 19.04.50 Ahb, 15.07.52 Rgb, 24.04.53 Kh | abgest. 09.08.67, + 09.04.73, z 15.07.69 |
| 137 295 | DR 184 005-7 | 27.05.1938 | 30.06.38 Dob, 1939 Tri, 12.39 Dre-P, 30.12.50 Ahb, 26.06.52 Rgb, 11.10.53 Kh | abgest. 02.03.72, + 12.11.75, z 01.01.75, ++ 29.04.76 |

# Steilstreckentriebwagen

## 137 312 - 314 (C4ivT), 137 315 - 321 (BC4ivT), nicht gebaut

### Entstehungsgeschichte

Im September 1934 reagierte die Reichsbahn-Hauptverwaltung auf den gestiegenen Bedarf an Verbrennungstriebwagen für Strecken mit langen und starken Steigungen. Besonders auf der Murgtalbahn Rastatt – Freudenstadt und den Strecken Reutlingen – Schelklingen und Erlau – Wegscheid sollte bald eine Umstellung auf Triebwagenbetrieb erfolgen. Nach erster Klärung durch das RZA München, ob vorhandene Bauarten geeignet wären, wurde es mit der Entwicklung und späteren Beschaffung der als Sonderbauart angesehenen Triebwagen für Steilstrecken beauftragt[439]. Bereits im Dezember 1934 legte das RZA München einen ersten vorläufigen Entwurf vor[440]. Gleichzeitig hatte die HV im November 1934 verfügt, im Beschaffungsplan für 1935 zehn Steilstreckentriebwagen vorzusehen[441]. Zudem wurde in der Bedarfsplanung auch die Beschaffung von fünf dieser Triebwagen für die umzuspurende Strecke Heidenau – Altenberg geprüft[442-443]. Dies verwarf die HV allerdings im Mai 1935 wieder und sah nur noch den versuchsweisen Einsatz der für andere Strecken zu liefernden Steilstreckentriebwagen vor[444].

Aufgrund der Schwierigkeiten in der Beschaffung der vorgesehenen 275-PS-Motoren und der bereits bestellten 180-PS-Motoren liegender Bauart schlug das RZA München im März 1935 vor, die Beschaffung der restlichen sieben Steilstreckentriebwagen in das Beschaffungsprogramm von 1936 zu verschieben, und vorerst nur drei Wagen mit 180-PS-Motoren zu fertigen[445].

Die Wagen 3. Klasse sollten, so der Nummernplan von 1937, von der WUMAG gebaut werden. Für diese Fahrzeuge waren im Nummernplan die Nummern 137 312 - 314, sowie 137 315 - 321 für Treibwagen mit 2. und 3. Klasse vermerkt. Noch 1937 wurden die Mittel zur Beschaffung von drei Fahrzeugen vom Reichsverkehrsministerium genehmigt[446].

Im Sommer 1938 waren die Entwicklungsarbeiten immer noch nicht abgeschlossen. Inzwischen hatte sich gezeigt, dass der Betrieb mit Steuer- bzw. Beiwagen nur ungenügend möglich war, zudem war die Motorenfrage noch nicht abschließend entschieden. Da die Entwicklung der normalen Triebwagenbauarten Vorrang hatte, wurde entschieden, den Bau von Sonderfahrzeugen zunächst zurückzustellen. Darum entschied die Reichsbahn-Hauptverwaltung Mitte Juli 1938, vom Bau der drei Steilstreckentriebwagen abzusehen[447]. In einer Besprechung über den Bauzustand der Verbrennunsgtriebwagen von 1938 hieß es zu den Wagen 137 312 - 314: *„Die Arbeiten sind mit Rücksicht auf die geringe Verwendungsmöglichkeit und die sonstigen im Wagenbau vorliegenden Verhältnisse vorläufig einzustellen“*[448].

### Aufbau und Technik

Der ursprüngliche Entwurf des RZA München sah einen vierachsigen Triebwagen in Stahlleichtbauweise vor, der 68 Sitzplätze in der 3. Klasse in zwei Fahrgasträumen sowie zwölf Sitzplätze in der 2. Klasse, einen Gepäckraum und ein Abort im Einstiegsraum aufweisen sollte. Die Führerstände waren einerseits im Gepäck- andererseits im Einstiegsraum angeordnet.

Der Antrieb sollte von zwei Dieselmotoren mit 240/275 PS (rd. 176,5/202,3 kW) Leistung in liegender Ausführung geliefert, zur Leistungsübertragung sollten hydraulische Getriebe verwendet werden, die jeweils über entsprechende umschaltbare Radsatzwendegetriebe ihre Leistung auf beide Achsen der jeweiligen Drehgestelle übertrugen. Geplant war, dass bei 480 PS (rd. 353,0 kW) Antriebsleistung auf 25 ‰ noch 47 km/h erreicht werden sollten. Als Betriebsbremse war eine Klotzbremse sowie zusätzlich bei Alleinfahrt des Triebwagens das Nutzen der motorhydraulischen Gegenbremse geplant. Zudem war eine zusätzliche Magnetschienenbremse vorgesehen[449]. Da die leistungsstarken 275-PS-Dieselmotoren noch nicht lieferbar waren, schlug das RZA München vor, zunächst die bei der DWK vorhandenen 180-PS-Dieselmotoren liegender Bauart zu verwenden[450-451].

Im Zuge der weiteren Konstruktionsarbeiten mit der WUMAG zeigte sich, dass das Betriebsgewicht der Wagen bei 41,1 t liegen würde. Aus diesem Grund wurde in einem neuen Entwurf die Auslegung von Untergestell und Wagenkasten in Hydronalium ausgeführt und durchgerechnet. Damit konnte ein Gewicht von 38,6 t erzielt werden. Weiterhin hatte man festgestellt, dass die Ausführung als Doppel-Wandler-Kupplung-Kupplung-Getriebe ausreichen, jedoch eine Herabsetzung der Höchstgeschwindigkeit auf 70 km/h bedingen würde[452]. Im Juni 1936 genehmigte die Reichsbahn-Hauptverwaltung die Ausführung der drei ersten Steilstreckentriebwagen in Leichtmetall mit zwei 180-PS-Dieselmotoren in liegender Ausführung[453].

Aufgrund der verzögerten Entwicklungsarbeit und der inzwischen abgeschlossenen Konstruktion der 275-PS-Motoren wurde dann im Sommer 1937 die Überprüfung des Einbaus der leistungsfähigeren Motoren in die drei ersten Fahrzeuge angeordnet[454].

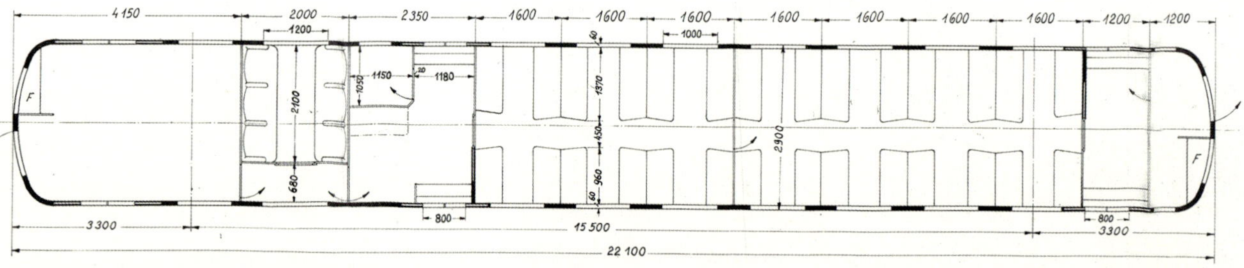

**Der vorgesehene Bau der Steilstreckentriebwagen, für die die Nummern 137 312 - 314 (C4ivT) und 137 315 - 321 (BC4ivT) freigehalten wurden, kam nie zustande. Ein Entwurf von 1935 zeigt den Grundriss eines möglichen Triebwagens, hier jedoch nur mit sechs Plätzen in der 2. Klasse.** *Sammlung Dirk Winkler*

# Schmalspurtriebwagen

**Die Schmalspurtriebwagen für die RBD Dresden waren eine Sonderbauart, die in zwei Bauformen ausgeführt wurde. Das Werkfoto zeigt „137 322 Dresden".** *Werkfoto Waggonbau Bautzen. Sammlung Günther Dietz*

## 137 322, 324 (C4VT-35), 137 323, 325 (CPw4VT-35)

### Entstehungsgeschichte

Als Sonderbauart von Verbrennungstriebwagen beschaffte die Reichsbahn vier Schmalspurtriebwagen für die RBD Dresden. Die im Beschaffungsprogramm 1935 in Auftrag gegebenen Fahrzeuge wurden mit Vertrag 53.027/24.220 bei Busch in Bautzen in Auftrag gegeben. Dabei wurden zwei Grundrisse festgelegt, nach denen zwei Fahrzeuge mit und zwei ohne Gepäckabteil zu bauen waren. Die vier Triebwagen waren für die Strecke Zittau – Hermsdorf vorgesehen und sollten den Bäderverkehr von Zittau nach den Kurorten Oybin und Johnsdorf bedienen[455-456]. Die 1938 abgelieferten Fahrzeuge wurden als Gattung C4VT-35 mit den Nummern 137 322 und 324 sowie CPw4VT-35 mit den Nummern 137 323 und 325 geführt.

### Aufbau und Technik

Im Gegensatz zu den Normalspurtriebwagen waren für die Schmalspurtriebwagen andere Konstruktionsvoraussetzungen aufgrund der Streckenverhältnisse gegeben: Kleine Windangriffsfläche, tiefliegender Schwerpunkt, großes Eigengewicht, geringe Fahrzeugbreite[457]. All dies konnte bei den Wagen gelöst werden.

Untergestell und Wagenkasten waren auch bei diesen Fahrzeugen in geschweißter Stahlleichtbaukonstruktion ausgeführt. Die Wagen 137 323 und 325 enthielten im Gegensatz zu 137 322 und 324 einen Gepäckraum, wofür sechs feste Sitzplätze entfielen. Die reinen 3.-Klasse-Wagen verfügten über Holzlattensitze mit Rückenlehnen aus Sperrholz und 1000 mm breite Kurbelfenster. Die Inneneinrichtung mit Linoleumfußboden und Sperrholzverkleidung mit Linoleum- bzw. Ulmenholzbeschichtung entsprachen der üblichen Ausführung im Waggonbau jener Jahre.

Die gesamte Maschinenanlage konnte mit Hilfe eines neu entwickelten 180 PS (rd. 132,4 kW) leistenden liegenden Achtzylindermotors der Firma Vomag, Plauen, trotz der bei Schmalspurfahrzeugen beengten Verhältnisse unter dem Wagenkasten angeordnet werden. Der Dieselmotor und das dreistufige Flüssigkeitsgetriebe waren in einem federnd am Untergestell aufgehängten Tragrahmen angeordnet. Die Leistung wurde über eine Voith-Maurer-Kupplung und eine Stiftenkupplung auf das Getriebe übertragen. Über eine Gelenkwelle erfolgte der Antrieb des Radsatzwendegetriebes des äußeren Radsatzes vom Getriebe aus. Zur Erhöhung der Reibungsmasse wurde der zweite Radsatz über Kuppelstangen angetrieben.

Die Steuerung des mit Füllungsregelung arbeitenden Dieselmotors erfolgte in der bei elektrischen Triebfahrzeugen oft verwendeten Auf-ab-Steuerung als Vielfachsteuerung elektrisch. Das Füllen der Strömungsgetriebekreisläufe geschah selbsttätig geschwindigkeitsabhängig, während das Radsatzwendegetriebe elektropneumatisch gesteuert wurde. Die Kühlanlage war unter dem Wagenkasten angeordnet.

**Links: Der Wagen 137 322 wurde im Juni 1938 nach Dresden überführt und dort in einer Ausstellung gezeigt. Er kehrte erst Anfang Oktober 1938 nach Zittau zurück. — Rechts: Ein Schnappschuss, aufgenommen in Bertsdorf, zeigt einen der neuen Triebwagen für das Zittauer Netz.** *Fotos: Sammlung Dirk Winkler*

Skizzenblatt des C4VT-35 (137 322, 324)

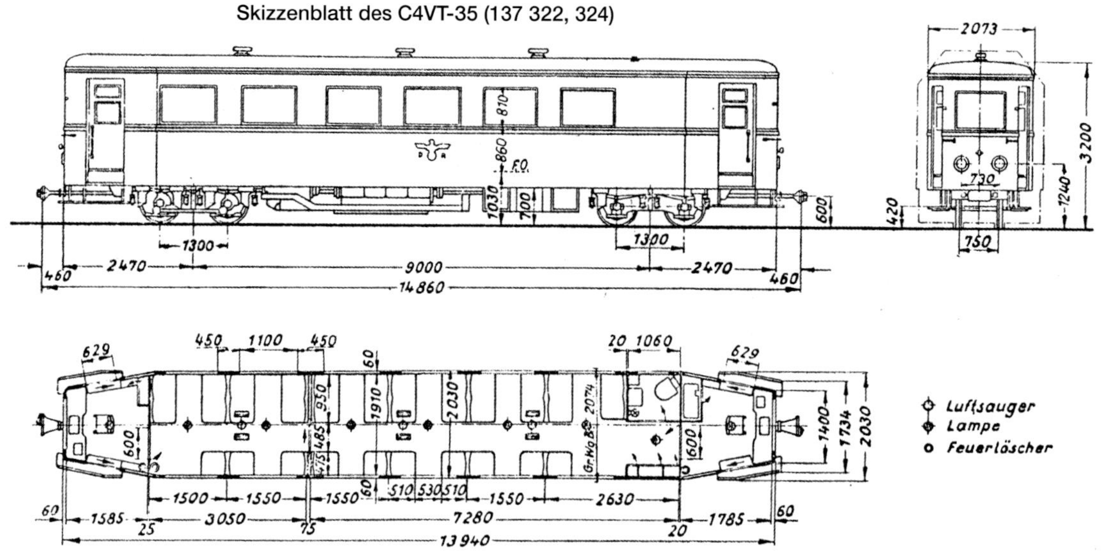


Skizzenblatt des CPw4VT-35 (137 323, 325)

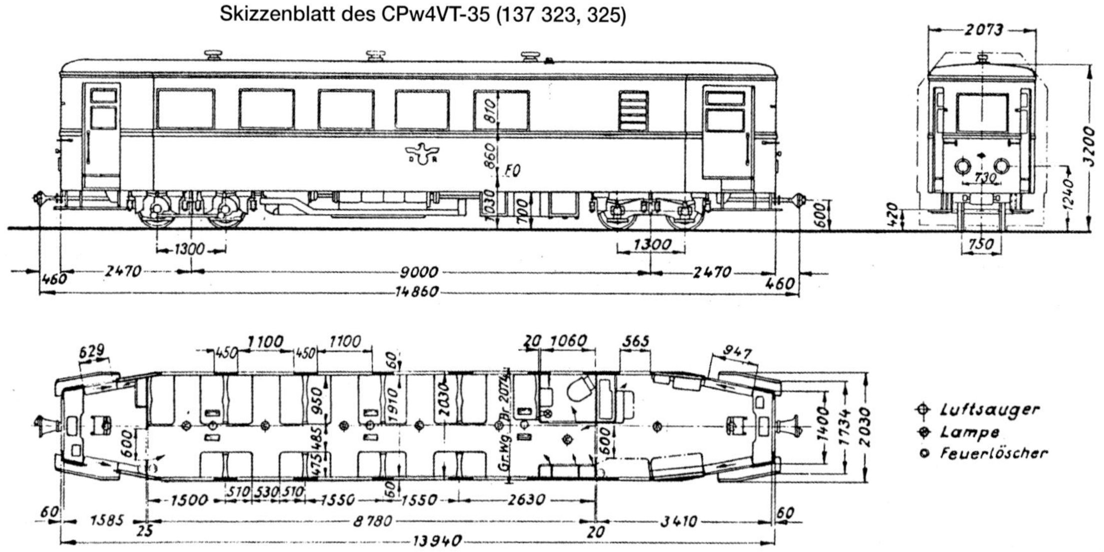


Als Kupplung diente den Fahrzeugen die Scharfenbergkupplung, die neben den Luftleitungen auch die elektrischen Steuerleitungen (38 Pole) mit kuppelte. Die Höchstgeschwindigkeit betrug zunächst 60 km/h, wurde aber bald wegen unruhigen Wagenlaufs durch Umbau auf 45 km/h herabgesetzt.

### Einsatz und Verbleib

Die am 25. Mai 1938 abgelieferten 137 322 bis 325 wurden dem Bw Zittau zugeteilt. Der Wagen 137 322 wurde im Juni 1938 nach Dresden überführt und dort in einer Ausstellung gezeigt. Er kehrte erst Anfang Oktober 1938 nach Zittau zurück. Die Wagen wurden nach und nach ab dem 7. Juli 1938 in den planmäßigen Dienst geschickt[458]. Hierfür war vorgesehen, aufgrund des Verkehrsaufkommens zwei Triebwagen zusammen fahren zu lassen und bei größerem Bedarf normale Schmalspurwagen mit Steuerleitungen auszurüsten, die zwischen den Triebwagen eingestellt werden sollten[459].

Mit Kriegsbeginn wurden die vier Wagen in Zittau abgestellt. Drei der vier Triebwagen wurden 1943/44 an die RBD Posen nach Kroßwitz abgegeben, wie ein Eintrag im Betriebsbuch des 137 325 vermerkt. Nur 137 322 verblieb in Zittau, da er beim Abtransport entgleist sein soll und somit nicht mehr einsatzfähig war. Ende 1943 bis Oktober bzw. Juli 1944 wurden aus 137 323 und 324 die Motoren ausgebaut, mit ziemlicher Sicherheit auch aus 137 325. Ob sie zu diesem Zeitpunkt bereits in der RBD Posen waren, ist unklar.

Somit verblieb nach Kriegsende nur 137 322 in der SBZ. Warum im Umzeichnungsplan des RZA München vom September 1947 auch der

| Nummer | Verbleib | Ablieferung | Beheimatungen | Bemerkungen |
|---|---|---|---|---|
| 137 322 | DR | 05.10.38 | 24.10.38 Zi (auch 08.45), Wiederinbetriebnahme nach HU 10.08.2007 | z 10.11.66, + 14.08.69 |
| 137 323 | PKP MBxd1-114 | 25.05.38 | 16.07.38 Zi, 1943/44 RBD Posen | + 04.09.74 |
| 137 324 | PKP MBxd1-116 | 25.05.38 | 07.07.38 Zi, 1943/44 RBD Posen | + 1960 |
| 137 325 | PKP MBxd1-115 | 25.05.38 | 07.07.38 Zi, 1943/44 RBD Posen | + 11.10.71 |

137 324 aufgeführt ist, bleibt rätselhaft. Nach einer T4-Aufarbeitung im Bw Zittau wurde Mitte Oktober 1946 der 137 322 wieder in Betrieb genommen. Allerdings erwies sich das Fahrzeug im Regelbetrieb als störanfällig, insbesondere der Vomag-Motor. Dem konnte nur abgeholfen werden durch die im RAW Dessau vorrätigen Tauschmotoren der anderen drei ehemaligen Zittauer Triebwagen. Wegen der üblichen Ersatzteilschwierigkeiten bei älteren Fahrzeugen verkehrte der Triebwagen im November 1964 zum letzten Mal. Er wurde 1980 in den Bestand des Verkehrsmuseums übernommen[460].

Im Jahre 2003 wurde mit der Aufarbeitung des Triebwagens begonnen. Dabei stellten sich die Zylinderköpfe des Vomag-Motors als verbraucht heraus. Um die geplante Inbetriebnahme bis zum 10. August 2007 nicht zu gefährden, erhielt der Triebwagen einen MAN-Motor D2866 UH und ein DIWA-Getriebe. Seit dem 10. August 2007 verkehrt der Triebwagen wieder zwischen Zittau – Oybin und Bertsdorf – Jonsdorf.

Die Triebwagen 137 323 bis 325 wurden nach Kriegsende in den Bestand der PKP eingegliedert. Vom ehemaligen Triebwagen 137 324 ist bekannt, dass er vor der Wiederaufarbeitung als Triebwagen die Beiwagen-Bezeichnung Bx 1504 führte. Erst 1954 wurden die drei motorlosen Wagen in der Werkstatt in Trebnica wieder aufgearbeitet und erhielten Sechszylinder-Reihen-Dieselmotoren von Fiat mit 125 PS (rd. 91,9 kW) Leistung. Zudem erhielten die Triebwagen eine elfenbein-blaue Farbgebung. Nach der Aufarbeitung wurden die ehemaligen 137 323 - 325 als Mx-114, 116 und 115 bezeichnet. Die Triebwagen Mx-114 und 115 besaßen nur einen angetriebenen Radsatz, beim Wagen 116 wurde die Leistung über die vorhandenen Kuppelstangen auch auf den zweiten Radsatz des Triebdrehgestells übertragen. Da sich dies jedoch nicht be-

## Technische Daten

| | | | | |
|---|---|---|---|---|
| Betriebsnummer | | | 137 322, 324 | 137 323, 325 |
| Gattungsbezeichnung | | | 01-Oh 6800a Bautzen | 01-Oh 6800a Bautzen |
| Übersichtszeichnung | | | C4VT-35 | CPw4VT-35 |
| Radsatzanordnung | | | B'2' | B'2' |
| Hersteller | Wagenteil | | Busch | Busch |
| | Motor | | Vomag | Vomag |
| | Getriebe | | Voith | Voith |
| | el. Ausrüstung | | BBC | BBC |
| Höchstgeschwindigkeit | | km/h | 60 / 45 | 60 / 45 |
| Länge über Puffer | | mm | 14860 | 14860 |
| ges. Radsatzabstand | | mm | 10300 | 10300 |
| Drehzapfenabstand | | mm | 9000 | 9000 |
| Radsatzabstand Drehgestell | | mm | 1300 | 1300 |
| Treibraddurchmesser | | mm | 760 | 760 |
| Laufraddurchmesser | | mm | 760 | 760 |
| Sitzplätze | 2. Klasse | | - | - |
| | 3. Klasse | | 34 | 28 |
| Klappsitze | | | - | 6 |
| Dienstmasse | unbesetzt | t | 21,0 | 21,0 |
| | besetzt | t | 23,5 | 23,5 |
| | je Sitzplatz | kg | 618 | 618 |
| | je lfd. m Wagenlänge | t | 1,41 | 1,41 |
| spez. Antriebsleistung | | kW/t / PS/t | 6,3/8,6 | 6,3/8,6 |
| gr. Radsatzlast | | t | 5,8 | 5,8 |
| Steuersystem | | | Mehrfach, Sonder | Mehrfach, Sonder |
| Motor | Zahl / Bauart | | 1 / 8R3580l | 1 / 8R3580l |
| | Masse | kg | 1950 | 1950 |
| | Zyl./Durchm./Hub | mm | 8 / 135 / 180 | 8 / 135 / 180 |
| | Dauerleistung | PS | 180 | 180 |
| | Drehzahl | $min^{-1}$ | 1500 | 1500 |
| Art u. System d. Leistungsübertragung | | | hydraulisch | hydraulisch |
| Getriebebauart | | | T43KA | T43KA |
| Zahl der Gänge / Geschwindigkeitsstufen | | | 3 | 3 |
| Motorsteuerung | | | elektrisch | elektrisch |
| Getriebesteuerung | | | selbsttätig | selbsttätig |
| Wendegetriebesteuerung | | | elektro-pneumatisch | elektro-pneumatisch |
| Kraftstoffvorrat | | l | 300 | 300 |
| Heizung | | | Kühlwasser-Luftheizung | Kühlwasser-Luftheizung |
| Beleuchtung, Stromart, Spannung | | | el. = 24 V | el. = 24 V |
| Bremse | | | Hikpt (Klotz) | Hikpt (Klotz) |

**Links: Zwei der vier Triebwagen sind hier im Regeleinsatz beim Eintreffen am Haltepunkt des Kurortes Johnsdorf im Sommer 1939 zu sehen.** *Foto: Bildstelle Rbd Dresden. Sammlung Günther Dietz* — **Rechts: Während der Probefahrten kamen 137 323 und 322 auch nach Hermsdorf, wo sie auf die Rückfahrt nach Zittau warten, die sie auch über Reichenau führen wird.** *Foto: Sammlung Robin Garn*

Links: Einziger in der SBZ verbliebener Schmalspurtriebwagen war 137 322. Er wurde recht schnell reaktiviert. Nachdem der Triebwagen im Frühsommer 1951 einen neuen Anstrich erhalten hatte, fuhr er in elfenbein-rotem Farbkleid. Die Aufnahme aus Oybin zeigt Trieb- und Beiwagen noch als Fahrzeuge 3. Klasse und mit der Anschrift „DR USSR-Zone" im Sommer 1952. *Foto: Gotthard Paul. Sammlung Dirk Winkler* – Rechts: Drei der vier Schmalspurtriebwagen wurden während des Krieges an die RBD Posen abgegeben. Die PKP motorisierte die Wagen wieder und setzte sie auf der ehemaligen Breslau-Trebnitz-Prausnitzer Kleinbahn ein. Bei Grądzik (Hermenau) verlief die Strecke unmittelbar neben der Straße, wie die Aufnahme vom 16. August 1972 zeigt. *Foto: Andrej Scheer. Sammlung Dirk Winkler*

währte, wurden die Kuppelstangen nach rund zwei Jahren wieder entfernt. Die drei Triebwagen wurden anfänglich auf der ehemaligen Breslau-Trebnitz-Prausnitzer Kleinbahn (Kolej wąskotorowa Wrocław - Trzebnica - Prusice) eingesetzt. Nach einem Unfall wurde Mx-116 im Jahre 1960 ausgemustert.

Ab 1961 führten die beiden verbliebenen Triebwagen die Bezeichnung MBxd1-114 und -115. Dabei bedeuten in der 1960 eingeführten Bezeichnungsweise:

M: Schmalspurtriebwagen,
B: zweite Klasse,
x: vier Achsen,
d: Hochdruckverbrennungsmotor (Dieselmotor),
1: mechanische Kraftübertragung.

Im Nummernband 101 - 280 fanden sich die Triebwagen für 750 mm Spurweite.

Von 1959 bis Sommer 1961 sollen Mx-114 und 115 auf der Bogatyńska Kolej Dojazdowa eingesetzt worden sein, die aus dem von den PKP übernommenen Teil Sieniawka – Bogatynia – Markocice der Schmalspurbahn Zittau – Hermsdorf und der einstigen Kohlenbahn Reichenau entstanden war. Anschließend gelangten MBxd1-114 und 155 wieder zur Wrocławska Kolej Dojazdowa. MBxd1-115 bediente am 27. Mai 1967 den letzten planmäßigen Personenzug von Breslau nach Trebnica Gaj. Danach kam er auf der Strecke Sulmiercze und Żmigrod zum Einsatz[461].

Als die Aufnahme am 1. September 1975 in Trzebnica (Trebnitz) entstand, war MBxd1-114 bereits knapp ein Jahr ausgemustert.
*Foto: Peter Klimpel. Sammlung Günther Dietz*

Erst 1959 erhielt der Triebwagen bei einer fälligen T4-Ausbesserung den für Triebwagen vorgeschriebenen Anstrich.
*Foto: Jean Frionnet. Sammlung Dirk Winkler*

Werkaufnahme des 137 327 von Anfang 1940: Der Triebzug mit 137 327 a im Vordergrund. *Werkfoto WUMAG, Sammlung Wolfgang Theurich*

# *Mehrteilige Nebenbahntriebwagen*

## 137 326 a/b - 331 a/b und 137 367 a/b - 376 a/b (BCtrPwPost8vT-36)

### Entstehungsgeschichte

Unter den sechs Baumustern, die im Ergebnis aus den bis Mitte der 1930er-Jahre eingesetzten Versuchs- und Serienbauarten als künftig zu beschaffende Verbrennungstriebwagen hervorgingen, befand sich auch ein achtachsiger Doppeltriebwagen mit liegendem Dieselmotor von 2 x 275 PS (rd. 2 x 202,3 kW) Leistung. Bei einer Höchstgeschwindigkeit von 90 km/h war ein Einsatz zusammen mit einem Steuerwagen für den Verkehr auf Nebenbahnen vorgesehen[462]. Die im Beschaffungsprogramm 1936 eingeplanten ersten sechs Triebzüge sollten für den Vorortverkehr der Hafenstadt Stettin (1940 mit 381.000 Einwohner) genutzt werden. Mit ihnen wollte die Reichsbahn letztlich auch Erfahrungen über den Einsatz solcher Triebzüge im *„angestrengten Vorortverkehr mit erheblichem Reisegepäck und Postverkehr“* sammeln[463]. Die WUMAG wurde mit Vertrag 74.057/24.206 vom 7.1.1939 mit dem Bau beauftragt. Nachdem im Beschaffungsprogramm 1937 weitere zehn Triebzüge genehmigt wurden, erhielt die WUMAG mit Vertrag 74.057/24.207 den Auftrag zur Fertigung der restlichen Triebzüge. Kriegsbedingt konnten die Fahrzeuge erst von April 1940 bis Mai 1941 ausgeliefert werden. Die als Gattung BCtrPwPost8vT-36 geführten Triebzüge ordnete die Reichsbahn unter den Nummern 137 326 - 331 und 137 367 - 376 ein.

### Aufbau und Technik

Die zweiteiligen Triebzüge bestanden aus zwei vierachsigen Einzelwagen mit kompletter Antriebsanlage. Jeder Wagen besaß einseitig einen Führerstand im korbbogenförmigen Fahrzeugende, auf der gegenüberliegenden Seite war die Stirnwand gerade ausgeführt und mit einer zweiflügligen Schiebetür, Übergangsblech und Faltenbalg ausgerüstet. Beide Wagenhälften waren mit einer Schraubenkupplung und einseitigen Stoßpuffern und Stoßplatten kurz gekuppelt. Durch den Einbau einer Unterflur-Antriebsanlage konnten die Wagenkästen auf der gesamten Länge für Fahrgast-, Post- und Gepäckräume bei einer Fußbodenhöhe von 1100 mm genutzt werden. Im Wagen „a“ waren Post- und Gepäckraum sowie zwei Abteile 3. Klasse mit 38 Sitzplätzen untergebracht. Der Wagen „b“ verfügte über vier Abteile 2. Klasse mit 18 Sitzplätzen mit Seitengang sowie einem weiteren Abteil 3. Klasse mit 48 Sitzplätzen. In beiden Wagen war im Bereich der mittleren Einstiege ein Abort eingebaut. Die Drehgestelle waren in geschweißter Blechträgerbauweise mit dreifacher Federung ausgeführt.

Bei diesen Triebzügen wurden insofern wichtige Vereinheitlichungsmaßnahmen durchgeführt, als für vier Unterflur-Motorentypen mit gleicher Leistung der Firmen Daimler-Benz, DWK, Humboldt-Deutz und MAN zum leichteren Austausch gleiche Anschlußmaße vorgeschrieben waren. Die Triebzüge 137 331 a/b und 137 370 a/b waren sogar mit Motoren unterschiedlicher Hersteller in beiden Fahrzeughälften ausgerüstet. Die zweistufigen Strömungsgetriebe der Bauart Wandler/Kupplung (bzw. Wandler/Wandler ab 137 371) stellte Voith bzw. ab 137 371

Skizzenblatt des BCtrPwPost8vT-36 (137 326 - 331, 137 367 - 376).

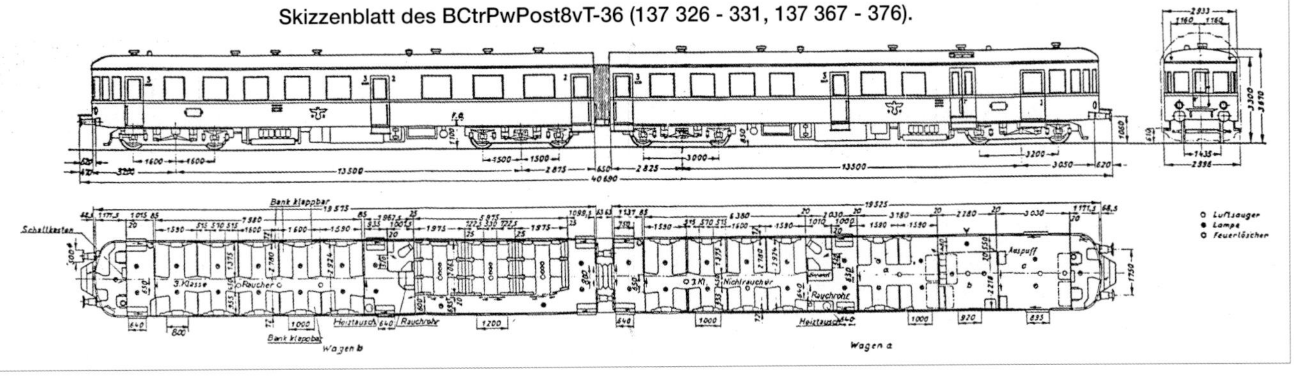

Der Führerstand war recht eng. Immerhin gab es einen gepolsterten Klappsitz. Links auf dem Führerpult der Fahrschalter, in der Mitte die Instrumententafel, rechts vor dem Fenster das Führerbremsventil. *Werkfotos WUMAG, Sammlung Wolfgang Theurich*

die Firma AEG her. Die mit Füllungsregelung arbeitenden Zwölfzylindermotoren in Boxeranordnung waren in einem unter dem Wagenkasten gefedert aufgehängten Tragrahmen angeordnet. Über Gelenkwelle wurde das Drehmoment auf das im Triebdrehgestell eingebaute Strömungsgetriebe und von hier auf das Radsatzwendegetriebe jeweils am vorderen Radsatz übertragen. Die den Dieselmotoren zugeführte Kraftstoffmenge wurde in fünf Stufen elektrisch verstellt. Die beiden Getriebestufen wurden vom Getriebe selbsttätig gesteuert, während die Radsatzwendegetriebe elektropneumatisch gesteuert wurden. Die Kühlanlage mit senkrecht angeordneten Lüftern war für jede Maschinenanlage jeweils unter dem Wagenkasten angeordnet.

Zur Drucklufterzeugung dienten zwei elektrisch angetriebene Luftverdichter (je einer in jedem Wagen) der Firma Knorr, Bauart VV 48/75. Zur Stromversorgung diente je Wagen eine Lichtmaschine mit 6,2 kW Leistung, die zur Ladung der 110-Volt-Batterie mit 150 Ah Kapazität je Wagen diente. Angelassen wurden die Dieselmotoren mit einem elektrischen Anlasser. Alle Wagen waren mit einer durchgehenden selbsttätigen Hikp-Bremse ausgerüstet, die als Klotzbremse beidseitig auf die Radsätze wirkte. Der Anstrich war zunächst oxidrot nach RAL 3009.

Die Triebzüge zeichneten sich bei 5,05 kW bzw. 6,9 PS je Tonne Antriebsleistung durch ein noch gutes Beschleunigungs- und Steigvermögen aus. Selbst mit einem Steuerwagen waren gute Werte zu erzielen. Hierbei betrug das Platzangebot 18/176 Plätze 2./3. Klasse bei Mitführen eines leichten Steuerwagens aus der Reihe VS 145 204 ff., von denen 16 Steuerwagen für die Triebzüge vorgesehen waren. Trotzdem ließ das RZA München bis Juni 1941 Prüfstandversuche mit aufgeladenen Motoren durchführen, um die Triebwagenleistung durch Nachrüsten der Motoren erhöhen zu können.

An Bauartänderungen war im Krieg die Umstellung auf Flüssiggasantrieb geplant. Vermutlich wurde sie bei keinem Triebzug mehr durchgeführt. Dagegen wurde 137 372 auf Leuchtgasbetrieb umgebaut. Später erhielten alle noch vorhandenen Wagen die kombinierte Kühlwasser-Ofenheizung eingebaut.

Schon Anfang der 1950er-Jahre konzentrierte sich die DB auf die weitere Verwendung der MAN- und DWK-Dieselmotoren. 1960 rüstete sie zwei Triebzüge mit neuen auf 300 PS (rd. 220,6 kW) eingestellten Daimler-Benz-Dieselmotoren der Bauart MB 846Bc aus.

Die Reichsbahn in den westlichen Besatzungszonen ließ 1948 drei der Doppeltriebwagen instandsetzen. VT 45 504 entstand dabei aus den beiden Fahrzeughälften 137 326 a + 137 375 b. Die Aufnahme zeigt den zum Bw Braunschweig gehörenden Triebzug 1968 in Hildesheim.
*Foto: Rolf Munzar. Sammlung Günther Dietz*

Im August 1968 stand VT 45 503 im Bw Braunschweig. Ein gutes halbes Jahr später wurde er am 15. März 1969 ausgemustert.
*Foto: Richard Schulz. Sammlung Günther Dietz*

Anfang der 1950er-Jahre setzte das Bw Halle P die dort stationierten zweiteiligen Nebenbahntriebwagen in den Umläufen Leipzig – Halle – Halberstadt, Halle – Cottbus und Halle – Saalfeld ein. Hierfür wurden teilweise Zuggarnituren mit anderen VB, VS und VT gebildet. 137 371 zeigt sich hier bereits in verändertem Anstrich, jedoch noch mit den alten Metallziffern für die Klassenbezeichnung. *Foto ZBDR. Sammlung Dirk Winkler*

## Einsätze und Verbleib

Die Reichsbahn nahm die 16 Triebwagen in der Zeit vom 27. April 1940 (137 328) bis zum 11. Mai 1941 (137 376) ab. Infolge der Kraftstoffsperre für zivile Zwecke dürfte von Stettin aus kaum ein Einsatz erfolgt sein. Die meisten Triebwagen wurden nach ihrer Abnahme auf verschiedenen Bahnhöfen der RBD Stettin abgestellt oder blieben gleich im für die Abnahme zuständigen RAW Wittenberge stehen. So befanden sich um 1944 die Triebzüge 137 326, 328, 329, 367, 368, 369, 372, 374 und 376 im RAW Wittenberge, 137 330 und 331 im Bw Jädickendorf sowie 137 370, 371 und 375 auf dem Bahnhof Bütow. Der Triebzug 137 327 a/b war ausgebrannt und bereits ausgemustert worden[464].

Einige der neuen Triebzüge kamen anscheinend nach ihrer Ablieferung noch in die RBD Stettin, die ihre Beheimatung im Bw Stettin-Kosakenberg vorsah. Nachvollziehbar ist dies u.a. für 137 372 a/b, der nach seiner Abnahme im RAW Wittenberge ab dem 20.12.1940 dem Bw Stettin-Kosakenberg zugeordnet war und von dort am 12.5.1941 wieder zum RAW Wittenberge überführt wurde. Im RAW wurde (lt. Eintragung im Betriebsbuch) bis zum 31.5.1944 eine T0 durchgeführt, bei der der Triebzug auf Leuchtgasbetrieb umgerüstet wurde. Anschließend kam er bis zum 10. August 1944 zur LVA Grunewald[465]. Anders beim 137 329, der noch Ende November 1943 nach einer T0-Schadgruppe aus dem RAW Wittenberge an das Bw Stettin-Kosakenberg zurückgegeben wurde[466].

Einige Fahrzeuge müssen zwischen 1944 und 1945 noch umgesetzt worden sein (vmtl. spätestens bei der Räumung Stettins). Nur so ist erklärlich, dass nach Kriegsende von den verbleibenden 15 Fahrzeugen je einer sich auf dem Gebiet der ČSR sowie in Ostpreußen, vier in der britischen Besatzungszone und neun Triebzüge im Bereich der sowjetischen Besatzungszone in Deutschland befanden.

| Nummer | Verbleib | Abnahme | Beheimatungen | Bemerkungen |
|---|---|---|---|---|
| 137 326 | DB VT 45 504a/b | 23.05.1940 | 1940 Stn, 02.46 RAW Han, um 1950 Bil, ca.1967 BwgH | + 15.03.69, 1968 Umz. zu 645 104/645 404 |
| 137 327 | - | 23.05.1940 | 1940 Stn | + ca. 1944 (Brandschaden) |
| 137 328 | DR | 27.04.1940 | 1940 Stn | + ca. 1955 |
| 137 329 | DR | 27.04.1940 | 1940 Stettin-Kosakenberg, 07.46 Witt, 27.08.48 Ahb, 01.06.50 Hl, 29.08.57 L, 26.04.62 Dr-P | abgest. 07.01.64, + 14.08.69, ++ 30.12.69 Wit |
| 137 330 | NKPS, DP13 | 27.06.1940 | 1940 Stn, 1944 Jdf, 1945 Ostpreußen, 1946 Vilnius, 1955 Zasulauks (Riga) | + 1962 |
| 137 331 | DR | 16.07.1940 | 1940 Stn, 07.46 Witt, 28.02.48 Ahb, 18.04.51 Hl, 29.06.57 L, 01.05.62 Dr-P | 09.64 Ub. VB 147 553a/b, 1970 197 842-8, ++ |
| 137 367 | DR | 12.1940 | 1940 Stn, 07.46 Witt, 1953 Hl, 1957 L, 1975 ECA | z 01.11.62, Ub. zu 147 551 a/b, 1970 197 840-2 |
| 137 368 | DR | 21.08.1940 | 1940 Stn, 07.46 G, 11.02.53 Hl, 01.08.57 L | z 01.11.62, 17.07.63 Ub. zu VB 147 552, 1970 197 841-0 |
| 137 369 | DB VT 45 502a/b | 09.1940 | 1940 Stn, 02.46 RAW Han, ca. 1950 Bil, ca. 1967 BwgH | + 26.11.69, 1968 Umz. zu 645 102/645 402 |
| 137 370 | DB VT 45 503 a/b | 10.1940 | 1940 Stn, 02.46 RAW Han, ca. 1950 Bil, ca. 1967 BwgH | + 15.03.69, 1968 Umz. zu 645 103/645 403 |
| 137 371 | DR | 03.12.1940 | 1940 Stn, 01.07.46 Witt, 29.06.48 Ahb, 18.04.50 Hl | abgest. 24.05.57, 30.11.64 Ub. zu VB 147 554, 1970 Uz. zu 197 843-6 |
| 137 372 | ČSD M262.101 ▸ DR | 05.02.1941 | 1941 Stn, 1945 ČSD Depot Nymburk, le. Br. Unt. 02.47, 06.03.56 an DR | + 07.12.1948 bei ČSD + 10.03.66 kein Einsatz bei DR |
| 137 373 | DR | 12.05.1941 | 1941 Stn, 07.46 Witt, 01.07.48 Ahb (z) | + 10.03.66 kein Einsatz bei DR |
| 137 374 | DR | 06.02.1941 | 1941 Stn, 07.46 Witt (z) | + 10.03.66 kein Einsatz bei DR |
| 137 375 | DB VT 45 510a/b | 04.1941 | 1941 Stn, 02.46 RAW Han | Teil b für VT 45 504 verwendet (Teil a für VT 45 503 verwendet) |
| 137 376 | DR | 11.05.1941 | 1941 Stn, 07.46 Witt (z) | + 10.03.66 kein Einsatz bei DR |

Die in der britischen Besatzungszone vorhandenen vier Triebzüge 137 326, 369, 370 und 375 befanden sich 1946 im RAW Hannover[467]. Das RZA München ordnete im September 1947 alle ihr bekannten Fahrzeuge dieser Bauart in den deutschen Besatzungszonen als VT 45 500 a/b bis 511 a/b ein. Dabei entfielen auf die o.g. Fahrzeuge der britischen Zone die Nummern 45 504, 502 und 503 sowie 510. Die 1948 dann im RAW Opladen befindlichen Fahrzeuge wurden aufgrund der Schäden teilweise neu zusammengeführt und die Voith-Getriebe der auszumusternden Wagen als Ersatz für die AEG-Getriebe aufgehoben. Nach der Aufarbeitung der Wagen wurden folgende Fahrzeuge wieder in Betrieb genommen:

VT 45 502 a/b = 137 369 a/b
VT 45 503 a/b = 137 375 a + 137 370 b
VT 45 504 a/b = 137 326 a + 137 375 b.

Die DB setzte diese Züge längere Zeit vom Bw Bielefeld u.a. im Eilzugdienst auf längeren Strecken ein. So wurden sie z.B. in den Jahren 1950/51 nach Osnabrück, Detmold und Altenbeken/Kassel eingesetzt. Auch auf der Strecke Kassel – Bielefeld verkehrten sie. 1953 wurden sie u.a. in einem Umlauf Bielefeld – Würzburg (Et 828), Würzburg – Hannover (Et 879), Hannover – Kassel (Et 870) und Kassel – Bielefeld (Et 825) eingesetzt. Auch im Bezirksverkehr um Bielefeld verkehrten die VT $45^5$. 1960 wurden noch zwei Triebzüge mit neuen Daimler-Benz-Motoren, Leuchtstofflampen und Polstersitzen modernisiert. 1966 wurden sie nach Braunschweig umbeheimatet. Die Braunschweiger wiesen nur noch mäßige Fahrleistungen auf. So wurde von der Einsatzstelle Hildesheim in einem vom 29. September 1968 ab gültigen Umlaufplan ein Triebzug mit einem Steuerwagen in der Zeit von etwa 6:30 Uhr bis 19:30 Uhr auf dem 4,7 km langen Streckenabschnitt Gronau – Elze eingesetzt und erreichte dabei täglich 198 km Laufleistung. Alle drei Triebzüge erhielten noch neue UIC-Nummern: 645 102/402, 103/403, 104/404. Die Ausmusterung der VT $45^5$ der DB geschah 1969. In der SBZ befanden sich nach Kriegsende neun Triebzüge der Bauart „Stettin". In den Karteikarten des TZA Berlin wurden nur die nachfolgenden Fahrzeuge und ihre Zuordnungen erfasst. Karteikarten für die schadhaft im RAW Wittenberge stehenden 137 328 a/b und 137 372 a/b waren nicht vorhanden[468]. Die Reichsbahn bemühte sich, die neuen und unbenutzten Züge entsprechend ihrem

| Nummer | Erfassungsdatum | Ort |
|---|---|---|
| 137 329 | 01.07.46 | Wittenberge |
| | 01.04.48 | Anhalter Bhf |
| 137 331 | 01.07.46 | Wittenberge |
| | 01.04.48 | Anhalter Bhf |
| 137 367 | 01.07.46 | Wittenberge |
| 137 368 | 01.07.46 | Güstrow |
| 137 371 | 01.07.46 | Wittenberge |
| | 01.07.48 | Anhalter Bhf |
| 137 373 | 01.07.46 | Wittenberge |
| | 01.07.48 | RBD Berlin |
| 137 374 | 01.07.46 | Wittenberge |
| 137 376 | 11.07.46 | Wittenberge |

Erhaltungszustand schnellstmöglich wieder in Betrieb zu nehmen. Eine Aufstellung vom 19. September 1949 hält fest, dass 137 371 a/b bei der RBD Berlin im *„Sonderdienst f. öffentlichen Verkehr"* stand. Die bereits der RBD Berlin zugeordneten 137 329 a/b und 331 a/b befanden sich noch in Ausbesserung[469]. Das ab 1949 geführte Verzeichnis der Verbrennungstriebwagen in der SBZ weist nachfolgend zusammengestellte Angaben auf. Dabei war für die 1949 im RAW Dessau schadhaften Züge vermerkt: Inneneinrichtung zerstört, Instrumente, Apparate und Batterien fehlen. Zum Stichtag 7. Februar 1950 waren alle genannten Züge im RAW Dessau[470].

| Nummer | Stand 20.04.1949 | Stand 23.11.1949 | Stand 02.05.1950 |
|---|---|---|---|
| 137 329 | Erkner, betriebsfähig | dto. | RAW Dessau, T0, in Arbeit |
| 137 331 | RAW Dessau, T1, Voith-Getriebe-Schaden | RAW Dessau, T1, in Arbeit | RAW Dessau, T0, in Arbeit |
| 137 367 | RAW Dessau, zur Ausbesserung vorgesehen | dto. | dto. |
| 137 368 | RAW Dessau, zur Ausbesserung vorgesehen | dto. | sto. |
| 137 371 | Erkner, betriebsfähig | RAW Dessau, Motorschaden | Halle P, fährt Plandienst |
| 137 373 | RAW Dessau, zur Ausbesserung vorgesehen | dto. | dto. |
| 137 374 | RAW Dessau, zur Ausbesserung vorgesehen | dto. | dto. |
| 137 376 | RAW Dessau, zur Ausbesserung vorgesehen | dto. | dto. |

**137 367 im Bereich des Hallenser Güterbahnhofs Mitte der 1950er-Jahre. Inzwischen wurde der Anstrich an den üblichen Standard angepasst. Im Hintergrund die den gesamten Güterbahnhof überspannende Berliner Brücke.**
*Foto Gerhard Illner. Sammlung Dirk Winkler*

## Technische Daten

| Betriebsnummer | | 137 326 | 137 327 - 330<br>137 372* | 137 331 | | 137 367 - 369 | 137 370 | | 137 371, 373 | 137 374 - 376 |
|---|---|---|---|---|---|---|---|---|---|---|
| Gattungsbezeichnung | | BCtrPwPost8vT-36 | | | | | | | | |
| Übersichtszeichnung | | (01)228g WUMAG | | | | | | | | |
| Radsatzanordnung | | (A1)2`+2`(1A) | | | | | | | | |
| Hersteller Wagenteil | | WUMAG | | | | | | | | |
| Motor | | Deutz | DWK | Deutz/DWK | | Daimler-B. | Daimler-B./MAN | | Deutz | MAN |
| Getriebe | | Voith | Voith / * AEG | Voith | | Voith | Voith | | AEG | AEG |
| Höchstgeschwindigkeit | km/h | 90 | | | | | | | | |
| Länge über Puffer | mm | 40690 | | | | | | | | |
| ges. Radsatzabstand | mm | 36550 | | | | | | | | |
| Raddurchmesser | mm | 13500 + 13500 | | | | | | | | |
| Radsatzabstand d. Drehgestelle | mm | 3200 / 3000 | | | | | | | | |
| Raddurchmesser | mm | 900 | | | | | | | | |
| Sitzplätze 2. Klasse | | 18 | | | | | | | | |
| 3. Klasse | | 98 | | | | | | | | |
| Klapp- oder Notsitze | | 14 | | | | | | | | |
| Dienstmasse unbesetzt | t | 78,5 | 78,5 | 78,5 | | 78,0 | 78,0 | | 78,0 | 78,0 |
| besetzt | t | 88,3 | 88,3 | 88,3 | | 87,7 | 87,7 | | 87,7 | 87,7 |
| je Sitzplatz | kg | 604 | 604 | 604 | | 600 | 600 | | 600 | 600 |
| je lfd. m Wagenl. | t | 1,93 | 1,93 | 1,93 | | 1,90 | 1,90 | | 1,90 | 1,90 |
| spez. Antriebsleist. | kW/t / PS/t | 5,1/7,0 | 5,1/7,0 | 5,1/7,0 | | 5,2/7,1 | 5,2/7,1 | | 5,2/7,1 | 5,2/7,1 |
| größte Radsatzlast | t | 10,5 | | | | | | | | |
| Steuersystem | | Mehrfach 1936 | | | | | | | | |
| Motor Zahl / Bauart | | 2/A12M319 | 2/12V19 | 1/A12M319 | 1/12V19 | 2/MB807 | 1/MB807 | 1/W12V13/19 | 2/A12M319 | 2/W12V13/19 |
| Masse | kg | 2150 | 2500 | 2150 | 2500 | 2000 | 2000 | 2460 | 2150 | 2460 |
| Zyl./Durchm./Hub | | 12 / 130 / 190 | 12 /130 / 190 | 12 /130 / 190 | | 12 / 138 / 170 | 12/138/170 | 12 / 130 / 190 | 12 / 130 / 190 | 12 / 130 / 190 |
| Dauerleist. | PS | 275 | | | | | | | | |
| Drehzahl | $min^{-1}$ | 1500 | | | | | | | | |
| Art u. System d. Leistungsübertr. | | hydr. W/K | hydr. W/K | hydr. W/K | | hydr. W/K | hydr. W/K | | hydr. W/W | hydr. W/W |
| Getriebebauart | | T 25 KW | T 25 KW | T 25 KW | | T 25 KW | T 25 KW | | | |
| Geschwindigkeitsstufen | | 2 | | | | | | | | |
| Motorsteuerung | | elektrisch | | | | | | | | |
| Getriebesteuerung | | selbsttätig | | | | | | | | |
| Wendegetriebesteuerung | | el.-pneum. | | | | | | | | |
| Kraftstoffvorrat l | | 1000 | | | | | | | | |
| Heizung | | Warmw. (ölgefeuert) | | | | | | | | |
| Beleucht., Stromart, Spannung | | el. = 110 V | | | | | | | | |
| Bremse | | Hikpt (Klotz) | | | | | | | | |

Von den in der SBZ bei der DR verbliebenen insgesamt neun Triebzügen mit den Nummern 137 328, 329, 331, 367, 368, 371, 373, 374 und 376 wurden nur fünf (137 329, 331, 367, 368 und 371) wieder in Betrieb genommen. In der ersten Nachkriegszeit waren diese Triebwagen sowohl beim Bw Halle P als auch in Berlin eingesetzt. Genauere Angaben hierzu sind am Schluss dieser Ausführungen der Beheimatungs- und Verbleibstabelle zu entnehmen. Die vier zweiteiligen Hauptbahntriebwagen waren zu dieser Zeit ebenfalls in Halle und Berlin eingesetzt. Da aber diese schnelleren mit Polstersitzen ausgerüsteten Triebzüge als Ersatz für ausgefallene Schnelltriebwagen besser geeignet waren, konzentrierte man, keinesfalls zur Freude des Personals vom Bw Halle P, diese Fahrzeuge in Berlin und die zweiteiligen Nebenbahntriebwagen in Halle P. Dort fuhren sie die Umläufe Leipzig – Halle – Halberstadt (Sa. bis Ilsenburg), Halle – Cottbus und Halle – Saalfeld.

Bei den Triebzügen bereiteten die Dieselmotoren, trotz ihrer langen Abstellzeit im Krieg und der damit verbundenen Schonung im Betrieb, durch relativ große Störanfälligkeit nicht allzu viel Freude. 1957 gingen aus Platzgründen die VT des Bw Halle P zum Bw Leipzig Hbf West. Dort fuhren sie zunächst ähnliche Leistungen wie in Halle P (außer nach Cottbus). 137 371 ging nicht mehr mit nach Leipzig und wurde bereits abgestellt. Später fuhren diese Triebzüge von Leipzig aus auf anderen Strecken im Nahverkehr, u.a. auch zeitweilig eine Einheit auf der Nebenbahn Neukieritzsch – Groitzsch – Pegau.

Bei der DR waren keine Ersatzdieselmotoren vorhanden, so dass die störanfälligen Motoren in den fünf in Betrieb befindlichen Triebzügen zu einem immer größeren Problem wurden. Das hatte zur Folge, dass 137 371 bereits 1957 abgestellt werden musste. Die Schwierigkeiten mit den Motoren führten dann 1962 auch zur Abstellung von 137 367 und 368. Die restlichen beiden Triebzüge gingen 1962 zum Bw Dresden-Pieschen. Aber auch hier hatten sie kein langes Leben mehr.

Aufgrund des relativ jungen Alters der Fahrzeuge entschied sich die HV-M dazu, die Triebzüge in Doppelbeiwagen umbauen zu lassen. Der 137 331 wurde im September 1964 zum zweiteiligen Beiwagen 147 553 a/b umgebaut. Die drei Triebzüge 137 367, 368 und 371 wur-

Diese Farbaufnahme von 1962 verdanken wir Georg Otte, der 137 331 a/b im Bw Dresden-Pieschen ablichtete. Noch immer besitzt der Triebzug erhabene Metallziffern für die Klassenangabe und auch das kleine „DR“ ist unter dem abgebauten „Pleitegeier“ noch erhalten. *Foto: G. Otte, Sammlung M. Hengst, CC BY-SA 4.0*

den zwischen 1962 und 1964 ebenfalls zu Beiwagen mit den Nummern 147 551 a/b, 552 a/b und 554 a/b umgebaut. Ihr Einsatz erfolgte aufgrund ihrer Eigenheizung und eigenen Stromversorgung mit V15 oder V23 auf Nebenbahnen der Rbd Magdeburg. Der Triebzug 137 329 a/b wurde am 14. August 1969 ausgemustert und am 30.12.1969 im Raw Wittenberge zerlegt.

Nach Abstellen der o.g. Doppelbeiwagen in den 1970er-Jahren wurden drei von ihnen für verschiedene Zwecke weiterverwendet. Der ehemalige 137 367 a/b wurde Arbeitsraum der Eisenbahnfreunde Aschersleben (heute ECA), der frühere 137 368 a/b wurde Jugendclub inmitten der Kleinstadt Güsten und der 137 371 a/b fand für Zwecke des Bw Güsten Weiterverwendung. Übriggeblieben ist der 137 367 a/b als 197 840-2 in neuer Lackierung.

Der nicht genannte Triebzug 137 328 a/b wurde schon Mitte der 50er-Jahre zerlegt. Wie Ausmusterungsprotokolle von 1962 vermerken, standen die Triebzüge 137 372 a/b, 373 a/b und 374 a/b seit 1942 im RAW Wittenberge und wurden dort 1966 für die Zerlegung freigegeben[471-472-473]. Ähnlich wurde mit dem seit 1945 im RAW Wittenberge stehenden 137 376 a/b verfahren[474]. Fraglich ist allerdings, ob der ausgemusterte 137 372 wirklich diese Nummer trug bzw., wie vermerkt, seit 1942 im RAW stand. *Günther Dietz* notierte am 30. April 1966 im Freigelände des Raw folgende Züge: 137 329 a/b vom Bw Dresden-Pieschen in gutem Zustand, 137 372 a/b mit rotem Wagenkasten als ex. ČSD-Fahrzeug (Nymburk, letzte Bremsuntersuchung 2.47), 137 373 a/b und 374 a/b in schlechtem Zustand sowie 137 376 a/b in mäßig schlechtem Zustand[475]. Ein Triebzug befand sich mit Kriegsende auf dem Gebiet der ČSR. Er wurde im Raum Karlovy Vary-Falknov-Nejdek aufgefunden und besaß auf dem Dach zahlreiche Behälter für Treibgas[476-477], was sicher auf den 1944 umgebauten 137 372 verweist. Die ČSD ordnete den Triebzug zunächst unter der Bezeichnung M262.001 in ihren Bestand ein. Seit dem 20.1.1947 wurde er als M262.101 geführt[478]. Allerdings erfolgte seine Ausmusterung bereits zum 7.12.1948. Die ČSD gab den Triebzug am 6.3.1956 an die DR zurück[479].

Auf welchem Wege 137 330 a/b, der lt. *Kurz* um 1944 in Jädickendorf (nahe der Oder am Ende der Strecke Stargard – Pyritz – Wriezen) abgestellt war, bis nach Litauen gelangte, ist unbekannt. Vermutlich als Beutegut nahe der Oder von der Roten Armee vereinnahmt, gelangte er in die Bestände der NKPS. Als DP 13 bezeichnet, wurde er als erster der in Vilnius zusammengezogenen Verbrennungstriebwagen 1946/47 wieder in Betrieb genommen und bis 1955 vom Depot Vilnius aus eingesetzt. Nachdem er bereits ausgemustert war, kam er im letzten Moment in das Depot Zasulauks (Riga), wo er bis 1958 wieder instandgesetzt und reaktiviert wurde. Zwischen 1958 und 1962 befuhr der Triebzug in Lettland hauptsächlich die Strecke Saulkrasti – Limbazhi. Allerdings erwies er sich auch in Littauen und Lettland aufgrund der Maschinenanlage als sehr störanfällig. Der DP13 wurde 1962 ausgemustert. Später fand ein Wagenteil Verwendung als Lager im Depot Tallin in Estland, wo der Wagenkasten noch 1989 vorhanden war[480].

Links: Eine typische Garnitur aus dem zur Beiwagengarnitur 147 554 a/b umgebauten 137 371 a/b. Bei Köpernitz im Ruppiner Land ist V15 2222 mit dem Doppelbeiwagen am 3. Juni 1967 als Personenzug unterwegs. *Foto: Günther Dietz* – Rechts: 137 330 a/b wurde anscheinend von der Roten Armee als Beutegut in Ostbrandenburg vereinnahmt und über Ostpreußen nach Litauen abgefahren. Nach seiner Aufarbeitung kam er 1946/47 als DP 13 vom Depot Vilnius aus bis 1955 zum Einsatz. Das Foto zeigt Personal des Depots in Vilnius vor dem Triebzug. Bemerkenswert sind die am Zug komplett mit Holzrahmen ersetzten Fenster. *Foto: Sammlung Ivan Rudnev*

# *Triebwagen mit Einheitsgrundriss (1937)*

Der für die RBD Hannover bestimmte 137 359 stammt aus der Lieferung von Busch in Bautzen. *Werkfoto. Sammlung Günther Dietz*

## 137 347 - 366, 137 377 - 396 (BCPw4itrVT-36)

### Entstehungsgeschichte

Nach langjähriger Vorarbeit hatten das RZM in Berlin und das RZA München bis 1936/37 ein Vereinheitlichungsprogramm für die Beschaffung neuer Verbrennungstriebwagen aufgestellt. Darin war festgelegt worden, für die künftige Beschaffung von Haupt- und Nebenbahntriebwagen aus Gründen einer wirtschaftlichen Fertigung einheitliche Ausführungen der Wagenkästen/Grundrisse zu verwenden. Entsprechend den verschiedenen Einsatzzwecken waren unterschiedliche Motoren mit Leistungen von 250, 450 und 650 PS vorgesehen, die Höchstgeschwindigkeiten der Fahrzeuge von 90 bis 110 km/h ermöglichen sollten. Für die Kraftübertragung waren hydraulische Getriebe sowie die elektrische Leistungsübertragung vorgesehen[481].

Im Beschaffungsprogramm 1936 waren erstmals 20 Nebenbahntriebwagen enthalten, die nach diesen einheitlichen Baugrundsätzen ausgeführt werden sollten. Weitere 20 Wagen wurden im Beschaffungsprogramm 1937 eingeplant. Diese 40 Triebwagen stellten zum genannten Programm eine Übergangsausführung mit vorerst nur Antrieb eines Radsatzes und 225 PS (rd. 165,5 kW) Leistung sowie 80 km/h Höchstgeschwindigkeit für Nebenbahnen dar. Die später noch vorgesehene größere Serie dieser Nebenbahntriebwagen sollte den gleichen Antriebsmotor, allerdings mit 250 PS (rd. 183,8 kW) bei 1500 Umdrehungen und Antrieb zweier Radsätze, bei 90 km/h Höchstgeschwindigkeit erhalten.

Die Auftragsvergabe zum Bau der ersten 20 Fahrzeuge erfolgte an die Firmen Westwaggon in Köln-Deutz sowie die Waggon- und Maschinenfabrik AG, vormals Busch, in Bautzen mit Vertrag 53.027/25.505 vom 13/16. September 1938. Die nachfolgenden 20 Triebwagen wurden komplett bei der Düsseldorfer Waggonfabrik AG in Auftrag gegeben. Die Ablieferung dieser VT erfolgte zwischen Februar 1939 und Mai 1940. Die Reichsbahn vergab für diese Triebwagen die Gattungsbezeichnung BCPw4itrVT-36 und die Nummern 137 347 - 366 und 137 377 - 396. Als Steuerwagen waren die Wagen 145 184 - 203 (BCPost4ivS-37) und 145 260 - 279 (BCPost4ivS-35) vorgesehen.

### Aufbau und Technik

Die Wagenkastenkonstruktion der Triebwagen folgte, wie auch die der Einheitssteuerwagen, den neuen Leichtbau-Konstruktionsgrundsätzen des RZA München: St 37 für alle Teile des Wagenkastens und Untergestells, mit Ausnahme hochbeanspruchter Teile (z.B. Hauptquerträger) in St 52; Blechträgerbauweise der Untergestell-Endteile, Langträger aus Z-Stahlprofilen mit stumpf eingeschweißten Querträgern aus leichten Mannstaedtprofilen sowie einem aufgenieteten, 0,85 mm starken Wellblechboden, tragende Seitenwände aus leichten Mannstaedtprofilen,

Skizzenblatt des BCPw4itrVT-36 (137 347 - 366, 137 377 - 396).

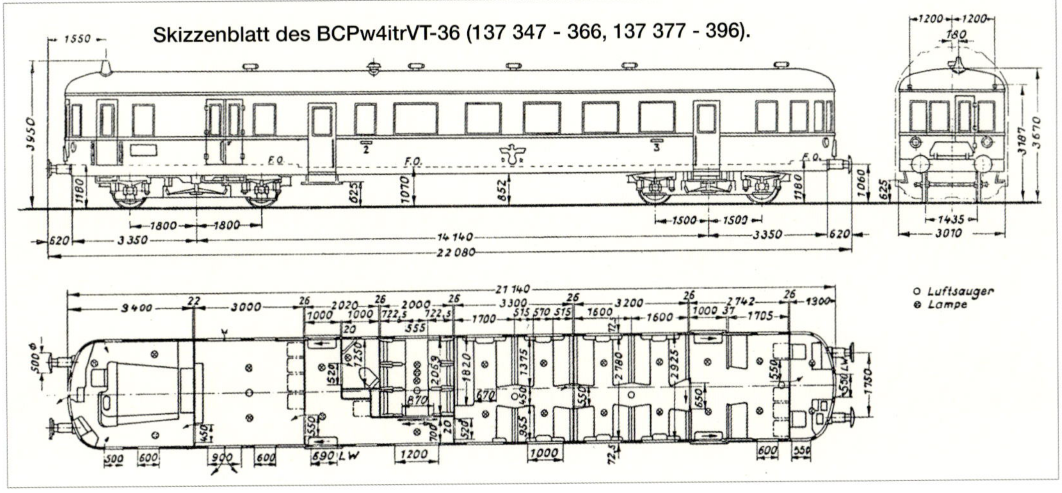

**Links: VT 60 511 gehörte zu den zehn Wagen dieser Gattung, die für Zwecke der Besatzungsmächte genutzt wurden, hier am 13. August 1950 in Frankfurt-Höchst.** *Foto: Sammlung Dr. Brian Rampp* — **Rechts: VT 60 529 gehörte zu den wenigen zivil eingesetzten Wagen der DB in den 1950er-Jahren. Die Aufnahme zeigt den Wagen noch in klassischem Reichsbahnanstrich mit Steuerwagen 145 356 bereits in neuem DB-Anstrich in Ulm am 11. Juli 1953.** *Foto: Ulrich Montfort. Sammlung Günther Dietz*

deren Schenkel stumpf an das Seitenwandblech geschweißt waren, Fensterbrüstungsleiste aus in das Seitenwandblech eingepressten Sicken, Seitenwandlangrahmen aus Z-Profil, der mit Dachlangrahmen und Seitenwandblech durch Lochschweißung verbunden war, Dach als engmaschiges steifes Gerippe aus Dachlängs- und -querspriegel aus Winkelprofilen und aufgenietetem Dachblech[482]. Konstruktiv gelang es, die Fußbodenhöhe mit 1070 mm besonders niedrig zu halten, so dass eine Einstiegsstufe gespart und damit das Einsteigen erleichtert wurde.

Günstig war bei den Triebwagen aus Gründen des Lärmschutzes die Anordnung des Gepäckraumes hinter dem Maschinenraum, so dass das hinter dem Einstieg und der Toilette angeordnete Abteil 2. Klasse entsprechend weit vom Dieselmotor entfernt war. Dieses Abteil hatte bei einer Länge von 2000 mm einen abgeschlossenen Seitengang und die Abteillänge der 3.-Klasse-Abteile war mit 1600 mm auch länger als bisher bei den älteren Fahrzeugen. Nachteilig war in der 3. Klasse noch die etwas enge Sitzteilung 2+3 bei vollbesetztem Fahrzeug.

Äußerlich unterschieden sich diese von der Reichsbahn zuletzt beschafften Trieb- und Steuerwagen von den anderen Fahrzeugen bei gleicher Wagenhöhe durch die tiefere Fensterunterkante, was den Reisenden eine bessere Aussicht ermöglichte und den Fahrzeugen ein eleganteres Aussehen verlieh.

Die Drehgestelle entsprachen in der Federanordnung den Görlitzer Drehgestellen mit zusätzlicher (vierter) Wiegenfederung bei den Maschinentriebdrehgestellen. Zur Erhöhung der Stabilität und zur Senkung der Masse waren die Seitenwangen aus Blechen geschweißt. Sie waren auf diese Art etwa 500 kg gegenüber dem Drehgestell Görlitz IV in Profilträgerbauart leichter.

Der zunächst entgegen den Planungen statt 250 PS (rd.183,8 kW) nur 225 PS (rd. 165,5 kW) bei 1450 Umdrehungen leistende Maybach-Dieselmotor vom Typ GO56h war in üblicher Weise stehend im Maschinentriebdrehgestell eingebaut und ragte dabei in den Maschinenraum hinein. Die Leistung wurde vom Dieselmotor auf das im Drehgestell unter dem Wagenfußboden eingebaute Voith-Zweiwandlergetriebe T 25 MW mit Gelenkwelle übertragen. Vom Getriebe wurde über Gelenkwelle das vorn im Maschinentriebdrehgestell angeordnete Radsatzwendegetriebe von Voith, Bauart 5 OL, des ersten Radsatzes angetrieben. Die unter dem Wagenfußboden angeordnete Kühlanlage wurde über Gelenkwellen und eine selbsttätige Lüfterkupplung vom Getriebe angetrieben. Der Umschaltpunkt des Getriebes lag bei etwa 55 km/h (Aufwärtsschaltung) und bei 50 km/h (Abwärtsschaltung). Die Steuerspannung der Mehrfachsteuerung Bauart 1936 betrug 110 Volt. Die Stromversorgung der Steuerwagen erfolgte vom Triebwagen über die Steuerstromkupplung. Bei Fahrstufe

**Als Et 830 waren VT 60 520 und VS 145 098 am 21. April 1959 in Bebra unterwegs.** *Foto: Joachim Claus. Sammlung Günther Dietz*

1 füllte der Anfahrwandler des Getriebes ohne Drehzahlerhöhung, in den Fahrstufen 2 bis 5 wurden die Drehzahl und damit die Leistung elektrisch verstellt und erhöht. Der Luftverdichter lief elektrisch mit Batteriestrom.

Die Stromversorgung der 110-Volt-Batterie mit einer Kapazität von 160 Ah erfolgte durch eine Siemens-Lichtmaschine G66b mit 5,2 kW Leistung. Die Druckluft erzeugte ein elektrisch angetriebener Knorr-Luftverdichter V 70/150. Angelassen wurde der Dieselmotor mit einem elektrischen Anlasser.

Um eine weitere Nutzung während der Kriegsjahre zu ermöglichen, sollten diese Triebwagen auf Flüssiggasbetrieb umgestellt werden. Dies erfolgte scheinbar nur bei wenigen Fahrzeugen. Noch 1944 wurden die Wagen für einen möglichen Wehrmachtseinsatz winterfest hergerichtet. Dabei wurde weitgehend die kombinierte Kühlwasser/Ofenheizung eingebaut (Sa 305) sowie eine Dampfeinblasleitung installiert (Sa 328).

Die zehn nach 1945 im Besatzungsverkehr in den westlichen Besatzungszonen eingesetzten VT wurden entsprechend den Erfordernissen (u.a. für Krankentransporte) umgebaut und später wieder sieben von ihnen für den zivilen Verkehr rückgebaut. Drei dieser Dienst-VT wurden zu Dienstfahrzeugen der DB umgebaut.

## Technische Daten

| | | | |
|---|---|---|---|
| Betriebsnummer | | | 137 347-366, 137 377-396 |
| Gattungsbezeichnung | | | BCPw4itrVT-36 |
| Übersichtszeichnung | | | 27209k Köln-Deutz |
| Radsatzanordnung | | | (A1) 2‘ |
| Hersteller | Wagenteil | | Westw. / Busch / Düwag |
| | Motor | | Maybach |
| | Getriebe | | Voith |
| | el. Ausrüstung | | - |
| Höchstgeschwindigkeit | | km/h | 80 |
| Länge über Puffer | | mm | 22080 |
| ges. Radsatzabstand | | mm | 17440 |
| Drehzapfenabstand | | mm | 14140 |
| Radsatzabstand Drehgestell | | mm | 3600/3000 |
| Treibraddurchmesser | | mm | 900 |
| Laufraddurchmesser | | mm | 900 |
| Sitzplätze | 2. Klasse | | 6 |
| | 3. Klasse | | 43 |
| Klappsitze | | | 9 |
| Dienstmasse | unbesetzt | t | 37,4 / 36,1 / 37,1 |
| | besetzt | t | 41,7 |
| | je Sitzplatz | kg | 645 |
| | je lfd. m Wagenlänge | t | 1,69 |
| spez. Antriebsleistung | | kW/t / PS/t | 4,4 / 6,0 |
| gr. Radsatzlast | | t | 12 |
| Steuersystem | | | Mehrfach 1936 |
| Motor | Zahl / Bauart | | 1 / GO56h |
| | Masse | kg | 1350 |
| | Zyl./Durchm./Hub | mm | 6 / 160 / 200 |
| | Dauerleistung | PS | 225 |
| | Drehzahl | $min^{-1}$ | 1450 |
| Art u. System d. Leistungsübertragung | | | hydr. W/W |
| Getriebebauart | | | T 25 MW |
| Zahl der Gänge | | | 2 |
| Motorsteuerung | | | elektrisch |
| Getriebesteuerung | | | selbsttätig |
| Wendegetriebesteuerung | | | elektro-pneumatisch |
| Kraftstoffvorrat | | l | 680 |
| Heizung | | | Warmwasser |
| Beleuchtung, Stromart, Spannung | | | el. =110 V |
| Bremse | | | Hikpt (Klotz) |

Die DB-Fahrzeuge für den zivilen Verkehr wurden modernisiert, indem sie auch in der dritten bzw. späteren 2. Klasse Polstersitze und die Kühlwasser/Ofenheizung erhielten, sofern sie noch nicht vorhanden war. Durch Einbau des RHS-518A-Motors der Motorenwerke Mannheim (baugleich mit Motoren der Kleinlok-Leistungsgruppe III) konnte die Leistung etwas auf 250 PS gesteigert werden. Daneben wurde, wie bereits angeführt, auch ein neuer vom Dieselmotor angetriebener Knorr-Luftverdichter VV 64/100 eingebaut.

Der VT 60 531 (ex 137 396) erhielt bei der DB abweichend 18/24 Sitzplätze 2./3. Klasse zuzüglich 6 Klappsitzen. Die meisten im Besatzungsverkehr eingesetzten Triebwagen wurden später wieder für den zivilen Verkehr umgebaut.

Die drei wieder instandgesetzten VT der DR erhielten bereits Mitte der 1950er-Jahre in der 3. Klasse (ab 1956 2. Klasse) mit Kunstleder gepolsterte Sitze.

### Einsätze und Verbleib

Die ersten 20 Triebwagen waren für die RBD Frankfurt/M, Bw Fulda (137 347 - 352), RBD Karlsruhe, Bw Heidelberg (137 353 - 358), RBD Mainz, Bw Landau (137 359 - 366) eingeplant. Die folgenden 20 Stück sollten in die RBD Köln (137 377 - 386) und RBD Saarbrücken (137 387 - 396) gehen.

Eingesetzt waren bis Kriegsbeginn nur noch zwölf Triebwagen: 137 347 - 352 in Fulda und 137 353 - 358 in Heidelberg. Dabei waren zunächst die beiden Wagen 137 353 und 354 für kurze Zeit beim Bw Kreuzberg der RBD Köln stationiert. Dies trifft auch für 137 355 zu, der hier vom 10.05. bis 30.09.1939 geführt wurde[483].

Die nach Kriegsausbruch abgelieferten VT wurden zunächst betriebsfähig abgestellt und folgenden Dienststellen zugewiesen: Bw Hannover Hbf (137 359 - 366), Bw Kreuzberg/Ahr (137 377 - 386), Bw Trier Hbf (137 387 - 396). Von 137 347 und 349 ist bekannt, dass sie 1940/41 im Bw Basel DRB standen. 137 348 war im Bw Freiburg abgestellt[484].

Einzelne Fahrzeuge setzte man während des Krieges für Zwecke der Wehrmacht ein, so beispielsweise 137 383 als Lazarettwagen und 137 348, 349, 387, 388 und 394 - 396 für den Wehrmachtsverkehr zum Versuchsschießplatz Hillersleben oder der Erprobungsstelle der Luftwaffe in Rechlin. Andere Wagen scheinen abgestellt geblieben zu sein. Für 1944 ist die Umbeheimatung von 137 350, 351, 352, 357 und 358 aus der RBD Karlsruhe in die RBD Regensburg vermerkt[485].

Im Krieg sollten 36 Triebwagen für den Betrieb mit Flüssiggas umgebaut werden. Nachweislich umgebaut wurde zumindest 137 347 zwischen Mai und Dezember 1944[486]. Die Suche nach geeigneten heimischen Treibstoffen führte 1942 für den Triebwagen 137 350 zum Umbau auf Schwelkoksgasbetrieb. Da der Schwelkoksgenerator auf einem besonderen Fahrgestell (139 001) aufgebaut war, mussten am Triebwagen entsprechende Leitungen zur Verbindung mit der tenderartigen Anlage installiert werden[487].

Nach dem Ende des Krieges waren folgende Fahrzeuge dieser Gattung in den westlichen Besatzungszonen vorhanden: 137 347, 350 - 365, 377 - 386 und 393 - 396. Vom RZA München 1947 zu VT 60 500, 502 - 526 und 528 - 531 umgezeichnet, wurden alle genannten Fahrzeuge der neuen Baureihe VT $60^5$ nach und nach wieder in Betrieb genommen. Auch der bereits 1946 wegen Brandschadens ausgemusterte 137 363 wurde wieder aufgearbeitet und ab 1949 als VT 60 532 bezeichnet. Viele Fahrzeuge waren in den ersten Nachkriegsjahren in einem sehr schlechten Zustand. Die Aufarbeitung der Fahrzeuge war beim damaligen Ersatzteilmangel sehr schwierig und mit beachtlichem Aufwand verbunden.

| Nummer | Verbleib | Hersteller | Ablieferung | Beheimatungen | Bemerkungen |
|---|---|---|---|---|---|
| 137 347 | DB VT 60 500/ 660 500-0 | Westw. | 18.01.39 | 08.02.39 Fd, 01.11.40 Basel DRB, ?, 03.48-12.49 frz. Zone, 1945-1952 Of, 1953 K Pbf, 1954 Stg, 05.58 Hei, ? Nü | + 15.05.70 |
| 137 348 | DR | Westw. | 18.01.39 | 1939 Fd, 1945 Dr-P (z), 1950 Kh(z), 11.08.54 Asch | + 21.10.68 |
| 137 349 | DR | Westw. | 27.01.39 | 09.02.39 Fd, 01.02.41 Basel DRB, 1945 Dr-P (z) | + 1945 |
| 137 350 | DB VT 60 502 | Westw. | 27.03.39[2] | 27.03.1939 Fd, 1948 Mü Hbf | |
| 137 351 | DB VT 60 503 | Westw. | 22.02.39[1] | 03.04.1939 Fd, 1948 Ffm, 1951 Stg, 1953 Fs | + 28.12.65 |
| 137 352 | DB VT 60 504 | Westw. | 06.03.39[1] | 03.04.1939 Fd, 1948 Ffm, 1949 Nü (US), 1954 Stg (US) | + 06.09.57 Ub. zu Dienstwagen Han 7767 ohne Antrieb |
| 137 353 | DB VT 60 505/ 660 505-9 | Westw. | 28.02.39 | 15.03.1939 Krg, ? Hg, 1948 Kbf (brit.), 1951 Rh | + 16.10.70 |
| 137 354 | DB VT 60 506/ 660 506-7 | Westw. | 28.02.39 | 01.04.1939 Krg, ? Hg, 03.48 Ffm (brit.), 12.48 Bil (brit.), 1950 Rh, 01.01.77 Ub. | + 21.05.77 Funkmesstw. 723 002-2 |
| 137 355 | DB VT 60 507/ 660 507-5 | Westw. | 22.03.39 | 10.05.1939 Krg, 03.48 Ffm, 08.10.50 Stg, 05.58 Hei, 1962 Nü | + 25.03.70 |
| 137 356 | DB VT 60 508/ 660 508-3 | Westw. | 22.03.39 | 16.05.1939 Hg, 03.48 Ffm (brit.), 12.48 Bl (brit.), 1950 Rh, 1954 Ks, 05.66 Ffm, 1967 Hei | + 23.12.69 |
| 137 357 | DB VT 60 509 | Westw. | 06.39[1] | 1939 Hg, 03.48 Ffm, 1954 Da | + 24.06.65 |
| 137 358 | DB VT 60 510 | Westw. | 07.39[1] | 1939 Hg, 03.48 Ffm, 1954 Da, 1962 Bw Gs | + 21.03.66 |
| 137 359 | DB VT 60 511 | Bautzen | 30.10.39[1] | 1939 Hgbf Hz (abgest.), 03.48 Ffm (US), 1955 Nü, 30.11.57 BD Mainz | + 30.04.58, 04.58 Ub. zu Dienstwg. Esn 8018 ohne Antrieb |
| 137 360 | DB VT 60 512/ 660512-6 | Bautzen | 10.39[1] | 1939 Hgbf Hz (abgest.), 03.48 Wt-St (brit.), 12.48 Dob, 1950 Rh, 1954 Da, 05.66 Fs, 1967 Hei | + 28.08.69 |
| 137 361 | DB VT 60 513 | Bautzen | 10.39[1] | 1939 Hgbf Hz (abgest.), 03.48 Ffm (US) | + 19.02.58, Ub. zu Dienstwg. Stg 8470 ohne Antrieb |
| 137 362 | DB VT 60 514/ 660514-1 | Bautzen | 11.39[1] | 1939 Hgbf Hz (abgest.), 03.48 Stg (US), 1951 Ffm (US), 1954 KPbf, 01.01.60 Fs, 05.60 Nü | + 29.07.70 |
| 137 363 | DB VT 60 532/ 660 532-3 | Bautzen | 11.39[1] | 1939 Hgbf Hz (abgest.) 1948-1950 abgest. (Totalsch. ausgebrannt), 1951 Stg, 1958 Hei, 1959 Rh | + 10.02.69 |
| 137 364 | DB VT 60 515 | Bautzen | 11.39[1] | 1939 Hgbf Hz (abgest.), 03.48 Stg (US), 1953 Fs, 1954 K Pbf, 1959 Fs | + 21.03.66 |
| 137 365 | DB VT 60 516/ 660 516-6 | Bautzen | 04.12.39[1] | 1939 Hgbf Hz (abgest.), 03.48 Brm Hbf (US), 1951 BD Stg, 1952 Rh | + 01.08.72 |
| 137 366 | DR (185 024)[4] | Bautzen | 03.01.40[1] | 1939 Hgbf Hz (abgest.), 11.45 Oef, 01.05.47 MgH, 1955 Asch, 01.01.69 Gr | + 1974 |
| 137 377 | DB VT 60 517/ 660 517-4 | Düwag | 19.02.40[1] | 1940 Krg (abgest.), 03.48 Ffm, 1954 Da, 1964, 05.66 Rh | + 1967 |
| 137 378 | DB VT 60 518 | Düwag | 19.02.40[1] | 1940 Krg (abgest.), 03.48 Ffm, 1951 Ffm G, 1951 Ffm, 1954 Da, 10.60 Rh | + 25.08.66 |
| 137 379 | DB VT 60 519 | Düwag | 08.02.40 | 1940 Krg (abgest.), 01.01.46 Ffm, 1954 Da, 1959 Nü | + 20.09.62 |
| 137 380 | DB VT 60 520 | Düwag | 19.02.40[1] | 1940 Krg (abgest.), 03.48 Ahb (US), 12.48 Ffm (US), 1951 BD Stg, 1952 Ks | + 14.09.65 |
| 137 381 | DB VT 60 521/ 660 521-6 | Düwag | 19.02.40[1] | 1940 Krg (abgest.), 03.48 Stg, 1950 Rh | + 01.12.71 |
| 137 382 | DB VT 60 522/ 660 522-4 | Düwag | 19.02.40[1] | 1940 Krg (abgest.), 03.48 Stg, 1951 Ks | + 14.05.70 |
| 137 383 | DB VT 60 523/ 660 523-2 | Düwag | 19.02.40[1] | 1940 Krg (abgest.), 03.48 Stg, 05.58 Hei | + 15.05.70 |
| 137 384 | DB VT 60 524 | Düwag | 19.02.40[1] | 1940 Krg (abgest.), 03.48 Ffm, 1954 Rh | + 28.12.65 |
| 137 385 | DB VT 60 525/ 660 525-2 | Düwag | 19.02.40[1] | 1940 Krg (abgest.), 03.48 frz. Zone, 1950 Lan, 1951 Hg, 1952 Ffm, 1954 Fs, 1962 Hei | + 29.07.70 |
| 137 386 | DB VT 60 526/ 660 526-5 | Düwag | 19.02.40[1] | 1940 Krg (abgest.), 03.48 frz. Zone, 1950 Lan, 1952 Stg, 1954 Da, 1959 Nü, 1964 Rh | + 19.07.70 |
| 137 387 | DR | Düwag | 06.40[1] | 1940 Tri (abgest.), 1945 Dr-P, 1950 Kh, 1955 Asch | abgest. 20.11.67, + 1969 |
| 137 388 | | Düwag | 06.40[1] | 1940 Tri (abgest.), | Verbleib unbekannt |
| 137 389 | ČSD M150.001 | Düwag | 06.40[1] | 1940 Tri (abgest.), 1945 ČSD, 1950-52 Ub. in VB | + 1949; Umb. CDalm 4-6996 |
| 137390 | ČSD M150.002 | Düwag | 06.40[1] | 1940 Tri(abgest.) , 1945 ČSD, 1950-52 Ub. in VB | + 07.12.48; Umb. CDalm 4-7412 |
| 137 391 | ČSD M150.003 | Düwag | 06.40[1] | 1940 Tri (abgest.), 1945 ČSD | + 01.09.52; Umb. CDalm 4-7415 |
| 137 392 | ČSD M150.004 | Düwag | 06.40[1] | 1940 Tri (abgest.), 1945 ČSD | + 131.08.53, Umb. M 411.002 |
| 137 393 | DB VT 60 528 | Düwag | 24.06.40[1] | 1940 Tri (abgest.), 03.48 Stg, 1953 Fs | + 26.04.65 |
| 137 394 | DB VT 60 529 | Düwag | 07.40[1] | 1940 Tri(abgest.) , 03.48 Ks, 05.66 Fs, 1967 Hei | + 1967 |
| 137 395 | DB VT 60 530 | Düwag | 07.40[1] | 1940 Tri (abgest.), 03.48 Stg, 1953 Fs | + |
| 137 396 | DB VT 60 531/ 660 531-5 | Düwag | 10.07.40[1] | 1940 Tri (abgest.), 03.48 frz. Zone, 1950 Ko, 1951 Of, 1953 KPbf, 1959 Nü, 05.66 Rh, 15.09.71 Ub. 723 003-0 (Funkmesstw.) | + 27.05.79[3] |

1) Abnahme

2) Inbetriebnahme

3) 1979 Hammer Ebfr., 1996 Eisenbahnclub Aschersleben, 2006 Osnabrücker Dampflokfreunde

Die VT 60 504, 505, 506, 508, 511, 512, 513, 514, 516 und 520 der DB wurden z.T. bis 1958 für Zwecke der Besatzungsmacht eingesetzt. Davon wurden sieben Fahrzeuge bis 1954 wieder dem Reiseverkehr zugeführt, für die VT 60 504, VT 60 511 sowie VT 60 513 folgte 1957 bzw. 1958 der Umbau zu Bahndienstwagen.

Der Einsatz im Reiseverkehr auf Haupt- und Nebenbahnen geschah Ende der 40er- und Anfang der 50er-Jahre von folgenden Bw aus. Es waren im Bw Frankfurt (M) 1 bzw. Frankfurt (M)-Griesheim neun und im Bw Stuttgart Hbf fünf bzw. später neun VT vorhanden. Das Bw Rheine besaß 1951 fünf und das Bww Kassel Hbf drei VT. Das Bw Offenburg setzte 1951 zwei VT und die Bahnbetriebswerke Heidelberg, Nürnberg und Landau setzten je ein Fahrzeug ein. Bis 1949 wurden für den Militärverkehr dazu noch von den Bw Nürnberg, Köln Bbf, Bielefeld, Wuppertal-Steinbeck, Bremen und Berlin Anh. Bf zusammen sieben VT eingesetzt. Im Jahr 1955 z. B. besaßen die Bw Stuttgart (4), Rheine (6), Friedrichshafen (4), Kassel (4), Darmstadt (7) und Karlsruhe (3) 28 VT dieser Bauart. Die Stuttgarter VT gingen ab Mai 1958 zum Bw Heilbronn, und in Darmstadt wurde der Einsatz der VT 60 aufgegeben. Dafür wurden diese VT in Nürnberg Hbf und Gießen eingesetzt. Die Verteilung war 1964 folgende: Rheine acht, Friedrichshafen, Kassel, Gießen, Nürnberg Hbf und Heilbronn je vier Fahrzeuge.

Neben dem Einsatz der Fahrzeuge im Nahverkehr auf Haupt- und Nebenbahnen wurden z.B. 1950 auch beachtliche Leistungen auf längeren Strecken im Eilzugverkehr erbracht. So verkehrten die Triebwagen als Te (Triebwageneilzug) oder Eiltriebwagen (Et) z. B. auf den Strecken Konstanz – Lindau, Stuttgart – Würzburg, Stuttgart – Karlsruhe, Heilbronn – Stuttgart, Frankfurt – Speyer und Frankfurt – Stuttgart (200 km Laufweg). Auch als Dt (Schnelltriebwagen) verkehrten die Triebwagen mit 368 km Laufweg auf der Strecke Frankfurt – Bielefeld und zurück von Bielefeld nach Offenbach mit 360 km Laufweg.

Die Triebwagen aus der Reihe 137 347 - 366 und 137 377 - 396 bewährten sich zwar in maschineller Hinsicht, worauf auch ihre mehr als 30-jährige Einsatzzeit zurückzuführen ist, doch ließ ihre Anfahrbeschleunigung beim Fahren mit Steuerwagen bei der installierten Antriebsleistung und bei der Fahrt auf Steigungen mit Steuerwagen zu wünschen übrig. Beim Betrieb mit Steuerwagen wurden z.B. auf 10 ‰ Steigung etwa 43 km/h erreicht. Diese Werte genügen zwar für Nebenbahnen, aber weniger beim Einsatz auf Hauptbahnen. Auch kam es durch den Antrieb nur eines Radsatzes bei der Fahrt mit Steuerwagen auf Steigungen vor allem bei Laubfall leicht zum Schleudern des angetriebenen Radsatzes. Die DB stellte zur Verbesserung der Beschleunigung und der Steigfähigkeit teilweise aus zwei VT und einem VS bestehende Züge zusammen. Neben dem Vorteil zweier angetriebener Radsätze für drei Wagen konnte damit die Antriebsleistung je Tonne Dienstmasse auf etwa 4,5 PS (rd, 3,3 kW) gesteigert werden. Die leistungsfähigeren VT 30, 32, 33, 36 und 46 erreichten mit einem Steuerwagen auf 10 ‰ Steigung vergleichsweise 70 km/h und mehr, und die VT 25 und 38 sogar 90 km/h Geschwindigkeit.

Ab Mitte der 60er-Jahre setzten nun verstärkt Ausmusterungen ein, so dass 1970 noch vier VT in Nürnberg Hbf, sechs VT in Rheine und je ein VT in Kassel und Heilbronn vorhanden waren, nachdem 1968 noch 15 VT eine UIC-Nummer (660) erhalten hatten. Im Dezember 1970 und September 1971 wurden noch die 660 506 und 660 531 zu Funkmesstriebwagen 723 002 und 723 003 umgebaut. Neben dem Funkmesstriebwagen 723 002 waren Anfang 1971 noch vier Triebwagen (660 505, 516, 521, 531) beim Bw Rheine eingesetzt, die alle, außer dem zum 723 003 umgebauten 660 531, bis zum 1. August 1972 ausgemustert worden waren. Die beiden Funkmesstriebwagen waren noch einige Jahre im Einsatz und wurden am 21. Mai 1977 bzw. am 27. Mai 1979 ausgemustert. Der 723 003 wurde nach einem Motorschaden ab 1977 nur noch geschleppt eingesetzt. Dieser Triebwagen ging 1979 in den Besitz der Eisenbahnfreunde Hamm über und wurde dort teilweise aufgearbeitet. 1996 ging dieser ehemalige 137 396 in den Besitz des Eisenbahnclubs Aschersleben und 2006 in den Besitz der Dampflokfreunde Osnabrück. Dort soll er aufgearbeitet werden und mit dem noch erhaltenen ehemaligen Aschersleben VS 145 194 der DR eine betriebsfähige Einheit bilden. Auf diese Art bleibt wenigstens ein Exemplar dieser interessanten Bauart der Nachwelt erhalten.

**1968 erhielten immerhin noch 15 VT $60^5$ neue UIC-Nummern. Dazu gehörte auch 660 526-5, der ehemalige 137 386.**
*Foto: Sammlung Günther Dietz*

**Zum Funkmesstriebwagen wurde VT 60 531 umgebaut. Als Dienstfahrzeug 723 003-0 lief er noch bis Ende der 1970er-Jahre.**
*Foto: Sammlung Dirk Winkler*

In der SBZ fanden sich nach Kriegsende nur fünf Triebwagen dieser Bauart wieder: 137 348, 349, 366, 380 und 387. Von diesen Wagen war der vermutlich beim Bombenangriff auf Dresden im Bw Dresden-Pieschen befindliche 137 349 schwer beschädigt. Sein Wrack wurde bereits 1945 ausgemustert und später zerlegt. Der in Berlin Anhalter Bahnhof stationierte 137 380 stand, so die TZA-Kartei, mit Personal der DR zur Verfügung der US-Army.

Die ebenfalls im Bw Dresden-Pieschen stehenden 137 348 und 137 387 wurden im Juli 1946 als schadhaft erfasst, gehörten 1950 buchmäßig zur RBD Berlin, standen aber inzwischen im RAW Wittenberge bzw. Dessau. Nach ihrer späten Wiederinstandsetzung kamen sie am 11.8.1954 bzw. 31.12.1955 zum Bw Aschersleben. Dort liefen sie auf Haupt- und Nebenbahnen rund um Aschersleben und kamen u. a. bis Schönebeck (45 km) und Wiesenburg (82 km).

Der 137 366 war im November 1945 im Bw Oebisfelde der RBD Magdeburg erfasst worden, ab 1. Mai 1947 war er im Bw Magdeburg Hbf als Dienstreisewagen eingesetzt. Später lief er u.a. als Eiltriebwagen Stendal – Berlin-Lichtenberg. Auch am letzten Tag dieses Zuglaufs zum Ende des Sommerfahrplanes 1959 wurde mit dieser Triebwagen-

**Links: Der ehemals zur RBD Dresden gehörende 137 387 mit schweren Beschussschäden im Juni 1948 im RAW Dessau.** *Foto: Sammlung Dr. Brian Rampp* **— Rechts: Als T 3308 verkehrte 137 387 mit Steuerwagen zwischen Güterglück, Dessau und Aschersleben, hier am 2. Juli 1961 im Vorfeld des Dessauer Bahnhofs.** *Foto: Günter Fiebig. Sammlung Günther Dietz*

bauart gefahren. Ab Juli 1954 kam auch 137 366 zum Bw Aschersleben. Während die beiden Triebwagen 137 348 und 137 387 bereits am 21. Oktober 1968 resp. im Jahr 1969 ausgemustert wurden, erhielt der 137 366 noch im November 1965 als einer der letzten im Raw Dessau ausgebesserten VT eine Hauptuntersuchung. Er machte, ab 1. Januar 1969 zum Bw Güsten gehörend, am 7. Oktober 1969 seine letzte Fahrt von Aschersleben nach Kleinwanzleben und wurde am 8. Oktober 1969 abgestellt. Ausgemustert und zerlegt wurde dieser VT als letzter mit hydraulischer Leistungsübertragung der DR 1974. Er sollte noch 1970 zu 185 023 umgezeichnet werden, was dann aber unterblieb. Der Grund für die relativ zeitige Ausmusterung dieser Bauart bei der DR waren zum einen der Ersatzteilmangel bei den Strömungsgetrieben und zum anderen die überalterten Maybach-Motoren.

Auf tschechischem Staatsgebiet befanden sich nach Kriegsende die Triebwagen 137 389 - 392. Das tschechische Verkehrsministerium verfügte Mitte September 1945 die Umzeichnung der Fahrzeuge. Die beiden in der Direktion Plzeň vorhandenen 137 391 und 392 sollten nach ihrer Aufarbeitung bei Škoda in Plzeň als M150.003 und 004 in Dienst gehen, die in der Werkstatt in Nymburk befindlichen 137 389 und 390 sollten die Nummern M150.001 und 002 erhalten[488]. M150.003 und 004 liefen bei der ČSD in der ersten Nachkriegszeit von Plzeň (Pilsen) aus zum Teil im Eilzugverkehr mit passenden Steuerwagen nach Děčín (Tetschen) und Jihlava (Iglau) oder Železná Ruda (Markt Eisenstein). M150.001 und 002 schieden bereits 1948 und 1949 aus und wurden Anfang der 1950er-Jahre zu Beiwagen CDalm 4-6996 und 7412 umgebaut. M150.003 schied 1952 aus dem Dienst und wurde ebenfalls zu einem Beiwagen (Calm 4-7415) umgebaut. Der im Sommer 1953 ausgemusterte M150.004 wurde 1954/55 zum Elektrotriebwagen EM 411.001 für den elektrischen Inselbetrieb Rybník – Lipno nad Vltavou am Lipnostausee umgebaut[489-490].

**Im August 1970 war 137 366 abgestellt im Bw Aschersleben. Seine Ausmusterung erfolgte als letzter seiner Gattung 1974.** *Foto: Günther Dietz*

**Auf Werksprobefahrt befand sich am 26. November 1965 der frisch im Raw Dessau hauptuntersuchte 137 366.** *Foto: Günter Fiebig. Sammlung Günther Dietz*

## 137 301 - 311, 137 397 - 431, nicht gebaut

### Entstehungsgeschichte

Entsprechend dem Vereinheitlichungsprogramm des RZA München sollten mit gleicher Wagenkastenkonstruktion und gleichem Grundriss der BCPw4itrVT-36 (137 347 - 366, 137 377 - 396) auch Hauptbahntriebwagen beschafft werden, die mit Dieselmotoren von rund 400 PS an Leistung auszurüsten waren[491].

Für die Triebwagen waren neue, auf die leistungsfähigeren Dieselmotoren sowie die elektrische Kraftübertragung angepasste Drehgestelle vorgesehen. Mit dem Bau dieser Fahrzeuge sollte erst nach Fertigstellung der 225-PS-Einheitsnebenbahntriebwagen begonnen werden. Allerdings sah das RZM München eine beginnende Auslieferung ab Juli 1939 als fraglich an, da die Stahlzuweisung noch offen war[492]. Vorgesehen waren folgende Nummern und Lieferer bzw. Ausrüstungen:

**im Beschaffungsprogramm 1936**

- 137 301 - 307 von Westwaggon mit 450-PS-Deutz-Dieselmotor und elektrischer Ausrüstung der AEG
- 137 308 - 311 von Westwaggon mit 420-PS-MAN- L 12 V 17,5/18-Dieselmotor und elektrischer Ausrüstung der SSW

**im Beschaffungsprogramm 1937**

- 137 397 - 414 von Westwaggon mit 410-PS-Maybach-GO56-Dieselmotor und elektrischer Ausrüstung der AEG
- 137 415 - 421 von Westwaggon mit 450-PS-Daimler-Benz-OM 86-Dieselmotor und elektrischer Ausrüstung der BBC
- 137 422 - 431 von Westwaggon mit 420-PS-MAN-L 12 V 17,5/18-Dieselmotor und elektrischer Ausrüstung der SSW

Nummern und Hersteller waren im Nummernplan von 1937 bereits eingetragen. Aufgrund des Kriegsbeginns und der Materialengpässe wurde der Bau nicht mehr begonnen.

## 137 432 - 441, nicht gebaut

### Entstehungsgeschichte

Das Beschaffungsprogramm 1937 enthielt weiterhin zehn vierachsige Triebwagen mit 300-PS-Daimler-Dieselmotoren, die für Ostpreußen vorgesehen waren. Auch diese Triebwagen sollten entsprechend dem Vereinheitlichungsprogramm mit gleicher Wagenkastenkonstruktion und gleichem Grundriss der BCPw4itrVT-36 (137 347 - 366, 137 377 - 396) gebaut werden.

Gemäß dem Nummernplan von 1937 war die Fertigung bei der Waggonfabrik Uerdingen vorgesehen, die Fahrzeuge sollten eine elektrische Antriebsausrüstung der AEG erhalten. Das RZA München vermerkte im Juli 1938, dass die Konstruktion noch nicht vorliege und auch der Stahl nicht angefordert worden sei. Mit einer Fertigstellung wurde frühestens Ende 1939 gerechnet[493]. Auch diese zehn VT wurden aufgrund des Kriegsbeginns nicht mehr gebaut.

## 137 464 - 469, nicht gebaut

### Entstehungsgeschichte

Im Beschaffungsprogramm 1937 waren weiterhin sechs vierachsige Triebwagen mit 600-PS-Dieselmotoren enthalten. Entsprechend dem Nummernplan von 1937 sollten die Wagen von Talbot in Aachen gebaut und mit Dieselmotoren von Maybach sowie hydraulischer Kraftübertragung von Voith ausgerüstet werden. Im Juli 1938 ging das RZM München davon aus, dass die Konstruktion im Oktober selben Jahres fertig würde. Mit einem Baubeginn wurde nicht vor Juli 1939 gerechnet[494]. Mit dem Kriegsbeginn wurde auch dieser Beschaffungsplan hinfällig.

# *Triebwagen, Bauart „Ruhr“*

## 137 562 - 564, nicht gebaut

### Entstehungsgeschichte

Für einen Schnellverkehr im Ruhrgebiet suchte die Reichsbahn über viele Jahre nach der richtigen Triebwagenbauform. Dem Einsatz erster vierachsiger VT mit Steuerwagen folgten die zwei- und dreiteiligen Versuchsbauarten 137 288 - 295 und 137 283 - 287. Bis Ende der 1930er-Jahre hatte sich herauskristallisiert, dass auch diese Bauform den Anforderungen nicht genügte.

Aus diesem Grund stellte das RZA München ab 1938 neue Entwürfe auf, die letztlich zu einer im März 1939 genehmigten Bauform führten[495]. Diese Sonderbauform folgte im Grundriss den Berliner S-Bahnwagen und sollte mit 650-PS-Motoren ausgerüstet werden. Der Einsatz war in der Kombination VT+VS oder VT+VS+VS gedacht. Avisiert wurde die Beschaffung einer Stückzahl von 300 VT und 600 VS für den Nahverkehr im Rhein-Ruhr-Raum. Einen ersten Probezug aus Trieb- und Steuerwagen wollte die Reichsbahn bereits auf der Verkehrsausstellung 1940 in Köln vorstellen, die jedoch kriegsbedingt nicht mehr stattfand[496-497].

Die konstruktive Durchbildung und die Formgebung des Zuges wurden maßgeblich durch Otto Taschinger im RZA München geprägt. Die Konstruktion der Triebwagen lag bei der Waggonfabrik Bautzen, die Steuerwagen wurden von der Waggonfabrik Lindner in Ammendorf konstruiert[498]. Durch den Ausbruch des Krieges wurden die Konstruktionsarbeiten nur noch in geringem Umfang weitergeführt. Zum Bau der 30 bestellten Fahrzeuge ist es nicht mehr gekommen[499]. Im fortgeschriebenen Nummernplan von 1937 sind handschriftlich die Nummern 137 470 - 499 für die im Beschaffungsprogramm 1940 vorgesehenen Wagen mit 600 PS Leistung vermerkt. Allerdings vermerkt eine Zeichnung der Waggon- und Maschinenfabrik Bautzen vom März 1941 die Nummern 137 562 - 564[500].

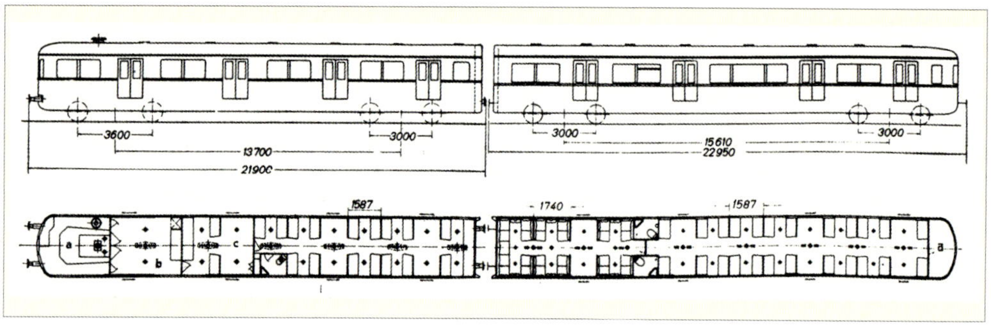


**Die veröffentlichten Skizzen von Trieb- und Steuerwagen vermitteln einen Eindruck von den für den Ruhrschnellverkehr geplanten Fahrzeugen.** *Quelle: Stroebe; Hüttebräucker: Neuere Entwicklung der Verbrennungstriebwagen bei der Deutschen Reichsbahn. GA (1939), S. 179*

**Aufbau und Technik**

Die dargestellte Wagenkastenkonstruktion orientierte sich stark an den Entwürfen für die neuen S-Bahnwagen für Hamburg und München[501]. Grundlage war ein in Leichtbauweise konstruierter, geschweißter Wagenkasten aus Abkantprofilen und Blechen, der durch einen Wellblechfußboden verstärkt wurde. Die Spantenbauweise des Wagenkastens bezog eine Bodenwanne mit ein, in der Ausrüstungsteile eingebaut werden konnten. In der seinerzeit veröffentlichten Zeichnung waren die Stirnseiten an den Führerstandsenden abgerundet gestaltet, das Kurzkuppelende zwischen Trieb- und Steuerwagen besaß gerade Stirnwände. Wagenübergänge waren nicht vorgesehen[502]. Bei den in den erhaltenen Akten enthaltenen Entwurfszeichnungen Sk 305, Entwurf 2, für den Trieb- und Sk 319 für den Steuerwagen waren jeweils beide Wagenenden abgerundet[503]. Der Entwurf von 1941 ähnelt hingegen wieder stark den Bauartausführungen der S-Bahnwagen mit einer gerade ausgeführten Stirnwand am Kurzkupplungsende zum Beiwagen.

Die Seitenwände sollten über jeweils vier Doppelschiebetüren mit Druckluftschließeinrichtung verfügen, hinter denen ein breiter Einstiegsraum angeordnet war. Ähnlich der Aufteilung in den S-Bahnwagen waren die Sitzplätze in der Anordnung 2+2 über den Wagen verteilt. Der Triebwagen sollte hinter dem Maschinenraum mit Führerstand über einen Gepäckraum verfügen; es folgten ein Traglastenabteil sowie ein Fahrgastraum 3. Klasse (Raucher) mit 45 Sitz- und 55 Stehplätzen, von dem im Bereich zum Traglastenabteil ein Abort abgeteilt war[504].

Der Steuerwagen sollte über ein Abteil 2. Klasse mit 25 Sitz- und 26 Stehplätzen verfügen, der durch eine Trennwand vom Abteil 3. Klasse mit 48 Sitz- und 72 Stehplätzen abgeteilt war. Im Bereich der Trennwand waren zwei Aborte vorgesehen. Alle Fahrgasträume waren als Großraum mit Mittelgang gestaltet. Trieb- und Steuerwagen sollten eine Fußbodenhöhe von 1100 mm aufweisen, damit man auf Einstiegsstufen verzichten konnte.

Für den dieselelektrischen Antrieb war die Verwendung von 650-PS-Motoren vorgesehen, als Steuerung sollte die Einheitssteuerung Bauart Reichsbahn mit Fern- und Vielfachsteuerung zum Einsatz gelangen. Obwohl klar von Trieb- und Steuerwagen gesprochen wurde, war als kleinste Zugeinheit immer eine Kombination aus VT+VS notwendig, somit ein Triebzug. Trotzdem sollten die Fahrzeuge normale Zug- und Stoßeinrichtungen erhalten. Als Höchstgeschwindigkeit waren 110 km/h vorgesehen.

Um den konstruktiven Aufwand sowie die spätere Beschaffung zu vereinfachen, sah das RZA München vor, die Innenausstattung eng an die neuen S-Bahnwagen für Hamburg anzulehnen[505]. Damit hätten die Fahrzeuge in der 3. Klasse in der Sitzteilung 2+2 ledergepolsterte Sitzbänke und in der 2. Klasse mit Stoff/Plüsch bezogene Sitzbänke erhalten. Leichtmetallgepäckablagen wären über den Fenstern der Seitenwände angebracht worden, die Einstiegsbereiche wären über halbhohe Trennwände von den angrenzenden Sitzbänken abgeteilt worden.

Die Bautzener Zeichnung vom März 1941 zeigt für die Drehgestelle eine weitgehend einheitliche konstruktive Ausführung von Maschinen- und Triebdrehgestell. Die Drehgestelle sollten der neuesten Entwicklungslinie des RZA folgen. Hierbei wurde die Drehgestellwiege über zwei Schraubenfedern als Sekundärfedern, die in einem an Schaken aufgehängten Trog getragen wurden, abgefedert. In dem geschweißten Drehgestellrahmen waren die Radsätze von oben mit mehrlagigen Blattfedern sowie zusätzlich mit Schraubenfedern als Primärfedern abgestützt. Die Achslagergehäuse wurden über Achslenker mit dem Drehgestellrahmen fest verbunden[506].

**Maßskizze für die geplanten Triebwagen 137 562 - 564.**
*Sammlung Günther Dietz*

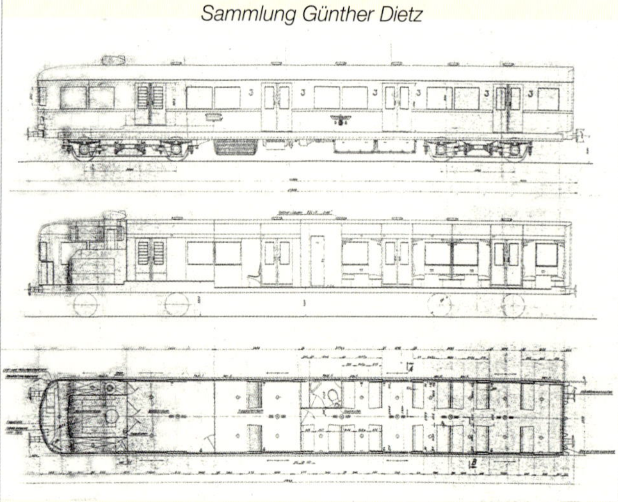

## Technische Daten

| | | | |
|---|---|---|---|
| Betriebsnummer | | | 137 562 - 564 |
| Gattungsbezeichnung | | | CPw4trVT |
| Übersichtszeichnung | | | Tg 7809 a |
| Radsatzanordnung | | | 2'Bo |
| Höchstgeschwindigkeit | | km/h | 110 |
| Länge über Puffer | | mm | 27900 |
| ges. Radsatzabstand | | mm | 17160 |
| Drehzapfenabstand | | mm | 13860 |
| Radsatzabstand Drehgestell | | mm | 3600 / 3000 |
| Treibraddurchmesser | | mm | 930 |
| Laufraddurchmesser | | mm | 930 |
| Sitzplätze | 2. Klasse | | 25 |
| | 3. Klasse | | 45 |
| Stehplätze | | | 98 |
| Plätze gesamt | | | 168 |
| Steuersystem | | | Einheitssteuerung |
| Motor | Dauerleistung | PS | 650 |

# *Güterschlepptriebwagen*

**Nach langer Planungs- und Entwurfsphase konnten erst 1941 die zwei Baumuster für die geplante große Serie von Gütertriebwagen abgeliefert werden. Hier der GVT 10 004.** *Werkfoto Waggonfabrik Christoph & Unmack, Niesky. Sammlung Günther Dietz*

## 10 004 - 005 (GVT-38)

### Entstehungsgeschichte

Zu Beginn des Jahres 1937 plante die Reichsbahn, auf Nebenstrecken den Personen- vom Güterzugverkehr zu trennen. Hierfür sollten *„... Motorlok eingesetzt werden, die in der Lage sind, in einem Packabteil mehrere Tonnen Stückgüter aufzunehmen“.* Das RZA Berlin sollte hierfür Entwürfe zusammen mit Fahrzeugbauern erarbeiten, in denen der mögliche Einbau bereits vorhandener Motorbauarten aus dem Triebwagenbau berücksichtig werde[507]. Bereits im Sommern 1937 war das Vorhaben an das RZA München abgegeben worden, das entsprechende Entwürfe für Gütertriebwagen, wie die Fahrzeuge nun richtig benannt wurden, erstellte. Zu diesem Zeitpunkt ging das RZA München noch davon aus, dass entweder ein zweiachsiger Gütertriebwagen mit liegendem 275-PS-Motor und mechanischem 5-Gang-Mylius-Getriebe oder ein dreiachsiger Triebwagen mit Triebdrehgestell und Einzelachse und 360-PS-Leistung ausreichen würde[508]. Seitens der Reichsbahn-Hauptverwaltung wurde eine Überarbeitung der Vorentwürfe gewünscht. Für den zweiachsigen Wagen sollte die Nutzung eines aufgeladenen 275/400-PS-Motors sowie eines hydraulischen Getriebes, beim dreiachsigen Wagen der Ersatz der Einzelachse durch ein weiteres Drehgestell sowie die Verwendung stärkerer Motoren geprüft werden[509].

Mitte Juni 1938 hatte die HV auf Basis der vorgelegten Vorentwürfe entschieden, dass ein vierachsiges Fahrzeug mit stehendem Dieselmotor mit 450 PS (rd. 330,9 kW) Leistung zu entwerfen sei, das mit hoher Schleppleistung das geforderte Ladegewicht in Form von Güterwagen mitführen und selbst auf eine Ladefläche von 15 m² begrenzt werden sollte. Die mit Einheitssteuerung auszustattenden Gütertriebwagen sollten während der Woche im Stückgut-Schnellverkehr und im Wochenendverkehr mit zwei Steuerwagen oder anderen Triebwagen im Reiseverkehr fahren. Der Gepäckraum hätte hierbei den seinerzeit nötigen Gepäckwagen ersetzt[510-511].

Es ist anzunehmen, dass das RZA München sich für die Entwürfe auch an ausländischen Fahrzeugen orientierte, hatte doch die PLM 1935

Skizzenblatt des GVT 38 (10 004 - 005).

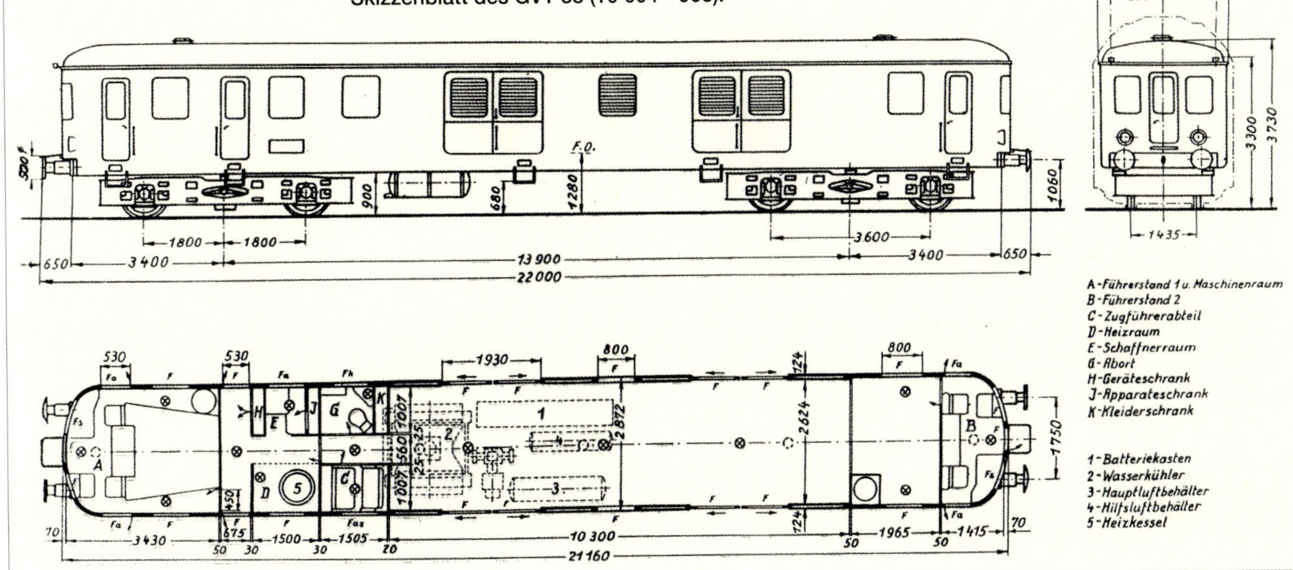

mit den Triebwagen der Berliet-Type RBD 250 als „Fourgon“ vier Fahrzeuge unter den Bezeichnungen ZZ DM 101 - 104 in Betrieb genommen. Die vier dieselelektrischen Triebwagen waren 1936 auf den Strecken Lyon – Louhans, Lyon – Grenoble und Valence – Grenoble unterwegs. Bei der SNCF wurden sie ab 1939 als ZZ BE 2101 - 2104 und ab 1947 als X BE 2101 - 2104 bezeichnet. Die vierachsigen Fahrzeuge wiesen einen großen Laderaum mit auf jeder Seite zwei großen Doppelschiebetüren auf[512].

Bis Mitte Dezember 1938 waren die Entwurfsarbeiten des RZA München so weit fortgeschritten, dass für diese neue Bauart eine Wagenkastenlänge von 17 Metern, der Einsatz der 450-PS-Dieselmotoren sowie hydromechanische Getriebe vorgeschlagen wurden[513]. Doch die Diskussion über die abschließende Bauart der Fahrzeuge war noch offen. Die HV entschied daher, zunächst im Beschaffungsprogramm 1938 zwei Versuchstriebwagen in Auftrag zu geben. Als Getriebe war allerdings zu diesem Zeitpunkt ein Maybach-5-Gang-Schaltturbogetriebe vorgesehen[514]. Insgesamt sahen die Bedarfsplanungen den Bau von zwölf Gütertriebwagen mit 450-PS- und zehn mit 650-PS-Motoren vor [515]. Für die Jahre 1940 bis 1943 waren noch einmal insgesamt 218 Stück vorgesehen[516]. Im März 1939 wurde der vorgelegte Entwurf genehmigt und um den Bau eines zusätzlichen Maschinentriebdrehgestells ersucht, *„damit versuchsweise einer dieser beiden Wagen mit 2 x 450 PS erprobt werden kann“*[517].

Im Zuge der Ausführungsplanung, die das RZA München an die Waggonfabrik Christoph & Unmack, Niesky, vergab, wurde die Konstruktion soweit überarbeitet, dass als neue Wagenkastenlänge 21,16 m festgelegt wurden. Im Oktober 1940 konnten in Niesky die Wagenkastendruckversuche durchgeführt werden[518]. Inzwischen war auch entschieden worden, in die Wagen neue Mekydro-Getriebe einzubauen. Eine Aktennotiz vom Oktober 1940 hält fest, dass die Getriebe noch nicht abgeliefert waren[519].

Kriegsbedingt fertigte Christoph & Unmack nur die beiden Probewagen aus dem Beschaffungsprogramm 1938, die erst 1941 abgeliefert werden konnten. Die Reichsbahn ordnete die beiden Wagen im Güterzugwagen-Nummernplan als GVT-38 unter den Nummern 10 004 und 10 005 mit dem Gattungsbezirk Dresden ein. Die noch geplanten Gütertriebwagen 10 006 - 015 mit 450-PS-Motoren und 10 016 - 024 mit 650-PS-Motoren wurden infolge des Krieges storniert.

## Aufbau und Technik

Das Untergestell war aus gekantetem Loch- und Vollprofil sowie aus Wellblech für den Fußboden geschweißt. Der Laderaum besaß zwei seitliche Laderaumtüren mit vergitterten Fenstern. Die Laderaumgrundfläche betrug 34,5 m². Die Führerräume hatten auf jeder Wagenseite eine Einstiegstür. Während das Zugführer- und das Ladeschaffnerabteil Fallfenster besaßen, waren die übrigen Fenster fest eingebaut. An den Wagenenden befanden sich offene Übergangseinrichtungen.

Der 450 PS (rd. 330,9 kW) leistende Maybach-Dieselmotor war zusammen mit dem hydromechanischen Getriebe im Drehgestell so angeordnet, dass der Dieselmotor in den Maschinenraum hineinragte. Während der Dieselmotor auf einem Hilfsrahmen angeordnet war, war das Getriebe im Drehgestell fest eingebaut. Motor und Getriebe waren mit einer Gelenkwelle gekuppelt, während die beiden Radsatzgetriebe vom Getriebeabtrieb mit Gelenkwellen verbunden waren. Das Wendegetriebe war im Getriebe eingebaut. Das hydro- mechanische Maybach-AEG-Voith-Getriebe, „Mekydro“-Getriebe, war gewissermaßen aus dem T2a-Getriebe der Firma Maybach weiterentwickelt worden, wobei dem mechanischen Getriebe eine hydraulische Kupplung vorgeschaltet war. Beim Mekydro-Getriebe wurde nun im Anschluss an den Hochtrieb am Getriebeeingang ein hydraulischer Wandler dem vierstufigen mechanischen Getriebe vorgeschaltet, wobei die vier Gangstufen mechanisch durch so genannte Abweis-Klauenkupplungen gekuppelt wurden. Im vierten Gang erfolgte die Übertragung vom Wandler direkt ohne Zwischenschaltung von Zahnrädern zum Wendegetriebe. Diese Getriebebauart zeichnete sich durch guten Wirkungsgrad, hohe Anfahrzugkräfte sowie geringe Baugröße und Eigenmasse aus. Die Steuerung der Motordrehzahl erfolgte elektrisch in fünf Stufen, und der Füllschieber des Getriebes sowie die Wendeschaltung wurden elektromagnetisch betätigt. Die Kühlanlage war mit senkrecht stehenden Lüftern unter dem Wagenkasten angeordnet.

Beide Triebwagen waren von vornherein so konzipiert, dass sich in das andere Drehgestell eine zweite Antriebsanlage einbauen ließ, so dass eine „Lokomotive mit Gepäckraum“ und der respektablen Leistung von 1300 PS (rd. 956,1 kW) Leistung entstanden wäre. Beide Drehgestelle besaßen somit den selben Aufbau und hatten einen geschweißten Kastenrahmen. Die Radsätze liefen in Jaeger-Rollenlagern und stützten sich durch verdeckt angeordnete Blattfedern gegen den

**Während seiner Zeit bei der BD München kam der GVT 20 500 im Jahr 1951 auch nach Garmisch-Partenkirchen, wo ihn der Bundesbahn-Pressefotograf vor einem Steuerwagen festhielt.** *Foto: Sammlung Dirk Winkler*

Drehgestellrahmen ab, während die Wiege mit Schraubenfedern abgefedert war.

Die Druckluft wurde von einem elektrisch angetriebenen Knorr-Luftverdichter V130/75 erzeugt. Zur Stromerzeugung diente eine Pintsch-Lichtmaschine der Bauart 23/01.02. Beim 10 005 erfolgte die Ladung der Batterie mit einer Kapazität von 200 Ah und das Anlassen des Dieselmotors von der Pintsch-Lichtanlassmaschine vom Typ 24/01.06. Die Bremse war als Hildebrand-Knorr-Klotzbremse (Hikpt) ausgeführt. Zusätzlich war eine Zusatzbremse vorhanden. Die Handbremse war eine Druckölbremse. Die Kupplungen waren Schraubenkupplungen mit Sicherheitskupplung, während die Puffer Hülsenpuffer waren. Die Triebwagen erhielten einen dunkelroten Anstrich nach RAL 3009.

Bereits 1941 wurde in 10 005 ein Knorr-Luftverdichter VV 140/75 eingebaut. Im Mai 1944 erfolgte im RAW Friedrichshafen der Umbau des 10 004 zum Fahrleitungs-Prüfwagen.

Nach Kriegsende ließ das RZA München, wie vorgesehen, zur Erkennung von Schwachstellen des Getriebes einen 600/650-PS-Maybach-Dieselmotor einbauen. Es kam ein Maybach-Vorkammer-Motor G6 mit 600 PS (rd. 441,3 kW) zum Einbau, der später auf 650 PS (rd. 478,1 kW) eingestellt wurde. Bereits 1942 soll im 10 005 ein Voith-Getriebe T24 eingebaut worden sein, das 1953 auch in den VT 20 500 (ex 10 004) eingebaut wurde.

## Technische Daten

| Betriebsnummer | | | 10 004, 10 005 | 10 004, 10 005 |
|---|---|---|---|---|
| Gattungsbezeichnung | | | GVT-38 | GVT-38 |
| Übersichtszeichnung | | | (k. A.) | (k. A.) |
| Radsatzanordnung | | | B`2` | B`2` |
| Hersteller | Wagenteil | | Niesky | Niesky |
| | Motor | | Maybach | Maybach |
| | Getriebe | | Maybach | Maybach |
| | el. Ausrüstung | | - | - |
| Höchstgeschwindigkeit | | km/h | 110 | 110 |
| Länge über Puffer | | mm | 22000 | 22000 |
| ges. Radsatzabstand | | mm | 17500 | 17500 |
| Drehzapfenabstand | | mm | 13900 | 13900 |
| Radsatzabstand Drehgestell | | mm | 3600 | 3600 |
| Treibraddurchmesser | | mm | 900 | 900 |
| Laufraddurchmesser | | mm | 930 | 930 |
| Ladefläche | | $m^2$ | 34,5 | 34,5 |
| Lademasse | | t | 10 | 10 |
| Dienstmasse | unbesetzt | t | 50,5 | 50,5 |
| | besetzt | t | 60,5 | 60,5 |
| | je lfd. m Wagenlänge | t | 2,30 | 2,30 |
| spez. Antriebsleistung | | kW/t / PS/t | 6,5 / 8,9 | 9,5 / 12,9 |
| gr. Radsatzlast | | t | 16,0 | 16,0 |
| Steuersystem | | | Mehrfach 1936 | Mehrfach 1936 |
| Motor | Zahl / Bauart | | 1 / G56 | 1 / G56 m. Aufladung |
| | Masse | kg | 2200 | 2400 |
| | Zyl./Durchm./Hub | mm | 12 / 160 / 200 | 12 / 160 / 200 |
| | Dauerleistung | PS | 450 | 650 m. Aufladung |
| | Drehzahl | $min^{-1}$ | 1400 | 1480 |
| Art u. System d. Leistungsübertragung | | | hydro-mechanisch | hydro-mechanisch |
| Getriebebauart | | | M21 | M21 |
| Zahl der Gänge | | | 4 | 4 |
| Motorsteuerung | | | elektrisch | elektrisch |
| Getriebesteuerung | | | selbsttätig | selbsttätig |
| Wendegetriebesteuerung | | | el.-magn.-hydr. | el.-magn.-hydr. |
| Kraftstoffvorrat | | l | 1280 | 1280 |
| Heizung | | | Dampfheizung ölgef. für Zug | Dampfheizung ölgef. für Zug |
| Beleuchtung, Stromart, Spannung | | | el. = 110 V | el. = 110 V |
| Bremse | | | Hikpt + Z (Klotz) | Hikpt + Z (Klotz) |

### Einsatz und Verbleib

Die am 20. Mai 1942 abgenommenen Triebwagen wurden trotz des Krieges zunächst erprobt. Während daraufhin 10 004 kurzzeitig beim Bw Lindau für Sonderzwecke eingesetzt war, diente 10 005 zeitweilig dem Zubringerverkehr zur Munitionsfabrik Desching bei Ingolstadt. Im Januar 1944 wurde vom RZA München der beantragte Umbau der beiden Gütertriebwagen zu Fahrleitungsuntersuchungswagen genehmigt[520]. Der Umbau des Gütertriebwagens 10 004 erfolgte von Februar bis Mai 1944 im RAW Friedrichshafen. Der seit dem 28. Februar 1944 dort ebenfalls stehende 10 005 wurde bei einem Luftangriff auf Friedrichshafen am 20. Juli 1944 schwer beschädigt und daraufhin von der Ausbesserung zurückgestellt. Kriegsbedingt waren die Laufleistungen beider Fahrzeuge gering. Bis Kriegsende wiesen 10 004 nur rund 4.000 km und 10 005 nur 2.000 km Laufleistung auf.

Nach Kriegsende erfolgte die Instandsetzung der Fahrzeuge. Dabei wurde ein 600/650-PS-Dieselmotor eingebaut und die Triebwagen unter härtesten Bedingungen auf der Strecke Bad Reichenhall – Berchtesgaden mit stärksten Steigungen von 1:25 sowie im Vorortverkehr vom RZA München erprobt. Da der Wandler bei Lastfahrt immer gefüllt war, erfolgte die Schaltung der Gangstufen des Getriebes außerordentlich rasch in nur 0,2 bis 0,3 sec, so dass es während des Schaltvorganges kaum zu nennenswerten Zugkraftunterbrechungen kam[521]. Ob der Gütertriebwagen 10 005 seine Laderaumtüren am Motorende des Fahrzeugs erst bei der Instandsetzung nach dem Krieg verlor, ist strittig. Zumindest weist das ursprüngliche Skizzenblatt für beide Fahrzeuge den selben Grundriss auf, zudem sind im Bereich der Laderaumtüren beim 10 005 ebenfalls die Tritte vorhanden.

Beide Triebwagen sind bei der Reichsbahn in der Bi-Zone wieder in Betrieb genommen worden. Das RZA München ordnete 1947 die Umzeichnung in VT 20 500 und 20 501 an. Als Bauart war bereits *„650 PS“* eingetragen, handschriftlich jedoch in *„600 PS“* geändert. In der Erfassung aller Triebfahrzeuge in den westlichen Besatzungszonen vom März 1947 wurde für beide Gütertriebwagen die Zugehörigkeit zum Bw München-Pasing West und als Standort das RAW Nürnberg vermerkt[522].

Ab August 1948 konnten die beiden Triebwagen eingesetzt werden. Aus einem Umlaufplan des Bww München-Hbf vom 15. Mai 1949 geht hervor, dass beide Triebwagen von München nach Pfaffenhofen und Reichertshofen fuhren[523]. Nach einer T3-Grundüberholung waren die beiden Triebwagen Ende 1950 beim Bw Frankfurt/M1 eingesetzt. Ab 1951 beim Bw Frankfurt-Griesheim beheimatet, fand man kein richtiges Einsatzfeld mehr für die Fahrzeuge. Gelegentlich überführten sie schadhafte Trieb-, Bei- oder Steuerwagen in Ausbesserungswerke. Dementsprechend wurden die Triebwagen bereits nach 15 Jahren am 22. Dezember 1956 ausgemustert.

# Abkürzungen und Erläuterungen

## Abkürzungen (soweit nicht im Text erläutert)

| | |
|---|---|
| Bw | Bahnbetriebswerk |
| Bww | Bahnbetriebswagenwerk |
| BZA | Bundesbahn-Zentralamt |
| DEBG | Deutsche Eisenbahn-Betriebsgesellschaft |
| DRG | Deutsche Reichsbahn-Gesellschaft (bis 1937) |
| DRB | Deutsche Reichsbahn (ab 1937) |
| DR | Deutsche Reichsbahn in der Sowjetischen Besatzungszone (SBZ) und DDR |
| DR-West | Deutsche Reichsbahn im vereinigten Wirtschaftsgebiet (westliche Besatzungszonen) |
| DB | Deutsche Bundebahn (ab 7.9.1949) |
| HV | Reichsbahn-Hauptverwaltung |
| HW | Hauptwerkstatt |
| Nbg | Nürnberg |
| OBL | Oberbetriebsleitung |
| RAW | Reichsbahnausbesserungswerk |
| RVM | Reichs-Verkehrsministerium |
| RZA | Reichsbahn-Zentralamt |
| Sbr | Saarbrücken |
| WMD | Waggon- und Maschinenbau GmbH Donauwörth |

## Abkürzungen der Heimatorte/Bw/Bww in den Beheimatungstabellen

| | |
|---|---|
| Al | Allenstein |
| Agm | Angermünde |
| Ahb | Berlin Anhalter Bf |
| Asch | Aschersleben |
| Bas | Basdorf |
| Bg | Bregenz |
| Bh | Barth |
| Bil | Bielefeld |
| Bkb | Blankenburg (Harz) |
| Blu | Bludenz |
| Bn | Brandenburg (Havel) |
| Bn-A | Brandenburg (Havel)-Altstadt |
| Bod | Bodenbach |
| Br | Breslau Hbf |
| BrgHbf / BwgH (1925) | Braunschweig Hbf |
| BrgVbf | Braunschweig Nord |
| BrmH / BrmHbf (1925) | Bremen |
| Bt | Bitterfeld |
| Btu | Böhmisch-Trübau |
| Btz / Bz (1925) | Bautzen |
| Bz | Buchholz (Harburg/Nordheide) |
| Ch | Chemnitz |
| Ch-Hi | Chemnitz-Hilbersdorf |
| Da | Bochum-Dahlhausen |
| Da | Darmstadt Hbf |
| Df | Dortmunderfeld |
| Dob | Dortmund Bbf |
| Dr-P | Dresden-Pieschen |
| Du | Dessau |
| E | Eger |
| Ebw | Eberswalde |
| Eln | Eilsleben (b Magdeburg) |
| Er | Erfurt P |
| Erk | Erkner |
| Esn Hbf | Essen Hbf |
| Fak | Falkenberg (Elster) |
| Fal | Falkenstein (Vogtland) |
| Fda / Fd (1925) | Fulda |
| Ffm 1 | Frankfurt (Main) 1 |
| Ffm G | Frankfurt (Main)-Griesheim |
| Fkp / Fko | Frankfurt (Oder) Pbf |
| Fl | Flöha |
| Fl / Flw (1925) | Flensburg |
| Fo | Forst (Niederlausitz) |
| Frw | Bad Freienwalde |
| Fs | Friedrichshafen |
| G | Güstrow |
| Ga | Berlin-Grünau |
| Gau | Glogau |
| Gd | Berlin-Grunewald |

| | |
|---|---|
| Gm | Gmünd (Waldviertel) |
| Go | Gotha |
| Gö | Görlitz |
| Gr | Gerstungen |
| Gsr | Berlin-Gesundbrunnen |
| Gt / Gst (1925) | Güsten |
| Gu | Guben |
| Hab / Hlb (1925) | Halberstadt |
| Hbg-Alt / Alt (1925) | Hamburg-Altona |
| Hg | Heidelberg |
| Hgbf Hz / Hn Hgbf (1925) | Hannover Hainholz |
| Hg-Eck | Hagen-Eckesey |
| Hgn | Hagenow Land |
| Hld | Haldensleben |
| HlP / HL 2 (1925) | Halle (Saale) P |
| Hm | Homburg (Saar) |
| Hof | Hof |
| Hw | Hoyerswerda |
| In | Ingolstadt |
| Jdf | Jädickendorf |
| Jer | Jerichow |
| Jg | Jägerndorf |
| K Pbf | Karlsruhe Pbf |
| Kam | Kamenz (Sachsen) |
| Kbf | Köln Bbf |
| Kbg | Königsberg (Pr) |
| Kg / Krg (1925) | Kreuzberg (Ahr) |
| Kh | Berlin-Karlshorst |
| Kn | Kempten (Allgäu) |
| Kn / Köth (1925) | Köthen (Anhalt) |
| Kobm | Koblenz-Mosel |
| Krf / Krf Hbf (1925) | Krefeld |
| Kst | Darmstadt-Kranichstein |
| Kw | Kirchweyhe |
| L | Leipzig Hbf West |
| La / Lan (1925) | Landau (Pfalz) |
| Lbg | Lüneburg |
| Lbu | Lundenburg |
| Lc | Luckau |
| Leb | Berlin Lehrter Bf |
| Lö | Löbau (Sachsen) |
| Lp | Böhmisch Leipa |
| Lu | Ludwigshafen (Rhein) |
| Luk | Lukow |
| Mf / Mdf (1925) | Mühldorf (Oberbayern) |
| Mü Hbf / Mü1 (1925) | München West |
| N I /Nü (1925) | Nürnberg West |
| N II / Nür (1925) | Nürnberg Rbf |
| Nms | Neumünster |
| Nr | Neuruppin |
| Ns / Nei (1925) | Neisse |
| Odg H | Oldenburg |
| Odg V | Oldenburg Vbf |
| Oe / Oef (1925) | Oebisfelde |
| Of | Offenburg |
| Op | Oppeln |
| Opl | Opladen |
| Osch (1925) | Oschersleben (Bode) |
| Ott | Ottbergen |
| Pa | Passau |
| Pl | Prenzlau |
| Pla | Plattling |
| Pt | St. Pölten Hbf |
| Rch | Reichenbach (Vogtland) |
| Rchg | Reichenberg (Böhmen) |
| Reg | Regensburg |
| Rgb | Berlin-Rummelsburg |
| Rhn P | Rheine P [Pbf] |
| Sch | Schwandorf |
| Sd | Stargard (Pommern) |
| Sed | Seddin |
| Snf | Senftenberg (Niederlausitz) |
| Srd | Stralsund |
| Srp | Straupitz |
| Stb | Berlin Stettiner Bahnhof |
| Std | Stadlau |
| Stl | Stendal |
| Stn Hbf | Stettin Hbf |
| Stp | Stolp (Pommern) |
| Str | Straubing |
| Sw | Schwerin (Mecklenburg) |
| Sw / Swl (1925) | Salzwedel |
| Ta | Treysa |
| Te | Tetschen |
| Tem | Templin |
| Tep | Teplitz-Schönau |
| Tri | Trier |
| Ub | Ulm Hbf |
| Vh | Villach Hbf |
| Wb / Wn (1925) | Lutherstadt Wittenberg, vorm. Wittenberg (Prov. Sachs) |
| We | Weiden (Oberpfalz) |
| Wer Wt | Wernigerode-Westerntor |
| Witt | Wittenberge |
| Wmr | Weimar |
| Wn | Waren (Müritz) |
| Wt-St / Efd-St (1925) | Wuppertal-Steinbeck, vormals Elberfeld-Steinbeck |
| Zi | Zittau |

## Erläuterungen zu den Tabellen

### 1. Gattungsbezeichnung

B = Abteil 2. Klasse
C = Abteil 3. Klasse
D = Abteil 4. Klasse (bis 1928)
Pw = Gepäckraum
Post = Postraum
WR = Speiseraum oder Speisewagen
4 = Angabe der Radsatzzahl bei mehr als zwei Radsätzen
i = Wagen mit Durchgang und offenen Übergangsbrücken
ü = Wagen mit Durchgang und Übergang mit Faltenbälgen
tr = Traglastabteil
k = Küche
vT / VT = Verbrennungsmotortriebwagen
vB / VB = Beiwagen zu Verbrennungsmotortriebwagen
vS / VS = Steuerwagen zu Verbrennungsmotortriebwagen
M = Maschinenwagen zu Triebwagenzug
-xy = Konstruktionsjahr od. Beschaffungsprogramm (sowie Kleinbuchstaben zur weiteren Unterscheidung)

### 2. Achsanordnung

A = eine Treibachse
(A1) = ein Drehgestell mit einer Treib- und einer Laufachse
B' = zwei miteinander gekuppelte, in einem Drehgestell angeordnete Treibachsen
Bo' = zwei nicht miteinander gekuppelte, in einem Drehgestell angeordnete Treibachsen
1 = eine Laufachse
2' = zwei Laufachsen in einem Drehgestell

### 3. Lieferfirmen und deren Abkürzungen
### a) Wagenteil und zum Teil Maschinenanlage

Busch = Waggon- und Maschinenfabrik AG, vorm. Busch, Bautzen
Danzig = Waggonfabrik Danzig
Dessau = Dessauer Waggonfabrik AG, Dessau
Düwag = Düsseldorfer Waggonfabrik AG, Düsseldorf
DWK = Deutsche Werke Kiel AG, Kiel
Esslingen = Maschinenfabrik Esslingen AG
EVA = Eisenbahn-Verkehrsmittel AG, Wismar
Fuchs = H. Fuchs, Waggonfabrik AG, Heidelberg
LHB-Köln = LHB, Werk Köln, vorm. P. Herbrand und Co., Köln-Ehrenfeld
LHW = Linke-Hofmann Werke AG, Breslau (firmierten zeitweilig als LHB = Linke-Hofmann-Busch-Werke, Breslau und Bautzen)
Lindner = Gottfried Lindner AG, Ammendorf bei Halle
MAN = Maschinenfabrik Augsburg-Nürnberg AG
Niesky = Waggonfabrik Christoph und Unmack AG, Niesky
O&K = Orenstein & Koppel AG, Berlin-Spandau
Rathgeber = Waggonfabrik Josef Rathgeber AG, München
Steinfurt = Waggonfabrik L. Steinfurt AG, Königsberg / Pr.
Talbot = Waggonfabrik August Talbot, Aachen
TAG = Triebwagenbau Aktiengesellschaft, Kiel
Uerdingen = Waggonfabrik Uerdingen AG, Krefeld-Uerdingen
Wegmann = Waggonfabrik Gebr. Wegmann AG, Kassel
Werdau = Sächsische Waggonfabrik AG, Werdau
Westwaggon = Vereinigte Westdeutsche Waggonfabriken, Köln-Deutz
Wismar = Triebwagen- und Waggonfabrik Wismar
WUMAG = Waggon- und Maschinenbau AG, Görlitz

### b) Motor

Büssing = H. Büssing AG, Automobilwerke Braunschweig
Daimler-B. = Daimler-Benz AG, Stuttgart-Untertürkheim
Deutz = Humboldt-Deutz-Motoren AG, Köln-Deutz
Ford = Ford-Werke AG, Köln
Henschel = Henschel u. Sohn, Lokomotivfabrik G.m.b.H., Kassel
Körting = Gebr. Körting AG, Hannover
Maybach = Maybach Motorenbau G.m.b.H., Friedrichshafen
MWM = Motorenwerke Mannheim
NAG = Nationale Automobil-Gesellschaft, Berlin-Oberschöneweide
Vomag = Vogtländische Maschinenbau AG, Plauen/V.

### c) Getriebe

AEG = Allgemeine Elektrizitätsgesellschaft, Berlin
DGG = Deutsche Getriebe GmbH (DGG), Hannover, später Berlin
Maybach = Maybach Motorenbau GmbH, Friedrichshafen
Mylius = Mylius-Getriebe der DGG
NAG = Nationale Automobil-Gesellschaft, Berlin-Oberschöneweide
TAG = Triebwagenbau AG, Kiel (1926 bis 1937)
Trilok = Trilok-Getriebe der Firma Klein, Schanzlin und Becker, Frankenthal
Voith = J. M. Voith Maschinenfabrik, Heidenheim/Brenz
ZF = Zahnradfabrik AG, Friedrichshafen

### d) elektrische Leistungsübertragung bzw. elektrische Ausrüstung

AEG = Allgemeine Elektrizitätsgesellschaft, Berlin
BBC = Brown, Boveri & Cie, Mannheim-Käfertal
Becker = Becker Elektrobahnen, Berlin
MSW = Maffei-Schwartzkopff-Werke GmbH, Wildau bei Berlin
SSW = Siemens-Schuckert-Werke AG, Berlin-Siemensstadt
Wasseg = Liefergemeinschaft von AEG und SSW

### 4. Dienstmasse

Dienstmasse unbesetzt = Leermasse + volle Betriebsvorräte + Personal 150 kg
Dienstmasse besetzt = Dienstmasse unbesetzt + Sitzplatzzahl x 75 kg (Stehplätze und Gepäckraumfläche in m² x 300 kg konnten mangels bekannter genauer Angaben nicht berücksichtigt werden.)
Dienstmasse unbesetzt = Dienstmasse unbesetzt / Sitzplatzzahl (einschl. Klapp- oder Notsitze)
Dienstmasse je lfd. Meter Wagenlänge = Dienstmasse unbesetzt / Länge über Puffer/Kupplung

## 5. Spezifische Antriebsleistung

errechnet aus: Antriebsleistung in kW (PS) / Dienstmasse unbesetzt

## 6. Größte Achslast

Die größte Achslast wurde für Bei- und Steuerwagen aus der Dienstmasse unbesetzt + der Sitzplatzzahl ohne Berücksichtigung der Stehplätze und Gepäck- oder Postraumgrundfläche errechnet

## 7. Steuersystem

Einzelsteuerung = aufgrund mechanischer Steuerung durch Seilzug oder Gestänge nur Steuerung einer (der eigenen) Maschinenanlage möglich (Ausnahme bilden z.B. VT 812/13 bis 818/19 mit mechanischer Gestängeübertragung zum hinteren Triebwagen oder VT 877; hier war Steuerung der gesamten Einheit möglich)

Einfachsteuerung = nur Steuerung einer (der eigenen) Maschinenanlage vom Führerstand des Trieb- oder Steuerwagens möglich, mit zusätzlicher Angabe der Bauart (BBC oder RZM)

Mehrfachsteuerung = Steuerung einer oder mehrerer Anlagen vom Führerstand eines Trieb- oder Steuerwagens möglich, mit zusätzlicher Angabe der Bauart (BBC oder RZM und Ausführungsart 1934 oder 1936)

## 8. Art und System der Leistungsübertragung

a) mech. = mechanisch
b) el. = elektrische Leistungsübertagung mit folgenden Systemen der Leistungssteuerung:
MSW-Leonhard, Gebus, AEG-Lemp, BBC-Leistungswächtersteuerung, BBC-Servo-Feldreglersteuerung, RZM
c) hydr. = hydraulisch mit folgenden Bauarten:
W/W = Wandler/Wandler (oder W/W/W für Drei-Wandlergetriebe)
W/K = Wandler/Kupplung
W/K/K = Wandler/Kupplung/Kupplung
d) hydromech.= hydromechanische Leistungsübertragung (vierstufiges mechanisches Getriebe mit vorgeschaltetem Wandler)

## 9. Steuerung von Motor, Getriebe und Wendegetriebe

### a) Motorsteuerung

Druckluft = Motorsteuerung über Druckminderventil und Membranschalter
Seilzug = mechanische Motorsteuerung durch Seilzug oder Bowdenzug
Gestänge = mechanische Motorsteuerung durch Gestänge
el. = elektrische Motorsteuerung durch elektrischen Verstellmotor oder Magnetschalter (BBC)
el.-magn. = Motorsteuerung durch elektromagnetisches Verstellgerät
el.-pn. = Motorsteuerung durch elektro-pneumatisches Verstellgerät

### b) Getriebesteuerung

Seilzug = mechanische Getriebesteuerung durch Seil- oder Bowdenzug
Gestänge = mechanische Getriebesteuerung durch Gestänge
Druckluft = direkte Getriebesteuerung mit Druckluft
el.-pn.-magn. = indirekte Getriebesteuerung mit Druckluft über Magnetventile
Drucköl = direkte Getriebesteuerung mit Drucköl

Bei hydraulischen Getrieben erfolgte anfangs die Steuerung der Getriebekreisläufe geschwindigkeitsabhängig vom Führerstand aus mit Druckluft oder auf elektropneumatischem Wege und später selbsttätig vom Getriebe aus. Beim mechanischen Mylius-Getriebe erfolgte die Gangvorwahl vom Führerstand aus mit Seilzug und die eigentliche Gangschaltung nach Betätigung der Hauptkupplung mit Druckluft.

### c) Wendegetriebe-Steuerung

Analog zu Getriebesteuerung
Beim Güterschlepptriebwagen 10 004 und 10 005 erfolgte die Wendegetriebesteuerung durch ein elektromagnetisch gesteuertes Ventil mittels Öldrucks.

## 10. Zur Art der Beleuchtung

el. = elektrisch
= = Gleichstrom
24 V = Höhe der Beleuchtungsspannung

## 11. Bauart der Bremse und Bremskraftübertragung

Kbr = Knorrbremse ohne Schnellbremswirkung
Ksbr = Knorrschnellbremse
Kpbr = schnellwirkende Knorrbremse
Kzpbr = Knorr-Zweikammerbremse
Kkpbr = Kunze-Knorrbremse für Personenzüge
Ksbr (EVB) = Knorrschnellbremse mit Steuerventil EVB
Wsbr = Westinghouse-Schnellbremse
Hikpbr = Hildebrand-Knorrbremse für Personenzüge
Hikpt = Hildebrand-Knorrbremse für Personenzüge mit Triebwagensteuerventil (leichter Bauart)
Hikssbr = Hildebrand-Knorrbremse für besonders schnellfahrende Fahrzeuge
Z = Zusatzbremse
el. = elektrische Bremssteuerung
Klotz = Klotzbremse
Trommel = Trommelbremse
Scheiben = Scheibenbremse
Mg = Magnetschienenbremse

# Quellenverzeichnis

## Verwendete Abkürzungen im Quellenverzeichnis:

| | |
|---|---|
| BA | Bundesarchiv, Potsdam (bis 1990 Zentrales Staatsarchiv der DDR) |
| BArch | Bundesarchiv, Berlin |
| EB | Elektrische Bahnen |
| EK | Eisenbahn Kurier |
| EKB | Elektrische Kraftbetriebe und Bahnen, hervorgegangen aus: EB |
| EM | eisenbahn magazin |
| GA | Glasers Annalen |
| LABln | Landesarchiv Berlin |
| LASA | Landesarchiv Sachsen-Anhalt, Dessau |
| LM | Lok-Magazin |
| MfV | Ministerium für Verkehrswesen (der DDR) |
| MTZ | Motortechnische Zeitschrift |
| Organ | Organ für die Fortschritte des Eisenbahnwesens |
| Slg. | Sammlung |
| VAN | Verkehrsmuseum Nürnberg, Archiv; neu: DB-Museum, Dokumentationsstelle |
| VT | Verkehrstechnik |
| VtW | Verkehrstechnische Woche |
| ZMEV | Zeitung des Vereins Mitteleuropäischer Eisenbahnverwaltungen |
| ZVDEV | Zeitung des Vereins Deutscher Eisenbahn-Verwaltungen |
| ZVDI | Zeitschrift des Vereins Deutscher Ingenieure |


1 Guse, John C.: Volksgemeinschaft Engineers: The Nazi 'Voyages of Technology'. in: Central European History 44 (2011), Nr. 3, S. 447 - 477

2 Kaiser, H.; R. P. Wagner: Der Generator in Schienenfahrzeugen. in: Generator-Jahrbuch. Berlin, 1943, S. 87 - 111

3 Isendahl, Herbert: Gaserzeuger für Schienenfahrzeuge. in: Generator-Jahrbuch. Berlin, 1943, S. 112 - 122

4 Merkbuch für die Fahrzeuge der Reichsbahn. III. Elektrische Lokomotiven und Triebwagen aller Antriebsarten. Ausgabe 1932

5 Merkbuch für die Schienenfahrzeuge der Deutschen Bundesbahn, DV 939, III. Brennkraftfahrzeuge einschl. zugehöriger Steuer- und Beiwagen. Ausgabe 1952

6 Zusammenstellung der Triebwagen mit Verbrennungsmotoren (Nummernplan). Stand am 1. Juni 1933. BArch Berlin, Rep. R5-12597

7 Plan für die Nummerung und Verteilung der Triebwagen mit Verbrennungsmotoren und der zugehörigen Steuer- u. Beiwagen. Aufgestellt im November 1934. BArch Berlin, Rep. R5-12598

8 Deutsche Reichsbahn. Plan für die Nummerung und Verteilung der Triebwagen mit Verbrennungsmotoren und der Dampftriebwagen. Aufgestellt: Reichsbahn-Zentralamt München, im Januar 1937. [einschl. handschriftlicher Nachträge bis Ende 1939]. VAN

9 Deutsche Reichsbahn-Gesellschaft. Hauptverwaltung. 33 Bbt 101. Betr Endgültige Verteilung der Verbrennungstriebwagen. Berlin W 8, den 23. Juni 1934 mit Anlage zu 33 Bbt 101 v 23.6.34.DRG HV Plan für die endgültige Verteilung der Verbrennungstriebwagen (einschließlich Lieferung 1933 und 1934). Slg. Dirk Winkler

10 Reichsbahn-Zentralamt München. 3214 Bbta. Zusammenstellung der im Betrieb befindlichen VT-Wagen. München, den 14.01.1941. Slg. Kurz

11 Kurz, Heinz R.: Triebwagen der Deutschen Reichsbahn. Die Baureihen VT 133 bis VT 137. Freiburg, 2013

12 Breuer, M.: Neuere Triebwagen mit Verbrennungsmotoren. in: ZVDEV. 72 (1932), S. 73

13 Fuchs: Neuere Triebwagen mit Verbrennungsmotoren. in: Die Reichsbahn. 8 (1932), S. 6

14 [RZA München] Flaschenbedarf bei Flüssiggasbetrieb der VT. [undatiert, vmtl. April 1940] LABln. A Rep. 080 Nr. 4050

15 Eisenbahndirektion Regensburg. Statistischer Nachweis St 10b über den Bestand an Schienenfahrzeugen mit Verbrennungsmaschinen. am 31. Dezember 1950. Regensburg, den 8. Jan. 1951. VAN

16 Eisenbahndirektion Regensburg. Statistischer Nachweis St 11b über den Bestand an Brennkrafttriebfahrzeugen, Dampftriebwagen u Kleinlokomotiven. Geschäftsjahr 1953. Regensburg, den 28.1.1954. VAN

17 Reichsbahn-Zentralamt für Maschinenbau. Beschreibung und Bedienungsvorschrift für die zweiachsigen Benzoltriebwagen Nr 720-722. Berlin, 1932

18 Eisenbahndirektion Regensburg. Statistischer Nachweis St 10b über den Bestand an Schienenfahrzeugen mit Verbrennungsmaschinen. am 31. Dezember 1950. Regensburg, den 8. Jan. 1951. VAN

19 Eisenbahndirektion Regensburg. Statistischer Nachweis St 11b über den Bestand an Brennkrafttriebfahrzeugen, Dampftriebwagen u Kleinlokomotiven. Geschäftsjahr 1953. Regensburg, den 28.1.1954. VAN

20 Der Schienen-Omnibus. in: VtW 25 (1931), S. 250

21 Rüter: Der Schienenomnibus der Kleinbahn Grifte – Gudenberg. in: VT (1932), S. 691

22 Wohllebe: Reichsbahntriebwagen mit Verbrennungsmotoren. in: VtW 27 (1933), S. 330

23 [RZA München] Flaschenbedarf bei Flüssiggasbetrieb der VT. [undatiert, vmtl. April 1940] LABln. A Rep. 080 Nr. 4050

24 Löttgers, Rolf: Modelle aus Kassel. in: Schienenbusse. Bahn-Extra 2.2016. München, 2016, S. 42-45

25 Reichsbahndirektion Regensburg. Statistischer Nachweis St 11b über den Bestand an Triebwagen DR und ČSD. Geschäftsjahr 1941. Regensburg, den 16. Januar 1941. VAN

26 Garn, Robin (Hrsg.): Reichsbahn ohne Reich. Band 1 (1945-1955). Berlin, 1996, S. 63

27 Norden: Zweiachsige 120 PS-diesel-elektrische Leichttriebwagen der Deutschen Reichsbahn-Gesellschaft. Organ 87 (1932), S. 435

28 Norden: Zweiachsige 120 PS-diesel-elektrische Leichttriebwagen der Deutschen Reichsbahn-Gesellschaft. Organ 87 (1932), S. 435

29 Reichsbahndirektion Regensburg. Statistischer Nachweis 11b über den Bestand an DR-Triebwagen. Geschäftsjahr 1939. Regensburg, den 25.1.1940. Entwurf 26. Jan. 1940. VAN

30 Liste aller Diesel – Benzin und elektr. Triebwagen. Nürnberg, 20.7.46. VAN

31 Reichsbahndirektion Regensburg. Statistischer Nachweis St 10b über den Bestand an Triebwagen. 4. Vierteljahr 1946. Regensburg, den 13. Januar 1947. VAN

32 Eisenbahndirektion Regensburg. Statistischer Nachweis St 10b über den Bestand an Schienenfahrzeugen mit Verbrennungsmaschinen. am 31. Dezember 1949. Regensburg, den 9. Januar 1950. VAN

33 Elsners Taschenbuch für den Reichsbahn-Kraftverkehr. 1937, Berlin [o.J], S. 149, 150

34 Reichsbahndirektion Oppeln. 21 H Füs. Betreff: Statistischer Nachweis 10a und 10b (Allsta Sonderdruck). 13. Januar 1935. SaWi

35 Reichsbahndirektion Nürnberg. 21 M 25 Bla. Betrifft: Fahrzeugbestand am 31. Dezember 1935. Statistischer Nachweis 10 a und 10b. Nürnberg, den 10.Januar 1936. Slg. Dirk Winkler

36 Reichsbahndirektion Dresden. 22 M 30 Fut. Statistischer Nachweis 11b. Dresden, am 21. Jan. 1939. Slg. Dirk Winkler

37 Reichsbahndirektion Nürnberg. 21 M27 Füsl. Betreff: Statistischer Nachweis 11a und 11b. Nürnberg, den 12. Januar 1939. Slg. Dirk Winkler

38 Dath, Wolfgang: Das Bahnbetriebswerk Karlshorst. in: Verkehrsgeschichtliche Blätter 19 (1992), Heft 4, S. 79

39 Beilage zum Schreiben 4219 Fkstm vom 24.9.42. Verzeichnis der im Sondereinsatz befindlichen VT-Wagen. LASA Rep. G12 Reg. A, Nr. 747-1

40 [Schreiben] 33 Fktv 1038 Praktische Erfahrungen seit Kriegsbeginn aus dem Geschäftsbereich des Referats 33. Berlin, den 19. Mai 1943. BA Potsdam, Außenstelle Coswig. Rep. 2270 (eingesehen 1991)

41 RZA München. 3710 Bbtüb. [tabellarische Übersicht Verbrennungstriebwagen] Stand vom 1. April 1947. Slg. Dirk Winkler

42 Deutsche Reichsbahn. Reichsbahn-Zentralamt München. 4613 Bbta. Vorläufig als ausmusterungsreif gemeldete VT's- München, den 26.2.1946. Slg. Dirk Winkler

43 Bundesbahndirektion Regensburg. Statistischer Nachweis St 10b über den Bestand an Triebfahrzeugen mit Brennkraftmaschinen. am 24. Juni 1954. Regensburg, den 13.7.1954. VAN

44 Bundesbahndirektion Regensburg. Statistischer Nachweis St 10b über den Bestand an Triebfahrzeugen mit Brennkraftmaschinen. am 30. Septemberg 1954. Regensburg, den 6.10.1954. VAN

45 RBD Sw. 21 M 6 Fuv. Betr: Ausmusterung von Verbrennungs-Triebwagen. Sw, d. 31.8.49

46 Aufstellung von Josef Motyčka, übermittelt von Zdeněk Hrdina am 02.07.2017

47 Deutsche Reichsbahn-Gesellschaft. Hauptverwaltung. 74a/31 Fetv 13. Berlin W 8, den 2. Mai 1932 [sowie] Telegrammbrief Betr Beschaffung von Triebwagen mit eigener Kraftquelle zu Lasten des Fahrzeugprogramms 1932. Slg. Dirk Winkler

48 Konrad, H.: Ein zweiachsiger dieselelektrischer Triebwagen mit 150 PS Leistung. in: BBC Nachrichten (1934), S. 41
49 Werkkarte für Verbrennungstriebwagen. Gattung und Nummer 135 013. VAN
50 Werkkarte für Verbrennungstriebwagen. Gattung und Nummer 135 021. VAN
51 Aufstellung von Josef Motyčka, übermittelt von Zdeněk Hrdina am 02.07.2017
52 Elsners Taschenbuch für den Reichsbahn-Kraftverkehr. 1937, Berlin [o.J], S. 147, 148
53 Bürnheim, H.: Die Regentalbahn. Fürstenfeldbruck [o.J.], S. 260
54 Reichsbahn-Zentralamt München. Beschreibung und Bedienungsvorschrift für die zweiachsigen dieselmechanischen Triebwagen 135 032-039 (Bauart MAN-Mylius). München, 1935
55 Elsners Taschenbuch für den Reichsbahn-Kraftverkehr. 1937, Berlin [o.J], S. 147, 148
56 Reichsbahndirektion Regensburg. Statistischer Nachweis 11b über den Bestand an DR-Triebwagen. Geschäftsjahr 1939. Regensburg, den 25.1.1940. Entwurf 26. Jan. 1940. VAN
57 Reichsbahndirektion Regensburg. Statistischer Nachweis St 11b über den Bestand an Triebwagen. Geschäftsjahr 1938. Regensburg, den 2.2.1939. VAN
58 [Bahndiensttelegramm] Aufgenommen am 15,9 1939, 19 Uhr 50. BArch Berlin, Rep. R5-22546, pag. 30
59 Reichsbahndirektion Stettin. 21 M 11 Fktv. Betr. Abgabe von Triebwagen. 29.9.1939. BArch Berlin, Rep. R5-22546, pag. 31
60 RZA München. Betr Einbau von Unterfluröfen in 150 PS-VT der Baureihe 135032-039 für Sonderzwecke. 24.2.42. BA Potsdam, Außenstelle Coswig. Rep. 1802 (eingesehen 1991)
61 Betriebsbuchauszug VT 135 036. Slg. Dirk Winkler
62 Beilage zum Schreiben 4219 Fkstm vom 24.9.42. Verzeichnis der im Sondereinsatz befindlichen VT-Wagen. LASA Rep. G12 Reg. A, Nr. 747-1
63 Fktv 1260. Abschrift für REF 33. Berlin, den 19. Oktober 1942. BA Potsdam, Außenstelle Coswig. Rep. 1802 (eingesehen 1991)
64 DRB 33 Fktv 1260. Bahndiensttelegramm. Berlin, den 20. Oktober 1942. BA Potsdam, Außenstelle Coswig. Rep. 1802 (eingesehen 1991)
65 DRB 33 Fktv 1260. Berlin, den 29. Oktober 1942. BA Potsdam, Außenstelle Coswig. Rep. 1802 (eingesehen 1991)
66 Werkkarte für Verbrennungstriebwagen. Gattung und Nummer 135 043. VAN
67 Kurz (2013): a.a.O., S. 80
68 RBD München. 21 m 111 Bla. Betreff: Statistische Nachweise St 11a u. 11b über den Bestand an Lok u. Triebwagen (Jahreslok- u. Triebwagennachweis). München, den 25. Januar 1944. VAN/Slg. Dirk Winkler
69 Betriebsbuchauszug 135 036. Slg. Dirk Winkler
70 RZA München. 3710 Bbtüb. [tabellarische Übersicht Verbrennungstriebwagen] Stand vom 1. April 1947. Slg. Dirk Winkler
71 Deutsche Reichsbahn. Reichsbahn-Zentralamt München. 4613 Bbta. Vorläufig als ausmusterungsreif gemeldete VT's- München, den 26.2.1946. Slg. Dirk Winkler
72 Reichsbahndirektion Nürnberg. Statistischer Nachweis St 11b über den Bestand an Triebwagen. Geschäftsjahr 1948. Nürnberg, den 25. Januar 1949. VAN
73 Reichsbahndirektion Regensburg. Statistischer Nachweis St 10b über den Bestand an Triebwagen. 1. Vierteljahr 1949. Regensburg, den 7. April 1949. VAN
74 Kroma, Robert; Janusz Sosiński; Krzysztof Zintel: Normalnotorowe wagony silnikowe PKP 1945 – 1990. Poznań. 2012, S. 13, 26, 27-29, 40-41
75 Sanden, K. v.; Steinbacher, E.: Der thermische Gesamtwirkungsgrad von Diesellokomotiven mit unmittelbarem Antrieb und Zuladung in Abhängigkeit von Fahrgeschwindigkeit und Zugkraft. in: Ingenieur Archiv (1936), Bd. 7, Oktober, S. 351 - 366
76 Keuffel, A.: Das Trilok-Strömungsgetriebe. in: ZVDI 78 (1934), S. 1321
77 Breuer, M.: Triebwagen mit eigener Kraftquelle für die Deutsche Reichsbahn. in: ZVDI 78 (1934), S. 1202
78 Breuer, M.: Triebwagen mit eigener Kraftquelle für die Deutsche Reichsbahn. in: ZVDI 78 (1934), S. 1202
79 Anlage zu 31/74a Fktv 308 v. 16.10.33. DRG HV. C Beschaffungsprogramm 1934, Triebwagen mit eigener Kraftquelle. BArch Berlin, Rep. R5-22047, pag. 110, 111
80 Steffan: Neuer Auustro-Daimler-Schnelltriebwagen. in: Die Lokomotive (1933), S. 85
81 Graßl, R.: Zweiachsige Triebwagen für den Nahverkehr. in: Organ 90 (1935), S. 289
82 Deutsche Reichsbahn. Beschreibung des zweiachsigen 150 PS dieselhydraulischen Triebwagens. [o. Ort, o.J.]
83 Reichsbahndirektion Regensburg. Statistischer Nachweis St 10b über den Bestand an Triebwagen. 3. Vierteljahr 1946. Regensburg, den 9. Oktober 1946. VAN
84 Deutsche Reichsbahn. Reichsbahn-Zentralamt München. 4613 Bbta. Vorläufig als ausmusterungsreif gemeldete VT's- München, den 26.2.1946. Slg. Dirk Winkler
85 RBD Nürnberg. Dez. 23. Verzeichnis der Motorschienenfahrzeuge. Stand vom 1.XI.48. VAN
86 Werkkarte für Verbrennungstriebwagen. Gattung und Nummer 135 050. VAN
87 Elsners Taschenbuch für den Reichsbahn-Kraftverkehr. 1937, Berlin [o.J], S. 149, 150
88 Reichsbahndirektion Regensburg. Statistischer Nachweis 11b über den Bestand an DR-Triebwagen. Geschäftsjahr 1939. Regensburg, den 25.1.1940. Entwurf 26. Jan. 1940. VAN
89 Beilage zum Schreiben 4219 Fkstm vom 24.9.42. Verzeichnis der im Sondereinsatz befindlichen VT-Wagen. LASA Rep. G12 Reg. A, Nr. 747-1
90 Deutsche Reichsbahn. Reichsbahn-Zentralamt München. 4613 Bbta. Vorläufig als ausmusterungsreif gemeldete VT's- München, den 26.2.1946. Slg. Dirk Winkler
91 Eisenbahndirektion Regensburg. Statistischer Nachweis St 10b über den Bestand an Schienenfahrzeugen mit Verbrennungsmaschinen. am 31. Dezember 1952. Regensburg, den 8. Jan. 1953. VAN
92 Bundesbahndirektion Regensburg. Statistischer Nachweis St 10b über den Bestand an Triebfahrzeugen mit Brennkraftmaschinen. am 30. September 1954. Regensburg, den 6.10.1954. VAN
93 Henze, Kurt: Dieselmotoren mit liegenden Zylindern für Triebwagen. in: ZVDI 81 (1937), S. 565
94 Graßl, R.: Zweiachsige Triebwagen für den Nahverkehr. in: Organ 90 (1935), S. 289
95 Schmidt: Dieselmotor liegender Bauart für Triebwagen. in: VT (1935), S. 101
96 Deutsche Reichsbahn. Beschreibung des zwei-achsigen 180 PS dieselmechanischen Triebwagens. [o. Ort, o.J.]
97 Elsners Taschenbuch für den Reichsbahn-Kraftverkehr. 1938, Berlin [o.J], S. 230
98 Betriebsbuchauszug der Wittlager Kreisbahn AG, Betriebsbuch T3, Fabr.Nr. 135 060. Slg. Dirk Winkler
99 Reichsbahndirektion Regensburg. Statistischer Nachweis St 11b über den Bestand an Triebwagen, Geschäftsjahr 1942. Regensburg, den 19. I. 1943. VAN
100 Stroebe: Entwicklung und künftige Gestaltung der Verbrennungstriebwagen der Deutschen Reichsbahn. in: GA (1937), S. 116
101 Taschinger, Otto: Die neuere Entwicklung der Dieseltrieb-, Steuer- und Beiwagen der Deutschen Reichsbahn. in: Organ 97 (1942), S. 363
102 Neubauer, Gerhard: Heimische Treibstoffe für Verbrennungstriebwagen. in: MTZ (1942), S. 458
103 Werkkarte für Verbrennungstriebwagen. [zum jeweiligen Fahrzeug] VAN
104 Betriebsbuch 135 114. Slg. Volkmar Kubitzki
105 Reichsbahndirektion Regensburg. Statistischer Nachweis St 11b über den Bestand an Triebwagen. Geschäftsjahr 1937. Regensburg, den 28.1.1938. VAN
106 Reichsbahndirektion Nürnberg. Statistischer Nachweis St 11b über den Bestand an Triebwagen. Geschäftsjahr 1938. Nürnberg, den 27. Jan. 1939. VAN
107 Reichsbahndirektion Nürnberg. 21 M27 Füsl. Betreff: Statistischer Nachweis 11a und 11b. Nürnberg, den 12. Januar 1939. Slg. Dirk Winkler
108 Reichsbahndirektion Regensburg. Statistischer Nachweis St 11b über den Bestand an Triebwagen. Geschäftsjahr 1938. Regensburg, den 2.2.1939. VAN
109 Reichsbahndirektion Nürnberg. 21 M43 Bla Ruf Nr 1667. Betreff: Statistischer Nachweis 11a und b über den Bestand an Lokomotiven, Trieb-, Steuer- und Beiwagen. Nürnberg, den 12. Januar 1940. Slg. Dirk Winkler
110 Reichsbahn-Zentralamt München. 3213 Bbta. Betreff: Statistischer Nachweis St 11 b. 23.9.40. Slg. Dirk Winkler
111 Reichsbahndirektion Regensburg. Statistischer Nachweis 11b über den Bestand an DR-Triebwagen. Geschäftsjahr 1939. Regensburg, den 25.1.1940. VAN
112 Reichsbahndirektion Nürnberg. 21 M43 Bla. Betreff: Statistischer Nachweis 11a und 11b über den Bestand an Lokomotiven, Trieb-, Steuer- u Beiwagen. Nürnberg, den 15. Januar 1942. Slg. Dirk Winkler
113 Reichsbahndirektion Nürnberg. Statistischer Nachweis St 10b über den Bestand an Triebwagen. am 31. Dez. 1942. Nürnberg, den 7. Jan.1943. VAN
114 Reichsbahndirektion Nürnberg. 21 M41 Bla. Betreff: Statistischer Nachweis „St11a u. 11b" über den Bestand an Lok, Trieb- Steuer- u Beiwagen. Nürnberg, den 2. Jan. 1944. Slg. Dirk Winkler
115 Reichsbahndirektion Regensburg. Statistischer Nachweis St 11b über den Bestand an Triebwagen. Geschäftsjahr 1944. Regensburg, den 23. Januar 1945. VAN
116 Bahndiensttelegramm] Aufgenommen am 15,9 1939, 19 Uhr 50. BArch Berlin, Rep. R5-22546, pag. 30
117 Reichsbahndirektion Stettin. 21 M 11 Fktv. Betr. Abgabe von Triebwagen. 29.9.1939. BArch Berlin, Rep. R5-22546, pag. 31
118 DRB 33 Fktc 1138. Bahndiensttelegramm. Berlin, den 18. Juni 1941. BA Potsdam, Außenstelle Coswig. Rep. 1802 (eingesehen 1991)
119 Beilage zum Schreiben 4219 Fkstm vom 24.9.42. Verzeichnis der im Sondereinsatz befindlichen VT-Wagen. LASA Rep. G12 Reg. A, Nr. 747-1
120 Fktv 1260. Abschrift für REF 33. Berlin, den 19. Oktober 1942. BA Potsdam, Außenstelle Coswig. Rep. 1802 (eingesehen 1991)
121 DRB 33 Fktv 1260. Bahndiensttelegramm. Berlin, den 20. Oktober 1942. BA Potsdam, Außenstelle Coswig. Rep. 1802 (eingesehen 1991)

[122] DRB 33 Fktv 1260. Berlin, den 29. Oktober 1942. BA Potsdam, Außenstelle Coswig. Rep. 1802 (eingesehen 1991)
[123] Reichsbahn-Zentralamt München. 4610 Bbts. Betr Triebwagen für WVD Königsbrück. München, den 30. August 1943. [Schreiben im Betriebsbuch des 137 163 enthalten] Slg. Dirk Winkler
[124] Werkkarte für Verbrennungstriebwagen. [zum jeweiligen Fahrzeug] VAN
[125] Deutsche Reichsbahn. Reichsbahn-Zentralamt München. 4610 Bbta. Zusammenstellung der VT-Wagen in der englisch- und französisch besetzten Zone. Stand vom 25.2.46. Slg. Dirk Winkler
[126] [Reichsbahndirektion Nürnberg] Liste aller Diesel-Benzin und elektr. Triebwagen. Stand: 20.7.46. VAN
[127] Unterlagen. Slg. Dirk Winkler
[128] Bek, Jindřich: Atlas Lokomotiv 2. Elektrická a motorovátrakce. Praha, 1969, S. 56, 57
[129] Aufstellung von Josef Motyčka, übermittelt von Zdeněk Hrdina am 02.07.2017
[130] Kroma, Robert; Janusz Sosiński; Krzysztof Zintel: Normalnotorowe wagony silnikowe PKP 1945 – 1990. Poznań. 2012, S. 13, 26, 27-29, 37-39
[131] Broncard, Yves: Autorails de France. Tome 5. Paris. 2009, S. 241
[132] Taschinger, Otto: Hydronalium als Baustoff für Triebwagen. in: Zeitung des Vereins Mitteleuropäischer Eisenbahnverwaltungen 78 (1938), S. 521
[133] Taschinger, Otto: Hydronalium als Baustoff für Triebwagen. in: Zeitung des Vereins Mitteleuropäischer Eisenbahnverwaltungen 78 (1938), S. 521
[134] Boettcher: Leichtmetallverbrennungstriebwagen (Hydronaliumwagen). in: Organ 93 (1938), S. 347
[135] DRG HV. 33 Fktv 538. Berlin, den 17. März 1936. BArch Berlin, Rep. R5-21724
[136] [Aktennotiz] An RZA München. BArch Berlin, Rep. R5-21724
[137] Reichsbahn-Zentralamt München. Besprechung über die Beschaffung von Triebwagen mit eigener Kraftquelle im RZA München am 8.10.36. München, den 9. Okt. 1936. BArch Berlin, Rep. R5-22562
[138] DRG HV. 33 Fktv 538. Berlin, den 17. März 1936. BArch Berlin, Rep. R5-21724
[139] Reichsbahn-Zentralamt München. 26 W 11 Fktvmsp 3 /35. Betreff: VT-Wagen mit Beschleunigungsantrieb Bauart Jordan. 13.5.1936. BArch Berlin, Rep. R5-21724
[140] siehe: Kraftspeichergetriebe mit Schwungrad und Wechselgetriebe. Patent DE 812924 C
[141] DRG HV 31 Fktv 128. Betr Durchbildung von leichten Triebwagen mit Antrieb durch Verbrennungsmotoren. Berlin, den 22. Juni 1931. BArch Berlin, Rep. R5-22512, pag. 252
[142] Reichsbahn-Zentralamt für Maschinenbau. 2432 Fktvl. Betr Leichte Triebwagen mit Verbrennungsmotoren für bayerische Nebenbahnen. 7.9.31. BArch Berlin, Rep. R5-22512, pag. 252-263
[143] DRG HV GD. 30 Fktv 491. Berlin, den Juli 1935. BArch Berlin, Rep. R5-22547
[144] An das Reichsbahn-Zentralamt München. Betr. Umbau eines dreiachsigen Wagens sowie Entwurf eines dreiachsigen Nebenbahntriebwagens mit gesteuerten Achsen. [o. Datum]. BArch Berlin, Rep. R5-22547
[145] Reichsbahn-Zentralamt München. 2619 Fktvla 49/34. Betreff: Versuche mit einem C3i-Wagen mit gesteuerten Achsen. 5. November 1936. BArch Berlin, Rep. R5-22547
[146] DRB. 30 Fktv 683. Berlin, den 9. März 1938. BArch Berlin, Rep. R5-22547
[147] Fuchs: Der Schnelltriebwagen der Deutschen Reichsbahn. in: Die Reichsbahn 9 (1933), S. 7
[148] Breuer, M.: Neuere Triebwagen mit Verbrennungsmotoren. in: ZVDEV. 72 (1932), S. 153
[149] Reichsbahndirektion Stettin. 21 M 11 Füs-T. Betrifft: Fahrzeugbestand am 31. Dezember 1935. Statistischer Nachweis 11 b. Stettin, den 27. Dezember 1935. Slg. Dirk Winkler
[150] Reichsbahndirektion Königsberg. 23 M2 Fut. Betreff: Fahrzeugbestand am 31. Dezember 1935. Statistischer Nachweis 11 b. 7.1.36. Slg. Dirk Winkler
[151] Reichsbahndirektion Mainz. 21 M 3 Fues. Betrifft: Statistischer Nachweis 11a und 11b über den Bestand an Lok, Kleinlok und Triebwagen. Mainz, den 2. Januar 1938. Slg. Dirk Winkler
[152] DRB. 33 Fktv 865. Berlin, den 23. September 1938. BArch Berlin, Rep. R5-22546, pag. 1
[153] DRB. 33 Fktv 865. Berlin, den 29. Juni 1939. BArch Berlin, Rep. R5-22546, pag. 19
[154] Reichsverkehrsministerium. 33 Bbt 264. Betr.: Reichsbahnausbesserungswerk. Unterhaltung von vierachsigen 175 PS- und 210 PS-Dieseltriebwagen. Berlin W8, den 31. August 1939. LABln. A Rep. 080 Nr. 4050
[155] Reichsverkehrsministerium. 33 Bbt 264. Betr.: Anstrich von vierachsigen 175 PS- und 210 PS-Dieseltriebwagen. Berlin W8, den 6. September 1939. LABln. A Rep. 080 Nr. 4050
[156] http://histor.ws/bmwr12/resta-06e.php?n=x840B aufgerufen 24.01.2013
[157] Bahndiensttelegramm vom 7.9.[1939], 17:58 Uhr. nachstehende verbrennungstriebwagen sofort für sonderzwecke mit personal … LABln. A Rep. 080 Nr. 4050
[158] [Aktenvermerk] 23. M 12. Berlin, den 8.9.39. LABln. A Rep. 080 Nr. 4050
[159] Reichsbahn-Zentralamt München. 3212 Bbta. Betr.: 175 PS, 210 PS Maybach, 210 PS MAN und 360 PS VT-Wagen für Sonderzwecke. München 2 BZ, den 6.2.1940. LABln. A Rep. 080 Nr. 4050
[160] Bahndiensttelegramm vom 10.2.[1940], Verbrennungstriebwagen 137 023 ist sofort dem Bw Mainz zuzurollen … LABln. A Rep. 080 Nr. 4050
[161] Kurz, Heinz R.: Die Triebwagen der Reichsbahn-Bauarten - Die Baureihen VT 133 - VT 137. Freiburg. 1988
[162] Beilage zum Schreiben 4219 Fkstm vom 24.9.42. Verzeichnis der im Sondereinsatz befindlichen VT-Wagen. LASA Rep. G12 Reg. A, Nr. 747-1
[163] Reichsbahndirektion Nürnberg. 21 M43 Bla. Statistischer Nachweis St11b über den Bestand an Triebwagen. Nürnberg, den 29. Jan. 1943. Slg. Dirk Winkler
[164] Reichsbahndirektion Nürnberg. 21 M41 Bla. Betreff: Statistischer Nachweis „St11a u. 11b" über den Bestand an Lok, Trieb- Steuer- u Beiwagen. Nürnberg, den 2. Jan. 1944. Slg. Dirk Winkler
[165] Kurz (1988): a.a.O., S. 202
[166] Reichsbahn-Zentralamt München. 4214 Fktv. Betreff: Winterfeste Herrichtung der VT-Wagen bei den E-Batterien. vom 31.12.1942. BA Potsdam, Außenstelle Coswig. Rep. 2270 (eingesehen 1991)
[167] Kurz (1988): a.a.O., S. 202
[168] Nachweis der Triebwagen im RBD-Bezirk. Stand am 15.7.45. VAN
[169] Deutsche Reichsbahn. Reichsbahn-Zentralamt München. 4613 Bbta. Vorläufig als ausmusterungsreif gemeldete VT's- München, den 26.2.1946. Slg. Dirk Winkler
[170] Lok-Kartei des TZA der DR. Zentrales Verwaltungsarchiv des MfV der DDR. Akten-Nr. TZA 1027, 1028
[171] Verzeichnis der in der sowjetischen Besatzungszone vorhandenen Verbrennungs-Triebwagen. Archiv MfV. Rep. M-1 525 / Slg. Dirk Winkler
[172] Bahndienstfernschreiben Nr. 126 vom 22.12.1948. Zentrales Verwaltungsarchiv des MfV der DDR, Akte Nr. M-1 25. Slg. Dirk Winkler
[173] Deutsche Wirtschaftskommission in der Sowjetischen Besatzungszone. Hauptverwaltung Verkehr. Generaldirektion Reichsbahn. O/E III.31 Fuv 38. Betrifft: Ausmusterung von Verbrennungs-Triebwagen., Berlin, den 15. Januar 1949. Zentrales Verwaltungsarchiv des MfV der DDR, Akte Nr. M-1 25. Slg. Dirk Winkler
[174] Horn: a.a.O., S. 127/128
[175] Broncard: a.a.O., S. 247
[176] Elsners Taschenbuch für den Reichsbahn-Kraftverkehr. 1937, Berlin [o.J], S. 169
[177] Wohllebe: Reichsbahntriebwagen mit Verbrennungsmotoren. in: VtW. 27 (1933), S. 330
[178] Reichsverkehrsministerium. 33 Bbt 264. Betr.: Reichsbahnausbesserungswerk. Unterhaltung von vierachsigen 175 PS- und 210 PS-Dieseltriebwagen. Berlin W8, den 31. August 1939. LABln. A Rep. 080 Nr. 4050
[179] Reichsbahndirektion Stuttgart. Übersicht über die Verwendung der Lok, Trieb-, Steuer- und Beiwagen. 1. Juli 1938 - 31. Dezember 1940. VAN / Slg. Dirk Winkler
[180] Reichsbahn-Zentralamt München. Pr SH 11 Fktvh. Betreff: Heizungsumbau bei den 210 PS-Maybach VT 137 123, 124 und 135 für Narvig. Staatsarchiv der DDR, Potsdam, Akten 43.01. 2270, pag. 222
[181] Beilage zum Schreiben 4219 Fkstm vom 24.9.42. Verzeichnis der im Sondereinsatz befindlichen VT-Wagen. LASA Rep. G12 Reg. A, Nr. 747-1
[182] Betriebsbuchauszug 137 132. Slg. Dirk Winkler
[183] DRB. 33 Fktv 1293. Betr Ausmusterung der Verbrennungstriebwagen 137 050 und 136 104. Berlin, den 29. Januar 1943. BArch Berlin, Rep. R5-22270, pag. 149
[184] Kurz (1988): a.a.O., S. 214
[185] Betriebsbuchauszüge. Slg. Dirk Winkler
[186] Reichsbahndirektion Schwerin. 21 M8 Füs. Betr: Jahresnachweis St 11a und 11b – Bestand an Dampflok, Kleinlok und Triebwagen. Schwerin, den 7. Januar 42.. Slg. Dirk Winkler
[187] Beilage zum Schreiben 4219 Fkstm vom 24.9.42. Verzeichnis der im Sondereinsatz befindlichen VT-Wagen. LASA Rep. G12 Reg. A, Nr. 747-1
[188] Lok-Kartei des TZA der DR. Zentrales Verwaltungsarchiv des MfV der DDR. Akten-Nr. TZA 1027, 1028
[189] Verzeichnis der in der sowjetischen Besatzungszone vorhandenen Verbrennungs-Triebwagen. Archiv MfV. Rep. M-1 525 / Slg. Dirk Winkler
[190] Bjerke, Thor: Norske motorvogner type 9 og 10. in: På sporet (1980), Nr. 26, S. 4
[191] Löttgers, Rolf: Reichsbahn-Dieseltriebwagen in Norwegen. in: Lok-Magazin (1983), S. 361
[192] Fuchs: Neuere Triebwagen mit Verbrennungsmotoren. in: Die Reichsbahn 8 (1932), S. 6
[193] Fuchs: Der Schnelltriebwagen der Deutschen Reichsbahn-Gesellschaft. in: Die Reichsbahn 9 (1933), S. 7
[194] Fuchs, Friedrich: Die Entwicklung des Triebwagens bei der Deutschen Reichsbahn-Gesellschaft. Organ. 88 (1933), S. 45
[195] Elsners Taschenbuch für den Reichsbahn-Kraftverkehr. 1937, Berlin [o.J], S. 175
[196] Deutsche Reichsbahn. Reichsbahn-Zentralamt München. Beschreibung der 300 PS dieselelektrischen Triebwagen VT 137 025 - 027, 137 055 - 057, 137 111 - 116, 137 117 - 120 u 137 296 - 300 [o. Jahr], Slg. Dirk Winkler

[197] Friedrich, Kurt: Abnahmefahrten mit dieselelektrischen Triebwagen. in: Organ 89 (1934), S. 331
[198] Reichsbahn-Zentralamt München. 4610 Bbta. Betr Ausbau der Maschinenanlagen aus den 300 PS MWM – VT-Wagen. 19. Juli 1943. BArch Berlin, Rep. R5-22270, pag. 123
[199] DRB. 33 Fktv 1328. Betr Ausbau der Maschinenanlagen aus den 300 PS-Dieseltriebwagen mit MWM-Motor. Berlin, den 29. Juli 1943. BArch Berlin, Rep. R5-22270, pag. 123, Rs.
[200] Verzeichnis von Triebwagen im RBD-Bezirk [Nürnberg]. Stand am 15.7.45. VAN
[201] Reichsbahndirektion Nürnberg. Verzeichnis der Triebwagen im RBD-Bezirk. Stand am 31.8.1947. VAN
[202] DRG HV. Anlage zu 31/74a Fktv 308 v. 16.10.33. Fahrzeugbeschaffungsprogramm 1934, Triebwagen mit eigener Kraftquelle. BArch Berlin, Rep. R5-22047, pag. 110
[203] Triebwagen mit eigener Kraftquelle für die Deutsche Reichsbahn. in: ZVDI (1934), S. 1202
[204] Deutsche Reichsbahn. Reichsbahn-Zentralamt München. Beschreibung der 300 PS dieselelektrischen Triebwagen VT 137 025 - 027, 137 055 - 057, 137 111 - 116, 137 117 - 120 u 137 296 - 300 [o. Jahr], Slg. Dirk Winkler
[205] Kurz (1988): a.a.O., S. 249
[206] Reichsbahndirektion Nürnberg. 21 M 25 Bla. Betrifft: Fahrzeugbestand am 31. Dezember 1935. Statistischer Nachweis 10 a und 10b. Nürnberg, den 10. Januar 1936. VAN
[207] Reichsbahndirektion Königsberg. 23 M2 Fut. Betreff: Fahrzeugbestand am 31. Dezember 1935. Statistischer Nachweis 11 b. 7.1.36. VAN
[208] Reichsbahn-Zentralamt München. 3212 Bbta. Betreff: Verwendung von VT zur Notstromversorgung. 7. Mai.1940. BA Potsdam, Außenstelle Coswig. Rep. 1802 (eingesehen 1991)
[209] Fiebig, Günther: Das unbekannte Vorbild. VT 137 055-57 und 137 111-116. in: Der Modelleisenbahner 10 (1961), S. 197
[210] Beilage zum Schreiben 4219 Fkstm vom 24.9.42. Verzeichnis der im Sondereinsatz befindlichen VT-Wagen. LASA Rep. G12 Reg. A, Nr. 747-1
[211] Deutsche Reichsbahn. Reichsbahn-Zentralamt München. 4610 Bbta. Zusammenstellung der VT-Wagen in der englisch- und französisch besetzten Zone. Stand vom 25.2.46. Slg. Dirk Winkler
[212] Mitgeteilt von Zdenek Hrdina am 21.06.2017
[213] Deutsche Reichsbahn. Reichsbahn-Zentralamt München. Beschreibung der 300 PS dieselelektrischen Triebwagen VT 137 025 - 027, 137 055 - 057, 137 111 - 116, 137 117 - 120 u 137 296 - 300 [o. Jahr], Slg. Dirk Winkler
[214] Kurz (1988): a.a.O., S. 249
[215] Reichsbahn-Zentralamt München. 3212 Bbta. Betreff: Verwendung von VT zur Notstromversorgung. 7. Mai.1940. BA Potsdam, Außenstelle Coswig. Rep. 1802 (eingesehen 1991)
[216] Deutsche Reichsbahn. Reichsbahn-Zentralamt München. Beschreibung der 300 PS dieselelektrischen Triebwagen VT 137 025 - 027, 137 055 - 057, 137 111 - 116, 137 117 - 120 u 137 296 - 300 [o. Jahr], Slg. Dirk Winkler
[217] Reichsbahn-Zentralamt München. 4610 Bbta. Betr Ausbau der Maschinenanlagen aus den 300 PS MWM – VT-Wagen. 19. Juli 1943. BArch Berlin, Rep. R5-22270, pag. 123
[218] DRB. 33 Fktv 1328. Betr Ausbau der Maschinenanlagen aus den 300 PS-Dieseltriebwagen mit MWM-Motor. Berlin, den 29. Juli 1943. BArch Berlin, Rep. R5-22270, pag. 123, Rs.
[219] Kurz (1988): a.a.O., S. 254
[220] Verzeichnis von Triebwagen im RBD-Bezirk [Nürnberg]. Stand am 15.7.45. VAN
[221] Reichsbahndirektion Nürnberg. Verzeichnis der Triebwagen im RBD-Bezirk. Stand am 31.8.1947. VAN
[222] Löttgers, Rolf: Die dieselelektrischen Triebwagen VT 50 der Deutschen Bundesbahn. in: Lok-Magazin 30 (1991), S. 212
[223] Fuchs, Friedrich: Die Entwicklung des Triebwagens bei der Deutschen Reichsbahn-Gesellschaft. in: Organ. 88 (1933), S. 45
[224] Fitz, K.: Ein 410 PS dieselelektrischer Triebwagen. in: BBC Nachrichten (1934), S. 29
[225] Breuer, M.: Triebwagen für den Schnellverkehr mit eigener Kraftquelle. in: Organ 90 (1935), S. 295
[226] Deutsche Reichsbahn. Beschreibung des 410 PS dieselelektrischen Trieb- und Steuerwagens [o. Jahr], Slg. Dirk Winkler
[227] Reichsbahn-Zentralamt München. 3412 Fklveü. Betreff: Verwendung von Verbrennungstriebwagen mit elektrischer Kraftübertragung für besondere Zwecke. 24.2.1940. BA Potsdam, Außenstelle Coswig. Rep. 1802, pag. 75 (eingesehen 1991)
[228] DRB 33 Fktv 1002. Verwendung von Verbrennungstriebwagen mit elektrischer Kraftübertragung zur Notstromversorgung. Berlin, den 9. März 1940. BA Potsdam, Außenstelle Coswig. Rep. 1802, pag. 77 (eingesehen 1991)
[229] Reichsbahndirektion Halle. 21 Bl 20 Fktv 6/40. Betreff Abgabe von Dieseltriebwagen zur Notstromversorgung. Halle (Saale), 16. August 1940. BA Potsdam, Außenstelle Coswig. Rep. 1802, pag. 107 (eingesehen 1991)
[230] Notstrom-Verbrennungstriebwagen. BA Potsdam, Außenstelle Coswig. Rep. 1802, pag. 210 (eingesehen 1991)
[231] Betriebsbuchauszug VT 137 030. Slg. Volkmar Kubitzki
[232] Beilage zum Schreiben 4219 Fkstm vom 24.9.42. Verzeichnis der im Sondereinsatz befindlichen VT-Wagen. LASA Rep. G12 Reg. A, Nr. 747-1
[233] Fuchs, Friedrich: Die Entwicklung des Triebwagens bei der Deutschen Reichsbahn-Gesellschaft. in: Organ. 88 (1933), S. 45
[234] Reichsbahn-Zentralamt München. 3212 Bbta. Betreff: Verwendung von VT zur Notstromversorgung. 7. Mai.1940. BA Potsdam, Außenstelle Coswig. Rep. 1802 (eingesehen 1991)
[235] DRB. 33 Fktv 1043. Betr Verwendung von VT-Wagen zur Notstromversorgung. Berlin, den 26. August 1940. BA Potsdam, Außenstelle Coswig. Rep. 1802, pag. 109 (eingesehen 1991)
[236] DRB. 33 Fktv 1043. Betr Verwendung von VT-Wagen zur Notstromversorgung. Berlin, den 26. August 1940. BA Potsdam, Außenstelle Coswig. Rep. 1802, pag. 111 (eingesehen 1991)
[237] Reichsbahn-Zentralamt München. Pr 3212 Bbta.. Betreff: Einsatz der Notstrom VT-Wagen. 18. November 1940. BA Potsdam, Außenstelle Coswig. Rep. 1802, pag. 224 (eingesehen 1991)
[238] RZA München 3212 Bbta. Personal für Notstrom-VT-Wagen. Blatt I. Anlage zum Bericht 3112 Bbta vom 13.5.41. BA Potsdam, Außenstelle Coswig. Rep. 1802, pag. 201 (eingesehen 1991)
[239] Beilage zum Schreiben 4219 Fkstm vom 24.9.42. Verzeichnis der im Sondereinsatz befindlichen VT-Wagen. LASA Rep. G12 Reg. A, Nr. 747-1
[240] Betriebsbuchauszug 137 060. Slg. Dirk Winkler
[241] Betriebsbuch 137 061. Slg. Volkmar Kubitzki
[242] Betriebsbuch 137 064. Slg. Volkmar Kubitzki
[243] Betriebsbuch 137 066. Slg. Volkmar Kubitzki
[244] Betriebsbuch 137 067. Slg. Volkmar Kubitzki
[245] Lok-Kartei des TZA der DR. Zentrales Verwaltungsarchiv des MfV der DDR. Akten-Nr. TZA 1027, 1028
[246] Bahndienstfernschreiben Nr. 126 vom 22.12.1948. Zentrales Verwaltungsarchiv des MfV der DDR, Akte Nr. M-1 25. Slg. Dirk Winkler
[247] Deutsche Wirtschaftskommission in der Sowjetischen Besatzungszone. Hauptverwaltung Verkehr. Generaldirektion Reichsbahn. O/E III.31 Fuv 38. Betrifft: Ausmusterung von Verbrennungs-Triebwagen., Berlin, den 15. Januar 1949. Zentrales Verwaltungsarchiv des MfV der DDR, Akte Nr. M-1 25. Slg. Dirk Winkler
[248] Verzeichnis der in der sowjetischen Besatzungszone vorhandenen Verbrennungs-Triebwagen. Zentrales Verwaltungsarchiv des MfV der DDR. Rep. M-1 525 / Slg. Dirk Winkler
[249] Deutsche Reichsbahn-Gesellschaft. Hauptverwaltung. 74a/31 Fetv 13. Berlin W 8, den 2. Mai 1932 [sowie] Telegrammbrief Betr Beschaffung von Triebwagen mit eigener Kraftquelle zu Lasten des Fahrzeugprogramms 1932. Slg. Dirk Winkler
[250] Reichsbahn-Zentralamt München. Pr 3212 Bbta.. Betreff: Einsatz der Notstrom VT-Wagen. 18. November 1940. BA Potsdam, Außenstelle Coswig. Rep. 1802, pag. 224 (eingesehen 1991)
[251] Reichsbahn-Zentralamt München. 3212 Bbta. Betreff: Verwendung von VT zur Notstromversorgung. 7. Mai.1940. BA Potsdam, Außenstelle Coswig. Rep. 1802 (eingesehen 1991)
[252] DRB 33 Fktv 1002. Verwendung von Verbrennungstriebwagen mit elektrischer Kraftübertragung zur Notstromversorgung. Berlin, den 9. März 1940. BA Potsdam, Außenstelle Coswig. Rep. 1802, pag. 77 (eingesehen 1991)
[253] Reichsbahndirektion Halle. 21 Bl 20 Fktv. Betr: Abgabe von Dieseltriebwagen zur Notstromversorgung. Halle (Saale), 2.7.1940. BArch Potsdam, Außenstelle Coswig. Rep. 1802, pag. 98 (eingesehen 1991)
[254] Reichsbahn-Zentralamt München. Pr 3212 Bbta.. Betreff: Einsatz der Notstrom VT-Wagen. 18. November 1940. BA Potsdam, Außenstelle Coswig. Rep. 1802, pag. 224 (eingesehen 1991)
[255] Reichsbahn-Zentralamt München. 3212 Bbta. Betreff: Einsatz von Notstromtriebwagen mit Personal für Sonderzwecke. 28.4.1941. BA Potsdam, Außenstelle Coswig. Rep. 1802, pag. 157 (eingesehen 1991)
[256] Notstrom-Verbrennungstriebwagen. BA Potsdam, Außenstelle Coswig. Rep. 1802, pag. 210 (eingesehen 1991)
[257] Kurz (1988): a.a.O., S. 278
[258] Lok-Kartei des TZA der DR. Zentrales Verwaltungsarchiv des MfV der DDR. Akten-Nr. TZA 1027, 1028
[259] Verzeichnis der in der sowjetischen Besatzungszone vorhandenen Verbrennungs-Triebwagen. Zentrales Verwaltungsarchiv des MfV der DDR. Rep. M-1 525 / Slg. Dirk Winkler
[260] Betriebsbuchauszug 137 069. Slg. Dirk Winkler
[261] Fuchs, Friedrich: Die Entwicklung der Triebwagen bei der Deutschen Reichsbahn-Gesellschaft. in: Organ 88 (1933), S. 45
[262] Elsners Taschenbuch für den Reichsbahn-Kraftverkehr. 1937, Berlin [o.J], S. 179
[263] DRG HV 33 Fktv 496. Vermerk: Berlin, den 4. Januar 1935. BArch Berlin, Rep. R5-7952, pag. 233

[264] Reichsbahn-Zentralamt für Maschinenbau. 2636 Fktvbu 97/34. Betr: Abschlußwand zwischen Fahrgastraum und Einstiegraum in 410 PS Verbrennungstriebwagen. Berlin, den 8.2.1935. BArch Berlin, Rep. R5-7952, pag. 239

[265] DRG HV 33 Fktv 496. Vermerk: Berlin, den 4. Januar 1935. BArch Berlin, Rep. R5-7952, pag. 233

[266] Betriebsbuchauszug 137 031. Slg. Dirk Winkler

[267] Reichsbahn-Zentralamt München. 3212 Bbta. Betreff: Verwendung von VT zur Notstromversorgung. 7. Mai.1940. BA Potsdam, Außenstelle Coswig, Rep. 1802 (eingesehen 1991)

[268] Reichsbahn-Zentralamt München. 3212 Bbta. Betreff: Verwendung von VT-Wagen mit elektrischer Kraftübertragung zur Notstromversorgung. 8.8.1940. BArch Potsdam, Außenstelle Coswig, Rep. 1802, pag. 108 (eingesehen 1991)

[269] Reichsbahn-Zentralamt München. Pr 3212 Bbta. Betreff: Einsatz der Notstrom VT-Wagen. 18. November 1940. BArch Potsdam, Außenstelle Coswig, Rep. 1802, pag. 224 - 226 (eingesehen 1991)

[270] Reichsbahn-Zentralamt München. 3412 Fktveü. Betreff: Verwendung von Verbrennungstriebwagen mit elektrischer Kraftübertragung zur Notstromversorgung. 15.10.1940. BArch Potsdam, Rep. 1802, pag. 119 (eingesehen 1991)

[271] Reichsbahn-Zentralamt München. Pr 3212 Bbta. Betreff: Einsatz der Notstrom VT-Wagen. 18. November 1940. BArch Potsdam, Außenstelle Coswig, Rep. 1802, pag. 224 - 226 (eingesehen 1991)

[272] Notstrom-Verbrennungstriebwagen. BArch Potsdam, Außenstelle Coswig, Rep. 1802, pag. 210 (eingesehen 1991)

[273] Betriebsbuchauszug 137 031. Slg. Dirk Winkler

[274] Kurz (1988): a.a.O., S. 266

[275] Bahndienstfernschreiben Nr. 126 vom 22.12.1948. Zentrales Verwaltungsarchiv des MfV der DDR, Akte Nr. M-1 25. Slg. Dirk Winkler

[276] Deutsche Wirtschaftskommission in der Sowjetischen Besatzungszone. Hauptverwaltung Verkehr. Generaldirektion Reichsbahn. O/E III.31 Fuv 38. Betrifft: Ausmusterung von Verbrennungs-Triebwagen., Berlin, den 15. Januar 1949. Zentrales Verwaltungsarchiv des MfV der DDR, Akte Nr. M-1 25. Slg. Dirk Winkler

[277] Betriebsbuchauszüge 137 034, 137 035. Slg. Dirk Winkler

[278] Lok-Kartei des TZA der DR. Zentrales Verwaltungsarchiv des MfV der DDR. Akten-Nr. TZA 1027, 1028

[279] Verzeichnis der in der sowjetischen Besatzungszone vorhandenen Verbrennungs-Triebwagen. Zentrales Verwaltungsarchiv des MfV der DDR. Rep. M-1 525 / Slg. Dirk Winkler

[280] Aufstellung über den Triebwagenbestand der VT-Gruppe Kh des Bw Rgb. Bln, 1.8.52. Nachlaß Herbert Scheiber. Slg. Dirk Winkler

[281] Betriebsbuchauszug 137 034. Slg. Dirk Winkler

[282] Deutsche Reichsbahn-Gesellschaft, Hauptverwaltung. Der Generaldirektor. 31/74a Fktv 308. Berlin W8, den 16. Oktober 1933. BArch Berlin, Rep. R5-22047, pag. 103 - 107

[283] Deutsche Reichsbahn-Gesellschaft, Hauptverwaltung. 33 Fktv 417. Betr Verteilung der Steuer- und Beiwagen für die Lieferung 1933 und 1934. Berlin W8, den 9. Oktober 1934. BArch Berlin, Rep. R5-22562, pag. 119 -121

[284] Reichsbahn-Zentralamt für Maschinenbau. 2636 Fktvbu 97/34. Betr: Abschlußwand zwischen Fahrgastraum und Einstiegraum in 410 PS Verbrennungstriebwagen. Berlin, den 8.2.1935. BArch Berlin, Rep. R5-7952, pag. 239

[285] Reichsbahn-Zentralamt für Maschinenbau. 2636 Fktvbu 97/34. Betr: Abschlußwand zwischen Fahrgastraum und Einstiegraum in 410 PS Verbrennungstriebwagen. Berlin, den 8.2.1935. BArch Berlin, Rep. R5-7952, pag. 239

[286] Reichsbahn-Zentralamt München. 3212 Bbta. Betreff: Verwendung von VT zur Notstromversorgung. 7. Mai.1940. BArch Potsdam, Außenstelle Coswig. Rep. 1802 (eingesehen 1991)

[287] Reichsbahndirektion Halle. 21 Bl 20 Fktv. Betr: Abgabe von Dieseltriebwagen zur Notstromversorgung. Halle (Saale), 2.7.1940. BArch Potsdam, Außenstelle Coswig. Rep. 1802, pag. 98 (eingesehen 1991)

[288] Reichsbahn-Zentralamt München. 3212 Bbta. Betreff: Verwendung von VT-Wagen mit elektrischer Kraftübertragung zur Notstromversorgung. 8.8.1940. BArch Potsdam, Außenstelle Coswig, Rep. 1802, pag. 108 (eingesehen 1991)

[289] Reichsbahn-Zentralamt München. Pr 3212 Bbta. Betreff: Einsatz der Notstrom VT-Wagen. 18. November 1940. BArch Potsdam, Außenstelle Coswig, Rep. 1802, pag. 224 - 226 (eingesehen 1991)

[290] Abschrift . RVM. 33 g/Bmfkl 32. Betr. Sonderanlage Marine-K II L- Anforderung von Dieseltriebwagen und Bedienpersonal. Berlin, den 30. Mai 1941. BArch Potsdam, Außenstelle Coswig, Rep. 1802, pag. 202, 210 (eingesehen 1991)

[291] Kurz (1988): a.a.O., S. 286

[292] Abschrift. Fernschreibstelle Luftgaukommando VII, aufgenommen am 9.7.1941. BArch Potsdam, Außenstelle Coswig, Rep. 1802, pag. 250 (eingesehen 1991)

[293] Fernmündliche Mitteilung des RZA München vom 9. Juli 1941. BArch Potsdam, Außenstelle Coswig, Rep. 1802, pag. 288 (eingesehen 1991)

[294] Beilage zum Schreiben 4219 Fkstm vom 24.9.42. Verzeichnis der im Sondereinsatz befindlichen VT-Wagen. LASA Rep. G12 Reg. A, Nr. 747-1

[295] Lok-Kartei des TZA der DR. Zentrales Verwaltungsarchiv des MfV der DDR. Akten-Nr. TZA 1027, 1028

[296] Betriebsbuchauszug 137 084. Slg. Dirk Winkler

[297] Verzeichnis der in der sowjetischen Besatzungszone vorhandenen Verbrennungs-Triebwagen. Zentrales Verwaltungsarchiv des MfV der DDR. Rep. M-1 525 / Slg. Dirk Winkler

[298] Broncard: a.a.O., S.243 - 245

[299] Pfarr, H. Neuere Reichsbahn-Verbrennungstriebwagen größerer Leistung. in: GA. (1935), S. 94

[300] Reichsbahn-Zentralamt für Maschinenbau. 2636 Fktvbu 44. Betr: 410 PS-Verbrennungstriebwagen. Berlin, den 22. März 1934. BArch Berlin, Rep. R5-22047, pag. 181

[301] Deutsche Reichsbahn. Reichsbahn-Zentralamt München. Beschreibung der 410 PS dieselelektrischen Triebwagen Nr 137 094 - 096, 137 164 - 173, 137 175 - 180, 137 182 - 187, 137 191 - 209 [o. Jahr], Slg. Dirk Winkler

[302] Beilage zum Schreiben 4219 Fkstm vom 24.9.42. Verzeichnis der im Sondereinsatz befindlichen VT-Wagen. LASA Rep. G12 Reg. A, Nr. 747-1

[303] Kurz (1988): a.a.O., S. 318, 319

[304] Reichsbahndirektion Regensburg. Statistischer Nachweis St 11b über den Bestand an Triebwagen. Geschäftsjahr 1944. Regensburg, den 23. Januar 1945. VAN

[305] Deutsche Reichsbahn. Reichsbahn-Zentralamt München. 4610 Bbta. Zusammenstellung der VT-Wagen in der englisch- und französisch besetzten Zone. Stand vom 25.2.46. Slg. Dirk Winkler

[306] Bahndienstfernschreiben Nr. 126 vom 22.12.1948. Zentrales Verwaltungsarchiv des MfV der DDR, Akte Nr. M-1 25. Slg. Dirk Winkler

[307] Deutsche Wirtschaftskommission in der Sowjetischen Besatzungszone. Hauptverwaltung Verkehr. Generaldirektion Reichsbahn. O/E III.31 Fuv 38. Betrifft: Ausmusterung von Verbrennungs-Triebwagen., Berlin, den 15. Januar 1949. Zentrales Verwaltungsarchiv des MfV der DDR, Akte Nr. M-1 25. Slg. Dirk Winkler

[308] Betriebsbuch 137 096. Slg. Volkmar Kubitzki

[309] Betriebsbuch 137 166. Slg. Volkmar Kubitzki

[310] Betriebsbuch 137 100. Slg. Volkmar Kubitzki

[311] Bjerke, Thor: Norske motorvogner type 9 og 10. in: På sporet (1980), Nr. 26, S. 4

[312] Löttgers, Rolf: Reichsbahn-Dieseltriebwagen in Norwegen. in: Lok-Magazin (1983), S. 361

[313] Broncard: a.a.O., S.242, 246

[314] [Ministerium für Verkehr der ČSR]. 16542/45-V/5. Příděl a přesun kolejových motorových vozidel. 13.9.1945. [mitgeteilt von Zdeněk Hrdina]

[315] Bek: a.a.O., S. 61

[316] Mitteilung von Zdeněk Hrdina vom 21.06.2017

[317] DRG HV. Anlage zu 31/74a Fktv 308 v. 16.10.33. Fahrzeugbeschaffungsprogramm 1934, Triebwagen mit eigener Kraftquelle. BArch Berlin. Rep. R5-22047, pag. 110, 111

[318] Deutsche Reichsbahn-Gesellschaft. Hauptverwaltung. Betr Verteilung der Steuer- und Beiwagen für die Verbrennungstriebwagen der Lieferung 1933 und 1934. Berlin W 8, den 9. Oktober 1934. Barch Berlin. Rep. R5-22562, pag. 119 – 121

[319] Breuer, M.: Neue besonders leistungsfähige Dieseltriebwagen der Deutschen Reichsbahn. in: Organ 91 (1936), S. 358

[320] Breuer, M.: Neue besonders leistungsfähige Dieseltriebwagen der Deutschen Reichsbahn. in: Organ 91 (1936), S. 358

[321] Elsners Taschenbuch für den Reichsbahn-Kraftverkehr. 1938, Berlin [o.J], S. 235

[322] DRG HV. Anlage zu 31/74a Fktv 308 v. 16.10.33. Fahrzeugbeschaffungsprogramm 1934, Triebwagen mit eigener Kraftquelle. BArch Berlin, Rep. R5-22047, pag. 110

[323] Betriebsbuchauszug 137 161. Slg. Volkmar Kubitzki

[324] Deutsche Reichsbahn. Reichsbahn-Zentralamt München. 4610 Bbta. Zusammenstellung der VT-Wagen in der englisch- und französisch besetzten Zone. Stand vom 25.2.46. Slg. Dirk Winkler

[325] Elsners Taschenbuch für den Reichsbahn-Kraftverkehr. 1938, Berlin [o.J], S. 243

[326] Reichsbahn-Zentralamt München. 3214 Bbta. Zusammenstellung der im Betrieb befindlichen VT-Wagen. München, den 14.01.1941. Slg. Volkmar Kubitzki

[327] Beilage zum Schreiben 4219 Fkstm vom 24.9.42. Verzeichnis der im Sondereinsatz befindlichen VT-Wagen. LASA Rep. G12 Reg. A, Nr. 747-1

[328] Reichsbahn-Zentralamt München. 4214 Fktv. Betreff: Winterfeste Herrichtung der VT-Wagen bei den E-Batterien. vom 31.12.1942. BA Potsdam, Außenstelle Coswig. Rep. 2270 (eingesehen 1991)

[329] Betriebsbuchauszug 137 136. Slg. Dirk Winkler

[330] Betriebsbuch 137 146. Slg. Volkmar Kubitzki

[331] Kurz (1988): a.a.O., S. 221

[332] Reichsbahndirektion Regensburg. Statistischer Nachweis St 11b über den Bestand an Triebwagen. Geschäftsjahr 1944. Regensburg, den 23. Januar 1945. VAN

[333] Information von Zdenek Hrdina.

[334] Aufstellung von Josef Motyčka, übermittelt von Zdeněk Hrdina am 02.07.2017

[335] DRG HV. Anlage zu 31/74a Fktv 308 v. 16.10.33. Fahrzeugbeschaffungsprogramm 1934, Triebwagen mit eigener Kraftquelle. BArch Berlin. Rep. R5-22047, pag. 110, 111

[336] Reichsbahn-Zentralamt München. 28/Bmktr 4/Bbta. Betreff: Bewährung der 210/280 PS-MAN-Verbrennungstriebwagen 137 162 - 163 und 137 235. 12.12.38. BArch Berlin, Rep. R5-22526
[337] Reichsbahn-Zentralamt München. 28/2812 Bbta. Betreff: Bewährung der 210/280 PS MAN Verbrennungstriebwagen. 9.6.38. BArch Berlin, Rep. R5-22526
[338] Reichsbahn-Zentralamt München. 28/2812 Bbta. Betreff: Bewährung der 210/280 PS MAN Verbrennungstriebwagen. 9.6.38. BArch Berlin, Rep. R5-22526
[339] Reichsbahndirektion Schwerin. 21 M8 Füs. Betr: Jahresnachweis St 11a und 11b – Bestand an Dampflok, Kleinlok und Triebwagen. Schwerin, den 7. Januar 42. Slg. Dirk Winkler
[340] Reichsbahndirektion Nürnberg. 21. M43 Bla. Betreff: Statistischer Nachweis 11a u. 11b über den Bestand an Lokomotiven, Trieb- Steuer- u. Beiwagen. Nürnberg, den 2. Jan. 1943. Slg. Dirk Winkler
[341] Reichsbahndirektion Schwerin. 21 M 8 Bla. Betr: Statistischer Nachweis St 11 a und b. Schwerin, den 14. Januar 1944. Slg. Dirk Winkler
[342] Betriebsbuchauszug 137 163. Slg. Dirk Winkler
[343] Betriebsbuchauszug 137 163. Slg. Dirk Winkler
[344] DRG HV. Anlage zu 31/74a Fktv 308 v. 16.10.33. Fahrzeugbeschaffungsprogramm 1934, Triebwagen mit eigener Kraftquelle. BArch Berlin. Rep. R5-22047, pag. 110, 111
[345] Elsners Taschenbuch für den Reichsbahn-Kraftverkehr. 1938, Berlin [o.J], S. 231
[346] Reichsbahn-Zentralamt München. 28/2812 Bbta. Betreff: Bewährung der 210/280 PS MAN Verbrennungstriebwagen. 9.6.38. BArch Berlin, Rep. R5-22526
[347] Reichsbahn-Zentralamt München. 28/2812 Bbta. Betreff: Bewährung der 210/280 PS MAN Verbrennungstriebwagen. 9.6.38. BArch Berlin, Rep. R5-22526
[348] Reichsbahndirektion Münster. 21 Bmktr 1. Betrifft: Nachweis der Triebwagen für den Personenverkehr. Osnabrück, den 3. Sept. 1945. Slg. Dirk Winkler
[349] Beilage zum Schreiben 4219 Fkstm vom 24.9.42. Verzeichnis der im Sondereinsatz befindlichen VT-Wagen. LASA Rep. G12 Reg. A, Nr. 747-1
[350] DRG HV. Anlage zu 31/74a Fktv 308 v. 16.10.33. Fahrzeugbeschaffungsprogramm 1934, Triebwagen mit eigener Kraftquelle. BArch Berlin. Rep. R5-22047, pag. 110, 111
[351] Stroebe: Entwicklung und künftige Gestaltung der Verbrennungstriebwagen der Deutschen Reichsbahn. in: GA (1937), S. 116
[352] Elsners Taschenbuch für den Reichsbahn-Kraftverkehr. 1938, Berlin [o.J], S. 232
[353] Reichsbahn-Zentralamt München. 28/2812 Bbtg. Betreff: Leihweise Abgabe des 300 PS Daimler VT-Wagens Nr. 137 236 an RBD Nürnberg. 4.11.1937. BArch Berlin, Rep. R5-22526
[354] Reichsbahndirektion Nürnberg. 21 M43 Bla Ruf Nr 1667. Betreff: Statistischer Nachweis 11a und b über den Bestand an Lokomotiven, Trieb-, Steuer- und Beiwagen. Nürnberg, den 12. Januar 1940. Slg. Dirk Winkler
[355] Reichsbahndirektion München. 21 m 111/Bla. Betreff: Statistischer Nachweis St 11 a und 11b über den Bestand an Lok und Triebwagen. München, den 27. Januar 1943. VAN
[356] Beilage zum Schreiben 4219 Fkstm vom 24.9.42. Verzeichnis der im Sondereinsatz befindlichen VT-Wagen. LASA Rep. G12 Reg. A, Nr. 747-1
[357] Taschinger, Otto: Diesel-Aussichtstriebwagen. in: Organ 93 (1938), S. 187
[358] Eisenbahnabteilung des Reichsverkehrsministeriums. 30 Feh 100. Betr Anmeldung zur Beschaffung neuer Fahrzeuge für das Jahr 1940. BArch Berlin, Rep. R5-22270, pag. 287
[359] Taschinger, Otto: Diesel-Aussichtstriebwagen. in: Organ 93 (1938), S. 187
[360] Graßl, R.; O. Taschinger: Aussichtstriebwagen mit Antrieb durch Dieselmotoren. in: Die Reichsbahn (1936), S. 562
[361] Röbling: Die Bremse des dieselhydraulischen Aussichtstriebwagens. in: Organ 93 (1938), S. 197
[362] DRG HV 33 Fktv [Aussichtstriebwagen] Berlin, den 20. Februar 1935. BArch Berlin, Rep. R5-7952, pag. 222
[363] Graßl, R; O. Taschinger: Aussichtstriebwagen mit Antrieb durch Dieselmotor. Die Reichsbahn (1936), S. 562
[364] Lauffs: Mit dem Mikrophon im Aussichtstriebwagen. Die Reichsbahn (1937), S. 704
[365] Reichsbahndirektion Nürnberg. 21 M43 Bla Ruf Nr 1667. Betreff: Statistischer Nachweis 11a und b über den Bestand an Lokomotiven, Trieb-, Steuer- und Beiwagen. Nürnberg, den 12. Januar 1940. Slg. Dirk Winkler
[366] Reichsbahn-Zentralamt München. 3213 Bbta. Betreff: Statistischer Nachweis St 11 b. 23.9.40. Slg. Dirk Winkler
[367] Reichsbahndirektion Nürnberg. 21 M43 Bla. Betreff: Statistischer Nachweis 11a und 11b über den Bestand an Lokomotiven, Trieb-, Steuer- u Beiwagen. Nürnberg, den 15. Januar 1942. Slg. Dirk Winkler
[368] Reichsbahndirektion Nürnberg. 21 M5 Fuvl (5967). Betr. Zerlegung von Triebwagen. Nürnberg, den 18. I. 1948. Slg. Dirk Winkler
[369] Liste aller Diesel – Benzin und elektr. Triebwagen. Nürnberg, 20.7.46. VAN
[370] Reichsbahndirektion Nürnberg. Verzeichnis der Triebwagen im RBD-Bezirk. Stand am 31.8.1947. VAN
[371] RBD Nürnberg. Dez. 23. Verzeichnis der Motorschienenfahrzeuge ... Stand vom 1.XI.48. VAN
[372] Deutsche Reichsbahn. Reichsbahn-Zentralamt München. 4613 Bbta. Vorläufig als ausmusterungsreif gemeldete VT's- München, den 26.2.1946. Slg. Dirk Winkler
[373] Deutsche Bundesbahn. Hauptverwaltung. 27A.273 Ftm/U 48. Betreff Werkstätten; Aussichts-VT 90 500. Frankfurt (Main), den 6. April 1959. Slg. Dirk Winkler
[374] Elsners Taschenbuch für den Reichsbahn-Kraftverkehr. 1938, Berlin [o.J], S. 241
[375] Reichsbahn-Zentralamt München. 2515 Fktvv. Betreff: 30 Stück 4-achs. dieselhydr. Triebwagen VT 137 241 - 270, Fahrzeugprogramm 1935. BArch Berlin, Rep. R5-22562, pag. 251, 251
[376] Betriebsbuch 137 251. Slg. Volkmar Kubitzki
[377] Reichsbahndirektion Regensburg. Statistischer Nachweis St 11b über den Bestand an Triebwagen, Geschäftsjahr 1937. Regensburg, den 28.1.1938. VAN
[378] Reichsbahndirektion Regensburg. Statistischer Nachweis St 11b über den Bestand an Triebwagen, Geschäftsjahr 1938. Regensburg, den 2.2.1939. VAN
[379] Reichsbahndirektion Regensburg. 21/49 Bbt/Hgschl. Betreff: 2 Triebwagenumlaufpläne in doppelter Fertigung 5 Kostenvoranschläge mit einfachen Grundrissskizzen und Lageplänen. Regensburg, den 7. Oktober 1938. Slg. Dirk Winkler
[380] Reichsbahndirektion Regensburg. Statistischer Nachweis St 11b über den Bestand an Triebwagen, Geschäftsjahr 1939. Regensburg, den 25.1.1940. VAN
[381] Beilage zum Schreiben 4219 Fkstm vom 24.9.42. Verzeichnis der im Sondereinsatz befindlichen VT-Wagen. LASA Rep. G12 Reg. A, Nr. 747-1
[382] Löttgers, Rolf: VT 36 in Frankreich. in: em (1995), H. 2, S. 44
[383] Reichsbahndirektion Regensburg. Statistischer Nachweis St 11b über den Bestand an DR und ČSD Triebwagen, Geschäftsjahr 1940. Regensburg, den 17.1.1941. VAN
[384] Reichsbahndirektion Regensburg. Statistischer Nachweis St 11b über den Bestand an Triebwagen, Geschäftsjahr 1941. Regensburg, den 16. Januar 1942. VAN
[385] Reichsbahndirektion Nürnberg. Statistischer Nachweis St 11b über den Bestand an Triebwagen, Geschäftsjahr 1940. Nürnberg, den 30.1.1941. VAN
[386] Reichsbahndirektion Nürnberg. Statistischer Nachweis St 11b über den Bestand an Triebwagen. Geschäftsjahr 1942. Nürnberg, den 29. Jan. 1943. VAN
[387] Betriebsbuchauszug VT 137 454. Slg. Dirk Winkler
[388] DRB. 33 Fktv 1197. Berlin, den April 1942. BArch Berlin, Rep. R5-22380, pag. 215
[389] DRB. 33 Fktv 1222. Betr Osteinsatz von Dieseltriebwagen für Sonderzwecke. Berlin, den 3. Juni 1942. BA Potsdam, Außenstelle Coswig. Rep. 2380, pag. 236 (eingesehen 1991)
[390] Reichsbahndirektion Regensburg. Betreff: Osteinsatz von Dieseltriebwagen für Sonderzwecke. Regensburg, den 7. Juli 1942. BArch Berlin, Rep. R5-22380, pag. 237
[391] Reichsbahndirektion München. Betr Werkstätten. Osteinsatz von Dieseltriebwagen für Sonderzwecke. München 2 BZ, den 20. August 1942. BA Potsdam, Außenstelle Coswig. Rep. 2380, pag. 241 (eingesehen 1991)
[392] DRB. 33 Fktv 1222. Berlin, den 13. Juli 1942. 2) Telegrammbrief. Betr. Osteinsatz von Dieseltriebwagen für Sonderzwecke. BArch Berlin, Rep. R5-22380, pag. 238
[393] RVM L 3 Bmfkl 49. Betr Anforderung von 2 VT-Wagen. Berlin, den 22. Oktober 1942. BArch Berlin, Rep. R5-22380, pag. 256
[394] Abschrift. L 3 Bmfkl 62. Betr VT-Wagen für den Osteinsatz. Berlin, den 1. April 1943. BA Potsdam, Außenstelle Coswig. Rep. 2380, pag. 269 (eingesehen 1991)
[395] Kurz (1988): a.a.O., S. 366
[396] Reichsbahndirektion Regensburg. Statistischer Nachweis St 11b über den Bestand an Triebwagen, Geschäftsjahr 1943. Regensburg, den 5. Januar 1944. VAN
[397] Betriebsbuch 137 454. Slg. Volkmar Kubitzki
[398] Telegramm! von Transportkommandantur Nürnberg (III). Betr Triebwagen 137 451. 6.5.43. BArch Berlin, Rep. R5-22380, pag. 248
[399] DRB. 33 Fktv 1341. Betr Verlust eines Trieb- und eines Steuerwagens. Berlin, den 14. September 1943. BA Potsdam, Außenstelle Coswig. Rep. 2270, pag. 284 (eingesehen 1991)
[400] Beilage zum Schreiben 4219 Fkstm vom 24.9.42. Verzeichnis der im Sondereinsatz befindlichen VT-Wagen. LASA Rep. G12 Reg. A, Nr. 747-1
[401] Reichsbahndirektion Nürnberg. Statistischer Nachweis St 10b über den Bestand an Triebwagen. am 31. Dezember 1943. Nürnberg, den 9.1.1944. VAN
[402] Reichsbahndirektion Nürnberg. Statistischer Nachweis St 10b über den Bestand an Triebwagen. am 31. März 1944. Nürnberg, den 12.4.1944. VAN
[403] Kurz (1988): a.a.O., S. 366
[404] siehe BArch, RH 24-204 sowie http://www.lexikon-der-wehrmacht.de/Gliederungen/Korps/KorpsLombardia.htm (eingesehen am 18.07.2017)
[405] Wenzel, Hansjürgen: Die „Italien-Rückkehrer" der Reichsbahn. in: EK (2010), H. 3, S. 58
[406] Kurz (1988): a.a.O., S. 369
[407] Kurz (1988): a.a.O., S. 366
[408] СВОЛНАЯ ВЕЛОМОТЪ. Archiv Moskau. Rep. ..., pag. 38 (Slg. Ivan Rudnev)

[409] Betriebsbuchauszüge 137 446 und 137 451. Slg. Dirk Winkler
[410] Stroebe: Entwicklung und künftige Gestaltung der Verbrennungstriebwagen der Deutschen Reichsbahn. in: GA (1937), S. 116
[411] Reichsbahn-Zentralamt München. Besprechung über die Beschaffung von Triebwagen mit eigener Kraftquelle im RZA München am 8.10.36. München, den 9. Okt. 1936. BArche Berlin, Rep. R5-22562, pag. 227 ff.
[412] Deutsche Reichsbahn. Eisenbahnabteilung des Reichsverkehrsministeriums. 30 Feb 98. Betr Anmeldung zur Beschaffung neuer Fahrzeuge für das Jahr 1939. Berlin W8, den 10. Januar 1938. BArch Berlin, Rep. R5-2290
[413] Stroebe: Entwicklung und künftige Gestaltung der Verbrennungstriebwagen der Deutschen Reichsbahn. in: GA (1937), S. 116
[414] Reichsbahn-Zentralamt München. 2626 Fktvb 10/38. Betreff: Bezeichnung von Triebwagen ohne Vorgang. 1. Sept. 1938. BArch Berlin, Rep. R5-22526
[415] DRB. 33 Fktv 858. Betr Bezeichnungen für Triebwagen. Berlin, den 20. Dezember 1938. BArch Berlin, Rep. R5-22526
[416] Betriebsbuchauszüge VT 137 284, 285, 287. Slg. Dirk Winkler
[417] Lokomotiv-Zählliste RBD Dresden vom 10.10.1945. Slg. Dirk Winkler
[418] Lok-Kartei des TZA der DR. Zentrales Verwaltungsarchiv des MfV der DDR. Akten-Nr. TZA 1027, 1028
[419] Verzeichnis der in der sowjetischen Besatzungszone vorhandenen Verbrennungs-Triebwagen. Zentrales Verwaltungsarchiv des MfV der DDR. Rep. M-1 525 / Slg. Dirk Winkler
[420] Bahndienstfernschreiben Nr. 126 vom 22.12.1948. Zentrales Verwaltungsarchiv des MfV der DDR, Akte Nr. M-1 25. Slg. Dirk Winkler
[421] Deutsche Wirtschaftskommission in der Sowjetischen Besatzungszone. Hauptverwaltung Verkehr. Generaldirektion Reichsbahn. O/E III.31 Fuv 38. Betrifft: Ausmusterung von Verbrennungs-Triebwagen., Berlin, den 15. Januar 1949. Zentrales Verwaltungsarchiv des MfV der DDR, Akte Nr. M-1 25. Slg. Dirk Winkler
[422] Ministerium für Verkehr [der ČSR]. 16542/45-V/5. Příděl a přesun kolejových motorových vozidel. 13.9.1945. [mitgeteilt von Zdeněk Hrdina]
[423] Aufstellung von Josef Motyčka, übermittelt von Zdeněk Hrdina am 02.07.2017
[424] Bek, Jindřich: Atlas Lokomotiv 2. Elektrická a motorovátrakce. Praha, 1969, S. 62
[425] Rbd Schwerin. Ausmusterungsprotokoll Nr. V3/65. Wittenberge, den 9.1.64. Slg. Volkmar Kubitzki
[426] Elsners Taschen-Jahrbuch für den Reichsbahn-Kraftverkehr 1939. Leipzig [o.J.], S. 112, 113
[427] Betriebsbuchauszug 137 288 a/b. Slg. Dirk Winkler
[428] Betriebsbuchauszüge 137 290 a/b, 137 295 a/b. Slg. Dirk Winkler
[429] RBD 21 Bl 20 Bbt. An Reichsbahn-Zentralamt München. Halle (S), den 7.11.1941. LASA Rep. G12. Reg. A, Nr. 454, pag. 18
[430] RBD 25H Bl V Bbt. Betr.: Notstromversorgungswagen. Halle (S), den 21.10.42. LASA Rep. G12. Reg. A, Nr. 454, pag. 27
[431] Lokomotiv-Zählliste RBD Dresden vom 10.10.1945. Slg. Dirk Winkler
[432] Lok-Kartei des TZA der DR. Zentrales Verwaltungsarchiv des MfV der DDR. Akten-Nr. TZA 1027, 1028
[433] Verzeichnis der in der sowjetischen Besatzungszone vorhandenen Verbrennungs-Triebwagen. Zentrales Verwaltungsarchiv des MfV der DDR. Rep. M-1 525 / Slg. Dirk Winkler
[434] Bahndienstfernschreiben Nr. 126 vom 22.12.1948. Zentrales Verwaltungsarchiv des MfV der DDR, Akte Nr. M-1 25. Slg. Dirk Winkler
[435] Deutsche Wirtschaftskommission in der Sowjetischen Besatzungszone. Hauptverwaltung Verkehr. Generaldirektion Reichsbahn. O/E III.31 Fuv 38. Betrifft: Ausmusterung von Verbrennungs-Triebwagen., Berlin, den 15. Januar 1949. Zentrales Verwaltungsarchiv des MfV der DDR, Akte Nr. M-1 25. Slg. Dirk Winkler
[436] Betriebsbuchauszug 137 288 a/b. Slg. Dirk Winkler
[437] Ministerium für Verkehr [der ČSR]. 16542/45-V/5. Příděl a přesun kolejových motorových vozidel. 13.9.1945. [mitgeteilt von Zdeněk Hrdina]
[438] Bek, Jindřich: Atlas Lokomotiv 2. Elektrická a motorovátrakce. Praha, 1969, S. 63
[439] DRG HV. 33 Fktv 384. Berlin, den 8. September 1934. BArch Berlin, Rep. R5-21798
[440] Reichsbahn-Zentralamt München. 24 h Fktvss. Betreff: Triebwagen für Steilstrecken. 29. Dezember 1934. BArch Berlin, Rep. R5-21798
[441] DRG HV. 33 Fktv 384. Berlin, den 18. Januar 1935. BArch Berlin, Rep. R5-21798
[442] [DRG HV] 33 Fktv 473. Berlin, den Oktober 1934. BArch Berlin, Rep. R5-21798
[443] Reichsbahndirektion Dresden. 24 Fef. Betr Umbau der Strecke Heidenau – Altenberg von Schmalspur auf Vollspur.-Fahrzeugbedarf. Dresden, den 22. Januar 1935. BArch Berlin, Rep. R5-21798
[444] DRG HV. 33 Fktv 473. Berlin, den 7. Mai 1935. BArch Berlin, Rep. R5-21798
[445] Reichsbahn-Zentralamt München. 24/26 Fktvss. Betr 2 x 275 PS Steilstreckentriebwagen. München, den 1. März 1935. BArch Berlin, Rep. R5-21798
[446] Deutsche Reichsbahn. Eisenbahnabteilung des Reichsverkehrsministeriums. 39 Fük 404. Betr Ausgabeermächtigung für Fahrzeugbeschaffungen zur Verwendung im Geschäftsjahr 1937. Berlin W8, den 24. März 1937. VAN. Akte Flmsae Band 2. Schnelltriebwagen Sonderbauarten.
[447] Deutsche Reichsbahn. Eisenbahnabteilung des Reichsverkehrsministeriums. 33 Fktv 807 (Seite 3). Berlin W8, den 15. Juli 1938. BArch Berlin, Rep. R5-21798
[448] Reichsbahn-Zentralamt München. Besprechung am 28.6.1938 im Reichsbahn-Zentralamt München über den Bauzustand und die Ablieferung der Verbrennungstrieb-, Steuer- und Beiwagen der Fahrzeugbeschaffungsprogramme bis einschl. 1938. BArch Berlin, Rep. R5-22478, pag. 293 - 297
[449] Reichsbahn-Zentralamt München. 24 h Fktvss. Betreff: Triebwagen für Steilstrecken. 29. Dezember 1934. BArch Berlin, Rep. R5-21798
[450] DRG HV. 33 Fktv 384. Berlin, den 18. Januar 1935. BArch Berlin, Rep. R5-21798
[451] Stroebe: Fortschritte im Triebwagenbau bei der Deutschen Reichsbahn. in: VtW 29 (1935), S. 197
[452] Reichsbahn-Zentralamt München. 24 h Fktvvss. Betreff: Triebwagen für Steilstrecken. 16. April 1936. BArch Berlin, Rep. R5-21798
[453] DRG HV. 33 Fktv 576. Berlin, den 3. Juni 1936. BArch Berlin, Rep. R5-21798
[454] DRG HV. 33 Fktv 576. Berlin, den 30. Juli 1937. BArch Berlin, Rep. R5-21798
[455] Stroebe; Hüttebräucker: Neuere Entwicklung der Verbrennungstriebwagen bei der Deutschen Reichsbahn. in: GA (1939), S. 179
[456] Seidel: Triebwagen der Deutschen Reichsbahn als Mittel zur Beschleunigung des Personenverkehrs auf Schmalspurstrecken. in: ZMEV 28 (1938), S. 696
[457] Elsners Taschen-Jahrbuch für den Reichsbahn-Kraftverkehr 1939. Leipzig [o.J.], S. 135
[458] Sameiske, Torsten; Lothar Dinkel; Helge Scholz: Triebwagen der Sächsischen Schmalspurbahnen. Zittau, 2016, S. 6 - 19
[459] Stroebe; Hüttebräucker: Neuere Entwicklung der Verbrennungstriebwagen bei der Deutschen Reichsbahn. in: GA (1939), S. 179
[460] Paul, Gotthard: Die Zittauer Schmalspurtriebwagen. in: Der Modelleisenbahner 31 (1982), S. 98
[461] Jerczyński, Michał: Wagony motorwe MBxd1-114... 116 Wrocławkiej KD. in: Swiat kolei (2006), H. 5, S. 38
[462] Stroebe: Entwicklung und künftige Gestaltung der Verbrennungstriebwagen der Deutschen Reichsbahn. in: GA (1937), S. 116
[463] Stroebe; Hüttebräucker: Neuere Entwicklung der Verbrennungstriebwagen bei der Deutschen Reichsbahn. in: GA (1939), S. 147 / 179
[464] Kurz (1988): a.a.O., S. 385
[465] Betriebsbuchsauszug 137 372. Slg. Dirk Winkler
[466] Betriebsbuch 137 329. Slg. Volkmar Kubitzki
[467] Deutsche Reichsbahn. Reichsbahn-Zentralamt München. 4610 Bbta. Zusammenstellung der VT-Wagen in der englisch- und französisch besetzten Zone. Stand vom 25.2.46. Slg. Dirk Winkler
[468] Lok-Kartei des TZA der DR. Zentrales Verwaltungsarchiv des MfV der DDR. Akten-Nr. TZA 1027, 1028
[469] [Übersicht der Triebwagen der DR] Stand vom 19. September 1949. Slg. Dirk Winkler
[470] Verzeichnis der in der sowjetischen Besatzungszone vorhandenen Verbrennungs-Triebwagen. Zentrales Verwaltungsarchiv des MfV der DDR. Rep. M-1 525 / Slg. Dirk Winkler
[471] Raw Wittenberge, Rbd Schwerin. Ausmusterungsprotokoll Nr. VT 1/66. Wittenberge, 11.10.62. Slg. Volkmar Kubitzki
[472] Raw Wittenberge, Rbd Schwerin. Ausmusterungsprotokoll Nr. VT 2/66. Wittenberge, [ohne Datum]. Slg. Volkmar Kubitzki
[473] Raw Wittenberge, Rbd Schwerin. Ausmusterungsprotokoll Nr. VT 3/66. Wittenberge, 11.10.62. Slg. Volkmar Kubitzki
[474] Raw Wittenberge, Rbd Schwerin. Ausmusterungsprotokoll Nr. VT 4/66. Wittenberge, 11.10.62. Slg. Volkmar Kubitzki
[475] Dietz, Günther: Ein Tag im Reichsbahnausbesserungswerk Wittenberge. in: Die Deutsche Reichsbahn vor 25 Jahren. Freiburg, 1991/92, S. 96
[476] http://www.k-report.net/diskuse/archiv2014/3175/11593.html Odesláno Pátek, 26. prosince 2014 - 18:08:09, eingesehen am 20.04.2017
[477] https://www.k-report.net/discus/messages/28/107819.html?1578132754 eingesehen am 6.1.2020
[478] Bek, Jindřich: Atlas Lokomotiv 2. Elektrická a motorovátrakce. Praha, 1969, S. 61
[479] Aufstellung von Josef Motyčka, übermittelt von Zdeněk Hrdina am 02.07.2017
[480] Auskunft von Ivan Rudnev (Riga) vom 11.04.2017
[481] Stroebe; Hüttebräucker: Neuere Entwicklung der Verbrennungstriebwagen bei der Deutschen Reichsbahn. in: GA (1939), S. 147 / 179
[482] Taschinger, Otto: Festigkeits- und Zerstörversuche an Wagenkästen. in : Organ 94 (1939), S. 385
[483] Betriebsbuchauszug 137 355. Slg. Dirk Winkler
[484] Betriebsbuchsauszüge der genannten Wagen. Slg. Dirk Winkler
[485] Reichsbahndirektion Regensburg. Statistischer Nachweis St 11b über den Bestand an Triebwagen. Geschäftsjahr 1944. Regensburg, den 23. Januar 1945. VAN
[486] Betriebsbuchauszug 137 347. Slg. Dirk Winkler
[487] Kurz (1988): a.a.O., S. 392
[488] Ministerium für Verkehr [der ČSR]. 16542/45-V/5. Příděl a přesun kolejových motorových vozidel. 13.9.1945. [mitgeteilt von Zdeněk Hrdina]